단기 합격을 위한 최고의 길잡이

과목별 기출 예상문제+기출유형 모의고사

항공교통 안전관리자

오병남, 연기성, 김정민, 오이석 지음

항공교통안전관리자

2026. 1. 7. 초 판 1쇄 인쇄
2026. 1. 14. 초 판 1쇄 발행

지은이 | 오병남, 연기성, 김정민, 오이석
펴낸이 | 이종춘
펴낸곳 | BM (주)도서출판 **성안당**

저자와의 협의하에 검인생략

주소 | 04032 서울시 마포구 양화로 127 첨단빌딩 3층(출판기획 R&D 센터)
　　　 10881 경기도 파주시 문발로 112 파주 출판 문화도시(제작 및 물류)
전화 | 02) 3142-0036
　　　 031) 950-6300
팩스 | 031) 955-0510
등록 | 1973. 2. 1. 제406-2005-000046호
출판사 홈페이지 | www.cyber.co.kr
ISBN | 978-89-315-8382-3 (13550)
정가 | 23,000원

이 책을 만든 사람들
책임 | 최옥현
진행 | 최창동
본문 디자인 | 인투
표지 디자인 | 박원석
홍보 | 김계향, 임진성, 김주승, 최정민
국제부 | 이선민, 조혜란
마케팅 | 구본철, 차정욱, 오영일, 나진호, 강호묵
마케팅 지원 | 장상범
제작 | 김유석

이 책의 어느 부분도 저작권자나 BM (주)도서출판 **성안당** 발행인의 승인 문서 없이 일부 또는 전부를 사진 복사나 디스크 복사 및 기타 정보 재생 시스템을 비롯하여 현재 알려지거나 향후 발명될 어떤 전기적, 기계적 또는 다른 수단을 통해 복사하거나 재생하거나 이용할 수 없음.

■ 도서 A/S 안내

성안당에서 발행하는 모든 도서는 저자와 출판사, 그리고 독자가 함께 만들어 나갑니다.
좋은 책을 펴내기 위해 많은 노력을 기울이고 있습니다. 혹시라도 내용상의 오류나 오탈자 등이 발견되면 **"좋은 책은 나라의 보배"**로서 우리 모두가 함께 만들어 간다는 마음으로 연락주시기 바랍니다. 수정 보완하여 더 나은 책이 되도록 최선을 다하겠습니다.
성안당은 늘 독자 여러분들의 소중한 의견을 기다리고 있습니다. 좋은 의견을 보내주시는 분께는 성안당 쇼핑몰의 포인트(3,000포인트)를 적립해 드립니다.
잘못 만들어진 책이나 부록 등이 파손된 경우에는 교환해 드립니다.

머리말

항공교통의 안전은 국가의 신뢰를 상징하는 핵심 가치입니다. 하늘길을 책임지는 항공 교통의 모든 과정에는 사람의 생명과 직결된 수많은 결정과 판단이 존재하며, 이를 과학적이고 체계적으로 관리하기 위해 전문적인 안전 인력이 반드시 필요합니다. 이러한 시대적 요구에 부응하여 도입된 자격이 바로 항공교통안전관리자입니다.

항공교통안전관리자는 항공기의 운항 전반에서 발생할 수 있는 위험요소를 사전에 식별하고, 이를 분석·평가하여 사고를 예방하는 항공안전관리시스템(SMS, Safety Management System)의 핵심 실무 전문가입니다. 국제민간항공기구(ICAO)의 안전관리 기준에 부합하는 역량을 요구받으며, 항공사·공항공사·항공정비업체·관제기관 등 다양한 분야에서 중요한 역할을 담당합니다.

성안당에서 펴낸 『항공교통안전관리자』는 복잡한 이론 설명을 최소화하고, 시험에 직접 출제되는 문제를 중심으로 구성한 실전형 교재로, 다음과 같은 특징을 갖고 있습니다.

첫째, 3개 필수 과목과 3개 선택 과목의 출제 비율과 기출 경향을 세밀히 분석하여 실제 시험의 난이도와 문항 유형을 충실히 재현하였으며 지금까지 출간된 적이 없는 선택 과목까지 포함하고 있다는 점에서 차별성을 지니고 있으며 더불어 각자의 선호도에 따른 선택 과목의 선택의 폭을 넓혔다는 차별성을 지니고 있습니다.

둘째, 기출문제 분석을 기반으로 한 '기출 예상문제'를 수록하였습니다. 최근 출제 경향을 반영하여 중요한 개념과 빈출 유형을 반복 학습할 수 있도록 구성하였으며, 이를 통해 수험생이 실전 감각을 빠르게 익히고 과목별 취약 영역을 스스로 점검할 수 있습니다.

셋째, '기출유형 모의고사'를 통해 최종 실전 대비를 할 수 있도록 하였습니다. 실제 시험과 동일한 형식으로 구성되어, 수험생은 제한된 시간 안에 문제를 풀며 실전 감각을 강화하고, 자신의 학습 수준을 객관적으로 확인할 수 있습니다.

본 교재는 방대한 이론보다 '문제 풀이를 통한 이해'와 '출제 패턴의 반복 학습'에 초점을 두었습니다. 항공교통안전관리자 시험은 단순 암기가 아닌, 항공 안전에 대한 논리적 사고력과 실제 현장 이해도를 함께 평가하는 시험이기 때문에, 다양한 유형의 문제를 풀며 사고의 폭을 넓히는 것이 합격의 지름길입니다.

이 책을 통해 수험생 여러분이 항공안전관리의 핵심 개념을 자연스럽게 익히고, 시험에서 요구하는 문제해결 능력을 완성하기를 바랍니다. 더불어 이 교재가 단순한 합격을 넘어, 항공 안전 분야에서 전문성과 책임감을 갖춘 인재로 성장하는 첫걸음이 되기를 진심으로 응원합니다.

— 집필진 일동

시험안내

1 시험과목

필수과목	선택과목
• 교통법규 　- 교통안전법 　- 항공안전법 　- 항공보안법 • 교통안전관리론 • 항공기체	• 항공교통관제 • 항행안전시설 중 택1 • 항공기상

2 시험시간 및 과목(CBT)

교시	시험시간	시험과목
1	09:20~10:10(50분)	• 교통법규(50문제)
2	10:30~11:45(75분)	• 교통안전관리론(25문제) • 항공기체(25문제) • 항공교통관제, 항행안전시설, 항공기상 중 택1(25문제)

3 접수 대상 및 접수 방법

① 인터넷 접수(모든 응시자)

- 자격증에 의한 일부 면제자인 경우 인터넷 접수 시 정확한 자격증 정보 입력
- 현장 방문 접수 시에는 접수 마감 등으로 시험 접수가 불가할 수도 있으니 가급적 인터넷으로 시험 접수 현황을 확인하고 방문

② 방문 접수

- 방문 접수자는 응시하고자 하는 지역으로 방문
- 자격증에 의한 일부 면제자인 경우 방문 접수 시 반드시 해당 증빙서류(원본 또는 사본)를 지참
- 취득 자격증별로 제출 서류가 상이하므로 면제기준을 참고하여 제출

시험안내

4 제출서류

① 공통 제출 서류(전 과목 응시자 및 일부 과목 면제자)

- 응시원서(사진 2매 부착): 최근 6개월 이내 촬영한 여권사진(3.5×4.5cm)
- 인터넷 접수의 경우 사진은 10M 이하의 jpg 파일로 등록

② 일부 과목 면제자 증빙서류(교통안전법 시행규칙 제25조 별표2)

구분		인터넷 접수	방문·우편 접수
국가기술자격법에 따른 자격증 소지자	제출 방법	• 자격증 정보 입력 • 파일 첨부(추가 서류 제출자)	• 자격증 원본 지참 및 사본 제출 • 추가 서류 원본 제출
	제출 서류	• 자격증 • 자격취득사항확인서 1부 • 경력증명서 • 보험 자격득실 이력 확인서 1부(4대 보험 중 택 1) • 자동차관리사업등록증 1부	
석사학위 이상 취득자	제출 방법	파일 첨부	원본 제출
	제출 서류	• 해당 학위증명서 1부 • 성적증명서 1부 　- 석사학위 이상 소지자로서 대학 또는 대학원에서 면제받고자 하는 시험과목과 같은 과목을 B학점 이상으로 이수한 자(교통법규는 제외) 　- 시험과목과 이수한 과목의 명칭이 정확히 일치하지 않을 경우 해당 과목의 강의계획서를 제출하여 검토 후 면제 가능	
일부면제자 교육 수료자 (도로 분야만 해당)	제출 방법	• 수료번호를 입력하여 수료 여부 확인	원본 제출
	제출 서류		교육 수료증

※ 시험 일정 및 시험 장소 등 시험 관련 자료는 한국교통안전공단(https://lic.kotsa.or.kr/safety/main.do) 사이트 참조

목차

PART 01　기출 예상문제

- **Chapter 01**　기출 예상문제 • 교통법규 ········· 10
- **Chapter 02**　기출 예상문제 • 교통안전관리론 ········· 97
- **Chapter 03**　기출 예상문제 • 항공기체 ········· 124
- **Chapter 04**　기출 예상문제 • 항공교통관제 ········· 156
- **Chapter 05**　기출 예상문제 • 항행안전시설 ········· 190
- **Chapter 06**　기출 예상문제 • 항공기상 ········· 222

PART 02　기출유형 모의고사

- **제1회**　기출유형 모의고사 ········· 256
- **제2회**　기출유형 모의고사 ········· 284
- 정답 및 해설 ········· 313

PART 01

Chapter 01	기출 예상문제 · 교통법규
Chapter 02	기출 예상문제 · 교통안전관리론
Chapter 03	기출 예상문제 · 항공기체
Chapter 04	기출 예상문제 · 항공교통관제
Chapter 05	기출 예상문제 · 항행안전시설
Chapter 06	기출 예상문제 · 항공기상

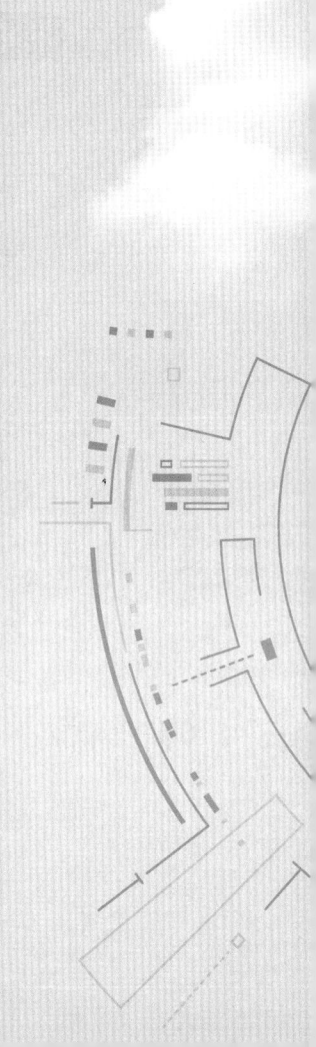

기출 예상문제

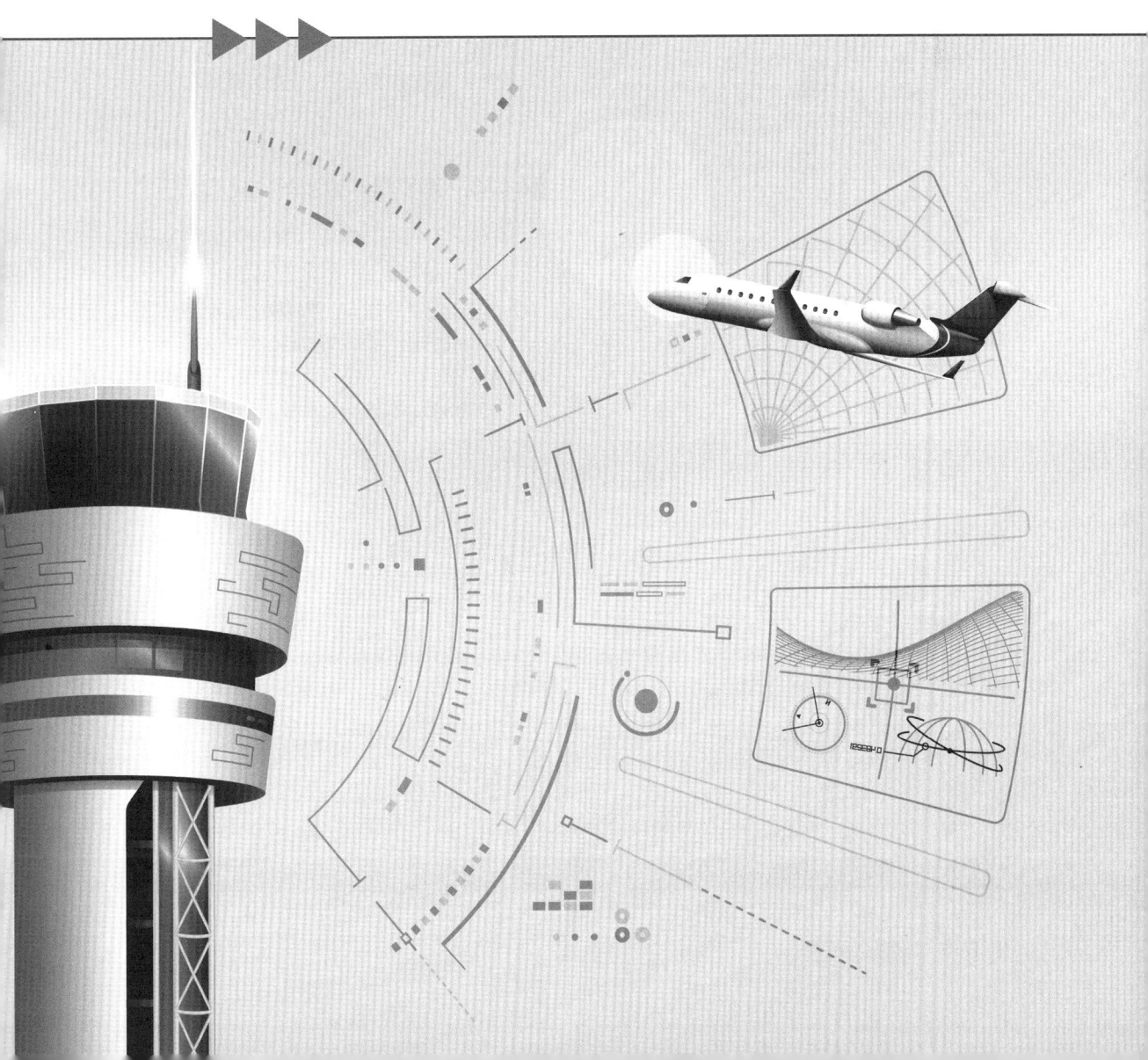

CHAPTER 1 기출 예상문제
교통법규

교통안전법

01 교통안전법의 목적으로 올바른 것은?

① 교통사고 발생 시 처벌 강화
② 교통안전에 관한 의무를 규정
③ 교통안전을 위한 대중교통 장려
④ 도로교통 관련 정보 제공

해설
교통안전법 제1조
교통안전에 관한 국가 또는 지방자치단체의 의무·추진체계 및 시책 등을 규정하고, 이를 종합적·계획적으로 추진함으로써 교통안전 증진에 이바지한다.

02 교통안전법상 '교통수단'에 포함되지 않는 것은?

① 자동차
② 선박
③ 자전거
④ 실외이동로봇

해설
해설 교통안전법 제2조
교통수단이라 함은 도로교통법에 의한 차마(자동차, 건설기계, 원동기장치 자전거, 자전거, 사람 또는 가축의 힘이나 동력으로 운전되는 것으로 유모차, 보행보조용 의자차, 노약자용 보행기(실외이동로봇은 제외), 노면전차, 철도차량, 선박, 항공기

03 교통안전법상 교통수단의 특징으로 옳지 않은 것은?

① 사람의 이동 또는 화물의 운송에 이용
② 도로교통법에 따른 차마를 포함
③ 육상교통용으로 사용되는 모든 운송수단만 해당
④ 철도산업발전 기본법에 따른 철도차량이 포함

해설
교통안전법 제2조의 1
육상, 해상, 항공교통에 사용되는 운송수단을 포함한다.

04 교통시설에 대한 설명으로 틀린 것은?

① 도로, 철도, 궤도, 항만 등 교통수단의 운행과 항행에 필요한 시설
② 교통수단의 운행과 항행에 필요한 시설에 부속되어 사람의 이동을 위한 시설
③ 운항 또는 항행을 보조하는 교통안전표지
④ 운행 또는 운용을 관제하는 항행통제시설

해설
교통안전법 제2조의2
교통시설이라 함은 도로·철도·궤도·항만·어항·수로·공항·비행장 등 교통수단의 운행·운항 또는 항행에 필요한 시설과 그 시설에 부속되어 사람의 이동 또는 교통수단의 원활하고 안전한 운행·운항 또는 항행을 보조하는 교통안전표지·교통관제시설·항행안전시설 등의 시설 또는 공작물

정답 01. ② 02. ④ 03. ③ 04. ④

05 다음 중 교통시설에 포함되는 시설이 아닌 것은?

① 어항
② 비행장
③ 수로
④ 터미널에 부속된 공원

해설
교통안전법 제2조의2
도로, 철도, 궤도, 항만, 어항, 수로, 공항, 비행장 등 교통시설 운행 또는 항행에 필요한 시설과 그에 부속된 공작물·장비

06 교통안전법에서 정의하는 교통시설에 대한 설명으로 거리가 먼 것은?

① 교통수단의 안전한 운행, 운항, 또는 항행에 필요한 시설
② 교통시설은 육상교통시설만을 한정
③ 교통수단에 부속되어 사람의 이동 또는 교통수단의 원활하고 안전한 운행 보조
④ 교통수단의 운행, 운항 또는 항행을 보조하는 시설 또는 공작물

해설
문제 4번 해설 참조

07 다음 중 교통체계의 구성 요소와 가장 거리가 먼 것은?

① 교통수단의 이용 및 관리
② 교통시설의 운영체계
③ 교통수단 및 교통시설과 관련된 산업
④ 사람과 관계 없이 교통에 관련된 독립적인 체계

해설
교통안전법 제2조
교통체계라 함은 사람 또는 화물의 이동·운송과 관련된 활동을 수행하기 위하여 개별적으로 또는 서로 유기적으로 연계되어 있는 교통수단 및 교통시설의 이용·관리·운영체계 또는 이와 관련된 산업 및 제도 등

08 다음 중 교통사업자에 해당하지 않는 자는?

① 항공운송사업자
② 교통 관련 연구기관
③ 교통시설을 관리하는 자
④ 교통사고 처리업자

해설
교통안전법 제2조의 4
교통사업자는 교통수단·교통시설 또는 교통체계를 운행·운항·설치·관리 또는 운영 등을 하는 자로서 여객자동차운수사업자, 화물자동차운수사업자, 철도사업자, 항공운송사업자, 해운업자 등 교통수단을 이용하여 운송 관련 사업을 영위하는 자와 교통시설을 설치·관리 또는 운영하는 자, 교통수단운영자 및 교통시설설치·관리자 외에 교통수단 제조사업자, 교통 관련 교육·연구·조사기관 등 교통수단·교통시설 또는 교통체계와 관련된 영리적·비영리적 활동을 수행하는 자

09 다음 중 교통수단운영자에 대한 설명으로 옳은 것은?

① 오직 육상 교통수단만을 운영하는 사업자를 의미한다.
② 교통시설을 설치하고 관리하는 자를 포함한다.
③ 교통수단을 이용하여 운송 관련 사업을 영위하는 자를 지칭한다.
④ 교통수단 제조사업자도 교통수단운영자에 포함된다.

해설
교통안전법 제2조
교통수단운영자는 여객, 화물, 철도, 항공운송, 해운업자 등 교통수단을 이용하여 운송 관련 사업을 영위하는 자

정답 05. ④ 06. ② 07. ④ 08. ④ 09. ③

10 다음 중 지정행정기관에 대한 설명으로 옳지 않은 것은?

① 정부조직법에 의한 중앙행정기관이어야 한다.
② 교통 관련 법령이나 제도를 관장하는 역할을 수행한다.
③ 대통령령으로 정하는 행정기관에 한하여 지정된다.
④ 교통수단의 운영 등에 관한 지도, 감독은 수행하지 않는다.

해설
교통안전법 제2조
지정행정기관이라 함은 교통수단·교통시설 또는 교통체계의 운행·운항·설치 또는 운영 등에 관하여 지도·감독을 행하거나 관련 법령·제도를 관장하는 정부조직법에 의한 중앙행정기관으로서 대통령령으로 정하는 행정기관

11 교통행정기관의 주요 역할에 대한 설명으로 옳은 것은?

① 교통수단이나 교통시설 제조자를 지도·감독한다.
② 교통수단, 교통시설 또는 교통체계의 운행 등에 대한 교통사업자를 지도·감독한다.
③ 교통사고 발생 시 사고 원인 분석을 전담한다.
④ 일반적으로 국토교통부 국장이 포함된다.

해설
문제 10번 해설 참조

12 교통안전법 제2조에서 정의하는 교통행정기관의 장에 해당하지 않는 자는?

① 특별시장
② 광역시장
③ 도지사
④ 자치구를 제외한 구청장

해설
교통안전법 제2조6
교통행정기관이라 함은 법령에 의하여 교통수단·교통시설 또는 교통체계의 운행·운항·설치 또는 운영 등에 관하여 교통사업자에 대한 지도·감독을 행하는 지정행정기관의 장, 특별시장·광역시장·도지사·특별자치도지사(이하 "시·도지사"라 한다) 또는 시장·군수·구청장(자치구의 구청장을 말한다. 이하 같다)을 말한다.

13 다음 중 교통안전법 제2조에 따른 단지 내 도로의 종류에 해당하지 않는 것은?

① 차도   ② 보도
③ 자전거도로   ④ 지하보도

해설
교통안전법 시행령 제2조의2
단지 내 도로의 종류와 범위 공동주택단지와 학교에 설치되는 통행로로 차도, 보도, 자전거도로

14 단지 내 도로에서의 자동차 통행 방법에 포함되어야 할 사항이 아닌 것은?

① 자동차의 통행 속도
② 서행, 일시정지 등 보행자 보호를 위한 자동차 운전자의 준수사항
③ 단지 내 자전거 전용도로의 설치 기준
④ 주택건설기준 등에 관한 규정 제26조 제4항에 따라 설치된 어린이 안전보호구역에서의 자동차 운전자의 준수사항

정답 10. ④ 11. ② 12. ④ 13. ④ 14. ③

해설

교통안전법 시행규칙 제31조의6
자동차의 통행 속도, 서행·일시정지 등 보행자 보호를 위한 운전자 준수사항, 어린이 안전보호구역에서의 운전자 준수사항, 그 밖에 단지 내 도로에서 자동차 운전자가 준수해야 할 사항

15 교통수단운영자가 중대 교통사고를 일으킨 차량운전자를 고용하려는 때에 반드시 확인해야 할 사항은?

① 해당 운전자의 교통사고 발생 원인에 대한 깊이 있는 분석 보고서
② 해당 운전자의 운전 경력 및 무사고 경력
③ 해당 운전자가 교통안전체험교육을 받았는지 여부
④ 해당 운전자의 과거 사고이력

해설

교통안전법 시행규칙 제31조의2
교통 수단운영자는 제2항에 따른 중대 교통사고를 일으킨 차량운전자를 고용하려는 때에는 교통안전체험교육을 받았는지 여부를 확인하여야 한다.

16 다음 중 차량 운전자의 안전의무에 대한 설명으로 옳지 않은 것은?

① 보행자에게 위험을 주지 않도록 안전하게 운전한다.
② 모든 차량은 운행 전 안전상태를 점검해야 한다.
③ 차량 안전 점검은 차량 소유주 책임이다.
④ 자전거 이용자에게도 피해를 주지 않도록 운전한다.

해설

교통안전법 제7조
차량 운전자 등 해당 차량이 안전운행에 지장이 없는지를 점검하고 보행자와 자전거 이용자에게 위험과 피해를 주지 아니하도록 안전하게 운전하여야 한다.

17 중대 교통사고를 일으킨 차량운전자가 교통안전 체험교육을 받아야 하는 시기로 옳은 것은? (단, 특별한 예외 사유는 고려하지 않는다.)

① 교통사고가 발생한 날부터 30일 이내
② 교통사고 조사에 대한 결과를 통지받은 날부터 60일 이내
③ 교통사고가 발생한 날부터 90일 이내
④ 차량운전자가 소속된 교통수단운영자가 교육을 지시한 날부터 30일 이내

해설

교통안전법 시행규칙 제31조의2
차량운전자는 제2항에 따른 중대 교통사고가 발생하였을 때에는 도로교통법 제54조 제6항에 따른 교통사고 조사에 대한 결과를 통지받은 날부터 60일 이내에 교통안전 체험교육을 받아야 한다.

18 교통수단 제조사업자와 교통수단운영자의 의무에 대한 설명으로 가장 적절한 것은?

① 두 사업자 모두 교통수단의 물리적인 외형 개선에 노력해야 한다.
② 교통수단 제조사업자는 구조·설비 및 장치의 안전성 향상에 노력해야 한다.
③ 교통수단 제조사업자는 운행 중 발생한 사고의 제조물에 대한 책임이 없다.
④ 두 사업자 모두 법령과 관계없이 자율적으로 안전 기준을 정하여 적용할 수 있다.

정답 15. ③ 16. ③ 17. ② 18. ②

> **해설**
> - 교통안전법 제5조
>   교통수단 제조사업자는 법령에서 정하는 바에 따라 그가 제조하는 교통수단의 구조·설비 및 장치의 안전성이 향상되도록 노력하여야 한다.
> - 교통안전법 제6조
>   교통수단운영자는 법령에서 정하는 바에 따라 그가 운영하는 교통수단의 안전한 운행·항행·운항 등을 확보하기 위하여 필요한 노력을 하여야 한다.

19 다음 중 교통수단운영자가 교통수단의 안전한 운행·항행·운항 등을 확보하기 위해 노력해야 할 사항과 가장 거리가 먼 것은?

① 운영 중인 교통수단의 정기적인 안전 점검 실시
② 운항 승무원의 안전 교육 및 훈련 강화
③ 비상 상황 발생 시 대응 매뉴얼 수립 및 숙지
④ 교통수단의 신규 디자인 개발 및 외관 변경

> **해설**
> 교통안전법 제6조
> 안전 점검, 승무원 교육, 비상대응 매뉴얼 수립 등 운행 안전과 직결된 활동

20 국가교통안전에 관한 주요 정책 및 국가교통안전기본계획 등을 심의하는 기관은 어디인가?

① 국토교통위원회
② 지방자치단체 교통안전위원회
③ 국가교통위원회
④ 교통안전진단기관

> **해설**
> 교통안전법 제12조
> 교통안전에 관한 주요 정책과 제15조에 따른 국가교통안전기본계획 등은 「국가통합교통 체계효율화법」 제106조에 따른 국가교통위원회(이하 "국가교통위원회"라 한다)에서 심의한다.

21 다음 중 국가교통위원회의 심의 대상에 해당하는 것은?

① 개별 교통수단의 일상적인 정비 계획
② 교통안전 단기 정책 방향
③ 국가교통안전기본계획
④ 지방자치단체의 소규모 교통안전 캠페인 세부 예산

> **해설**
> 교통안전법 제12조
> 교통안전에 관한 주요 정책과 국가교통안전기본계획 심의

22 국가교통안전기본계획을 5년 단위로 수립해야 하는 주체는 누구인가?

① 대통령
② 국가교통위원회
③ 국토교통부장관
④ 각 지방자치단체장

> **해설**
> 교통안전법 제15조
> 국토교통부장관은 국가의 전반적인 교통안전수준의 향상을 도모하기 위하여 교통안전에 관한 기본계획(이하 "국가교통안전기본계획"이라 한다)을 5년 단위로 수립한다.

✈ **정답** 19. ④ 20. ③ 21. ③ 22. ③

23 국가교통안전기본계획에 반드시 포함되어야 할 사항이 아닌 것은?

① 교통안전에 관한 중·장기 종합정책 방향
② 특정 교통수단 안전 확보 방법
③ 육상교통·해상교통·항공교통 등 부문별 교통사고의 발생 현황과 원인 분석
④ 고령자, 어린이 등 교통약자의 교통사고 예방에 관한 사항

해설
교통안전법 제15조
교통안전에 관한 중·장기 종합정책 방향, 육상교통·해상교통·항공교통 등 부문별 교통사고의 발생 현황과 원인의 분석, 교통수단·교통시설별 교통사고 감소목표, 교통안전지식의 보급 및 교통문화 향상 목표, 교통안전정책의 추진 성과에 대한 분석·평가, 교통안전정책의 목표 달성을 위한 부문별 추진 전략, 고령자, 어린이 등「교통약자의 이동편의 증진법」제2조 제1호에 따른 교통약자의 교통사고 예방에 관한 사항, 부문별·기관별·연차별 세부 추진계획 및 투자계획, 교통안전표지·교통관제시설·항행안전시설 등 교통안전시설의 정비·확충에 관한 계획, 교통안전 전문인력의 양성, 교통안전과 관련된 투자사업계획 및 우선순위, 지정행정기관별 교통안전대책에 대한 연계와 집행력 보완방안, 그 밖에 교통안전수준의 향상을 위한 교통안전시책에 관한 사항

24 교통안전기본계획안을 작성한 후 이를 확정하기 위해 거쳐야 하는 절차는 무엇인가?

① 국회 교통위원회 승인
② 대통령의 최종 결재
③ 국가교통위원회의 심의
④ 관련 시민단체와의 협의

해설
교통안전법 제15조
국토교통부장관은 제3항에 따라 제출받은 소관별 교통안전에 관한 계획안을 종합·조정하여 국가교통안전기본계획안을 작성한 후 국가교통위원회의 심의를 거쳐 이를 확정한다.

25 국가교통안전기본계획 확정 후 국토교통부장관이 취해야 할 조치로 옳은 것은?

① 확정된 계획을 해당 교통사업자에게 통보한다.
② 확정된 계획을 일반 국민에게는 공개하지 않고 내부적으로만 공유한다.
③ 확정된 계획을 지정행정기관의 장과 시·도지사에게 통보하고, 공고해야 한다.
④ 확정된 계획의 모든 내용을 수시로 재검토하여야 한다.

해설
교통안전법 제15조
국토교통부장관은 제4항의 규정에 따라 확정된 국가교통안전기본계획을 지정행정기관의 장과 시·도지사에게 통보하고, 이를 공고한다.

26 국가교통안전시행계획안의 수립 주기와 주된 목적으로 옳은 것은?

① 5년 단위로 수립하며, 새로운 교통 법규를 제정하기 위함이다.
② 매년 수립하며, 국가교통안전기본계획을 집행하기 위함이다.
③ 불특정 주기로 수립하며, 교통사고 발생 시 책임 소재를 규명하기 위함이다.
④ 10년 단위로 수립하며, 교통시설의 장기적인 개발 계획을 수립하기 위함이다.

정답 23. ② 24. ③ 25. ③ 26. ②

해설

교통안전법 제16조
지정행정기관의 장은 국가교통안전기본계획을 집행하기 위하여 매년 소관별 교통안전시행계획안을 수립하여 이를 국토교통부장관에게 제출한다.

27 국가교통안전시행계획안을 최종적으로 확정하는 절차에 대한 설명으로 옳은 것은?

① 각 지정행정기관의 장이 소관별 계획안을 확정한 후 국토교통부장관에게 통보한다.
② 국토교통부장관이 제출받은 계획안을 종합·조정한 후 지정행정기관이 확정한다.
③ 국토교통부장관이 소관별 계획안을 종합·조정한 후 국가교통위원회의 심의를 거쳐 확정한다.
④ 지방자치단체가 지역 주민의 의견을 수렴하여 자체적으로 확정한다.

해설

교통안전법 제16조
국토교통부장관은 제1항의 규정에 따라 제출받은 소관별 교통안전시행계획안을 국가교통안전기본계획에 따라 종합·조정하여 국가교통안전시행계획안을 작성한 후 국가교통위원회의 심의를 거쳐 이를 확정한다.

28 지역교통안전기본계획의 수립 주기로 옳은 것은?

① 매년   ② 3년 단위
③ 5년 단위   ④ 10년 단위

해설

교통안전법 제17조
시·도지사는 국가교통안전기본계획에 따라 시·도의 교통안전에 관한 기본계획(이하 "시·도교통안전기본계획"이라 한다)을 5년 단위로 수립하여야 하며, 시장·군수·구청장은 시·도교통안전기본계획에 따라 시·군·구의 교통안전에 관한 기본계획(이하 "시·군·구교통안전기본계획"이라 한다)을 5년 단위로 수립한다.

29 시·도교통안전기본계획을 수립한 시·도지사가 이를 확정하기 위해 거쳐야 하는 심의 기관은 어디인가?

① 국가교통위원회
② 국토교통부 심의위원회
③ 지방교통위원회
④ 시·군·구교통안전위원회

해설

교통안전법 제17조
시·도지사가 시·도교통안전기본계획을 수립한 때에는 지방교통위원회의 심의를 거쳐 이를 확정하고, 시장·군수·구청장이 시·군·구교통안전기본계획을 수립한 때에는 시·군·구교통안전위원회의 심의를 거쳐 이를 확정한다.

30 시·군·구교통안전기본계획을 확정한 시장·군수·구청장이 취해야 할 조치로 옳은 것은?

① 국토교통부장관에게 제출한 후 공고하여야 한다.
② 시·도지사에게 제출한 후 공고하여야 한다.
③ 국가교통위원회에 보고한 후 시행한다.
④ 주민들에게만 구두로 통보하고 별도의 공고는 필요 없다.

해설

교통안전법 제17조
시·도지사는 제3항의 규정에 따라 시·도교통 안전기본계획을 확정한 때에는 국토교통부장관에게 제출한 후 이를 공고하여야 하며, 시장·군수·구청장은 제3항의 규정에 따라 시·군·구교통안전기본계획을 확정한 때에는 시·도지사에게 제출한 후 이를 공고한다.

정답 27. ③ 28. ③ 29. ③ 30. ①

31 지역교통안전기본계획의 변경에 관한 설명으로 옳지 않은 것은?

① 확정된 지역교통안전기본계획을 변경하는 경우에도 수립 절차를 준용한다.
② 국토교통부령으로 정하는 경미한 사항을 변경하는 경우에는 변경 절차 준용의 예외가 인정된다.
③ 시·도지사 또는 시장·군수·구청장은 계획을 변경하고자 할 때 주민 및 관계 전문가의 의견을 들어야 한다.
④ 경미한 사항의 변경인 경우에도 반드시 주민 및 관계 전문가의 의견을 들어야 한다.

해설
교통안전법 제17조
시·도지사 또는 시장·군수·구청장은 제1항 또는 제5항에 따라 시·도교통안전기본계획 또는 시·군·구교통안전기본계획을 수립하거나 변경하고자 할 때에는 지방교통위원회 또는 시·군·구교통안전위원회의 심의 전에 주민 및 관계 전문가로부터 의견을 들어야 한다. 다만, 국토교통부령으로 정하는 경미한 사항을 변경하고자 하는 경우에는 그러하지 아니하다.

32 지역교통안전기본계획의 수립 및 변경 절차와 관련하여 필요한 사항을 정하는 주체는 누구인가?

① 국토교통부장관
② 시·도지사
③ 대통령령
④ 지방교통위원회

해설
교통안전법 제17조
지역교통안전기본계획의 수립, 변경 및 주민·관계 전문가 의견 청취 절차 등에 관하여 필요한 사항은 대통령령으로 정한다.

33 교통시설설치·관리자 등이 관할교통행정기관에 제출해야 하는 교통안전관리규정에 반드시 포함되어야 하는 내용이 아닌 것은?

① 교통안전의 경영지침에 관한 사항
② 교통안전 관련 조직에 관한 사항
③ 교통시설의 설계 및 시공 기준에 관한 사항
④ 교통안전담당자 지정에 관한 사항

해설
교통안전법 제21조
교통안전의 경영지침에 관한 사항, 교통안전목표 수립에 관한 사항, 교통안전 관련 조직에 관한 사항, 제54조의2에 따른 교통안전담당자 지정에 관한 사항, 안전관리대책의 수립 및 추진에 관한 사항, 그 밖에 교통안전에 관한 중요 사항으로서 대통령령으로 정하는 사항

34 교통행정기관의 역할 중 교통시설설치·관리자 등에 관한 내용으로 옳은 것은?

① 교통시설설치·관리자 등에게 교통안전관리규정의 변경을 강제할 수 없다.
② 교통시설설치·관리자 등이 교통안전관리규정을 준수 여부를 확인하고 이를 평가해야 한다.
③ 교통시설설치·관리자 등의 교통안전관리규정 준수 여부 확인 및 평가를 교통사업자에게 위임할 수 있다.
④ 교통안전관리규정 수립 절차는 국토교통부령으로 정한다.

해설
교통안전법 제21조
교통시설설치·관리자 등이 교통안전관리규정을 준수하고 있는지의 여부를 확인하고 이를 평가한다.

정답 31. ④ 32. ③ 33. ③ 34. ②

35 어린이, 노인 및 장애인의 교통안전 체험을 위한 교육시설 설치와 관련하여, 해당 교육시설을 설치하고자 하는 교통행정기관의 장이 반드시 해야 할 사항은?

① 교육시설 설치 전에 국토교통부장관의 승인을 받아야 한다.
② 관계 행정기관의 장과 협의하여야 한다.
③ 교육시설 설치 후 국가 등에 보고해야 한다.
④ 교육시설 운영에 필요한 인력을 직접 확보해야 한다.

해설
교통안전법 제23조
국가 등은 어린이, 노인 및 장애인의 교통안전 체험을 위한 교육시설을 설치할 수 있다. 이 경우 해당 교육시설을 설치하고자 하는 교통행정기관의 장은 관계 행정기관의 장과 협의한다.

36 교통행정기관이 교통수단안전점검을 실시하는 목적으로 가장 적절한 것은?

① 교통수단운영자의 재정 건전성 확인
② 소관 교통수단에 대한 교통안전 실태 파악
③ 교통수단운영자의 법규 준수 여부 감시
④ 교통수단 관련 신기술 도입 여부 확인

해설
교통안전법 제33조
교통수단의 안전 점검 교통행정기관은 소관 교통수단에 대한 교통안전 실태를 파악하기 위하여 주기적으로 또는 수시로 교통수단안전점검을 실시할 수 있다.

37 교통행정기관이 교통수단운영자의 사업장에 출입하여 검사를 실시할 경우, 원칙적으로 검사계획을 언제까지 통지해야 하는가?

① 검사 당일
② 검사 3일 전
③ 검사 7일 전
④ 검사 14일 전

해설
교통안전법 제33조
사업장을 출입하여 검사하려는 경우에는 출입·검사 7일 전까지 검사 일시·검사 이유 및 검사 내용 등을 포함한 검사계획을 교통수단운영자에게 통지한다.

38 교통사고가 자주 발생하는 등 교통안전이 취약한 시·군·구에 대해 필요한 경우 특별실태조사를 실시할 수 있는데, 특별실태조사를 지시할 수 있는 사람이 아닌 것은?

① 지정행정기관의 장
② 구청장
③ 군수
④ 국토교통부 국장

해설
교통안전법 33조의2
지정행정기관의 장은 교통사고가 자주 발생하는 등 교통안전이 취약한 시·군·구에 대해 필요하다고 인정하는 경우, 교통체계에 대한 특별실태조사를 실시할 수 있으며 지정행정기관의 장에는 시장·군수·구청장이 포함된다.

정답 35. ② 36. ② 37. ③ 38. ④

39 지정행정기관의 장의 개선 권고를 받은 관할 교통행정기관의 의무사항으로 옳지 않은 것은?

① 이행계획서를 작성하여 지정행정기관의 장에게 제출하여야 한다.
② 이행계획서 제출 후 지정행정기관장의 확인 또는 점검을 받아야 한다.
③ 대통령령으로 정하는 바에 따라 이행결과보고서를 지정행정기관의 장에게 제출하여야 한다.
④ 개선 권고의 이행에 필요한 모든 재원을 자체적으로 확보해야 한다.

해설
교통안전법 제33조의2
지정행정기관의 장의 개선 권고를 받은 관할 교통행정기관은 이행계획서를 작성하여 지정행정기관의 장에게 제출하여야 하고, 지정행정기관의 장은 이를 이행하는지 확인 또는 점검, 이행계획서를 제출한 관할 교통행정기관은 대통령령으로 정하는 바에 따라 이행결과보고서를 지정행정기관의 장에게 제출하여야 하며, 예산의 범위에 따라 이행에 필요한 재원의 일부 또는 전부를 지원할 수 있다.

40 대통령령으로 정하는 일정 규모 이상의 도로·철도·공항의 교통시설을 설치하려는 자가 해당 교통시설 설치 전에 반드시 해야 할 사항은?

① 국토교통부장관의 사전 승인 획득
② 해당 교통시설 설치에 대한 재정 지원 신청
③ 교통안전진단기관에 의뢰하여 교통시설안전진단
④ 교통안전 관리자 선임 및 교육 이수

해설
교통안전법 제34조
일정 규모 이상의 도로·철도·공항의 교통시설을 설치하려는 자(이하 이 조에서 "교통시설설치자"라 한다)는 해당 교통시설의 설치 전에 제39조 제1항에 따라 등록한 교통안전진단기관(이하 "교통안전진단기관"이라 한다)에 의뢰하여 교통시설안전진단을 받아야 한다.

41 교통행정기관이 교통시설설치·관리자로 하여금 교통시설안전진단을 받을 것을 명할 수 있는 경우는?

① 교통시설 운영 수익이 현저히 감소한 경우
② 대통령령으로 정하는 기준 이상의 교통사고가 발생한 경우
③ 교통시설 유지보수 비용이 과도하게 증가한 경우
④ 교통시설에 대한 민원이 빈번하게 발생한 경우

해설
교통안전법 제34조
대통령령이 정하는 기준 이상의 교통사고가 발생한 경우, 교통시설안전진단을 받을 것을 명할 수 있다.

42 교통행정기관이 교통시설안전진단 결과에 따라 권고 등을 할 경우, 권고사항을 이행하는 자에게 제공할 수 있는 지원은?

① 인력 채용에 대한 재정적 지원
② 필요한 자료 제공 및 기술지원
③ 새로운 교통시설 설치에 대한 우선 승인
④ 법적 분쟁 발생 시 변호사 지원

정답 39. ④ 40. ③ 41. ② 42. ②

> **해설**
>
> 교통안전법 제37조
> 교통행정기관은 교통시설안전진단을 받은 자가 권고사항을 이행하기 위하여 필요한 자료 제공 및 기술지원을 할 수 있다.

43 시·도지사가 교통안전진단기관의 등록을 반드시 취소해야 하는 사유에 해당하지 않는 것은?

① 거짓이나 그 밖의 부정한 방법으로 등록을 한 때
② 최근 2년간 2회의 영업정지처분을 받고 새로이 영업정지처분에 해당하는 사유가 발생한 때
③ 제39조 제2항에 따른 등록기준에 미달하게 된 때
④ 영업정지처분을 받고 영업정지처분 기간 중에 새로이 교통시설안전진단 업무를 실시한 때

> **해설**
>
> 교통안전법 제43조
> 1. 거짓이나 그 밖의 부정한 방법으로 등록을 한 때
> 2. 최근 2년간 2회의 영업정지처분을 받고 새로이 영업정지처분에 해당하는 사유가 발생한 때
> 3. 제41조 각호의 어느 하나에 해당하게 된 때. 다만, 법인의 임원 중에 같은 조 제1호부터 제5호까지의 어느 하나에 해당하는 자가 있는 경우 6개월 이내에 해당 임원을 개임한 때에는 그러하지 아니하다.
> 4. 제42조의 규정을 위반하여 타인에게 자기의 명칭 또는 상호를 사용하게 하거나 교통안전진단기관 등록증을 대여한 때
> 5. 영업정지처분을 받고 영업정지처분기간 중에 새로이 교통시설안전진단 업무를 실시한 때
> 6. 제39조 제2항의 규정에 따른 등록기준에 미달하게 된 때
> 7. 교통시설안전진단을 실시할 자격이 없는 자로 하여금 교통시설안전진단을 수행하게 한 때
> 8. 제45조에 따라 교통시설안전진단의 실시결과를 평가한 결과 안전의 상태를 사실과 다르게 진단하는 등 교통시설안전진단 업무를 부실하게 수행한 것으로 평가된 때이며, 6항부터는 등록 취소 또는 정지

44 시·도지사가 교통안전진단기관에 대해 지도·감독을 하는 주된 목적은?

① 교통안전진단기관의 재정 상태 확인
② 교통시설안전 진단 업무를 적절하게 수행하고 있는지의 여부 확인
③ 교통안전진단기관의 신기술 도입 현황 파악
④ 교통안전진단기관의 직원에 대한 인사 평가

> **해설**
>
> 교통안전법 제47조
> 시·도지사는 교통안전진단기관이 교통시설안전진단 업무를 적절하게 수행하고 있는지의 여부 등을 확인하기 위하여 교통안전진단기관으로 하여금 필요한 보고를 하게 하거나 관련 자료를 제출하게 할 수 있으며, 필요한 경우 소속 공무원으로 하여금 관련 서류 그 밖의 물건을 점검·검사하게 하거나 관계인에게 질문을 하게 할 수 있다.

45 다음 중 교통안전법 제61조에 따라 반드시 청문을 실시해야 하는 경우는?

① 교통안전관리자 증명 발급
② 교통안전진단기관의 등록 취소
③ 교통안전진단기관의 자격 정지
④ 교통안전진단기관의 해제

> **해설**
>
> 교통안전법 제61조
> 시·도지사는 일반교통안전 진단기관의 등록 취소, 교통안전관리자의 자격 취소의 경우 청문을 실시하여야 한다.

정답 43. ③ 44. ② 45. ②

46 국토교통부장관이 운영하는 교통안전관리자 자격 제도의 주된 목적은?

① 교통수단 관련 법규의 제정 및 개정
② 교통수단의 운영·관리와 관련된 기술적인 사항을 점검·관리
③ 교통안전 관련 연구 개발 및 투자 유치
④ 교통안전 분야의 국제 협력 증진

해설
교통안전법 제53조
국토교통부장관은 교통수단의 운행·운항·항행 또는 교통시설의 운영·관리와 관련된 기술적인 사항을 점검·관리하는 교통안전관리자 자격 제도를 운영하여야 한다.

47 다음 중 교통안전관리자가 될 수 없는 결격사유에 해당하지 않는 것은?

① 피성년후견인 또는 피한정후견인
② 금고 이상의 실형을 선고받고 그 집행이 종료된 날부터 1년이 지난 자
③ 금고 이상의 형의 집행유예를 선고받고 그 유예기간 중에 있는 자
④ 교통안전관리자 자격의 취소 처분을 받은 날부터 2년이 지나지 아니한 자

해설
교통안전법 제53조
금고 이상의 실형을 선고받고 그 집행이 종료(집행이 종료된 것으로 보는 경우를 포함한다)되거나 집행이 면제된 날부터 2년이 지나지 아니한 자

48 교통안전법상 교통안전관리자를 반드시 두어야 하는 교통수단 운영자가 아닌 자는?

① 사업용으로 10대 이상 자동차를 사용하는 자
② 여객 자동차 운송사업의 면허를 받거나 등록한 자
③ 여객자동차 운송사업의 관리를 위탁받은 자
④ 일반화물자동차 운송사업의 허가를 받은 자

해설
교통안전법 시행령 제44조 별표8의2
교통안전담당자를 지정해야 하는 교통수단운영자, 사업용으로 20대 이상의 자동차를 사용하는 자

49 교통안전관리자 시험에서 부정행위를 한 응시자에 대해 국토교통부장관이 취할 수 있는 조치로 가장 적절한 것은?

① 해당 응시자를 즉시 형사 고발한다.
② 해당 응시자의 시험을 정지시키거나 무효로 한다.
③ 해당 응시자에게 벌금형을 부과한다.
④ 해당 응시자의 이전 시험 합격 기록을 모두 취소한다.

해설
교통안전법 제53조의2
시험에서 부정행위를 한 사람에 대하여는 그 시험을 정지시키거나 무효로 한다. 시험이 정지되거나 무효로 된 사람은 그 처분이 있은 날부터 2년간 시험에 응시할 수 없다.

정답 46. ② 47. ② 48. ① 49. ②

50 교통안전담당자의 직무, 지정 방법 및 교육에 필요한 사항을 정하는 주체는?

① 국토교통부장관
② 시·도지사
③ 교통시설설치·관리자
④ 교통행정기관의 장

해설
교통안전법 제54조의2
교통시설설치·관리자 및 교통수단운영자는 교통안전담당자를 지정하여 직무를 수행하게 할 수 있다.

51 운행기록장치 장착 의무자가 운행기록장치에 기록된 운행기록을 보관해야 하는 기간은?

① 3개월   ② 6개월
③ 1년   ④ 2년

해설
교통안전법 제55조
운행기록 장치를 장착하여야 하는 자(이하 "운행기록장치 장착 의무자"라 한다)는 운행기록장치에 기록된 운행기록을 대통령령(시행령 제45조 6개월)으로 정하는 기간 동안 보관하여야 한다.

52 다음 중 차로이탈경고장치 장착 의무 대상 차량에서 제외되는 자동차는?

① 길이 9미터 이상의 일반 승합자동차
② 차량총중량 20톤의 일반 화물자동차
③ 「자동차관리법 시행규칙」 별표 1 제2호에 따른 덤프형 화물자동차
④ 차량총중량 20톤을 초과하는 특수자동차

해설
교통안전법 시행규칙 제30조의2 제1항
차로이탈경고장치 장착 의무 대상차량은 길이 9미터 이상의 승합자동차 및 차량총중량 20톤을 초과하는 화물·특수자동차를 말한다. 대상에서 제외 차량은 자동차관리법 시행규칙 별표 1 제2호에 따른 덤프형 화물자동차, 피견인자동차, 입석을 할 수 있는 자동차, 구조나 운행 여건 등으로 설치가 곤란하거나 불필요하다고 국토교통부장관이 인정하는 자동차

53 다음 중 중대 교통사고에 대한 설명으로 올바른 것은?

① 차량운전자가 차량을 운전하던 중 1건의 교통사고로 5주 이상 치료를 요하는 사고
② 차량운전자가 차량을 운전하던 중 1건의 교통사고로 8주 이상 치료를 요하는 사고
③ 교통수단 운영자의 차량을 운전하던 중 1건의 교통사고로 5주 이상의 치료를 요하는 사고
④ 교통수단 운전자가 차량을 운전하던 중 1건의 교통사고로 8주 이상 치료를 요하는 사고

해설
교통안전법 시행규칙 제31조의2
차량운전자가 교통수단운영자의 차량을 운전하던 중 1건의 교통사고로 8주 이상의 치료를 요하는 의사의 진단을 받은 피해자가 발생한 사고

54 교통문화지수를 개발·조사·작성하고 그 결과를 공표할 수 있는 주체는?

① 국토교통부장관
② 교통행정기관의 장
③ 지방자치단체의 장
④ 지정행정기관의 장

정답 50. ③ 51. ② 52. ③ 53. ② 54. ④

> **해설**
> 교통안전법 제57조
> 지정행정기관의 장은 소관 분야와 관련된 국민의 교통안전의식의 수준 또는 교통문화의 수준을 객관적으로 측정하기 위한 지수(이하 "교통문화지수"라 한다)를 개발·조사·작성하여 그 결과를 공표할 수 있다.

55 단지 내 도로에서 교통안전을 확보하기 위하여 교통안전 실태점검을 하여야 하는 주체가 아닌 것은?

① 단지 관리책임자
② 시장
③ 군수
④ 구청장

> **해설**
> 교통안전법 제57조의3
> 시장·군수·구청장은 단지 내 도로에서의 교통안전을 확보하기 위하여 관계공무원으로 하여금 교통안전 실태점검(이하 이 조에서 "실태점검"이라 한다)을 실시하게 할 수 있다.

56 다음 중 1천만원 이하의 과태료가 부과되는 행위에 해당하는 것은?

① 교통안전관리규정을 제출하지 아니한 자
② 교통안전담당자를 지정하지 아니한 자
③ 교통사고 관련 자료를 보관·관리하지 아니한 자
④ 운행기록장치에 기록된 운행기록을 임의로 조작한 자

> **해설**
> 교통안전법 제65조
> 운행기록장치에 기록된 운행기록을 임의로 조작한 자는 1천만원 이하의 과태료를 부과한다. 기타는 500만원 이하의 과태료를 부과한다.

57 국토교통부장관이 국가교통안전기본계획의 수립 또는 변경을 위한 지침을 지정행정기관의 장에게 통보해야 하는 시기는?

① 계획연도 시작 전년도 2월 말까지
② 계획연도 시작 전년도 6월 말까지
③ 계획연도 시작 전전년도 6월 말까지
④ 계획연도 시작 당해 연도 1월 말까지

> **해설**
> 교통안전법 시행령 제10조
> 국토교통부장관은 국가교통안전기본계획의 수립 또는 변경을 위한 지침(이하 이 조에서 "수립지침"이라 한다)을 작성하여 계획연도 시작 전전년도 6월 말까지 지정행정기관의 장에게 통보하여야 한다.

58 지정행정기관의 장이 소관별 교통안전에 관한 계획안을 작성하여 국토교통부장관에게 제출해야 하는 시기는?

① 계획연도 시작 전년도 2월 말까지
② 계획연도 시작 전년도 6월 말까지
③ 계획연도 시작 전전년도 6월 말까지
④ 계획연도 시작 당해 연도 1월 말까지

> **해설**
> 교통안전법 시행령 제10조
> 지정행정기관의 장은 수립지침에 따라 소관별 교통안전에 관한 계획안을 작성하여 계획연도 시작 전년도 2월 말까지 국토교통부장관에게 제출하여야 한다.

정답 55. ① 56. ④ 57. ③ 58. ①

59 국토교통부장관이 소관별 교통안전에 관한 계획안을 종합·조정하여 국가교통안전기본계획을 확정할 때 검토해야 하는 사항이 아닌 것은?

① 정책목표
② 정책과제의 추진 시기
③ 각 기관의 전년도 교통사고 발생률
④ 투자 규모

해설
교통안전법 시행령 제10조
국토교통부장관이 계획안을 종합·조정할 때 검토해야 하는 사항으로 정책목표, 정책과제의 추진 시기, 투자 규모, 정책과제의 추진에 필요한 해당 기관별 협의사항

60 국가교통안전기본계획 또는 국가교통안전시행계획에서 정한 부문별 사업 규모를 변경하는 경우, 경미한 사항으로 인정되는 최대 범위는?

① 100분의 5 이내
② 100분의 10 이내
③ 100분의 20 이내
④ 100분의 30 이내

해설
교통안전법 시행령 제11조
국가교통안전기본계획 또는 국가교통안전시행계획에서 정한 부문별 사업 규모를 100분의 10 이내의 범위에서 변경하는 경우

61 다음 중 경미한 사항의 변경으로 볼 수 있는 경우는?

① 국가교통안전기본계획에서 정한 단위 사업의 시행기한을 벗어나 시행시기를 변경하는 경우
② 국가교통안전시행계획의 정책 목표를 전면적으로 수정하는 경우
③ 국가교통안전기본계획의 내용 중 단순히 누락된 사항을 추가하며 그 변경 근거가 분명한 경우
④ 국가교통안전시행계획에서 정한 사업 예산을 100분의 20 초과하여 증액하는 경우

해설
교통안전법 시행령 제11조
1. 국가교통안전기본계획 또는 국가교통안전시행계획에서 정한 시행기한의 범위에서 단위 사업의 시행시기를 변경하는 경우
2. 계산 착오, 오기, 누락, 그 밖에 국가교통안전기본계획 또는 국가교통안전시행계획의 기본방향에 영향을 미치지 아니하는 사항으로서 그 변경 근거가 분명한 사항을 변경하는 경우

62 지정행정기관의 장이 다음 연도의 소관별 교통안전시행계획안을 국토교통부장관에게 제출해야 하는 시기는?

① 매년 1월 말까지
② 매년 6월 말까지
③ 매년 10월 말까지
④ 매년 12월 말까지

해설
교통안전법 시행령 제12조
지정행정기관의 장은 다음 연도의 소관별 교통안전시행계획안을 수립하여 매년 10월 말까지 국토교통부장관에게 제출하여야 한다.

63 국토교통부장관이 국가교통안전시행계획을 확정하여 지정행정기관의 장과 시·도지사에게 통보해야 하는 시기는?

① 매년 10월 말까지
② 매년 11월 말까지
③ 매년 12월 말까지
④ 다음 해 1월 말까지

정답 59. ③ 60. ② 61. ③ 62. ③ 63. ③

> **해설**
>
> 교통안전법 시행령 제12조
> 국토교통부장관은 국가교통안전시행계획을 12월 말까지 확정하여 지정행정기관의 장과 시·도지사에게 통보하여야 한다.

64 시·도교통안전기본계획 또는 시·군·구교통안전기본계획에 포함되어야 할 사항으로 옳지 않은 것은?

① 해당 지역의 육상교통안전에 관한 중기 종합정책 방향
② 해당 지역의 해상교통안전수준을 향상하기 위한 시책
③ 해당 지역의 육상교통안전에 관한 장기 종합정책 방향
④ 육상교통안전수준을 향상하기 위한 교통안전시책에 관한 사항

> **해설**
>
> 교통안전법 시행령 제13조
> 시·군·구 교통안전기본계획에 포함 사항. 해당 지역의 육상교통안전에 관한 중·장기 종합정책 방향, 그 밖에 육상교통안전수준을 향상하기 위한 교통안전시책에 관한 사항

65 시·도지사 등이 지역교통안전기본계획을 확정해야 하는 시기는?

① 시작 전년도 1월 말까지
② 시작 전년도 6월 말까지
③ 시작 전년도 10월 말까지
④ 시작 전년도 12월 말까지

> **해설**
>
> 교통안전법 시행령 제13조
> 시·도지사 및 시장·군수·구청장은 각각 계획연도 시작 전년도 10월 말까지 시·도교통안전기본계획 또는 시·군·구교통안전기본계획을 확정하여야 한다.

66 시장·군수·구청장이 시·군·구교통안전시행계획과 전년도의 추진 실적을 시·도지사에게 제출해야 하는 시기는?

① 매년 1월 말까지
② 매년 2월 말까지
③ 매년 10월 말까지
④ 매년 12월 말까지

> **해설**
>
> 교통안전법 시행령 제14조
> 시장·군수·구청장은 시·군·구교통안전시행계획과 전년도의 시·군·구 교통안전시행계획 추진 실적을 매년 1월 말까지 시·도지사에게 제출한다.

67 교통시설설치·관리자가 교통안전관리규정을 제출해야 하는 시기로 틀린 것은?

① 도로공사를 시행하게 된 날부터 6개월 이내
② 유료도로를 신설 또는 개축하여 통행료를 받게 된 날부터 3개월 이내
③ 여객 자동차운송사업의 면허를 받은 날부터 1년 이내
④ 일반화물 자동차운송사업을 허가받은 날부터 1년 이내

> **해설**
>
> 교통안전법 시행령 제17조
> 유효도로를 신설한 날부터 6개월 이내

68 교통시설설치·관리자 등이 교통안전관리규정을 변경한 경우, 변경된 규정을 관할 교통행정기관에 제출해야 하는 시기는?

① 변경한 날부터 1개월 이내
② 변경한 날부터 3개월 이내
③ 변경한 날부터 6개월 이내
④ 변경한 날부터 1년 이내

정답 64. ② 65. ③ 66. ① 67. ② 68. ②

해설

교통안전법 시행령 제17조
교통시설설치·관리자 등은 교통안전관리규정을 변경한 경우에는 변경한 날부터 3개월 이내에 변경된 교통안전관리규정을 관할 교통행정기관에 제출한다.

69 교통안전법 제33조에서 말하는 교통수단의 안전 점검에 있어서 대통령령으로 정하는 기준 이상의 교통사고에 해당하지 않는 것은?

① 1건의 사고로 사망자가 1명 이상 발생한 교통사고
② 1건의 사고로 중상자가 2명 이상 발생한 교통사고
③ 자동차를 20대 이상 보유한 운송사업자의 교통안전도 평가지수가 국토교통부령으로 정하는 기준을 초과하여 발생한 교통사고
④ 1건의 사고로 경상자가 5명 이상 발생한 교통사고

해설

교통안전법 시행령 제20조
대통령령으로 정하는 기준 이상의 교통사고는 1건의 사고로 사망자 1명 이상 발생 사고, 중상자 2명 이상 발생 사고, 자동차 20대 이상 보유한 여객, 화물운수사업자의 교통안전도 평가지수에서 기준을 초과한 사고가 발생한 교통사고

70 교통안전도 평가지수를 산정할 때, 교통사고 발생 시부터 30일 이내에 사람이 사망한 사고는 어떻게 분류되는가?

① 중상사고
② 경상사고
③ 사망사고
④ 교통사고로 분류되지 않는다.

해설

교통안전법 시행령 제20조 별표3의2
교통사고가 주된 원인이 되어 교통사고 발생 시부터 30일 이내에 사람이 사망한 사고는 사망사고로, 교통사고로 인하여 다친 사람이 의사의 최초 진단 결과 3주 이상의 치료가 필요한 상해를 입은 사고는 중상사고로, 교통사고로 인하여 다친 사람이 의사의 최초 진단 결과 5일 이상 3주 미만의 치료가 필요한 상해를 입은 사고는 경상사고로 구분한다.

71 교통사고 발생 건수 및 사상자 수 산정 시 경상자와 중상자 및 사망사고에 대한 가중치에 차이를 두고 있다. 경상사고, 중상사고, 사망사고에 대한 각각의 가중치의 적용으로 맞는 것은?

① 경상사고 0.2, 중상사고 0.5, 사망사고 0.7
② 경상사고 0.5, 중상사고 1, 사망사고 1.5
③ 경상사고 0.3, 중상사고 0.7, 사망사고 1
④ 경상사고 0.3, 중상사고 0.5, 사망사고 1

해설

교통안전법 시행령 제20조 별표3의2
교통사고 발생 건수 및 교통사고 사상자 수 산정 시 경상사고 1건 또는 경상자 1명은 '0.3', 중상사고 1건 또는 중상자 1명은 '0.7', 사망사고 1건 또는 사망자 1명은 '1'을 각각 가중치로 적용한다.

72 교통수단안전점검의 항목으로 옳지 않은 것은?

① 교통시설의 설치 적절성 확인
② 교통안전 관계 법령의 위반 여부 확인
③ 교통수단의 교통안전 위험요인 조사
④ 교통안전관리규정의 준수 여부 점검

정답 69. ④ 70. ③ 71. ③ 72. ①

> **해설**
> 교통안전법 시행령 제20조
> 교통수단의 위험요인 조사, 관계 법령 위반 여부 확인, 교통안전관리규정 준수 여부 점검 등을 포함한다.

73 교통수단안전점검의 대상이 둘 이상의 교통행정기관의 소관 사항인 경우, 점검 방법에 대한 설명으로 옳은 것은?

① 교통행정기관 중 한 곳만 단독으로 점검을 실시해야 한다.
② 가장 큰 규모의 교통행정기관이 점검한다.
③ 각 교통행정기관이 독립적으로 점검을 실시한 후 결과를 공유해야 한다.
④ 해당 소관 기관이 공동으로 점검할 수 있다.

> **해설**
> 교통안전법 시행령 제21조
> 교통수단안전점검의 대상이 둘 이상의 교통행정기관의 소관 사항인 경우에는 해당 소관 기관이 공동으로 점검할 수 있다.

74 교통안전진단기관으로 등록하려는 자가 등록신청서를 제출해야 하는 기관은?

① 국토교통부장관
② 시·도지사
③ 해당 교통시설의 관할 교통경찰서장
④ 한국교통안전공단 이사장

> **해설**
> 교통안전법 시행령 제32조
> 교통안전진단기관으로 등록하려는 자는 등록신청서에 국토교통부령으로 정하는 서류를 첨부하여 시·도지사에게 제출한다.

75 교통사고 관련 자료 등을 보관·관리하는 자는 교통사고가 발생한 날부터 얼마 동안 이를 보관·관리해야 하는가?

① 1년간 ② 3년간
③ 5년간 ④ 10년간

> **해설**
> 교통안전법 시행령 제38조
> 교통사고와 관련된 자료·통계 또는 정보(이하 "교통사고 관련 자료 등"이라 한다)를 보관·관리하는 자는 교통사고가 발생한 날부터 5년간 이를 보관·관리하여야 한다.

76 교통사고 관련 자료 등을 보관·관리하는 자에 해당하지 않는 것은?

① 한국교통안전공단
② 한국도로공사
③ 보험업법에 따른 손해보험협회
④ 여객자동차 운수사업 공제조합

> **해설**
> 교통안전법 시행령 제39조
> 한국교통안전공단, 한국도로교통공단, 한국도로공사, 손해보험회사, 여객자동차운송사업의 면허를 받거나 등록한 자, 공제조합, 화물자동차운수사업자로 구성된 협회가 설립한 연합회

77 교통안전담당자의 신규교육에 대한 설명으로 옳은 것은?

① 직무를 시작한 날부터 1년 이내에 1회 받아야 한다.
② 교육 시간은 8시간으로 한다.
③ 직무를 시작한 날부터 6개월 이내에 1회 받아야 한다.
④ 교육기관은 해당 교통시설설치·관리자 등이 자체적으로 지정할 수 있다.

정답 73. ④ 74. ② 75. ③ 76. ③ 77. ③

> **해설**
>
> 교통안전법 시행령 제44조의3
> 교통안전담당자의 직무를 시작한 날부터 6개월 이내에 1회 16시간, 보수교육은 교통안전담당자의 직무를 시작한 날이 속하는 년도를 기준으로 2년마다 1회 8시간이며, 교육기관은 교통안전담당자 교육기관이 실시

78 교통안전담당자 교육기관에 대한 설명으로 옳지 않은 것은?

① 교육기관은 한국교통안전공단
② 교육기관은 여객자동차 운수사업법에 따른 운수종사자 연수기관
③ 부득이한 사유가 있는 경우 3개월의 범위에서 교육 연기
④ 국토교통부 장관은 매년 12월 31일까지 교육 일정 고시

> **해설**
>
> 교통안전법 시행령 제44조의3
> 질병·부상 등으로 교육을 받을 수 없는 경우 6개월의 범위에서 교육을 연기할 수 있다.

79 교통안전체험연구·교육시설이 체험할 수 있도록 해야 하는 내용으로 옳지 않은 것은?

① 교통사고에 관한 모의실험
② 비상상황에 대한 대처 능력 향상을 위한 실습 및 교정
③ 상황별 안전운전 실습
④ 교통 혼잡 시 교통정리 체험교육

> **해설**
>
> 교통안전법 시행령 제46조
> 교통안전체험연구·교육시설은 교통사고 모의실험, 비상상황 대처 능력 향상을 위한 실습 및 교정, 상황별 안전운전 실습

80 교통문화지수의 조사 항목이 아닌 것은?

① 운전행태
② 교통위반 실적
③ 교통안전
④ 보행행태(도로교통 분야로 한정한다)

> **해설**
>
> 교통안전법 시행령 제47조
> 교통문화지수의 조사 항목은 운전행태, 교통안전, 보행행태, 그 밖에 국토교통부장관이 필요하다고 인정하여 정하는 사항

81 단지 내 도로의 교통안전을 위해 대통령령으로 정하는 안전시설물에 해당하지 않는 것은?

① 안전표지   ② 과속방지턱
③ 도로반사경 ④ 신호등

> **해설**
>
> 교통안전법 시행령 제47조의2
> 안전표지, 과속방지턱, 도로반사경, 어린이 안전보호구역 표지, 조명시설, 그리고 시선유도봉, 자동차 진입억제용 말뚝, 보행자용 방호울타리, 교통정온화시설

82 단지 내 도로를 설치·관리하는 자는 시장·군수·구청장에게 실태점검의 실시를 요청할 수 있다. 대통령령으로 정하는 요건에 따라 입주민의 서면 동의를 받아야 하는 최소 비율은?

① 입주민 전체의 100분의 10 이상
② 입주민 전체의 100분의 20 이상
③ 입주민 전체의 100분의 30 이상
④ 입주민 전체의 100분의 50 이상

> **해설**
>
> 교통안전법 시행령 제47조의2
> 입주민 전체의 100분의 20 이상의 서면 동의를 받을 것

정답 78. ③ 79. ④ 80. ② 81. ④ 82. ②

83 교통행정기관의 장의 업무 중 한국교통안전공단에 위탁되는 업무가 아닌 것은?

① 교통수단안전점검
② 교통시설안전진단 실시결과 제출 요구
③ 자격증명서의 발급
④ 손해보험협회가 보관 중인 교통사고 관련 자료 등의 제출 요구

해설

교통안전법 시행령 제48조의2
1. 국토교통부장관이 한국교통안전공단에 위탁할 수 있는 업무: 교통수단 안전점검, 교통시설 안전진단 실시결과의 평가와 관련 자료 제출 요구
2. 교통행정기관의 장이 한국교통안전공단에 위탁할 수 있는 업무: 교통안전관리자 자격시험과 증명서의 발급, 교통안전 관리규정의 접수 및 준수 여부 확인·평가, 교통안전정보 관리체계의 구축·관리, 자동차 운행기록 등의 제출 요청 및 점검·분석, 교통안전 체험연구·교육시설의 설치·운영, 교통문화지수의 개발·조사·작성 및 결과의 공표
3. 경찰청장의 업무 중 한국교통안전공단에 위탁할 수 있는 업무: 교통수단 안전점검에 필요한 관련 자료 제출 요구, 특별실태조사의 실시, 교통체계 개선 권고와 이행에 필요한 행정지원, 이행계획서의 접수와 이행의 확인·점검 및 이행결과보고서의 접수, 손해보험회사, 여객자동차운수사업법에 따른 공제조합, 화물자동차운수사업자로 구성된 협회가 설립한 연합회가 보관 중인 교통사고 관련 자료의 제출 요구, 도로교통사고에 관한 교통안전정보 관리체계의 구축·관리, 교통안전 체험연구·교육시설의 설치·운영, 도로교통사고에 관한 교통문화지수의 조사·작성
4. 시장, 군수, 구청장이 한국교통안전공단에 위탁할 수 있는 업무: 교통안전실태 점검업무

84 지역교통안전시행계획의 추진 실적에 포함되어야 하는 세부사항으로 옳지 않은 것은?

① 지역교통안전시행계획의 단위 사업별 추진 실적
② 지역교통안전시행계획의 추진상 문제점 및 대책
③ 교통사고 현황 및 분석
④ 교통사고지수 향상을 위한 노력

해설

교통안전법 시행규칙 제3조
단위 사업별 추진 실적, 추진상 문제점 및 대책, 교통사고 현황 및 분석을 포함한다.

85 교통안전관리규정 준수 여부의 확인·평가는 영 제17조 제1항에 따라 교통안전관리규정을 제출한 날을 기준으로 언제 실시하는가?

① 매년
② 매 2년이 지난 날의 전후 100일 이내
③ 매 3년이 지난 날의 전후 100일 이내
④ 매 5년이 지난 날의 전후 100일 이내

해설

교통안전법 시행규칙 제5조
교통안전관리규정 준수 여부의 확인·평가는 영 제17조 제1항에 따라 교통안전관리규정을 제출한 날을 기준으로 매 5년이 지난 날의 전후 100일 이내에 실시한다.

정답 83. ④ 84. ④ 85. ④

86 다음 중 교통안전관리자 자격증명서를 교부할 수 있는 사람은?

① 국토교통부장관
② 시도지사
③ 군수
④ 한국교통안전공단 이사장

해설
교통안전법 제53조
교통안전관리자 자격을 취득하려는 사람은 국토교통부장관이 실시하는 시험에 합격하여야 하며, 국토교통부장관은 시험에 합격한 사람에 대하여는 교통안전관리자 자격증명서를 교부한다.

87 지정행정기관의 장이 특별실태조사를 위해 교통안전이 취약한 지역에 대한 현장조사를 실시하도록 할 수 있는 사람은?

① 해당 지역의 공무원
② 교통안전 관련 전문가
③ 해당 지역의 교통시설설치·관리자
④ 해당 지역 주민 대표

해설
교통안전법 시행규칙 제7조의3
지정행정기관의 장은 제1항에 따른 특별실태조사를 위하여 교통안전 관련 전문가로 하여금 교통안전이 취약한 지역에 대한 현장조사를 실시하도록 할 수 있다.

88 교통안전진단기관의 등록에 따라 등록한 교통안전진단기관이 상호, 대표자, 사무소 소재지 또는 전문인력을 변경한 경우, 시·도지사에게 신고서를 제출해야 하는 기간은?

① 변경한 날부터 15일 이내
② 변경한 날부터 30일 이내
③ 변경한 날부터 60일 이내
④ 변경한 날부터 90일 이내

해설
교통안전법 시행규칙 제14조
교통안전진단기관은 법 제40조 제1항에 따라 상호, 대표자, 사무소 소재지 또는 전문인력을 변경한 경우에는 이를 증명하는 서류를 첨부하여 30일 이내에 시·도지사에게 제출하여야 한다.

89 교통안전진단기관이 휴업하거나 재개업 또는 폐업하려는 경우, 시·도지사에게 제출해야 하는 서류와 내용에 대한 설명으로 맞는 것은?

① 3개월 이상 휴업 시 휴업신고서
② 3개월 이상 폐업 시 폐업신고서
③ 휴업증명서와 등록증 사본
④ 폐업신고서와 등록증 원본

해설
교통안전법 시행규칙 제14조
교통안전 진단기관은 6개월 이상 휴업하거나 재개업 또는 폐업하려는 경우 휴업·재개업·폐업 신고서에 이를 증명하는 서류(폐업의 경우에는 등록증원본을 포함한다)를 첨부하여 30일 이내에 시·도지사에게 제출한다.

90 한국교통안전공단이 교통안전관리자 시험을 시행하려면 시험 시행일 며칠 전까지 시험 일정과 응시과목 등 필요한 사항을 공고해야 하는가?

① 30일 전   ② 60일 전
③ 90일 전   ④ 120일 전

해설
교통안전법 시행규칙 제18조
한국교통안전공단은 시험을 시행하려면 시험 시행일 90일 전까지 시험 일정과 응시과목 등 시험의 시행에 필요한 사항을 신문 등의 진흥에 관한 법률 제9조 제1항에 따라 보급 지역을 전국으로 하여 등록한 일간신문(이하 "일간신문"이라 한다) 및 한국교통안전공단 인터넷 홈페이지에 공고한다.

정답 86. ① 87. ② 88. ② 89. ④ 90. ③

91 국토교통부령으로 정하는 기준에 적합한 운행기록장치는 구체적으로 어떤 장치를 말하는가?

① 아날로그식 운행기록장치
② 수동식 운행기록장치
③ 전자식 운행기록장치
④ GPS 기능만 탑재된 기록장치

해설
교통안전법 시행규칙 제29조의3
국토교통부령으로 정하는 기준에 적합한 운행기록장치란 별표 4에서 정하는 기준을 갖춘 전자식 운행기록장치(Digital Tachograph)를 말한다.

92 교통수단제조사업자가 전자식 운행기록장치를 장착할 수 있는 차량의 기준은?

① 모든 종류의 차량
② 여객자동차 운송사업자
③ 승용차
④ 개인 화물차량

해설
교통안전법 시행규칙 제29조의3
교통수단제조사업자는 그가 제조하는 차량에 대해 운행기록장치의 장착 및 운행기록의 활용을 위해 법 55조에서 지정하는 여객자동차 운송사업자, 화물자동차 운송사업자 및 운송가맹사업자, 어린이통학버스

93 운행기록장치 장착이 면제되는 차량으로 옳지 않은 것은?

① 화물자동차운송사업용 자동차로서 최대 적재량 1톤 이하인 화물자동차
② 자동차관리법 시행규칙에 따른 경형·소형 특수자동차
③ 화물운송용 자동차로 2002년 6월 30일 이전에 등록된 자동차
④ 여객자동차운송사업에 사용되는 자동차로서 2002년 6월 30일 이전에 등록된 자동차

해설
교통안전법 시행규칙 제29조의4
화물자동차 운송사업용 자동차로 최대적재량 1톤 이하인 화물차, 경형·소형 특수자동차 및 구난형·특수용도형 특수자동차, 여객자동차 운수사업법 제3조에 따른 여객자동차운송사업에 사용되는 자동차로서 2002년 6월 30일 이전에 등록된 자동차

94 다음 중 운행하는 차량에 운행기록장치를 장착해야 하는 의무자가 아닌 것은?

① 여객자동차 운송사업자
② 화물자동차 운송가맹사업자
③ 소형 화물 차주
④ 어린이통학버스 운영자

해설
교통안전법 제55조
운행기록장치 장착 의무자는 여객자동차 운송사업자, 화물자동차 운송사업자, 어린이통학버스 운영자이며, 소형 화물 차주는 장착 의무자가 아니다.

95 다음 중 교통안전관리자 자격의 취소권자로 올바른 것은?

① 시장   ② 군수
③ 시도지사   ④ 구청장

해설
교통안전법 제54조
시도지사는 교통안전관리자가 시험에서 부정행위를 한 사람이나 거짓이나 부정한 방법으로 자격을 취득하거나 직무를 행하면서 고의 또는 중대한 과실로 인하여 교통사고를 발생하게 한 때에는 자격을 취소하여야 한다.

정답 91. ③ 92. ② 93. ③ 94. ③ 95. ③

96 법 제55조에 따른 운행기록의 보관 방법으로 옳지 않은 것은?

① 운행기록장치
② 개인용 컴퓨터
③ CD
④ 인쇄된 서류 형태로만 보관

해설
교통안전법 시행규칙 제30조
운행기록은 운행기록장치 또는 저장장치(개인용 컴퓨터, CD, 휴대용 플래시메모리 저장장치 등을 말한다)에 보관한다.

97 운행기록장치 장착 의무자가 월별 운행기록을 작성하여 교통행정기관에 제출해야 하는 시기는?

① 다음 달 10일까지
② 다음 달 20일까지
③ 다음 달 말일까지
④ 분기별로 다음 분기 첫 달 말일까지

해설
교통안전법 시행규칙 제30조
운행기록 장착 의무자는 법 제55조 제2항에 따라 월별 운행기록을 작성하여 다음 달 말일까지 교통행정기관에 제출하여야 한다.

98 한국교통안전공단이 운행기록장치 장착 의무자가 제출한 운행기록을 점검하고 분석해야 하는 항목이 아닌 것은?

① 과속   ② 급감속
③ 급가속   ④ 회전

해설
교통안전법 시행규칙 제30조
한국교통안전공단이 운행기록을 분석해야 하는 항목으로 과속, 급감속, 급출발, 회전, 앞지르기, 진로변경이 있다.

99 국토교통부령으로 정하는 차량으로서 차로이탈경고장치를 장착해야 하는 대상 차량은?

① 길이 9미터 이하의 승합자동차
② 개인택시 및 소형 화물차
③ 차량총중량 15톤을 초과하는 화물자동차
④ 차량총중량 20톤을 초과하는 화물·특수자동차

해설
교통안전법 시행규칙 제30조의2
법 제55조의2에서 "국토교통부령으로 정하는 차량"이란 길이 9미터 이상의 승합자동차 및 차량총중량 20톤을 초과하는 화물·특수자동차를 말한다.

100 교통안전에 관한 전문성 및 직무능력 향상을 위하여 국토교통부장관이 실시하는 교통안전 전문교육에 대한 설명으로 틀린 것은?

① 전문교육을 받아야 하는 대상은 교통행정기관에서 교통안전에 관한 업무를 담당하는 공무원
② 교통시설설치·관리자의 직원
③ 운행제한 단속원
④ 전문교육 대상은 대상이 된 날로부터 3개월 이내 1회 실시

해설
• 교통안전법 제56조의3
1. 국토교통부령으로 정하는 교통행정기관에서 교통안전에 관한 업무를 담당하는 공무원
2. 교통시설설치·관리자의 직원
3. 도로법 제77조 제4항에 따른 운행제한단속원
• 교통안전법 시행규칙 제31조의3 전문교육의 실시 시기 및 횟수
1. 최초로 실시하는 전문교육: 전문교육의 대상이 된 날부터 6개월 이내에 1회
2. 최초의 전문교육 이후 실시하는 전문교육: 제1호에 따른 전문교육을 받은 날이 속하는 연도를 기준으로 2년마다 1회

정답 96.④ 97.③ 98.③ 99.④ 100.④

항공안전법

01 항공안전법의 목적에 대한 설명으로 옳지 않은 것은?

① 항공기 및 경량항공기, 초경량비행장치의 안전한 운항 확보
② 항공기의 효율적 항행을 위한 방법 제시
③ 항공사업자의 의무 규정
④ 국제항공협력 및 항공산업 발전 도모

해설
항공안전법 제1조
항공기, 경량항공기 또는 초경량 비행장치의 안전하고 효율적인 항행을 위한 방법과 국가, 항공사업자 등의 의무에 관한 사항을 규정한다.

02 다음 중 항공기 등불에 대한 설명으로 올바른 것은?

① 엔진이 작동 중인 경우에 우현등 및 좌현등과 충돌방지등에 의하여 위치 표시
② 야간에 비행장에 주기 또는 정박시키는 경우 충돌방지등을 이용하여 위치 표시
③ 야간에 주기 또는 정박 시에는 항행등에 의하여 위치 표시
④ 야간에 비행장에 주기시키는 경우 위치를 나타내는 충돌방지등으로 오인할 수 있는 등화 사용 금지

해설
항공안전법 제120조
1. 항공기가 야간에 공중·지상 또는 수상을 항행하는 경우와 비행장의 이동지역 안에서 이동하거나 엔진이 작동 중인 경우에는 우현등, 좌현등 및 미등(이하 "항행등"이라 한다)과 충돌방지등에 의하여 그 항공기의 위치를 나타내야 한다.
2. 비행장에 주기(駐機) 또는 정박시키는 경우에는 해당 항공기의 항행등을 이용하여 항공기의 위치를 나타내야 한다. 다만, 비행장에 항공기를 조명하는 시설이 있는 경우에는 그러하지 아니하다.
3. 비행장에 주기 또는 정박시키는 경우 위치를 나타내는 항행등으로 잘못 인식될 수 있는 다른 등불을 켜서는 아니 된다.

03 항공안전법의 적용 대상이 아닌 것은?

① 항공기
② 경량항공기
③ 초경량비행장치
④ 군용 항공기

해설
항공안전법 제2조4
국가기관 등 항공기란 국가, 지방자치단체 그 밖의 공공기관이 소유하거나 임차한 항공기로 군용, 경찰용, 세관용 항공기는 제외한다.

04 국가기관의 항공기에 해당하지 않는 것은?

① 군용 항공기　② 경찰용 항공기
③ 소방항공기　④ 세관용 항공기

해설
항공안전법 제2조4
군용, 경찰용, 세관용 항공기는 국가기관 항공기에서 제외한다.

05 국가기관의 항공기에 해당하지 않는 것은?

① 공공기관이 소유한 항공기
② 공공기관이 임차한 항공기
③ 지방자치단체에서 소방방재용으로 임차한 항공기
④ 일반병원에서 응급환자를 수송하기 위해 임차한 항공기

정답 01. ④　02. ③　03. ④　04. ③　05. ④

> **해설**
>
> 항공안전법 제2조4
> 국가기관항공기란 국가, 지방자치단체 그밖에 공공기관에서 소유하거나 임차한 항공기로 재해·재난 등으로 인한 수색·구조, 산불진화와 예방, 응급환자 후송 등 구급활동, 그밖에 공공의 안녕과 질서유지를 위해 필요한 업무를 수행하는 항공기이다.

06 항공안전법 시행규칙상 경량항공기에 해당하는 기준으로 옳지 않은 것은?

① 최대이륙중량이 600킬로그램 이하일 것
② 최대 실속속도 또는 최소 정상비행속도가 45노트 이하일 것
③ 탑승 좌석이 1개 이하일 것
④ 고정된 착륙장치가 있을 것

> **해설**
>
> 항공안전법 시행규칙 제4조
> 1. 최대이륙중량이 600킬로그램(수상비행에 사용하는 경우에는 650킬로그램) 이하일 것
> 2. 최대 실속속도[실속(失速: 비행기를 띄우는 양력이 급격히 떨어지는 현상을 말한다. 이하 같다)이 발생할 수 있는 속도를 말한다] 또는 최소 정상비행속도가 45노트 이하일 것
> 3. 조종사 좌석을 포함한 탑승 좌석이 2개 이하일 것
> 4. 단발(單發) 왕복발동기 또는 전기모터(전기공급원으로부터 충전받은 전기에너지 또는 수소를 사용하여 발생시킨 전기에너지를 동력원으로 사용하는 것을 말한다. 이하 같다)를 장착할 것
> 5. 조종석은 여압(기내 공기 압력을 지상과 가깝게 조절·유지하는 것을 말한다)이 되지 아니할 것
> 6. 비행 중에 프로펠러의 각도를 조정할 수 없을 것
> 7. 고정된 착륙장치가 있을 것. 다만, 수상비행에 사용하는 경우에는 고정된 착륙장치 외에 접을 수 있는 착륙장치를 장착할 수 있다.

07 다음 중 항공안전법에서 정의하는 항공기에 해당하지 않는 것은 무엇인가?

① 비행기
② 헬리콥터
③ 자이로플레인
④ 활공기

> **해설**
>
> 항공안전법 제2조
> 항공안전법 제2조 제1호의 각 목 외에 최대이륙중량, 좌석 수 등 국토교통부령으로 정하는 기준에 해당하는 비행기 또는 헬리콥터, 비행선, 활공기

08 항공안전법 시행규칙상 비행기 또는 헬리콥터가 항공기에 해당하는 기준으로 옳지 않은 것은?

① 비행기는 사람이 탑승하는 경우 최대이륙중량 600kg 초과
② 비행기의 경우 조종사 좌석을 포함한 탑승 좌석수 1개 이상
③ 원격조종 등의 방법으로 비행하는 경우 자체중량 150kg 미만일 것
④ 수상비행에 사용하는 항공기는 최대이륙중량 650kg 초과

> **해설**
>
> 항공안전법 시행규칙 제2조
> 1. 비행기 또는 헬리콥터
> 가. 사람이 탑승: 최대이륙중량 600kg(수상비행 650kg) 초과, 조종사+좌석 1개 이상, 발동기 1개 이상
> 나. 사람이 탑승하지 아니하고 원격조종 등의 방법으로 비행: 연료의 중량을 제외한 자체중량이 150kg 초과, 발동기가 1개 이상

정답 06. ③ 07. ③ 08. ③

09 항공안전법상 항공안전 자율보고에 대한 설명으로 옳지 않은 것은?

① 의무보고 대상 항공안전장애 외의 항공안전장애를 발생시켰거나 발생한 것을 알게 된 경우 국토교통부장관에게 보고할 수 있다.
② 항공안전 위해요인이 발생한 것을 알게 되거나 발생이 의심되는 경우 국토교통부장관에게 보고할 수 있다.
③ 국토교통부장관은 자율보고를 통해 접수한 내용을 제3자에게 제공하거나 일반에게 공개할 수 있다.
④ 자율보고를 한 사람에 대하여 이를 이유로 불이익한 조치를 취해서는 아니 된다.

해설
항공안전법 제61조
① 누구든지 제59조 제1항에 따른 의무보고 대상 항공안전장애 외의 항공안전장애를 발생시켰거나 발생한 것을 알게 된 경우, 또는 항공안전 위해요인이 발생한 것을 알게 되거나 발생이 의심되는 경우 국토교통부장관에게 보고할 수 있다.
② 국토교통부장관은 접수한 내용을 제3자에게 제공하거나 일반에게 공개해서는 아니 된다.
③ 항공안전 자율보고를 한 사람에 대하여 이를 이유로 해고·전보·징계·부당한 대우 신분, 처우에 불이익한 조치를 해서는 아니 된다.
④ 항공안전장애 또는 항공안전 위해요인을 발생시킨 사람이 그 발생일부터 10일 이내에 항공안전 자율보고를 한 경우에는 고의 또는 중대한 과실로 발생시킨 경우에 해당하지 아니하면 이 법 및 공항시설법에 따른 처분을 하여서는 아니 된다.

10 항공안전법상 항공안전 위해요인(Safety Risk)에 대한 설명으로 옳은 것은?

① 항공기 사고 및 항공기 준사고 외에 항공안전에 영향을 미치거나 미칠 우려가 있는 것
② 항공안전의 유지 또는 증진 등을 위하여 사용되는 자료
③ 항공안전 위해요인이 항공안전을 저해하는 사례로 발전할 가능성과 그 심각도를 말함
④ 항공기 사고, 준사고를 발생시킬 수 있거나 발생 가능성을 확대할 수 있는 것 등

해설
항공안전법 제2조
항공안전 위해요인이란 항공기 사고, 항공기 준사고 또는 항공안전장애를 발생시킬 수 있거나 발생 가능성의 확대에 기여할 수 있는 상황, 상태 또는 물적·인적요인 등

11 항공안전법 시행령상 항공정보 및 항공지도를 무상으로 이용하게 할 필요가 있다고 인정하여 고시하는 기관에 해당하지 않는 것은?

① 외교부   ② 경찰청
③ 국방부   ④ 해양경찰청

해설
항공안전법 시행령 제20조의2
1. 외교부
2. 경찰청
3. 소방청
4. 산림청
5. 기상청
6. 해양경찰청
7. 외국 정부 또는 국제기구
8. 그 밖에 국토교통부장관이 인정하여 고시하는 기관

정답 09. ③ 10. ④ 11. ③

12 다음 중 항공안전법에서 정의하는 경량항공기에 해당하지 않는 것은 무엇인가?

① 국토교통부령으로 정하는 기준에 해당하는 비행기
② 국토교통부령으로 정하는 기준에 해당하는 헬리콥터
③ 국토교통부령으로 정하는 기준에 해당하는 비행선
④ 국토교통부령으로 정하는 기준에 해당하는 자이로플레인

해설
항공안전법 제2조2
경량항공기란 최대이륙중량, 좌석 수 등 국토교통부령으로 정하는 기준에 해당하는 비행기, 헬리콥터, 자이로플레인 및 동력패러슈트 등

13 다음 중 항공안전법에서 정의하는 초경량비행장치에 해당하지 않는 것은 무엇인가?

① 국토교통부령으로 정하는 기준에 해당하는 비행선
② 국토교통부령으로 정하는 기준에 해당하는 행글라이더
③ 국토교통부령으로 정하는 기준에 해당하는 패러글라이더
④ 국토교통부령으로 정하는 기준에 해당하는 기구류

해설
항공안전법 제2조3
초경량비행장치란 자체중량, 좌석 수 등 국토교통부령으로 정하는 기준에 해당하는 동력비행장치, 행글라이더, 패러글라이더, 기구류 및 무인비행장치 등

14 항공업무 종사자 자격증명을 받을 수 있는 나이에 대한 설명으로 올바르지 않은 것은?

① 자가용 조종사 자격: 16세
② 사업용 조종사: 18세
③ 항공교통관제사: 18세
④ 운송용 조종사: 21세

해설
항공안전법 제34조
• 자가용 조종사: 17세
• 사업용 조종사, 부조종사, 항공사, 항공기관사, 항공교통관제사, 정비사: 18세
• 운송용 조종사, 운항관리사: 21세

15 항공업무에 해당하지 않는 것은?

① 장비품·부품의 정비사항 확인 업무
② 무선설비 조작을 포함하는 항공운항
③ 정비·수리·개조항공기의 운항 여부 확인
④ 항공기 조종연습

해설
항공안전법 제2조5
항공기의 운항(무선설비의 조작을 포함)한 업무(항공기 조종연습은 제외), 항공교통관제업무, 항공기 운항관리업무, 정비·수리·개조 된 항공기·발동기·프로펠러, 장비품 또는 부품의 정비사항을 확인하는 업무

16 항공안전법 시행규칙상 항공기 사고로 인한 중상의 범위에 해당하는 것은?

① 부상을 입은 날부터 10일 이내에 48시간을 초과하는 입원 치료
② 코뼈의 골절
③ 열상으로 인한 심한 출혈, 신경근육 또는 힘줄의 손상
④ 신체 표면의 3퍼센트를 초과하는 화상

정답 12. ③ 13. ① 14. ① 15. ④ 16. ③

해설

항공안전법 시행규칙 제7조
사망(30일 이내), 중상(7일 48시간 초과 입원), 골절(코뼈, 손가락, 발가락 등 간단한 제외), 2도 3도 화상 또는 5% 초과 화상, 내장 손상, 전염물질이나 유해 방사선 노출, 열상으로 인한 심한 출혈, 신경, 근육, 힘줄 손상

17 형식증명에 대한 설명으로 틀린 것은?

① 형식증명은 항공기의 설계가 항공기 기술기준에 적합한 경우
② 제한형식증명은 항공기의 설계가 해당 항공기의 업무와 관련된 기술기준에 적합하고 제시한 운용 범위에서 안전하게 운항할 수 있음을 입증한 경우
③ 형식증명을 받은 항공기 설계를 변경하는 경우 부가형식증명
④ 형식증명서는 양도·양수 할 수 없다.

해설

항공안전법 제20조
형식증명을 양도·양수하려는 자는 국토교통부 장관에게 양도 사실을 보고하고 해당 증명서의 재발급을 신청하여야 한다.

18 항공기 사고란 비행을 목적으로 항공기 운항과 관련하여 발생한 사람의 사망, 중상 또는 행방불명과 항공기 파손 또는 구조적 손상, 위치 확인 불가 또는 접근이 불가한 경우를 말한다. 이러한 항공기 운항을 판단하는 운항 시점에 대한 설명으로 맞는 것은?

① 비행을 목적으로 움직이는 순간부터 엔진이 정지되는 순간까지
② 경량항공기는 비행을 목적으로 움직이는 순간부터 엔진이 정지되는 순간까지
③ 무인항공기는 시동 시부터 발동기 정지 시까지
④ 무인항공기는 비행을 목적으로 움직이는 순간부터 발동기가 정지되는 순간까지

해설

항공안전법 제2조6
- 비행을 목적으로 항공기에 탑승하였을 때부터 탑승한 모든 사람이 항공기에서 내릴 때까지 무인항공기의 경우 비행을 목적으로 움직이는 순간부터 비행이 종료되어 발동기가 정지되는 순간까지
- 항공안전법 시행규칙 별표18 승무시간(Flight Time)이란 비행기의 경우 이륙을 목적으로 최초로 움직이기 시작한 때부터 비행이 종료되어 비행기가 정지한 때까지 총시간으로 헬리콥터는 회전익이 회전하기 시작한 때부터 정지한 때까지 총시간
- 비행근무시간(Flight Duty Period)이란 운항승무원이 1개 구간 또는 연속되는 2개 구간 이상의 비행이 포함된 근무의 시작을 보고한 때부터 마지막 비행이 종료되어 최종적으로 항공기의 발동기가 정지된 때까지 총시간

19 다음 어느 하나에 해당하는 사람은 국토교통부장관 또는 지방항공청장에게 항공안전 의무보고서를 제출하여야 한다. 항공안전 의무보고서 제출 대상에 해당하지 않는 것은?

① 항공기 사고를 발생시킨 관계인
② 항공기 사고가 발생한 것을 알게 된 관계인
③ 항공기 준사고를 발생시킨 관계인
④ 항공기 사고의 원인을 제공한 관계인

해설

항공안전법 시행규칙 제134조
항공기 사고(준사고)를 발생시켰거나 발생한 것을 알게 된 항공종사자 등 관계인과 항공기 항공안전장애를 발생시켰거나 발생한 것을 알게 된 항공종사자 등 관계인은 국토교통부장관 또는 지방항공청장에게 국토교통부장관이 정하여 고시하는 전자적인 보고 방법에 따라 국토교통부장관 또는 지방항공청장에게 보고해야 한다.

정답 17. ④ 18. ④ 19. ④

20 항공기 행방불명 적용 기간은?

① 6개월
② 1년
③ 2년
④ 3년

> **해설**
> 항공안전법 시행규칙 제6조
> 행방불명은 항공기, 경량항공기 또는 초경량비행장치 안에 있던 사람이 사고로 1년간 생사가 분명하지 아니한 경우

21 항공안전법 시행령상 항공기 이륙·착륙 장소 외에서의 이륙·착륙 허가를 받을 수 있는 불가피한 사유에 해당하지 않는 것은?

① 항공기의 비행 중 계기 고장 발생
② 응급환자 수송 목적의 이륙·착륙
③ 비행훈련 목적의 이륙·착륙
④ 비행 중 연료 부족이 예상되는 경우

> **해설**
> 항공안전법 시행령 제9조
> ① 안전과 관련한 비상상황 등 불가피한 사유가 있는 경우
>   1. 항공기의 비행 중 계기 고장, 연료 부족 등의 비상상황
>   2. 응급환자 또는 수색인력·구조인력 등의 수송, 비행훈련, 화재의 진화, 화재 예방을 위한 감시, 항공촬영, 항공방제, 연료 보급, 건설자재 운반 또는 헬리콥터를 이용한 사람의 수송 등의 목적으로 항공기를 비행장이 아닌 장소에서 이륙 또는 착륙하여야 하는 경우

22 항공기 준사고란 항공안전에 중대한 위해를 끼쳐 항공기 사고로 이어질 수 있었던 것을 말한다. 항공기 준사고의 범위에 포함되지 않는 것은?

① 다른 항공기와 1,000ft 이내로 근접비행
② 항공기가 정상적인 비행 중 지표, 수면 또는 그 밖의 장애물과 충돌을 가까스로 회피
③ 착륙 중 활주로 시단에 미도착
④ 허가받지 않은 활주로에서 이륙

> **해설**
> 항공안전법 시행규칙 제9조 별표의2
> 1. 500ft 미만 근접 비행(경미한 충돌이 있었으나 안전하게 착륙), 지상이나 수면 장애물과 충돌을 가까스로 회피, 허가 없이 보호구역 진입으로 다른 항공기와 충돌을 가까스로 회피, 허가받지 않은 활주로 유도로 도로 등으로 이륙(착륙) 또는 이륙(착륙) 포기, 이착륙 중 활주로 시단에 미도착하거나 종단 초과, 활주로 이탈, 비행 중 운항승무원이 조종업무를 정상적으로 수행할 수 없는 경우, 연료로 인한 비상선언, 항공기 이상으로 조종 어려움 발생, 지상운항 중 다른 물체와 접촉, 충돌, 조류 충돌, 산소마스크 사용 상황 발생, 지면 접촉(꼬리스키드 제외), 비정상 바퀴상태로 이착륙, 2개 이상 시스템 고장, 인양물 비의도적 분리

23 다음 중 경미한 정비의 범위에 해당하지 않는 것은 무엇인가?

① 리깅(Rigging)과 같이 간단한 조정 작업을 포함한 부품 교환작업
② 동력장치의 분해 정비작업
③ 감항성에 미치는 영향이 경미하여 복잡한 점검이 필요 없는 수리작업
④ 윤활유 보충 등 비행 전후에 실시하는 단순·간단한 점검작업

정답 20. ② 21. ④ 22. ① 23. ②

> **해설**
>
> 항공안전법 시행규칙 제68조
> 경미한 정비란 간단한 보수·조정작업을 포함한 부품교환, 감항성 영향이 경미하고 복잡한 점검이 필요 없는 수리작업, 윤활유 보충 등 단순·간단한 점검작업 등을 말한다.

24 항공안전법상 항공기를 등록하여야 하는 사항으로 옳지 않은 것은?

① 항공기를 소유하거나 임차하여 사용할 권리가 있는 자
② 등록된 항공기는 대한민국의 국적을 취득
③ 항공기에 대한 소유권의 취득·상실·변경은 등록하여야 그 효력이 발생
④ 항공기에 대한 임차권은 등록하지 않아도 제3자에 대하여 그 효력이 발생

> **해설**
>
> 항공안전법 제9조
> ② 항공기에 대한 임차권은 등록하여야 제3자에게 대하여 그 효력이 생긴다.

25 항공기 준사고의 범위에 해당하는 근접비행의 기준으로 옳은 것은?

① 다른 항공기와의 거리가 1,000피트 미만으로 근접하였던 경우
② 다른 항공기와의 거리가 500피트 미만으로 근접하였던 경우
③ 다른 항공기와의 거리가 1,500피트 미만으로 근접하였던 경우
④ 다른 항공기와의 거리가 2,000피트 미만으로 근접하였던 경우

> **해설**
>
> 항공안전법 시행규칙 제9조 별표의2 500ft 미만의 근접비행

26 다음 중 항공기 준사고에 해당하지 않는 것은?

① 항공기가 지상에서 운항 중 다른 항공기나 장애물과 접촉·충돌
② 비행 중 꼬리 스키드(tail skid)의 경미한 접촉
③ 운항 중 의도적으로 항공기 외부에 인양물이나 탑재물이 분리된 경우
④ 폐쇄된 활주로에 착륙을 시도

> **해설**
>
> 문제 22번 해설 참조

27 다음에 대한 설명으로 틀린 것은?

① 비행정보구역이란 안전하고 효율적인 비행과 필요한 정보를 제공하는 공역이다.
② 영공은 대한민국의 영토와 내수 및 영해의 상공을 말한다.
③ 항공로는 항해에 적합하다고 지정한 지표면의 길을 말한다.
④ 계기비행이란 항공기의 자세·고도·위치 및 비행방향의 측정을 계기에 의존하는 비행이다.

> **해설**
>
> 항공안전법 제2조13
> 항공로란 국토교통부장관이 항공기, 경량항공기 또는 초경량비행장치의 항행에 적합하다고 지정한 지구의 표면상에 표시한 공간의 길

28 관제권에 대한 설명으로 맞는 것은?

① 비행장 또는 공항과 그 주변 공역
② 지표면으로부터 200미터 이상의 공역
③ 항공교통안전을 위해 관제사가 지정한 공역
④ 비행장 주변의 공역으로 각 공항에서 범위를 설정

정답 24. ④ 25. ② 26. ③ 27. ③ 28. ①

> [해설]
>
> 항공안전법 제2조25
> 관제권이란 비행장 또는 공항과 그 주변의 공역

29 항공안전법상 공역의 구분 중 관제공역에 대한 설명으로 옳지 않은 것은?

① 항공기의 비행 순서·시기 및 방법 등에 관하여 지시를 받아야 할 필요가 있는 공역
② 관제권 및 관제구를 포함하는 공역
③ 관제공역은 비행정보구역에 포함되지 않는다.
④ 국토교통부장관이 지정·공고 할 수 있다.

> [해설]
>
> 항공안전법 제78조
> 항공교통의 안전을 위하여 항공기의 비행 순서·시기 및 방법 등에 관하여 지시를 받아야 하는 공역으로 관제권 및 관제구를 포함하는 공역

30 관제구에 대한 설명으로 틀린 것은?

① 해당 비행장의 특성에 따라 지방항공청장이 지정
② 지표면으로부터 200미터 이상의 공역
③ 항공교통안전을 위해 설정된 공역
④ 국토교통부장관이 지정·공고

> [해설]
>
> 항공안전법 제2조
> 관제구란 비행장 또는 공항과 그 주변의 공역으로서 항공교통의 안전을 위하여 국토교통부장관이 지정·공고한 공역으로 지표면 또는 수면으로부터 200m 이상 공역

31 다음 항공기 비행 중 금지행위에 해당하지 않는 것은?

① 국토교통부령으로 정하는 최저비행고도 이상에서의 비행
② 물건의 투하 또는 살포
③ 낙하산 강하
④ 곡예비행

> [해설]
>
> 항공안전법 제68조
> 국토교통부령으로 정하는 최저비행고도 아래에서의 비행, 물건의 투하 또는 살포, 낙하산 강하, 국토교통부령으로 정하는 구역에서 뒤집어서 비행하거나 옆으로 세워서 비행하는 등의 곡예비행, 무인항공기의 비행, 그 밖에 생명과 재산에 위해를 끼치거나 위해를 끼칠 우려가 있는 비행 또는 행위로서 국토교통부령으로 정하는 비행 또는 행위

32 항공안전정책의 기본계획 수립은 몇 년마다 한 번씩 수립하여야 하는가?

① 1년   ② 3년
③ 5년   ④ 7년

> [해설]
>
> 항공안전법 제6조
> 항공안전정책에 관한 기본계획은 5년마다 수립하여야 한다.

33 항공안전에 대한 경각심과 사회적 관심을 높이고 항공안전문화 정착을 위해 지정된 항공안전의 날은 며칠인가?

① 매월 마지막 주 수요일
② 6월 30일
③ 분기 마지막 주 수요일
④ 매년 12월 29일

정답 29. ③ 30. ① 31. ① 32. ③ 33. ④

> **해설**
> 항공안전법 제6조2
> 항공안전에 대한 경각심과 사회적 관심을 높이고 항공안전문화 정착을 위해 매년 12월 29일을 항공안전의 날로 정한다.

34 항공안전법 시행령상 등록을 필요로 하지 않는 항공기의 범위에 해당하지 않는 것은?

① 군에서 사용하는 항공기
② 외국에 임대할 목적으로 도입한 항공기로서 외국 국적을 취득할 항공기
③ 국내에서 제작한 항공기로서 제작자 외의 소유자가 결정되지 아니한 항공기
④ 외국에 등록된 항공기를 임차하여 운영하려는 항공기

> **해설**
> 항공안전법 시행령 제4조
> 1. 군 또는 세관에서 사용하거나 경찰업무에 사용하는 항공기
> 2. 외국에 임대할 목적으로 도입한 항공기로서 외국 국적을 취득할 항공기
> 3. 국내에서 제작한 항공기로서 제작자 외의 소유자가 결정되지 아니한 항공기
> 4. 외국에 등록된 항공기를 임차하여 법 제5조에 따라 운영하는 경우 그 항공기
> 5. 항공기 제작자나 항공기 관련 연구기관이 연구·개발 중인 항공기

35 항공기 소유자 등은 항공기에 비상시를 대비하여 구명동의, 음성신호발생기, 구명보트, 불꽃 조난신호장비, 휴대용 소화기, 도끼, 손확성기, 구급의료용품 등을 구비하여야 한다. 다음 중 비치하여야 하는 소화기의 수량에 대한 설명으로 옳지 않은 것은?

① 5~30석: 1개
② 31~60석: 2개
③ 61~200석: 3개
④ 601석 이상: 8개

> **해설**
> 항공안전법 시행규칙 제110조 별표15
> 소화기는 6~30석까지는 1개
> 31~60석: 2개
> 61~200석: 3개
> 이후 100석마다 1개씩 추가하며 601석 이상은 8개

36 다음 중 항공기 이전 등록을 하여야 하는 경우로 옳은 것은?

① 등록사항이 변경된 경우
② 소유권이 변경된 경우
③ 항공기가 멸실된 경우
④ 항공기가 해체된 경우

> **해설**
> 항공안전법 제14조
> 등록된 항공기의 소유권 또는 임차권을 양도·양수하려는 자는 그 사유가 있는 날부터 15일 이내에 대통령령으로 정하는 바에 따라 국토교통부장관에게 이전등록을 신청하여야 한다.

정답 34. ④ 35. ① 36. ②

37 다음 중 항공기 등록이 제한되는 경우로 맞는 것은?

① 대한민국 국민이 외국산 항공기를 소유한 경우
② 외국 국적 항공기가 등록을 신청한 경우
③ 대한민국 법인이 국내 항공기를 임차한 경우
④ 대한민국 법인이 국외 항공기를 임차하여 운항하는 경우

해설
항공안전법 제10조
1. 대한민국 국민이 아닌 사람
2. 외국 정부 또는 외국의 공공단체
3. 외국의 법인 또는 단체
4. 제1호부터 제3호까지의 어느 하나에 해당하는 자가 주식이나 지분의 2분의 1 이상을 소유하거나 그 사업을 사실상 지배하는 법인
5. 외국인이 법인 등기사항증명서상의 대표자이거나 외국인이 법인 등기사항증명서상의 임원 수의 2분의 1 이상을 차지하는 법인 ② 외국 국적을 가진 항공기

38 항공안전법상 항공기 등록원부(登錄原簿)에 기록되어야 하는 사항으로 옳지 않은 것은?

① 항공기의 형식
② 항공기의 제작번호
③ 항공기의 운항시간
④ 소유자 또는 임차인/임대인의 성명

해설
항공안전법 제11조
1. 항공기의 형식
2. 항공기의 제작자
3. 항공기의 제작번호
4. 항공기의 정치장(定置場)
5. 소유자 또는 임차인·임대인의 성명 또는 명칭과 주소 및 국적

6. 등록 연월일
7. 등록기호

39 다음 중 항공기를 등록하였을 때 등록증명서가 발급되지 않는 경우는?

① 항공기 소유권 상실 시
② 항공기 임차 시
③ 항공기 소유 시
④ 소유권 취득 시

해설
항공안전법 제7조, 제9조
국토교통부장관은 제7조에 따라 항공기를 등록하였을 때 등록증명서를 발급하며 소유, 임차하거나 소유권 취득, 상실, 변경, 임차 시 등록하여야 효력이 발생한다.

40 항공기 등록 변경 절차에서 변경 등록 사유가 아닌 것은?

① 항공기 소유자 주소 변경
② 등록기호 변경
③ 항공기 정치장 변경
④ 항공기 소유자 변경

해설
항공안전법 제13조
1. 항공기 형식   2. 항공기 제작자
3. 제작번호   4. 항공기의 정치장(定置場)
5. 소유자 또는 임차인·임대인의 성명 또는 명칭과 주소 및 국적 변경 시

41 항공기 등록 변경 신청 기한으로 맞는 것은?

① 변경 후 5일 이내
② 변경된 날로부터 10일 이내
③ 변경된 날로부터 15일 이내
④ 변경된 날로부터 1개월 이내

정답 37. ② 38. ③ 39. ① 40. ② 41. ③

> **해설**
>
> 항공안전법 제13조
> 등록사항이 변경되었을 때에는 그 변경된 날부터 15일 이내에 국토교통부장관에게 변경 등록을 신청한다.

42 항공기 말소등록 사유가 아닌 것은?

① 항공기 해체
② 항공기 존재 확인 불가 1개월
③ 소유권 이전
④ 권리 상실

> **해설**
>
> 항공안전법 제15조
> 1. 항공기가 멸실 되었거나 항공기를 해체(정비 등, 수송 또는 보관하기 위한 해체는 제외)한 경우
> 2. 항공기의 존재 여부를 1개월(항공기 사고인 경우에는 2개월) 이상 확인할 수 없는 경우
> 3. 항공기를 양도하거나 임대(외국 국적을 취득하는 경우만 해당한다)한 경우
> 4. 항공기를 사용할 수 있는 권리가 상실된 경우

43 항공안전법상 기장의 권한 및 의무에 대한 설명으로 옳지 않은 것은?

① 기장은 항공기의 운항 안전에 대하여 책임을 진다.
② 기장은 항공기의 운항에 필요한 준비가 끝나지 않으면 항공기를 출발시킬 수 없다.
③ 기장은 운항 중 항공기에 위난이 발생 시 위난 방지 수단을 마련하여야 한다.
④ 기장은 항공기 사고가 발생하였을 때 신속히 이탈하여 사고 처리를 지휘한다.

> **해설**
>
> 항공안전법 제62조
> 운항 중 그 항공기에 위난이 발생하였을 때에는 여객을 구조하고, 지상 또는 수상(水上)에 있는 사람이나 물건에 대한 위난 방지에 필요한 수단을 마련하여야 하며, 여객과 그 밖에 항공기에 있는 사람을 그 항공기에서 나가게 한 후가 아니면 항공기를 떠나서는 아니 된다.

44 등록기호표 훼손 시 책임이 있는 행위자는 누구로 한정되어 있는가?

① 제작자만 해당
② 탑승객만 해당
③ 누가 훼손하든 금지됨
④ 기장만 해당

> **해설**
>
> 항공안전법 제17조
> 누구든지 항공기에 붙인 등록기호표 를 훼손해서는 아니 된다.

45 등록기호표의 부착에 대한 설명으로 틀린 것은?

① 재질은 강철 등 내화금속
② 등록기호표는 세로 7cm, 가로 5cm
③ 주 출입구가 있는 경우 주 출입구 윗부분 안쪽
④ 주 출입구가 없는 경우 동체 외부 표면

> **해설**
>
> 항공안전법 시행규칙 제12조
> 강철 등 내화금속(耐火金屬)으로 된 등록기호표(가로 7센티미터 세로 5센티미터의 직사각형)를 주 출입구가 있는 경우 주 출입구 윗부분 안쪽에, 주 출입구가 없는 경우 동체 외부 표면에 부착한다.

정답 42. ③ 43. ④ 44. ③ 45. ②

46 항공기 등록기호표 부착 방법으로 옳지 않은 것은?

① 주 출입구가 있는 경우 주 출입구 아래쪽 안쪽
② 주 출입구가 있는 경우 주 출입구 위쪽 안쪽
③ 주 출입구가 없는 경우 동체 외부 표면
④ 국적기호와 등록기호, 소유자 명칭 기록

해설
항공안전법 시행규칙 제12조
1. 항공기에 출입구가 있는 경우: 항공기 주(主)출입구 윗부분의 안쪽
2. 항공기에 출입구가 없는 경우: 항공기 동체의 외부 표면
   ② 제1항의 등록기호표에는 국적기호 및 등록기호(이하 "등록부호"라 한다)와 소유자 등의 명칭을 적어야 한다.

47 항공기에 표기되는 국적 표기법에 대한 설명으로 틀린 것은?

① 국적기호, 등록기호 순으로 표시
② 국적기호는 로마자의 대문자 HL로 표시
③ 장식체로 표시
④ 배경과 선명하게 대조되는 색으로 표시

해설
항공안전법 시행규칙 제13조의2
1. 국적 등의 표시는 국적기호, 등록기호 순으로 장식체 글을 사용해서는 안 되며 로마자 대문자 HL로 표시
2. 등록기호의 첫 글자가 문자인 경우 국적기호와 등록기호 사이에 붙임표(-) 삽입
3. 지워지지 아니하고 배경과 선명하게 대조되는 색으로 표시
4. 등록기호의 구성 등 세부사항은 국토교통부장관이 정하여 고시

48 등록부호의 표시위치에 대한 설명으로 틀린 것은?

① 비행기는 오른쪽 날개 윗면과 왼쪽 날개 아랫면에 표시
② 비행기의 꼬리 날개에 표시하는 경우 수직 꼬리날개 양쪽 면에 표시
③ 헬리콥터는 동체 아랫면과 옆면에 표시
④ 헬리콥터 동체 옆면에 표시하는 경우 주 회전익 축과 보조 회전익 축에 표시

해설
항공안전법 시행규칙 제14조
2. 헬리콥터의 경우
가. 동체 아랫면에 표시하는 경우: 동체의 최대 횡단면 부근
나. 동체 옆면에 표시하는 경우: 주 회전익 축과 보조 회전익 축 사이 또는 동력장치가 있는 부근의 양측면

49 항공기 장비품 또는 부품의 안전을 확보하기 위한 기술상의 기준인 항공기기술기준에 포함되어야 하는 사항이 아닌 것은?

① 항공기 등의 감항증명
② 항공기 등의 환경기준
③ 항공기 등, 장비품 또는 부품의 식별 표시 방법
④ 항공기 등, 장비품 또는 부품의 인증 절차

해설
항공안전법 제19조
1. 항공기 등의 감항기준
2. 항공기 등의 환경기준
3. 항공기 등이 감항성을 유지하기 위한 기준
4. 항공기 등, 장비품 또는 부품의 식별 표시 방법
5. 항공기 등, 장비품 또는 부품의 인증절차

정답 46. ① 47. ③ 48. ④ 49. ①

50 특별감항증명을 받아야 하는 경우가 아닌 것은?

① 조종사 양성을 위해 조종 연습을 하려는 경우
② 연구, 개발하려는 경우
③ 항공기를 홍보에 활용하려는 경우
④ 수입하기 위해 승객과 화물을 싣고 국내로 비행하는 경우

해설

항공안전법 시행규칙 제37조
- 연구, 개발 중인 경우
- 판매·홍보·전시·시장조사에 활용하려는 경우
- 조종사 양성을 위해 조종 연습을 하려는 경우
- 제작·정비·수리 후 시험비행하려는 경우
- 정비·수리·수입·수출을 위한 장소로 승객·화물을 싣지 않고 비행하는 경우
- 운항한계를 초과하는 시험비행을 하는 경우
- 무인항공기를 운항하는 경우

51 다음 중 감항증명의 유효기간에 대한 설명으로 틀린 것은?

① 1년   ② 2년
③ 3년   ④ 5년

해설

항공안전법 제23조
감항증명 유효기간은 1년

52 대한민국 국적을 가진 항공기가 아니면 감항증명을 받을 수 없다. 예외적으로 감항증명을 받을 수 있는 항공기에 해당하지 않는 것은?

① 외국에 등록된 항공기를 임차하여 대한민국에서 운영하는 항공기
② 대한민국에 등록된 항공기를 외국에 수출하여 운영하는 항공기
③ 국내에서 수리 후 수출할 항공기
④ 외국에서 수입하는 항공기로 대한민국 국적 취득 전 감항증명을 신청한 항공기

해설

항공안전법 시행규칙 제36조
예외적으로 감항증명을 받을 수 있는 항공기 항공안전법 제5조 임대차 항공기의 운영에 대한 권한 및 의무이양의 적용 특례
1. 외국에 등록된 항공기를 임차하여 운영하거나 대한민국에 등록된 항공기를 외국에 임대하여 운영하게 하는 경우 임대차 항공기 운영에 관련된 권한 및 의무의 이양의 적용 특례를 받는 항공기
2. 국내에서 수리·개조 또는 제작 후 수출할 항공기
3. 국내에서 제작되거나 외국으로부터 수입하는 항공기로 대한민국 국적을 취득하기 전 감항증명을 신청한 항공기

53 다음 중 형식증명·제작증명을 받은 항공기가 감항증명을 위한 검사 범위에 해당하지 않는 것은?

① 항공기 형상
② 항공기 설계
③ 항공기 제작과정
④ 항공기 기술기준에 적합 여부

해설

항공안전법 시행규칙 제38조
1. 항공기의 설계·제작과정 및 완성 후의 상태와 비행성능이 항공기 기술기준에 적합하고 안전하게 운항할 수 있는지 여부 검사

54 다음 중 감항증명의 유효기간 연장과 직접적인 관련이 없는 것은?

① 항공기 형식
② 항공기 기령
③ 소유자의 감항성 유지능력
④ 정비업체의 경력

정답 50. ④ 51. ① 52. ② 53. ① 54. ④

해설

항공안전법 제23조의5
감항성을 지속적으로 유지하기 위해 국토교통부장관이 고시하는 정비 방법에 따라 항공기 형식, 기령 및 소유자의 감항성 유지능력을 고려하여 유효기간을 연장이나 단축할 수 있다.

55 항공기 소음기준 적합증명이 요구되는 경우로 옳지 않은 것은?

① 항공기 소유자 등이 감항증명을 받는 경우
② 수리, 개조 등으로 소음치가 변동된 경우
③ 항공기 기술기준에 적합한지 여부를 확인
④ 소음적합증명은 항공안전기술원장이 증명

해설

항공안전법 제25조
① 국토교통부령으로 정하는 항공기의 소유자 등은 감항증명을 받는 경우와 수리·개조 등으로 항공기의 소음치(騷音値)가 변동된 경우에 국토교통부장관의 증명

56 항공기 기술기준의 제정 또는 개정 요구 신청의 주체는 누구인가?

① 국무총리
② 국토교통부장관
③ 지방항공청장
④ 항공안전기술원장

해설

항공안전법 제19조
국토교통부장관은 항공기 등, 장비품 또는 부품의 안전을 확보하기 위하여 다음 각호의 사항을 포함한 기술상의 기준(이하 "항공기기술기준"이라 한다)을 정하여 고시하여야 한다.

57 항공안전법상 항공종사자 자격증명을 받을 수 있는 사람으로 옳지 않은 것은?

① 자가용 조종사 자격 17세
② 사업용 조종사 자격 18세
③ 운송용 조종사 자격 21세
④ 자격 취소 처분을 받고 1년이 지나지 않은 사람

해설

항공안전법 제34조
- 자가용 조종사 자격: 17세(제37조에 따라 자가용 조종사의 자격증명을 활공기에 한정하는 경우에는 16세)
- 사업용 조종사, 부조종사, 항공사, 항공기관사, 항공교통관제사 및 항공정비사 자격: 18세
- 운송용 조종사, 전문항공교통관제사 및 운항관리사 자격: 21세
- 자격증명 취소 처분을 받고 그 취소일부터 2년이 지나지 아니한 사람

58 다음 중 항공종사자 자격증명을 취득할 수 있는 나이에 대해 틀린 것은?

① 자가용 조종사 14세
② 사업용 조종사 18세
③ 운송용 조종사 21세
④ 운항관리사 21세

해설

문제 57번 해설 참조

정답 55. ④ 56. ② 57. ④ 58. ①

59 조종사 자격별 업무 범위에 대한 설명으로 틀린 것은?

① 운송용 조종사: 사업용 조종사가 할 수 있는 행위
② 사업용 조종사: 자가용 조종사가 할 수 있는 행위
③ 자가용 조종사: 무상으로 운항하는 항공기를 보수를 받고 조종하는 행위
④ 부조종사: 자가용 조종사가 할 수 있는 행위

해설
항공안전법 제36조 별표
자가용 조종사: 무상으로 운항하는 항공기 보수를 받지 아니하고 조종하는 행위

60 다음 중 사업용 조종사의 업무 범위에 해당하지 않는 것은?

① 자가용 조종사의 자격을 가진 사람이 할 수 있는 행위
② 무상으로 운항하는 항공기를 보수를 받고 조종하는 행위
③ 항공기사용사업에 사용하는 항공기를 조종하는 행위
④ 2명의 조종사가 필요한 항공기운송사업에 사용하는 항공기를 조종하는 행위

해설
항공안전법 제36조 별표
1명의 조종사가 필요한 항공기운송사업에 사용하는 항공기를 조종하는 행위

61 인천 FIR 내에서 출발하는 비행을 위해 비행계획서를 제출해야 하는 시간은?

① 비행 30분 전
② 비행 1시간 전
③ 비행 1시간 30분 전
④ 비행을 위해 이륙하기 직전

해설
항공운항정보 및 절차 ENR 1.10.
인천FIR 내에서 출발하는 항공기는 출발 예정 시간으로부터 최소 1시간 전에 비행계획을 인근 공항 항공정보실 또는 군 기지 운항실에 제출하여야 한다.

62 항공안전법 시행규칙상 항공신체검사증명의 유효기간 시작일과 종료일에 대한 설명으로 틀린 것은?

① 유효기간의 시작일은 항공신체검사를 받는 날로 한다.
② 유효기간의 종료일은 유효기간이 만료되는 정확한 일자로 한다.
③ 유효기간의 종료일이 매달 말일이 아닌 경우 종료일이 속하는 달의 마지막 날에 종료한다.
④ 경량항공기 조종사는 자동차운전면허증을 적용할 경우 면허증의 유효기간으로 한다.

해설
항공안전법 시행규칙 92조 별표 8 비고
별표 8에 따른 유효기간의 시작일은 항공신체검사를 받는 날로 하며, 종료일은 매달 말일이다. 종료일이 매달 말일이 아닌 경우에는 그 종료일이 속하는 달의 말일에 항공신체검사증명의 유효기간이 종료하는 것으로 본다.

정답 59. ③ 60. ④ 61. ② 62. ②

63 다음 자격증명 중 제1종 항공신체검사증명을 필요로 하는 사람은?

① 자가용 조종사
② 활공기 조종사
③ 항공교통관제사
④ 운송용 조종사

해설
항공안전법 시행규칙 제92조 별표8
제1종: 운송용 조종사, 사업용 조종사(활공기 조종사는 제외한다), 부조종사

64 제1종 항공신체검사증명의 유효기간이 6개월에 해당하는 사람은?

① 항공운송사업에 종사하는 50세인 사람
② 항공기사용사업에 종사하는 55세인 사람
③ 1명의 조종사로 승객을 수송하는 항공운송사업에 종사하는 35세 이상인 사람
④ 항공기사용사업에 종사하는 60세 이상인 사람

해설
항공안전법 시행규칙 별표 8
다음 각호의 사람은 6개월로 한다.
1. 항공운송사업에 종사하는 60세 이상인 사람
2. 항공기사용사업에 종사하는 60세 이상인 사람
3. 1명의 조종사로 승객을 수송하는 항공운송사업에 종사하는 40세 이상인 사람

65 항공기에 설치·운용해야 하는 무선설비 중 시계비행 방식으로 운항하는 항공기에 설치해야 하는 무선설비에 대한 설명으로 맞는 것은?

① 단파 무선전화 송수신기
② 항공교통관제 레이더용 트랜스폰더
③ 자동위치탐지기
④ 무인항공기의 경우 거리측정시설

해설
항공안전법 시행규칙 107조
1. 관제기관과 교신할 수 있는 초단파 또는 극초단파 무선전화 송수신기 각 2대
2. 기압고도 정보(7.62미터 또는 25피트 간격으로 정보 제공)를 제공하는 2차 감시 항공교통관제 레이더용 트랜스폰더(Mode-3/A 및 Mode C SSR 트랜스폰더, 다만 국외를 운항하는 항공운송사업용 항공기의 경우 Mode S트랜스폰더) 1대, 자동방향탐지기 1대(무지향표지시설 신호로만 계기접근절차가 구성되어 있는 공항에 운항하는 경우만 해당), 계기착륙시설 수신기 1대(최대이륙중량 5,700kg 미만 항공기와 헬리콥터 및 무인항공기 제외), 거리측정시설, 전방향표지시설 1대(무인기 제외), 기상레이더 1대(국제선 여압장치 비행기) 기상레이더 또는 악기상 탐지장비 1대(국제선 항공운송사업 헬리콥터 및 국제선 항공운송사업 외에 국외를 운항하는 여압장치가 있는 비행기), 비상위치지시용 무선표지설비

66 항공기에 설치·운용해야 하는 무선설비 중 기압고도정보를 제공하는 2차 감시용 트랜스폰더의 고도정보는 몇 피트 간격으로 정보를 제공해야 하는가?

① 25피트
② 50피트
③ 100피트
④ 200피트

정답 63. ④ 64. ④ 65. ② 66. ①

해설

항공안전법 시행규칙 제107조
기압고도정보를 제공하는 2차 감시 항공교통관제 레이터용 트랜스폰더는 25피트 간격으로 정보를 제공한다.

67 다음 중 사고예방장치 등에 따라 공중충돌 경고장치를 갖추지 않아도 되는 경우로 옳은 것은 어느 것인가?

① 2007년 1월 1일 이후에 최초로 감항증명을 받는 비행기로서 최대이륙중량이 1만5천킬로그램을 초과하는 터빈발동기를 장착한 항공기운송사업 용도의 비행기
② 2007년 1월 1일 이후에 최초로 감항증명을 받는 비행기로서 승객 30명을 초과하여 수송할 수 있는 터빈발동기를 장착한 항공운송사업 용도로 사용되는 모든 비행기
③ 2008년 1월 1일 이후에 최초로 감항증명을 받는 비행기로서 19명을 초과하여 수송할 수 있는 항공운송사업 외의 항공기
④ 2008년 1월 1일 이후에 최초로 감항증명을 받는 비행기로서 최대이륙중량이 5,700킬로그램 이상의 터빈발동기 장착 비행기

해설

항공안전법 시행규칙 제109조
2008년 1월 1일 이후에 최초로 감항증명을 받는 비행기로서 19명을 초과하여 수송할 수 있는 항공운송사업 외의 항공기

68 항공기에 비치해야 하는 소화기의 수량으로 틀린 것은?

① 6~30석: 1개 ② 31~100석: 2개
③ 200석: 3개   ④ 601석 이상: 8개

해설

항공안전법 시행규칙 110조 별표 15
1. 객실 내에 소화기 비치 수량: 6~30석(1개), 31~60석(2개), 61~200석(3개), 100석씩 올라갈 때마다 1개씩 추가, 601석 이상(8개)
2. 손확성기 수량: 61~99석(1개), 100~199석(2개), 200석 이상(3개)

69 항공안전법 시행규칙상 항공기에 설치·운용해야 하는 무선설비 중 시계비행방식으로 운항하는 항공기에 요구되는 계기가 아닌 것은?

① 나침반
② 기압고도계
③ 정밀기압고도계
④ 동결방지장치 속도계

해설

항공안전법 시행규칙 117조 별표16
시계비행방식: 나침반, 시계(시, 분 초의 표시), 정밀기압고도계, 기압고도계, 속도계

70 활공기 예항을 위한 예항 줄에 대한 설명으로 틀린 것은?

① 예항 줄의 적정 길이는 30m
② 예항 줄은 붉은색과 흰색으로 표시
③ 예항 줄의 색깔 표시는 20m 간격으로 표시
④ 예항 줄 길이의 80% 이상 고도에서 이탈

정답 67. ③ 68. ② 69. ④ 70. ①

해설

항공안전법 시행규칙 제171조
항공기에 연락원은 조종자를 포함 2명 이상 탑승, 무선통신 가능 시 제외, 예항 줄 길이 40~80m 이하, 지상연락원 배치, 예항 줄 길이의 80% 이상 고도에서 예항 줄 이탈, 구름 속이나 야간 예항을 하지 말 것, 20m 간격으로 붉은색과 흰색 표지를 번갈아 붙일 것

71 항공기에 탑재하는 서류로 틀린 것은?

① 항공기 등록증명서
② 감항증명서
③ 탑재용 항공일지
④ 운항증명서 원본

해설

항공안전법 시행규칙 113조
1. 항공기 등록증명서
2. 감항증명서
3. 탑재용 항공일지
4. 운용한계 지정서 및 비행교범
5. 운항규정(훈련교범·위험물교범·보안업무교범·항공기 탑재 및 처리교범 제외)
6. 항공운송사업의 운항증명서 사본 및 운영기준 사본
7. 소음적합증명서
8. 운항승무원의 유효한 자격증명서 및 조종사의 비행기록에 관한 자료
9. 무선국 허가증명서
10. 탑승자 성명, 탑승지 및 목적지 표시 명부 (항공운송사업항공기만 해당)
11. 화물목록 및 화물신고서류
12. 항공기 등의 감독 의무에 관한 이전협정서요약서 사본
13. 운항승무원이 사용할 점검표
14. 그 밖에 국토교통부장관이 고시하는 서류

72 운항승무원의 승무시간, 비행근무시간에 대한 기준으로 틀린 것은?

① 기장 1명, 최대 비행근무시간 12시간
② 기장 1명, 기장 외 조종사 1명, 최대 비행근무시간 13시간
③ 기장 1명, 기장 외 조종사 1명, 항공기관사 1명, 최대 비행근무시간 15시간
④ 기장 1명, 기장외 조종사 2명, 최대 비행근무시간 16시간

해설

항공안전법 시행규칙 제127조 별표 18

운항승무원 편성	최대 승무시간	최대 비행 근무시간
기장 1명	8	13
기장 1명, 기장 외 조종사 1명	8	13
기장 1명, 기장 외 조종사 1명, 항공기관사 1명	12	15
기장 1명, 기장 외 조종사 2명	12	16
기장 2명, 기장 외 조종사 1명	13	16.5
기장 2명, 기장 외 조종사 2명	16	20
기장 2명, 기장 외 조종사 2명, 항공기관사 2명	16	20

73 승무시간에 대한 설명으로 맞는 것은?

① 이륙을 목적으로 비행기에 탑승한 시간부터 최종 비행이 종료되어 내린 시간까지
② 이륙을 목적으로 비행기가 최초로 움직이기 시작한 때부터 최종적으로 비행기가 정지한 때까지
③ 이륙을 목적으로 비행기 엔진이 작동하기 시작한 때부터 최종적으로 비행기가 정지하여 엔진이 정지한 때까지
④ 헬리콥터의 경우 엔진이 작동하기 시작한 때부터 엔진의 작동을 정지한 때까지

정답 71. ④ 72. ① 73. ②

해설

항공안전법 시행규칙 제127조 별표18
1. 승무시간(Flight Time)이란 이륙을 목적으로 최초로 움직이기 시작한 때부터 비행이 종료되어 최종적으로 정지한 때까지 총시간
2. 헬리콥터의 경우 주 회전익이 회전하기 시작한 때부터 정지한 때까지 총시간

74 비행근무시간에 대한 설명으로 맞는 것은?

① 이륙을 목적으로 비행기에 탑승한 시간부터 최종 비행이 종료되어 내린 시간까지
② 이륙을 목적으로 비행기가 최초로 움직이기 시작한 때부터 최종적으로 비행기가 정지한 때까지
③ 이륙을 목적으로 비행기 엔진이 작동하기 시작한 때부터 최종적으로 비행기가 정지하여 엔진이 정지한 때까지
④ 근무의 시작을 보고한 때부터 마지막 비행이 종료되어 항공기 발동기가 정지된 때까지 총시간

해설

항공안전법 시행규칙 제127조 별표18
비행근무시간(Flight Duty Period)은 운항승무원이 1개 구간 또는 연속되는 2개 구간 이상의 비행이 포함된 근무의 시작을 보고한 때부터 마지막 비행이 종료되어 최종적으로 항공기의 발동기가 정지한 때까지 총시간

75 응급구호 및 환자 이송을 목적으로 운항하는 헬리콥터 운항승무원의 연속 24시간 최대 승무시간은 얼마인가?

① 5시간　② 6시간
③ 7시간　④ 8시간

해설

항공안전법 시행규칙 제127조 별표18
응급구조 및 환자이송 헬리콥터 운항승무원 승무시간 연속 24시간(8시간), 연속 3개월(500시간), 연속 6개월(800시간), 1년(1,400시간)

76 항공기를 운항하거나 야간에 비행장에 주기 또는 정박시키는 사람은 등불로 항공기의 위치를 나타내어야 하는네, 야간에 대한 기준의 설명으로 맞는 것은?

① 해가 뜨기 15분 전부터 해가 진 후 15분까지
② 해가 진 뒤부터 해가 뜨기 전까지
③ 태양이 지평선 아래로 내려간 시간
④ 태양이 지평선 아래 12도 이하로 내려간 시간

해설

항공안전법 제54조
야간이란 해가 진 뒤부터 해가 뜨기 전까지를 말한다.

77 항공종사자로서 주류 및 환각물질의 섭취 후 업무에 종사해서는 아니 된다. 다음 주정 성분이 포함된 음료의 섭취에 해당하는 혈중알코올 농도는 얼마인가?

① 0.01%　② 0.02%
③ 0.05%　④ 0.1%

해설

항공안전법 제57조
항공업무 또는 객실승무원의 업무를 정상적으로 수행할 수 없는 상태의 기준은 혈중알코올 농도가 0.02% 이상인 경우

정답 74. ④　75. ④　76. ②　77. ②

78 항공안전법상 항공운송사업자가 운항을 시작하기 전까지 국토교통부장관의 검사를 받은 후 운항증명을 받아야 한다. 국토교통부령으로 정하는 운항증명을 받기 위한 안전운항체계에 포함되지 않는 것은?

① 인력
② 장비
③ 시설
④ 항공기 제작 기술

해설

항공안전법 제90조의1
① 항공운송사업자는 운항을 시작하기 전까지 국토교통부령으로 정하는 기준에 따라 인력, 장비, 시설, 운항관리지원 및 정비관리지원 등 안전운항체계에 대하여 국토교통부장관의 검사를 받은 후 운항증명을 받아야 한다.

해설

항공안전법 제133조
1. 국토교통부령으로 정하는 항공기 사고(최근 5년 이내에 발생한 항공기 사고로서 국제민간항공기구에서 공개한 사고)에 관한 정보
2. 항공운송사업자가 속한 국가에 대한 국제민간항공기구(ICAO)의 안전평가 결과 [국제민간항공기구(ICAO)에서 안전기준에 미달하여 항공기 사고의 위험도가 높은 것으로 공개한 국가만 해당한다]
3. 그 밖에 항공운송사업자의 안전과 관련하여 국토교통부령으로 정하는 사항
(1. 외국 정부에서 실시·공개한 항공운송사업자의 항공안전평가결과에 관한 사항
2. 항공운송사업자별 기령(機齡) 20년 초과 항공기(이하 "경년항공기"라 한다)의 보유 및 운영에 관한 사항(외국인국제항공운송사업자는 제외한다)
3. 그 밖에 국토교통부장관이 국민의 안전한 항공기 이용을 위하여 공개할 필요가 있다고 인정하는 정보)

79 항공안전법상 항공운송사업자(외국인국제항공운송사업자 포함)에 관한 안전도 정보공개에 대한 설명으로 옳지 않은 것은?

① 국토교통부령으로 정하는 항공기 사고 정보
② 최근 5년 이내에 발생한 항공기 사고로 ICAO에서 공개한 사고에 관한 정보 포함
③ 항공운송사업자가 속한 국가의 ICAO 안전평가 결과 중 안전기준 미달 국가 정보 제외
④ 그 밖에 항공운송사업자의 안전과 관련하여 국토교통부령으로 정하는 사항 포함

80 항공안전프로그램에 따라 항공기 사고 등의 예방 및 비행안전의 확보를 위해 항공안전관리 시스템을 마련하여 누구의 승인을 받아야 하는가?

① 국토교통부장관
② 지방항공청장
③ 소관부서장
④ 항공안전관리소장

해설

항공안전법 제58조
형식증명, 부가형식증명, 제작증명, 기술품형식승인 또는 부품제작자증명을 받은 자나 항공종사자 양성전문교육기관 또는 항공교통업무 증명을 받은 자, 항공운송사업자, 항공기사용사업자, 정비조직인증을 받은 자, 공항운영증명자, 항행안전시설 설치자, 국외운송항공기를 소유하거나 임차할 권리가 있는 자는 제작, 교육, 운항 또는 사업 등의 시작 전에 항공기 사고 등의 예방 및 비행안전 확보를 위한 항공안전관리 시스템을 마련하여 국토교통부장관의 승인을 받아 운영하여야 한다.

정답 78. ④ 79. ③ 80. ①

81 항공안전법상 항공안전관리시스템(SMS)을 마련하고 국토교통부장관의 승인을 받아 운용하여야 하는 자에 해당하지 않는 것은?

① 형식증명을 받은 자
② 항공종사자 양성을 위한 전문교육기관
③ 항공기사용사업자
④ 공항시설법에 따른 공항운영증명을 받지 않은 공항 운영자

해설
문제 80번 해설 참조

82 항공안전데이터에 해당하지 않는 것은?

① 항공기 고장이나 결함보고서
② 항공기 운항자료 및 비행자료 분석 결과
③ 항공사 인사평가 보고서
④ 항공안전을 위해 국가 또는 국제기구와 공유한 자료

해설
항공안전법 제2조
항공기 등에 발생한 고장, 결함 또는 기능장애에 관한 보고, 비행자료 및 분석결과, 레이더 자료 및 분석결과, 항공안전의무보고에 따라 보고된 자료, 항공·철도 사고조사에 관한 법률에 따른 조사결과, 항공안전 활동 과정에서 수집된 자료 및 결과보고, 기상법에 따른 기상업무에 관한 정보, 공항운영자가 항공안전관리를 위해 수집·관리하는 자료 등, 항공사업법에 따라 구축된 시스템에서 관리되는 정보, 항공사업법에 따른 업무수행 중 수집된 정보·통계 등, 항공안전을 위해 국제기구 또는 외국 정부 등이 우리나라와 공유한 자료, 그 밖에 국토교통부령으로 정하는 자료(위험물의 포장·적재(積載)·저장·운송 또는 처리 과정에서 발생한 사건으로서 항공상 위험을 야기할 우려가 있는 사건에 관한 자료)

83 다음 중 감항증명에 대한 설명으로 틀린 것은?

① 항공기가 감항성이 있다는 증명이다.
② 감항증명의 유효기간은 1년이다.
③ 감항증명은 표준감항증명과 특별감항증명이 있다.
④ 항공안전기술원장에게 감항증명을 신청하여야 한다.

해설
항공안전법 제23조
감항증명을 받으려는 자는 국토교통부장관에게 감항증명을 신청하여야 한다.

84 항공기 설계가 해당 항공기의 업무와 관련된 기술기준에 적합하고 신청인이 제시한 운용 범위에서 안전하게 운항할 수 있음을 입증하는 경우 발급되는 증명으로 옳은 것은?

① 형식증명   ② 부가형식증명
③ 제한형식증명   ④ 형식증명 승인

해설
항공안전법 제20조
항공기 설계가 해당 항공기의 업무와 관련된 기술기준에 적합하고 신청인이 제시한 운용 범위에서 안전하게 운항할 수 있음을 입증하는 경우 제한형식증명 발급

85 국토교통부장관은 항공안전을 위해 항공안전관리프로그램을 마련하여 고시하여야 한다. 항공안전관리프로그램에 포함되는 사항이 아닌 것은?

① 항공안전 정책
② 항공안전 위험도 평가
③ 항공안전보증
④ 항공안전증진

정답 81. ④ 82. ③ 83. ④ 84. ③ 85. ②

> **해설**
>
> 항공안전법 제58조
> 항공안전 정책, 달성목표 및 조직체계, 항공안전 위험도 관리, 항공안전보증, 항공안전증진

86 항공안전법상 항공기 등에 발생한 고장, 결함 또는 기능장애 보고 의무에 대한 설명으로 옳지 않은 것은?

① 형식증명을 받은 자는 그가 제작하거나 인증을 받은 항공기 등에 고장 등이 발생한 것을 알게 된 경우 국토교통부장관에게 보고하여야 한다.
② 항공운송사업자는 항공기를 운영하는 중에 고장 등이 발생한 것을 알게 된 경우 국토교통부장관에게 보고하여야 한다.
③ 정비조직인증을 받은 자는 항공기를 정비하는 중에 국토교통부령으로 정하는 고장 등이 발생한 것을 알게 된 경우 국토교통부장관에게 보고하여야 한다.
④ 제작증명을 받은 자는 국토교통부령으로 정하는 고장이 발생한 경우 제작자로서 즉시 해소하고 별도의 보고는 불필요하다.

> **해설**
>
> 항공안전법 제33조
> ① 형식증명, 부가형식증명, 제작증명, 기술표준품형식승인 또는 부품등제작자증명을 받은 자는 그가 제작하거나 인증을 받은 항공기 등, 장비품 또는 부품이 설계 또는 제작의 결함으로 인하여 국토교통부령으로 정하는 고장, 결함 또는 기능장애가 발생한 것을 알게 된 경우에는 국토교통부령으로 정하는 바에 따라 국토교통부장관에게 그 사실을 보고하여야 한다.
> ② 항공운송사업자, 항공기사용사업자 등 대통령령으로 정하는 소유자 등 또는 제97조 제1항에 따른 정비조직인증을 받은 자는 항공기를 운영하거나 정비하는 중에 국토교통부령으로 정하는 고장, 결함 또는 기능장애가 발생한 것을 알게 된 경우에는 국토교통부령으로 정하는 바에 따라 국토교통부장관에게 그 사실을 보고하여야 한다.

87 항공안전 의무보고 대상 항공안전장애를 발생시키거나 알게 된 항공종사자 등 관계인은 국토교통부장관에게 그 사실을 보고하여야 한다. 의무보고 대상 항공안전장애에 해당하지 않는 것은?

① 근접충돌경고가 표시된 경우
② 비행금지구역에 허가 없이 진입한 경우
③ 폭우 속에서의 장시간 비행
④ 활주로 이탈 후 복귀

> **해설**
>
> 항공안전법 59조, 항공안전법 시행규칙 별표20
> - 비행 중(공중충돌경고장치 회피기동이 발생한 경우, 항공감시장비에 근접충돌경고가 표시된 경우, 지형지물과 최저 장애물회피고도가 확보되지 않은 경우, 비행금지구역 또는 제한구역에 허가 없이 진입한 경우, 사전허가 받지 않은 비행경로, 고도 이탈 등
> - 이륙 및 착륙(항공기 기체의 비정상적 지면 접촉, 교범에 정한 강하속도, 착륙중량 초과한 착륙, 지정구역에 미도착 및 초과한 착륙, 항공시스템의 기능장애, 활주로 이탈 후 복귀
> - 우박, 조류 충돌, 드론 등의 접촉

정답 86. ④ 87. ③

88 항공안전 의무보고서 제출 시기에 대한 설명으로 틀린 것은?

① 항공기 사고 및 항공기 준사고: 24시간 이내
② 항공기에 장착된 공중충돌경고장치 회피기동이 발생한 경우: 72시간 이내
③ 항공등화 운영 및 유지관리 수준에 미달한 경우: 즉시
④ 항행안전 무선시설 운영 중단: 즉시

해설
항공안전법 134조4항, 시행규칙 별표 20의2
1. 항공기 사고 및 준사고: 즉시
2. 항공안전장애 1~4호, 6호, 7호: 72시간 이내 3호. 6호 가, 나, 마: 즉시 5호: 96시간 이내

89 항공안전자율보고에 대한 설명으로 옳지 않은 것은?

① 항공안전장애에 해당하는 요인에 대해 보고한다.
② 항공안전 위해요인이 발생한 것을 알게 된 경우 보고한다.
③ 항공안전 위해요인 발생이 의심되는 경우 보고한다.
④ 항공안전자율고보는 국토교통부장관에게 보고한다.

해설
항공안전법 제61조
항공안전자율보고는 항공안전장애 외의 항공안전장애를 발생시켰거나 발생한 것을 알게 된 경우 또는 항공안전 위해요인이 발생한 것을 알게 되거나 발생이 의심되는 경우 국토교통부장관에게 보고할 수 있다.

90 운송사업용 항공기 및 운송사업용 외의 항공기가 시계비행 방식으로 비행하는 경우, 실어야 할 연료와 오일의 양에 대한 설명으로 맞는 것은?

① 시계비행: 최초 착륙예정 비행장까지 필요한 양에 순항속도로 45분간 더 비행할 수 있는 양
② 시계비행: 최초 착륙예정 비행장까지 필요한 양에 순항속도로 30분간 더 비행할 수 있는 양
③ 운송사업용 항공기 외의 항공기 시계비행: 최초 착륙예정 비행장까지 필요한 양에 순항속도로 45분간 더 비행할 수 있는 양
④ 운송사업용 항공기 외의 항공기 시계비행: 최초 착륙예정 비행장까지 필요한 양에 야간은 순항속도로 30분간 더 비행할 수 있는 양

해설
항공안전법 시행규칙 제119조 별표17
1. 운송사업 및 사용사업용 항공기에 실어야 할 연료와 오일의 양
- 시계비행을 하는 경우 최초 착륙예정 비행장까지 비행에 필요한 양, 순항속도로 45분간 더 비행할 수 있는 양
- 운송사업 및 사용사업용 항공기 외에 항공기가 시계비행을 하는 경우 주간은 최초 착륙예정 비행장까지 비행에 필요한 양, 순항고도로 30분간 더 비행할 수 있는 양, 야간은 최초 착륙예정 비행장까지 비행에 필요한 양, 순항고도로 45분간 더 비행할 수 있는 양

91 시계비행방식에 의한 비행을 하는 경우 적절한 고도를 취해야 하는데, 이때 취해야 하는 순항고도는 얼마부터 해당하는가?

① 1,000피트 ② 2,000피트
③ 3,000피트 ④ 4,000피트

정답 88. ① 89. ① 90. ① 91. ③

해설

항공안전법 시행규칙 제173조 별표21
시계비행방식으로 비행하는 항공기는 지표면 또는 수면 상공 900미터(3,000피트) 이상을 비행하는 경우 별표 21에 따른 순항고도로 비행하여야 한다.

92 항공안전법 시행규칙상 시계비행방식으로 비행하는 항공기가 관제권 안의 비행장에서 이륙 또는 착륙하거나 관제권 안으로 진입할 수 없는 기상 조건은?

① 비행장의 운고가 450미터(1,500피트) 미만이거나 지상시정이 5킬로미터 미만인 경우
② 비행장의 운고가 450미터(1,500피트) 미만이거나 지상시정이 7킬로미터 미만인 경우
③ 비행장의 운고가 600미터(2,000피트) 미만이거나 지상시정이 7킬로미터 미만인 경우
④ 비행장의 운고가 900미터(3,000피트) 미만이거나 지상시정이 10킬로미터 미만인 경우

해설

항공안전법 시행규칙 제172조
시계비행 방식으로 비행하는 항공기는 해당 비행장의 운고(구름 밑부분 고도)가 450미터(1,500피트) 미만 또는 지상시정이 5킬로미터 미만인 경우에는 관제권 안의 비행장에서 이륙 또는 착륙하거나 관제권 안으로 진입할 수 없다.

93 예측할 수 없는 급격한 기상의 악화 등 부득이한 사유로 관제기관으로부터 특별시계비행을 허가받은 항공기 조종사가 따라야 하는 비행에 대한 규칙으로 틀린 것은?

① 허가받은 관제권 안을 비행
② 구름을 회피하여 비행
③ 비행시정을 1,000미터 이상 유지
④ 지표를 지속적으로 볼 수 있는 상태로 비행

해설

항공안전법 시행규칙 제174조
1. 허가받은 관제권 안을 비행할 것
2. 구름을 피하여 비행할 것
3. 비행시정을 1,500미터 이상 유지하며 비행할 것
4. 지표 또는 수면을 계속하여 볼 수 있는 상태로 비행할 것
5. 조종사가 계기비행을 할 수 있는 자격이 없거나 제117조 제1항에 따른 항공계기를 갖추지 아니한 항공기로 비행하는 경우에는 주간에만 비행할 것. 다만, 헬리콥터는 야간에도 비행할 수 있다.
② 특별시계비행을 하는 경우에는 다음 각호의 조건에서만 제1항에 따른 기준에 따라 이륙하거나 착륙할 수 있다.
1. 지상시정이 1,500미터 이상일 것
2. 지상시정이 보고되지 아니한 경우에는 비행시정이 1,500미터 이상일 것

94 시계비행으로 비행하는 항공기가 유지해야 하는 비행시정 및 구름으로부터 유지해야 하는 기상상태에 대한 설명으로 틀린 것은?

① 10,000피트 이상 D공역 비행 시 비행시정 5,000미터
② 10,000피트 미만 D공역 비행 시 구름으로부터 수평 1,500미터 수직 300미터
③ 10,000피트 미만 D공역 비행 시 비행시정 5,000미터
④ 10,000피트 이상 D공역 비행 시 구름으로부터 수평 1,500미터 수직 300미터

정답 92. ① 93. ③ 94. ①

해설

항공안전법 시행규칙 제175조 별표24
- 10,000피트 이상 비행 시 비행시정 8,000미터 구름으로부터 수평 1,500미터 수직 300미터
- 10,000피트 미만 비행 시 비행시정 5,000미터 구름으로부터 수평 1,500미터 수직 300미터

95 다음 중 비행하는 항공기의 정해진 신호에 대한 설명으로 틀린 것은?

① 조난신호: MAYDAY
② 조난신호 : 짧은 간격으로 한 번에 1발씩 발사되는 붉은색 불빛을 내는 로켓
③ 긴급신호: 위치등 신호의 개폐를 반복하는 신호
④ 긴급신호: 착륙등 스위치의 개폐를 반복

해설

항공안전법 시행규칙 제194조 별표26
1. 조난신호: SOS 짧은 간격으로 한 번에 1발씩 발사되는 붉은색 불빛
2. 긴급신호: XXX(무선전화 PAN PAN) 착륙등 스위치의 개폐를 반복

96 항공안전법 시행규칙상 항공기 도착보고에 포함되어야 하는 사항으로 옳지 않은 것은?

① 항공기의 식별부호
② 출발비행장
③ 최종 비행시간
④ 착륙시간

해설

항공안전법 시행규칙 제188조
1. 항공기의 식별부호
2. 출발비행장
3. 도착비행장
4. 목적비행장(목적비행장이 따로 있는 경우만 해당한다)
5. 착륙시간

② 제1항에도 불구하고 도착비행장에 착륙한 후 도착보고를 할 수 있는 적절한 통신시설 등이 제공되지 아니하는 경우에는 착륙 직전에 관할 항공교통업무기관에 도착보고를 하여야 한다.

97 무선통신 두절 시 지상에서 비행 중인 항공기로 깜박이는 녹색 불빛의 빛총신호를 보내고 있다. 이 빛총신호의 의미는 무엇인가?

① 착륙을 허가함
② 진로 양보 계속 선회
③ 착륙 준비
④ 착륙하지 말 것

해설

항공안전법 시행규칙 별표26

신호의 종류	의미 (비행 중인 항공기)
연속되는 녹색	착륙을 허가함
연속되는 붉은색	다른 비행기에게 진로를 양보하고 계속 선회할 것
깜박이는 녹색	착륙을 준비할 것(착륙 및 지상유도를 위한 허가가 뒤이어 발부)
깜박이는 붉은색	비행장이 불안전하니 착륙하지 말 것
깜박이는 흰색	착륙하여 계류장으로 갈 것

정답 95. ③ 96. ③ 97. ③

98 다음 중 항공기 지상 이동 방법에 대한 설명으로 맞는 것은?

① 정면 또는 유사하게 접근하는 항공기 상호 간 오른쪽으로 진로 변경
② 정면 또는 유사하게 접근하는 항공기 상호 간 왼쪽으로 진로 변경
③ 교차하거나 이와 유사하게 접근하는 항공기 상호 간 좌측을 보는 항공기가 진로 양보
④ 교차하거나 이와 유사하게 접근하는 항공기 상호 간 우측을 보는 항공기가 진로 우선권

해설
항공안전법 시행규칙 제162조
1. 정면 또는 이와 유사하게 접근하는 항공기 상호 간 정지하거나 오른쪽으로 진로 변경
2. 교차하거나 이와 유사하게 접근하는 항공기 상호 간 다른 항공기를 우측으로 보는 항공기가 진로 양보
3. 앞지르기하는 항공기는 충분한 분리 간격 유지
4. 지상 이동하는 항공기는 관제탑의 지시가 없는 경우 활주로 진입 전 대기지점에서 정지·대기
5. 지상 이동하는 항공기는 정지선등이 켜져 있는 경우 정지·대기하고 꺼질 때에 이동

99 항공기 운항에 있어서 비행규칙에 따라 항공기에 사용하는 순항고도에 대한 설명으로 틀린 것은?

① 관제구 또는 관제권을 비행하는 경우 항공교통관제기관이 지시하는 고도
② 시계비행 항공기의 경우 기수방향 0도~179도는 홀수 천피트 단위 고도에 추가 500피트
③ 계기비행 항공기의 경우 기수방향 0도~179도는 홀수 천피트 단위 고도
④ 순항고도가 전이고도 이상인 경우 고도(Altitude) 사용

해설
항공안전법 시행규칙 제164조
1. 관제구 또는 관제권을 비행하는 경우 항공교통관제기관이 지시하는 고도
2. 관제구 또는 관제구 이외의 지역에서는 반구규칙(Semi Circular Rule)에서 정하는 고도(시계비행(계기비행) 항공기 기수방향 0~179도 홀수 천단위 고도+500피트(홀수 천단위 고도), 시계비행 항공기 기수방향 180~359도 짝수 천단위 고도+500피트(짝수 천단위 고도)
3. 순항고도가 전이고도를 초과하는 경우 비행고도(Flight Level), 전이고도(2만 피트) 이하인 경우 고도(Altitude) 사용

100 항공안전법 시행규칙상 시계비행방식으로 비행하는 항공기가 지표면 또는 수면 상공 900미터(3천피트) 이상을 비행할 경우 따라야 하는 순항고도에 대한 설명으로 맞는 것은?

① 0~179도 방향으로 비행하는 항공기는 4,000피트 고도로 비행한다.
② 0~179도 방향으로 비행하는 항공기는 3,000피트 고도로 비행한다.
③ 180~359도 방향으로 비행하는 항공기는 4,500피트로 비행한다.
④ 180~359도 방향으로 비행하는 항공기는 4,000피트 고도로 비행한다.

해설
항공안전법 시행규칙 제164조
0~179도 홀수 천 단위 고도에 추가로 500피트를 더한다. 180~359도 짝수 천 단위 고도에 추가로 500피트를 더한다.

정답 98. ① 99. ④ 100. ③

101 통행의 우선순위로 맞는 것은?

① 기구류〉활공기〉비행선〉비행기·헬리콥터
② 기구류〉비행선〉활공기〉비행기·헬리콥터
③ 활공기〉기구류〉비행선〉비행기·헬리콥터
④ 착륙 접근하는 낮은 고도의 항공기 〉착륙 접근하는 높은 고도의 항공기

해설

항공안전법 시행규칙 제166조
1. 기구류〉활공기〉비행선〉비행기·헬리콥터
2. 다른 항공기를 우측으로 보는 항공기가 진로 양보
3. 착륙하기 위해 최종접근하는 항공기에 비행 중이거나 지상 운항 중인 항공기는 진로 양보
4. 헬리콥터, 비행기, 비행선은 활공기에 진로 양보
5. 비상 착륙하는 항공기에 진로 양보
6. 비행장 내 기동지역 운항항공기는 이륙 중이거나 이륙하려는 항공기에 진로 양보

102 항공안전법 시행규칙상 항공기의 기압고도계 수정 기준에 대한 설명으로 옳지 않은 것은?

① 전이고도 이하의 고도로 비행하는 경우 비행로를 따라 185킬로미터(100해리) 이내에 있는 항공교통관제기관으로부터 통보받은 QNH로 수정
② 전이고도 이하의 고도로 비행하는 경우 해당 범위 내에 항공교통관제기관이 없는 경우에는 비행정보기관 등으로부터 받은 최신 QNH로 수정
③ 전이고도를 초과한 고도로 비행하는 경우 표준기압치(1,013.2헥토파스칼)로 수정
④ 전이고도 이하의 고도로 비행하는 경우 표준기압치(1,013.2헥토파스칼)로 수정

해설

항공안전법 시행규칙 제165조
1. 전이고도 이하의 고도로 비행하는 경우에는 비행로를 따라 185킬로미터(100해리) 이내에 있는 항공교통관제기관으로부터 통보받은 QNH[185킬로미터(100해리) 이내에 항공교통관제기관이 없는 경우에는 제229조 제1호에 따른 비행정보기관 등으로부터 받은 최신 QNH를 말한다]로 수정할 것
2. 전이고도를 초과한 고도로 비행하는 경우에는 표준기압치(1,013.2헥토파스칼)로 수정할 것

103 다음 중 비행속도의 유지 등에 관한 설명으로 틀린 것은?

① 지표면으로부터 750m를 초과하고 3,050m 미만 고도에서 250노트 이하
② C, D 등급 공역 공항반지름 7.4km 내 지표면으로부터 750m 고도 이하 200노트 이하
③ B 등급 공역을 통과하는 시계비행로 250노트 이하
④ 최저안전속도가 최대속도보다 빠른 항공기는 최저안전속도

해설

항공안전법 시행규칙 제169조
1. 지표면으로부터 750m 초과하고 3,050m 미만 고도에서 지시대기 속도 250노트 이하
2. C, D 등급 공역에서 공항반지름 7.4km 내 지표면으로부터 750m 고도 이하 200노트 이하
3. B 등급 공역을 통과하는 시계비행로 200노트 이하
4. 최저안전속도가 최대속도보다 빠른 항공기는 최저안전속도

정답 101. ① 102. ④ 103. ③

104 항공기를 비행장이 아닌 곳에서 이륙하거나 착륙하여서는 아니 된다. 다음 중 이륙·착륙 장소 외에 이륙·착륙이 허가되는 경우가 아닌 것은?

① 비행 중 비상상황 발생
② 화재예방을 위한 항공촬영
③ 수색구조업무 비행 간 연료 보급을 위한 착륙
④ 비행 중 연료 부족 예상

해설

항공안전법 시행령 제9조
1. 비행 중 비상상황 발생(계기 고장, 연료 부족)
2. 응급환자 또는 수색인력·구조인력 등의 수송, 비행훈련, 화재진화, 화재 예방을 위한 감시, 항공촬영, 항공방제, 연료 보급, 건설자재 운반 또는 사람 수송을 목적으로 비행장 이외의 장소에 이착륙하는 경우

105 비행정보구역 안에서 비행하려는 자는 비행을 시작하기 전에 비행계획을 수립하여 항공교통관제기관에 제출하여야 한다. 비행계획에 대한 내용으로 틀린 것은?

① 비행을 시작하기 전에 수립하여 제출
② 비행계획은 반드시 서류로 작성하여 제출
③ 긴급출동 등으로 비행 시작 전 제출하지 못한 경우 비행 중 제출
④ 비행계획은 출항의 경우 출항 준비가 끝나는 즉시 제출

해설

항공안전법 시행규칙 제182조
비행계획은 구술·전화·서류·전자통신문·팩스 또는 정보통신망을 이용하여 제출할 수 있다.

106 항공기의 비행규칙에 따른 비행시정 중 곡예비행 등을 할 수 있는 비행시정에 대한 설명으로 맞는 것은?

① 비행고도 3,050m 미만인 구역 2,000m 이상
② 비행고도 3,050m 미만인 구역 3,000m 이상
③ 비행고도 3,050m 미만인 구역 5,000m 이상
④ 비행고도 3,050m 미만인 구역 7,000m 이상

해설

항공안전법 시행규칙 제197조
1. 비행고도 3,050m 미만인 구역 5,000m 이상
2. 비행고도 3,050m 이상인 구역 8,000m 이상

107 시계비행방식으로 비행이 금지되고 계기비행방식으로만 비행해야 하는 고도는 얼마인가?

① 3,000ft
② 5,000ft
③ 10,000ft
④ 20,000ft

해설

항공안전법 시행규칙 제172조
평균해면으로부터 6,100m(20,000ft)를 초과하는 고도로 비행 시

정답 104. ④ 105. ② 106. ③ 107. ④

108 항공안전법 시행규칙상 곡예비행 금지구역에 해당하지 않는 것은?

① 사람 또는 건축물이 밀집한 지역의 상공
② 관제구 및 관제권
③ 지표로부터 500미터(약 1,640피트) 이상의 고도
④ 해당 항공기를 중심으로 반지름 500미터 범위 안의 지역에 있는 가장 높은 장애물의 상단으로부터 500미터 이하의 고도

해설
항공안전법 시행규칙 제204조
1. 사람 또는 건축물이 밀집한 지역의 상공
2. 관제구 및 관제권
3. 지표로부터 450미터(1,500피트) 미만의 고도
4. 해당 항공기(활공기는 제외한다)를 중심으로 반지름 500미터 범위 안의 지역에 있는 가장 높은 장애물의 상단으로부터 500미터 이하의 고도
5. 해당 활공기를 중심으로 반지름 300미터 범위 안의 지역에 있는 가장 높은 장애물의 상단으로부터 300미터 이하의 고도

109 항공기를 운항하려는 사람은 생명과 재산을 보호하기 위하여 최저비행고도 아래에서의 비행행위를 하거나 물건 투하, 낙하산 강하와 배면비행 및 무인항공기 비행을 하여서는 아니 된다. 여기에서 정의하는 최저비행고도는 얼마의 고도를 말하는가?

① 시계비행 방식 비행: 건물 밀집 지역 항공기 반경 600m 내에서 가장 높은 장애물 상단에서 300m 고도
② 시계비행 방식 비행: 건물 밀집지역 이외 지역 지표면 또는 수면 상단으로부터 300m 고도
③ 계기비행 방식 비행: 산악지역에서 항공기 반경 8km 이내 가장 높은 장애물로부터 300m 고도
④ 계기비행 방식 비행: 산악지역 이외 항공기 반경 8km 이내 가장 높은 장애물로부터 150m 고도

해설
항공안전법 시행규칙 제199조

구분	사람 건물 밀집상공	사람 건물 밀집 지역 이외
시계비행	항공기 반경 600m 범위 가장 높은 장애물 상단 300m(1,000ft) 고도	지표면·수면 또는 물건의 상단에서 150m(500ft) 고도

110 항공안전법 시행규칙상 시계비행방식으로 비행하는 항공기가 최저비행고도 미만의 고도로 비행할 수 있는 경우로 옳지 않은 것은?

① 기장이 비행이 가능하다고 판단한 경우
② 이륙하거나 착륙하는 경우
③ 항공교통업무기관의 허가를 받은 경우
④ 비상상황의 경우 지상의 사람이나 재산에 위해를 주지 않고 착륙할 수 있는 고도인 경우

해설
항공안전법 시행규칙 제172조
시계비행방식으로 비행하는 항공기는 제199조 제1호 각 목에 따른 최저비행고도 미만의 고도로 비행하여서는 아니 되며 다음 각호의 어느 하나에 해당하는 경우에는 그러하지 아니하다.
1. 이륙하거나 착륙하는 경우
2. 항공교통업무기관의 허가를 받은 경우
3. 비상상황의 경우로서 지상의 사람이나 재산에 위해를 주지 아니하고 착륙할 수 있는 고도인 경우

정답 108. ③ 109. ① 110. ①

111 항공기는 도착비행장에 착륙하는 즉시 관할 항공교통업무기관에 도착보고를 하여야 한다. 도착보고에 대한 내용으로 틀린 것은?

① 도착비행장에 착륙 즉시 항공교통업무기관에 도착보고
② 도착비행장에 항공교통관제기관이 없는 경우 다음 목적지에서 보고
③ 도착비행장에 도착보고를 할 수 있는 통신시설이 제공되지 않는 경우 착륙직전 보고
④ 도착비행장에 항공교통관제 기관이 없는 경우 착륙 직전에 관할 항공교통업무 기관에 보고

해설

항공안전법 시행규칙 제188조
① 항공기는 도착비행장에 착륙하는 즉시 관할 항공교통업무기관(관할 항공교통업무기관이 없는 경우에는 가장 가까운 항공교통업무기관)에 다음 각호의 사항을 포함하는 도착보고를 하여야 한다. 다만, 지방항공청장 또는 항공교통본부장이 달리 정한 경우에는 그러하지 아니하다.
1. 항공기의 식별부호
2. 출발비행장
3. 도착비행장
4. 목적비행장(목적비행장이 따로 있는 경우만 해당한다)
5. 착륙시간
② 제1항에도 불구하고 도착비행장에 착륙한 후 도착보고를 할 수 있는 적절한 통신시설 등이 제공되지 아니하는 경우에는 착륙 직전에 관할 항공교통업무기관에 도착보고를 하여야 한다.

112 항공안전법 시행규칙상 운항 중인 항공기에서 사용이 제한되는 전자기기에 해당하는 것은?

① 휴대용 음성녹음기
② 보청기
③ 심장박동기
④ 항공기 정비인증 시설 권고에 따라 인정한 휴대용 전자기기

해설

항공안전법 시행규칙 제214조
운항 중에 전자기기의 사용을 제한할 수 있는 항공기와 사용이 제한되는 전자기기의 품목은 다음 각호와 같다.
2. 다음 각 목 외의 전자기기
  가. 휴대용 음성녹음기
  나. 보청기
  다. 심장박동기
  라. 전기면도기
  마. 그 밖에 항공운송사업자 또는 기장이 항공기 제작회사의 권고 등에 따라 해당 항공기에 전자파 영향을 주지 아니한다고 인정한 휴대용 전자기기

113 항공안전법 시행규칙상 긴급항공기의 지정을 받을 수 있는 긴급한 업무의 범위에 해당하지 않는 것은?

① 재난·재해 등으로 인한 수색·구조
② 응급환자의 수송 등 구조·구급활동
③ 화재예방을 위한 감시활동
④ 항공사고 발생 시 긴급 언론 브리핑

해설

항공안전법 시행규칙 제207조
1. 재난·재해 등으로 인한 수색·구조
2. 응급환자의 수송 등 구조·구급활동
3. 화재의 진화
4. 화재의 예방을 위한 감시활동
5. 응급환자를 위한 장기이송
6. 그 밖에 자연재해 발생 시의 긴급복구

정답 111. ② 112. ④ 113. ④

114 다음 중 회항시간 연장운항 승인이 필요한 항공기에 해당하지 않는 것은?

① 1개의 발동기를 가진 비행기
② 2개의 발동기를 가진 비행기가 1개의 발동기가 작동하지 않을 때 순항속도
③ 3개의 발동기를 가진 비행기가 모든 발동기가 작동할 때 순항속도
④ 운항기술기준에 적합 여부를 확인하여 승인

해설

항공안전법 제74조
1. 2개의 발동기를 가진 비행기: 1개의 발동기가 작동하지 아니할 때의 순항속도
2. 3개 이상의 발동기를 가진 비행기: 모든 발동기가 작동할 때의 순항속도
② 국토교통부장관은 제1항에 따른 승인을 하려는 경우에는 제77조 제1항에 따라 고시하는 운항기술기준에 적합한지를 확인하여야 한다.

115 다음 공역에 대한 설명 중 사용 목적에 따른 공역에 대한 설명으로 틀린 것은?

① 관제공역은 관제권 및 관제구를 포함하는 공역
② 비관제공역은 조종사에게 비행에 관한 조언·비행정보 등을 제공할 필요가 없는 공역
③ 통제공역은 항공기의 비행을 금지하거나 제한할 필요가 있는 공역
④ 주의 공역은 특별한 주의·경계·식별 등이 필요한 공역

해설

항공안전법 제78조
비관제공역: 관제공역 외의 공역으로 조종사에게 비행에 관한 조언·비행정보 등을 제공할 필요가 있는 공역

116 다음 중 항공교통업무에 따른 공역의 구분에 있어서 관제공역에 해당하지 않는 공역은?

① A등급 공역
② B등급 공역
③ C등급 공역
④ G등급 공역

해설

항공안전법 시행규칙 별표 23
관제공역 A,B,C,D,E등급 공역, 비관제공역 F,G등급 공역

117 항공안전법 시행규칙상 항공정보의 제공 방법으로 옳지 않은 것은?

① 항공정보간행물
② 항공고시보
③ 비행계획서
④ 항공정보회람

해설

항공안전법 시행규칙 제255조7의2
1. 항공정보간행물(AIP)
2. 항공고시보(NOTAM)
3. 항공정보회람(AIC)
4. 비행 전·후 정보(Pre-Flight and Post-Flight Information)를 적은 자료

118 국토교통부장관은 항공기 운항의 안전성·정규성 및 효율성을 확보하기 위하여 비행정보구역에서 비행하는 사람 등에게 필요한 정보를 제공해야 한다. 제공되는 항공정보에 대한 내용으로 틀린 것은?

① 비행장과 항행안전시설의 중요한 변경과 운용에 관한 사항
② 비행계획에 관한 사항
③ 비행 방법, 장애물 회피고도, 결심고도 등의 설정과 변경사항
④ 항공교통업무에 관한 사항

정답 114. ① 115. ② 116. ④ 117. ③ 118. ②

해설

항공안전법 시행규칙 제255조
1. 비행장과 항행안전시설의 공용의 개시, 휴지, 재개, 폐지에 관한 사항
2. 비행장과 항행안전시설의 중요한 변경 및 운용에 관한 사항
3. 비행장을 이용할 때 항공기 운항에 장애가 되는 사항
4. 비행 방법, 장애물 회피고도, 결심고도, 최저강하고도, 비행장 이·착륙 기상최저치 등의 설정과 변경에 관한 사항
5. 항공교통업무에 관한 사항
6. 공역에서 로켓·불꽃·레이저광선 또는 그 밖의 물건의 발사, 무인기구의 계류·부양 및 낙하산 강하에 관한 사항
7. 그 밖에 항공기 운항에 도움이 될 수 있는 사항(절차도, 간행물, 항공고시보, 항공정보 회람 등으로 제공)

119 항공기에 탑승시켜야 하는 객실승무원에 대한 기준 중 260명이 탑승할 수 있는 좌석에 탑승시켜야 하는 승무원의 수는?

① 4명　　② 5명
③ 6명　　④ 7명

해설

항공안전법 시행규칙 제218조
200석 이상은 5명에 좌석수 50석당 1명 추가

120 항공안전법 시행규칙상 항공교통업무의 목적에 해당하지 않는 것은?

① 항공기 간의 충돌 방지
② 항공교통 흐름의 질서 유지 및 촉진
③ 항공사 수익 극대화를 위한 운항 스케줄 조정
④ 수색·구조를 필요로 하는 항공기에 대한 관계기관에 정보 제공 및 협조

해설

항공안전법 시행규칙 제228조
1. 항공기 간의 충돌 방지
2. 기동지역 안에서 항공기와 장애물 간의 충돌 방지
3. 항공교통흐름의 질서유지 및 촉진
4. 항공기의 안전하고 효율적인 운항을 위하여 필요한 조언 및 정보의 제공
5. 수색·구조를 필요로 하는 항공기에 대한 관계기관에 대한 정보제공 및 협조

121 항공안전법 시행규칙상 항공교통업무기관이 항공기가 비상상황에 처한 사실을 알았을 때 수색·구조업무를 수행하는 기관에 통보해야 하는 비상상황의 종류에 해당하지 않는 것은?

① 불확실상황(Uncertainty Phase)
② 경보상황(Alert Phase)
③ 주의상황(Caution Phase)
④ 조난상황(Distress Phase)

해설

항공안전법 시행규칙 제243조
1. 불확실상황　2. 경보상황　3. 조난상황

122 외국 국적을 가진 항공기가 항행을 하기 위해 국토교통부장관의 허가를 받아야 하는 경우에 해당하지 않는 것은?

① 영공 밖에서 이륙하여 대한민국에 착륙하는 항행
② 대한민국에서 이륙하여 영공 밖에 착륙하는 항행
③ 영공 밖에서 이륙하여 대한민국 영공을 통과하지 않고 영공 밖에 착륙하는 항행
④ 영공 밖에서 이륙하여 대한민국 영공을 통과하는 항행

정답　119. ③　120. ③　121. ③　122. ③

해설

항공안전법 제100조
1. 영공 밖에서 이륙하여 대한민국에 착륙
2. 대한민국에서 이륙하여 영공 밖에 착륙
3. 영공 밖에서 이륙하여 대한민국 영공을 통과하여 영공 밖에 착륙
4. 항공사업법에 따라 국토교통부장관이 항공운송사업을 허가한 경우는 제외

123 항공영어구술능력 증명을 받아야 하는 경우로 틀린 것은?

① 두 나라 이상을 운항하는 항공기 정비
② 두 나라 이상을 운항하는 항공기 조종
③ 두 나라 이상을 운항하는 항공기에 대한 항공교통관제 업무
④ 두 나라 이상을 운항하는 항공기에 대한 무선통신

해설

항공안전법 제45조
1. 두 나라 이상 운항하는 항공기의 조종
2. 두 나라 이상 운항하는 항공기에 대한 항공교통관제 업무
3. 두 나라 이상 운항하는 항공기에 대한 무선통신
해당 증명은 국방부장관도 발급할 수 있으며 외국 정부로부터 증명을 받은 경우 시험이 면제

124 항공영어구술능력 증명에 대한 설명으로 틀린 것은?

① 항공영어구술능력증명시험의 등급은 6등급으로 구분
② 최초 응시자의 기준일은 합격통지일
③ 유효기간은 기준일부터 4등급은 3년, 5등급은 6년
④ 새로운 증명의 유효기간은 기존 증명의 끝나는 날부터 유효

해설

항공안전법 시행규칙 제99조
시험의 등급은 6등급으로 구분하며 유효기간은 4등급 3년, 5등급 6년, 6등급 영구로 기준일은 최초 응시자는 합격통지일, 4,5등급의 경우 유효기간이 끝나기 전 6개월 이내에 합격한 경우 유효기간이 끝난 다음 날부터 유효

125 항공영어구술능력 증명의 유효기간에 대한 설명으로 틀린 것은?

① 4등급 3년
② 5등급 6년
③ 6등급 영구
④ 최초 응시자는 합격한 날부터

해설

문제 124번 해설 참조

126 국토교통부장관은 다음의 하나에 해당하는 처분을 하려면 청문을 하여야 한다. 청문을 하여야 하는 대상에 해당하지 않는 것은?

① 형식증명의 보류
② 제작증명의 취소
③ 모의비행훈련장치에 대한 지정의 효력정지
④ 항공신체검사의 효력정지

해설

항공안전법 제134조
1. 모든 증명의 취소
2. 모의비행훈련장치에 대한 지정 취소 또는 효력정지
3. 항공신체검사 또는 자격증명의 취소 또는 효력정지

정답 123. ① 124. ④ 125. ④ 126. ①

127 초경량비행장치를 소유하거나 사용할 권리가 있는 자는 국토교통부장관에게 신고하여야 한다. 다음 중 신고를 필요로 하지 않는 초경량비행장치에 해당하지 않는 것은?

① 동력을 이용하지 않는 패러글라이더
② 사람이 탑승하는 기구류
③ 낙하산류
④ 자체중량 12kg 이하의 무인비행선

해설

항공안전법 시행령 제24조
항공사업법에 따른 항공기 대여업·항공레저스포츠사업 또는 초경량비행장치 사용사업에 사용되지 않는 것으로
1. 행글라이더, 패러글라이더 등 동력을 이용하지 아니하는 비행장치
2. 기구류(사람이 탑승하는 것은 제외)
3. 계류식 무인비행장치
4. 낙하산류
5. 무인동력비행장치 중 최대이륙중량이 2kg 이하인 것
6. 무인비행선 중 연료의 무게를 제외한 자체무게 12kg 이하, 길이 7m 이하인 것
7. 시험·조사·연구 또는 개발을 위해 제작한 초경량비행장치
8. 판매되지 아니한 것으로 비행에 사용되지 아니하는 초경량비행장치
9. 군사목적으로 사용되는 초경량비행장치

128 항공기 안내를 위한 지상유도 요원의 수신호에 대한 설명으로 틀린 것은?

① 직진: 유도봉을 가슴높이에서 머리높이까지 위, 아래로 흔든다.
② 정지: 몸측 면에서 유도봉을 직각으로 뻗은 후 머리 위로 서서히 교차시킨다.
③ 엔진 정지: 유도봉을 오른쪽 왼쪽 어깨위로 목을 가로지른다.
④ 위치 대기: 유도봉을 측면 45도 아래로 뻗어 앞뒤로 흔든다.

해설

위치 대기(Stand-by): 양팔과 유도봉을 측면에서 45°로 아래로 뻗은 후 항공기의 다음 이동이 허가될 때까지 움직이지 않는다.

129 다음 중 벌칙에 해당하는 처분이 올바르지 않은 것은?

① 항행 중 추락 또는 전복시키거나 파괴한 사람: 사형, 무기징역 또는 5년 이상 징역
② 항행 중 전복시키거나 파괴로 사람을 사상하게 한 사람: 사형, 무기징역 또는 7년 이상 징역
③ 항행안전시설, 공항시설 파손 또는 항공상 위험을 발생시킨 사람: 10년 이하 징역
④ 항공업무 간 주류 섭취로 정상적 업무가 불가능한 경우: 2년 이하 징역 2천만원 이하 벌금

해설

항공안전법 제138조~158조
1. 항행 중 추락 또는 전복시키거나 파괴한 사람은 사형, 무기징역 또는 5년 이상 징역(138조)
2. 1항에 따라 사람을 사상에 이르게 한 사람은 사형, 무기징역 또는 7년 이상의 징역(139조)
3. 공항시설 또는 항행안전시설을 파손하거나 항공상 위험을 발생시킨 사람은 10년 이하의 징역(140조)
4. 미수범은 처벌한다(141조).
5. 감항증명을 받지 아니한 항공기 사용은 3년 이하의 징역 또는 5천만원 이하의 벌금(144조)
6. 항공업무에 종사하는 사람이 업무 간 주류 섭취로 정상적인 업무가 불가능한 경우 3년 이하의 징역 또는 3천만원 이하의 벌금(146조)
7. 무자격자의 항공업무 종사는 2년 이하의 징역 또는 2천만원 이하의 벌금(148조)
8. 기장의 보고의무 위반 500만원 이하의 벌금(158조)

정답 127. ② 128. ④ 129. ④

130 항공기 안내를 위한 지상유도 요원의 수신호에 대한 설명으로 틀린 것은?

① 좌회전: 주먹을 쥐고 어깨높이까지 올려 손을 흔든다.
② 비상정지: 빠르게 양쪽 유도봉을 든 팔을 머리 위로 뻗었다가 교차시킨다.
③ 엔진 정지: 유도봉을 오른쪽 왼쪽 어깨 위로 목을 가로지른다.
④ 착륙: 몸의 앞쪽에서 유도봉을 쥔 양팔을 아래쪽으로 교차시킨다.

해설
항공안전법 시행규칙 제194조 별표 26
좌회전(조종사 기준): 오른팔과 유도봉을 몸쪽 측면으로 직각으로 세운 뒤 왼손으로 직진신호를 한다. 신호동작의 속도는 항공기의 회전속도를 알려준다.

정답 130. ①

항공보안법

01 국가항공보안계획에 포함되어야 할 내용으로 옳지 않은 것은?

① 공항운영자 등의 항공보안에 대한 임무
② 항공보안장비의 관리
③ 항공보안에 관한 국제협력
④ 항공사 항공보안에 대한 우발계획

> **해설**
> 항공보안법 시행규칙 제3조의2
> 공항운영자의 항공보안 임무, 항공보안장비 관리, 교육훈련, 국가항공보안 우발계획, 점검업무, 항공보안 국제협력, 기타 필요사항

02 국가항공보안계획의 내용 중 인적 요소와 관련된 사항은 무엇인가?

① 항공보안장비의 관리
② 국가항공보안 우발계획
③ 교육훈련
④ 점검업무 등

> **해설**
> 항공보안법 시행규칙 제3조의2
> 공항운영자 등의 항공보안에 대한 임무, 항공보안장비의 관리, 교육훈련, 국가항공보안 우발계획, 항공보안에 관한 점검업무, 국제협력, 그 밖에 항공보안에 관해 필요한 사항
> 이 중 교육훈련은 인적 요소와 관련이 있다.

03 항공보안법의 목적을 규정할 때 근거로 삼는 국제적인 문서는 무엇인가?

① 국제해상운송협약
② 국제민간항공협약
③ 국제우편협약
④ 국제환경보호협약

> **해설**
> 항공보안법 제1조
> 국제민간항공협약 등 국제협약에 따라 규정

04 항공보안법의 목적 중 불법방해행위가 아닌 것은?

① 지상이나 공중의 항공기 납치 시도
② 공항에서 사람을 인질로 삼는 행위
③ 항행안전시설을 손상하는 행위
④ 공항시설의 이용을 방해하는 행위

> **해설**
> 항공보안법 제2조
> 불법방해행위는 지상이나 운항 중인 항공기 납치 또는 납치 시도, 항행안전시설의 파괴 또는 손상 행위, 항공기 또는 공항에서 사람을 인질로 삼는 행위, 항공기, 항행안전시설 및 보호구역에 무단침입하거나 운영 방해행위, 지상이나 운항 중인 항공기나 관련 시설 내 관련자의 안전을 위협하는 거짓 정보 제공, 사람을 사상하거나 재산 또는 환경에 심각한 손상을 입힐 목적으로 항공기를 이용하는 행위, 그 밖에 이 법에 따라 처벌받는 행위

05 항공보안법에서 명시하는 항공보안의 핵심 가치는 무엇인가?

① 항공 운임의 안정화
② 항공기 운항의 정시성 확보
③ 불법행위 방지 및 민간항공의 보안 확보
④ 항공 산업의 경제적 성장

정답 01. ④ 02. ③ 03. ② 04. ④ 05. ③

> **해설**
> 항공보안법 제1조
> 공항시설, 항행안전시설 및 항공기 내에서의 불법행위를 방지하고 민간항공의 보안을 확보

> **해설**
> 항공보안법 제2조
> "항공운송사업자"를 항공사업법상 면허를 받은 국내항공운송사업자 및 국제항공운송사업자, 등록을 한 소형항공운송사업자, 그리고 허가를 받은 외국인 국제항공운송업자

06 항공보안법에서 정의하는 "운항 중"의 정의로 가장 올바른 것은?

① 승객이 탑승하기 시작한 때부터 항공기의 모든 문이 닫히는 때까지
② 항공기가 활주로를 이륙하기 시작한 때부터 착륙하여 주기장에 멈출 때까지
③ 승객이 탑승한 후 항공기의 모든 문이 닫힌 때부터 내리기 위하여 문을 열 때까지
④ 항공기가 이륙하여 최종 목적지에 도착할 때까지

08 항공보안법에서 정의하는 "보안검색"의 목적으로 가장 적절한 것은?

① 항공기 내 질서 유지 및 승객 편의 증진
② 불법방해행위에 사용될 수 있는 물건들을 탐지 및 수색
③ 불법방해행위에 사용될 수 있는 물건의 압수
④ 공항 이용객의 불만 사항을 접수 및 처리

> **해설**
> 항공보안법 제2조
> "운항 중"은 승객이 탑승한 후 항공기의 모든 문이 닫힌 때부터 내리기 위하여 문을 열 때까지

> **해설**
> 항공보안법 제2조
> 불법방해행위를 하는 데에 사용될 수 있는 무기 또는 폭발물 등 위험성이 있는 물건들을 탐지 및 수색하기 위한 행위

07 항공보안법에서 정의하는 "항공운송사업자"에 해당하지 않는 것은?

① 항공사업법 제7조에 따라 면허를 받은 국내항공운송사업자
② 항공사업법 제10조에 따라 등록을 한 소형항공운송사업자
③ 항공사업법 제42조에 따라 항공기 정비업을 등록한 업체
④ 항공사업법 제54조에 따라 허가를 받은 외국인 국제항공운송업자

09 항공보안법 제3조 제1항에 따라 민간항공의 보안을 위하여 이 법에서 규정하는 사항 외에 따르는 국제협약이 아닌 것은?

① 항공기 내에서 범한 범죄 및 기타 행위에 관한 협약
② 항공기의 불법 납치 억제를 위한 협약
③ 가소성 폭약의 탐지를 위한 식별조치에 관한 협약
④ 군용항공의 안전에 대한 불법적 행위의 억제를 위한 협약

정답 06. ③ 07. ③ 08. ② 09. ④

> **해설**
> 항공보안법 제3조 제1항
> 항공기 내 범죄 및 기타행위 협약, 항공기 불법 납치 억제 협약, 민간항공의 불법적 억제를 위한 협약, 민간항공의 불법적 폭력행위 억제 의정서, 가소성 폭약의 탐지를 위한 식별조치에 관한 협약

10 항공보안법에 따라 항공보안에 관련된 사항을 협의하기 위해 항공보안협의회가 설치되는 중앙행정기관은?

① 국방부   ② 행정안전부
③ 국토교통부 ④ 외교부

> **해설**
> 항공보안법 제7조
> 국토교통부에 항공보안협의회를 둔다.

11 다음 중 항공보안법 제7조에 명시된 항공보안협의회의 협의 사항에 해당하지 않는 것은?

① 항공보안에 관한 계획의 협의
② 관계 행정기관 간 업무 협조
③ 대테러에 관한 사항
④ 자체 보안계획의 승인을 위한 협의

> **해설**
> 항공보안법 제7조
> 그 외에 항공보안협의회 장이 필요하다고 인정하는 사항으로 대테러에 관한 사항은 제외(국정원법)

12 항공보안협의회의 구성, 운영 및 자체 보안계획 승인의 대상 등에 관하여 필요한 사항은 무엇으로 정하는가?

① 국토교통부령 ② 대통령령
③ 국회규칙   ④ 총리령

> **해설**
> 항공보안법 제7조 제2항
> 항공보안협의회의 구성, 운영 및 자체 보안계획 승인의 대상 등에 관하여 필요한 사항은 대통령령으로 정한다.

13 항공보안법 제8조에 따르면 지방항공보안협의회를 두는 주체와 협의 대상은?

① 국토교통부장관이 관할 공항별로 항공기 보안에 관한 사항을 협의
② 지방항공청장이 관할 공항별로 항공보안에 관한 사항을 협의
③ 공항운영자가 항공사별로 공항운영에 관한 사항 협의
④ 항공운송사업자가 공항별로 승무원 근무 환경에 관한 사항을 협의

> **해설**
> 항공보안법 제8조
> 지방항공청장은 관할 공항별로 항공보안에 관한 사항을 협의하기 위하여 지방항공보안협의회를 둔다.

14 항공보안법에 있어서 항공보안에 관한 기본계획(기본계획)을 몇 년마다 수립해야 하는가?

① 매년
② 3년마다
③ 5년마다
④ 10년마다

> **해설**
> 항공보안법 제9조
> 국토교통부장관은 항공보안에 관한 기본계획을 5년마다 수립한다.

정답 10. ③ 11. ③ 12. ② 13. ② 14. ③

15 항공보안법 제9조 제1항에 따라 국토교통부장관이 기본계획을 수립한 후 그 내용을 통보해야 하는 대상이 아닌 것은?

① 공항운영자
② 항공기 취급업체
③ 공항관리업체
④ 항공여객·화물터미널운영자

해설
항공보안법 제9조
공항운영자, 항공운송사업자, 항공기취급업체, 항공기정비업체, 공항상주업체, 항공여객·화물터미널운영자 및 그 밖에 국토교통부령으로 정하는 자(이하 "공항운영자 등"이라 한다)에게 통보

16 국토교통부장관은 기본계획에 따라 항공보안 업무를 수행하기 위하여 매년 수립·시행해야 하는 사항으로 맞는 것은?

① 항공보안 중기 추진 방향
② 항공보안 시행계획
③ 항공보안 비상 대응 계획
④ 항공보안 예산 집행 계획

해설
항공보안법 제9조
국토교통부장관은 기본계획에 따라 항공보안 업무를 수행하기 위하여 매년 항공보안에 관한 시행계획을 수립·시행하여야 한다.

17 항공보안법 제9조 제4항에 따르면, 국토교통부장관이 기본계획을 수립하거나 변경하고자 할 때 반드시 이행해야 하는 절차는?

① 국회 동의
② 관계 행정기관과 미리 협의
③ 대통령의 승인
④ 일반 국민의 의견을 수렴

해설
항공보안법 제9조
국토교통부장관은 기본계획을 수립하거나 변경하고자 하는 때에는 관계 행정기관과 미리 협의하여야 한다.

18 항공보안 기본계획에 포함되어야 할 사항에 대한 구체적인 내용은 무엇으로 정하는가?

① 국토교통부령 ② 대통령령
③ 국회법   ④ 총리령

해설
항공보안법 제9조
기본계획에는 항공보안에 관한 종합적·장기적인 추진방향 등 대통령령으로 정하는 사항이 포함되어야 한다.

19 국가항공보안계획을 수립·시행해야 하는 주체는 누구인가?

① 공항운영자   ② 항공운송사업자
③ 국토교통부장관 ④ 지방항공청장

해설
항공보안법 제10조
국토교통부장관은 항공보안 업무를 수행하기 위하여 국가항공보안계획을 수립·시행하여야 한다.

20 국가항공보안계획 수립에 있어 공항운영자 등이 자체 보안계획을 수립하거나 변경할 때 누구의 승인을 받아야 하는가?

① 지방항공청장
② 경찰청장
③ 국토교통부장관
④ 국가정보원장

정답 15. ③ 16. ② 17. ② 18. ② 19. ③ 20. ③

해설

항공보안법 제10조 제2항
국토교통부장관의 승인을 받아야 한다.

21 다음 중 보호구역 지정 시에 포함되어야 하는 지역이 아닌 것은?

① 보안검색이 완료된 구역
② 출입국 심사장
③ 세관검사장
④ 항공운송사업자의 정비시설에 부대하여 설치된 계류장

해설

항공보안법시행규칙 제4조
1. 보안검색이 완료된 구역
2. 출입국심사장
3. 세관검사장
4. 관제탑 등 관제시설
5. 활주로 및 계류장(항공운송사업자가 관리·운영하는 정비시설에 부대하여 설치된 계류장은 제외한다)
6. 항행안전시설 설치지역
7. 화물청사
8. 제4호부터 제7호까지의 규정에 따른 지역의 부대지역

22 국가항공보안계획 등의 수립에 있어 경미한 사항의 변경으로 자체 보안계획 변경 시 국토교통부장관의 승인을 받지 않아도 되는 경미한 경우에 해당하지 않는 것은?

① 기관운영에 관한 일반현황의 변경
② 기관명칭의 변경
③ 항공보안 법령, 고시 및 지침의 변경
④ 기관 부서 명칭의 변경

해설

항공보안법 시행규칙 제3조의7
기관 운영에 관한 일반현황의 변경, 기관 및 부서의 명칭 변경, 항공보안에 관한 법령, 고시 및 지침 등의 변경사항 반영

23 공항시설 등의 보안에 있어서 공항시설과 항행안전시설에 대하여 보안에 필요한 조치를 하여야 하는 주체는 누구인가?

① 국토교통부장관
② 항공운송사업자
③ 공항운영자
④ 지방항공청장

해설

항공보안법 제11조
공항운영자는 공항시설과 항행안전시설에 대하여 보안에 필요한 조치를 하여야 한다.

24 공항시설 등의 보안을 위해 공항운영자가 수립·시행해야 하는 대책에 해당하지 않는 것은?

① 공항시설 보안에 필요한 대책
② 항공보안에 위협이 되는 물건 휴대 승객의 보안완료구역 진입 대책
③ 보안검색이 완료된 승객과 완료되지 못한 승객 간 접촉 방지 대책
④ 공항 건설 간 불법방해행위로부터 보호대책

해설

항공보안법 제11조
공항운영자가 수립 시행하여야 하는 대책은 보안검색 완료자와 미완료자 간 접촉 방지, 보안검색 거부 또는 위협 물건 휴대 승객의 보안검색 완료구역 진입 방지, 건설이나 유지·보수 간 불법 방해행위로부터 사람이나 시설 보호

정답 21. ④ 22. ③ 23. ③ 24. ②

25 공항시설 등의 보안을 위해 공항을 건설하거나 유지·보수 시 불법방해행위로부터 사람 및 시설 등을 보호하기 위하여 준수하여야 할 세부 기준은 누가 정하는가?

① 대통령령
② 공항운영자
③ 국토교통부장관
④ 관계 행정기관 협의

해설
항공보안법 제11조
세부 기준은 국토교통부장관이 정한다.

26 공항시설 보호구역의 지정에 있어 공항운영자가 공항시설의 보호를 위하여 필요한 구역을 보호구역으로 지정할 때 누구의 승인을 받아야 하는가?

① 지방항공청장   ② 경찰청장
③ 국토교통부장관 ④ 국가정보원장

해설
항공보안법 제12조
공항시설의 보호를 위하여 필요한 구역을 국토교통부장관의 승인을 받아 보호구역으로 지정하여야 한다.

27 다음의 사람은 공항운영자의 허가를 받아 보호구역에 출입할 수 있다. 이에 해당하는 사람이 아닌 것은?

① 보호구역 내 공항시설에서 상시적으로 업무를 수행하는 사람
② 공항시설의 유지·보수를 위해 보호구역 출입이 필요한 사람
③ 그밖에 업무수행을 위해 보호구역 출입이 필요하다고 인정되는 사람
④ 출입허가의 절차는 공항운영자가 정한다.

해설
항공보안법 제13조
출입허가의 절차에 관해 필요한 사항은 국토교통부령으로 정한다.

28 공항시설 등의 보호구역 지정에 있어서 보호구역의 지정 기준 및 지정취소에 관하여 필요한 사항은 무엇으로 정하는가?

① 대통령령
② 국토교통부령
③ 공항운영자 내부 규정
④ 관계 행정기관 협의

해설
항공보안법 제12조
보호구역의 지정 기준 및 지정취소에 관하여 필요한 사항은 국토교통부령으로 정한다.

29 보호구역 등을 출입하려는 사람이 공항운영자에게 출입허가를 받아야 한다. 다음 중 틀린 것은?

① 출입허가를 득하면 차량출입허가 신청은 불필요하다.
② 보호구역 등에 출입허가를 하려면 신원조사를 의뢰하여야 한다.
③ 공항운영자가 관할하지 않는 지역 출입은 사전 관할 행정기관장과 협의하여야 한다.
④ 보호구역 등을 출입하는 사람 또는 차량은 기록하여 관련 기록을 보존한다.

해설
항공보안법 시행규칙 제6조
출입을 위해서는 출입허가신청서(차량 별도), 신원조사, 차량출입증 및 출입증(허가지역 이외 사전협조), 이동 간 출입증 비치 및 부착, 공항운영자 및 화물터미널운영자는 출입기록 작성 및 1년 이상 보존

정답 25. ③ 26. ③ 27. ④ 28. ② 29. ①

30 보호구역의 출입허가에 있어서 보호구역에 출입할 수 있는 사람은 누구의 허가를 받아야 하는가?

① 국토교통부장관
② 지방항공청장
③ 공항운영자
④ 국가정보원장

해설
항공보안법 제13조
공항운영자의 허가를 받아 보호구역에 출입할 수 있다.

31 보호구역의 출입과 관련하여 보호구역 출입 허가의 절차 등에 관하여 필요한 사항은 무엇으로 정하는가?

① 대통령령
② 국토교통부령
③ 공항운영자 내부 규정
④ 관계 행정기관 협의

해설
항공보안법 제13조
출입허가의 절차 등에 관하여 필요한 사항은 국토교통부령으로 정한다.

32 항공보안법에서 승객의 안전 및 항공기의 보안을 위하여 필요한 조치를 하여야 하는 주체는 누구인가?

① 공항운영자 ② 국토교통부장관
③ 항공운송사업자 ④ 지방항공청장

해설
항공보안법 제14조
항공운송사업자는 승객의 안전 및 항공기의 보안을 위하여 필요한 조치를 하여야 한다.

33 항공보안법에서 항공운송사업자가 승객이 탑승한 항공기를 운항하는 경우 반드시 탑승시켜야 하는 요원은?

① 의료지원요원
② 객실승무원
③ 항공기 내 보안요원
④ 항공기 정비요원

해설
항공보안법 제14조
승객이 탑승한 항공기를 운항하는 경우 항공기 내 보안요원을 탑승시켜야 한다.

34 항공보안법에서 조종실 출입통제에 대한 보안조치를 하여야 하는 주체는 누구인가?

① 항공운송사업자
② 국토교통부장관
③ 공항운영자
④ 항공보안업자

해설
항공보안법시행규칙 제7조
항공운송사업자는 여객기의 보안 강화 등을 위하여 조종실 출입문에 대한 보안조치를 하여야 한다.

35 승객의 안전 및 항공기의 보안을 위해 항공기 내 반입 금지 물질 중 액체, 겔(Gel)류 등의 반입 금지를 위한 조치의 주체는 누구인가?

① 항공화물사업자
② 공항운영자
③ 국토교통부장관
④ 관세청장

정답 30. ③ 31. ② 32. ③ 33. ③ 34. ① 35. ②

해설
항공보안법 제14조
항공기 내 반입 금지 물질에 대한 조치는 공항운영자 및 항공운송사업자가 조치하여야 한다.

36 승객의 안전 및 항공기의 보안을 위해 보안검색이 완료된 구역과 항공기 내에 반입 금지 물질 중 액체, 겔(Gel)류 등의 반입 금지 물품에 포함되지 않는 것은?

① 물 등 음료수
② 승객이 소지한 알약 형태의 의약품
③ 로션류
④ 실내온도에서 액체류 상태로 유지되는 물질

해설
항공보안법 제14조 제5항 국토교통부령 별표1의1
물 등 음료수, 국종류(스프류), 시럽류, 잼류, 스튜류, 소스 또는 액체가 포함된 음식류, 크림류, 로션류, 화장품류, 오일류, 겔류, 압력용기품목, 탈취제류, 치약류, 액체혼합물질, 마스카라, 립글로스/립밤, 실내에서 액체류 상태를 유지하는 모든 물질

37 승객의 안전 및 항공기의 보안을 위해 항공운송사업자 또는 항공기 소유자가 필요한 경우 항공기의 경비를 담당하게 할 수 있는 법률에 따른 인력은?

① 소방기본법에 따른 소방관
② 청원경찰법에 따른 청원경찰
③ 경찰관 직무집행법에 따른 경찰관
④ 군사기밀보호법에 따른 군인

해설
항공보안법 제14조
항공기의 보안을 위하여 필요한 경우에는 청원경찰법에 따른 청원경찰이나 「경비업법」에 따른 특수경비원으로 하여금 항공기의 경비를 담당하게 할 수 있다.

38 항공기에 탑승하는 사람이 받아야 하는 보안검색 대상이 아닌 것은?

① 신체
② 전자탑승권
③ 휴대물품
④ 위탁수하물

해설
항공보안법 제15조
항공기에 탑승하는 사람은 신체, 휴대물품 및 위탁수하물에 대한 보안검색을 받아야 한다.

39 항공기에 탑승하는 승객 등의 검색을 위해 공항운영자 및 항공운송사업자가 보안검색을 위탁할 수 있는 경비업자 중 누구의 추천을 받아 국토교통부장관이 지정한 업체여야 하는가?

① 국토교통부장관
② 지방항공청장
③ 공항운영자 및 항공운송사업자
④ 경찰청장

해설
항공보안법 제15조
공항운영자 및 항공운송사업자의 추천을 받아 국토교통부장관이 지정한 업체에 위탁할 수 있다.

40 항공기에 탑승하는 승객 등의 검색에 있어 항공운송사업자는 공항 및 항공기의 보안을 위하여 항공기에 탑승하는 승객의 운송정보를 누구에게 제공해야 하는가?

① 국토교통부장관
② 지방항공청장
③ 공항운영자
④ 관세청장

정답 36. ② 37. ② 38. ② 39. ③ 40. ③

> **해설**
> 항공보안법 제15조
> 항공기에 탑승하는 승객의 성명, 국적 및 여권번호 등 국토교통부령으로 정하는 운송정보를 공항운영자에게 제공하여야 한다.

41 항공기에 탑승하는 승객 등의 검색을 위해 국토교통부장관이 보안검색 업무를 위탁받은 업체의 지정을 취소해야 하는 경우가 아닌 것은?

① 거짓이나 그 밖의 부정한 방법으로 지정을 받은 경우
② 국토교통부령에 따른 지정 기준에 일시적으로 미달하게 된 경우
③ 고의 또는 중대한 과실로 인명피해가 발생한 경우
④ 보안검색 업무 수행 중 경미한 과실이 발생한 경우

> **해설**
> 항공보안법 제15조
> 거짓이나 그 밖의 부정한 방법으로 지정을 받은 경우, 경비업의 허가가 취소되거나 영업이 정지된 경우, 보안검색 업무 수행 중 고의 또는 중대한 과실로 인명피해나 보안검색에 실패한 경우, 지정기준에 일시적으로 미달하게 된 경우

42 승객이 아닌 사람들의 검색에 있어 보호구역에 허가를 받아 보호구역으로 들어가는 사람 또는 물품에 대한 보안검색을 해야 하는 주체는 누구인가?

① 항공운송사업자
② 국토교통부장관
③ 공항운영자
④ 관할 국가경찰관서의 장

> **해설**
> 항공보안법 제16조
> 보안구역으로 들어가는 사람의 보안검색은 공항운영자가 하여야 한다.

43 승객이 아닌 사람들의 검색에 있어 보호구역에 허가를 받아 화물터미널 내에 지정된 보호구역으로 들어가는 사람 또는 물품에 대한 보안검색은 누가 해야 하는가?

① 공항운영자
② 항공운송사업자
③ 국토교통부장관
④ 화물터미널운영자

> **해설**
> 항공보안법 제16조
> 화물터미널 내에 지정된 보호구역으로 들어가는 사람 또는 물품에 대한 보안검색은 화물터미널운영자가 하여야 한다.

44 통과 승객 또는 환승 승객에 대한 보안대책으로 항공기가 공항에 도착했을 때 통과 승객이나 환승 승객으로 하여금 휴대물품을 가지고 내리도록 해야 하는 주체는 누구인가?

① 공항운영자
② 항공운송사업자
③ 국토교통부장관
④ 지방항공청장

> **해설**
> 항공보안법 제17조
> 항공운송사업자는 항공기가 공항에 도착하면 통과 승객이나 환승 승객으로 하여금 휴대물품을 가지고 내리도록 하여야 한다.

✈ **정답** 41. ④ 42. ③ 43. ④ 44. ②

45 통과 승객 또는 환승 승객에 대한 보안대책으로 항공기에서 내린 통과 승객, 환승 승객, 휴대물품 및 위탁수하물에 대한 보안검색을 해야 하는 주체는 누구인가?

① 항공운송사업자
② 국토교통부장관
③ 공항운영자
④ 관세청장

해설
항공보안법 제17조
공항운영자는 제1항에 따라 항공기에서 내린 통과 승객, 환승 승객, 휴대물품 및 위탁수하물에 대하여 보안검색을 하여야 한다.

46 통과 승객 또는 환승 승객에 대한 보안대책으로 통과 승객이나 환승 승객에 대한 보안검색에 드는 비용을 부담해야 하는 주체는 누구인가?

① 통과 승객 또는 환승 승객 본인
② 항공운송사업자
③ 공항운영자
④ 국토교통부장관

해설
항공보안법 제17조
보안검색에 드는 비용은 공항운영자가 부담한다.

47 항공화물 및 우편물을 포장하여 보관 및 운송하는 자를 지정하여 이에 대한 보안검색을 실시할 수 있도록 할 수 있는 권한을 가지고 있는 지정권자는 누구인가?

① 국토교통부장관
② 항공운송사업자
③ 공항운영자
④ 지방항공청장

해설
항공보안법 제17조의2
국토교통부장관은 검색장비, 항공보안검색요원 등 국토교통부령으로 정하는 기준을 갖춘 화주(貨主) 또는 항공화물을 포장하여 보관 및 운송하는 자를 지정하여 항공화물 및 우편물에 대하여 보안검색을 실시하게 할 수 있다.

48 상용화주가 보안검색을 한 항공화물 및 우편물이라 하더라도 항공운송사업자가 보안검색을 실시해야 하는 경우가 아닌 것은?

① 상용화주로부터 접수하였으나 상용화주가 아닌 자가 취급한 경우
② 취급과정에서 공항운영자의 통제를 벗어난 경우
③ 훼손 흔적이 있는 경우
④ 허가받지 아니한 자의 접촉이 의심되는 경우

해설
항공보안법 제17조의2
접수·보안검색·운송 등 취급과정에서 상용화주 및 항공운송사업자의 통제를 벗어난 경우

49 상용화주가 준수해야 할 화물보안통제절차 등에 관한 항공화물보안기준을 정하여 고시해야 하는 주체는 누구인가?

① 항공운송사업자
② 공항운영자
③ 국토교통부장관
④ 관세청장

해설
항공보안법 제17조의2
국토교통부장관은 화물보안통제절차 등에 관한 항공화물보안기준을 정하여 고시하여야 한다.

정답 45. ③ 46. ③ 47. ① 48. ② 49. ③

50 보안검색 실패 등이 발생한 경우, 즉시 누구에게 보고하여야 하는가?

① 지방항공청장 및 관세청장
② 국토교통부장관
③ 경찰청장 및 소방청장
④ 공항운영자, 항공운송사업자 및 화물터미널운영자

해설
항공보안법 제19조
공항운영자, 항공운송사업자 및 화물터미널운영자는 보안 검색 실패 사항이 발생한 경우에는 즉시 국토교통부장관에게 보고하여야 한다.

51 보안검색 실패 등이 발생한 경우에 해당하지 않는 것은?

① 검색장비가 정상적으로 작동되지 아니한 상태로 검색
② 검색이 미흡한 사실을 알게 된 경우
③ 지방항공청장이 지정한 교육기관에서 교육훈련을 이수한 사람에 의해 보안검색이 이루어진 경우
④ 허가받지 아니한 물품이 보호구역으로 들어간 경우

해설
항공보안법 시행규칙 제11조
법 28조에 따른 교육훈련을 이수하지 않은 사람에 의해 보안 검색이 이루어진 경우

52 보안검색 실패가 발생한 사실을 항공기가 출발하기 전에 국토교통부장관이 보고받은 경우, 취해야 할 조치는 무엇인가?

① 해당 항공기 운항을 즉시 중단
② 해당 항공기에 대한 보안검색 등의 보안조치
③ 해당 항공기가 출발한 후 즉시 회항 조치
④ 보고 주체에 대한 과태료 부과

해설
항공보안법 제19조
항공기가 출발하기 전에 보고를 받은 경우는 해당 항공기에 대한 보안검색 등의 보안조치를 하여야 하며 출발한 후에는 도착 국가의 관련 기관에 통보한다.

53 다른 국가로부터 보안검색 실패의 해당 항공기가 출발한 이후에 국토교통부장관이 보고를 받은 경우, 해당 항공기에 대해 어떤 조치를 취해야 하는가?

① 해당 항공기의 승객 및 승무원에게 상황을 즉시 공지
② 해당 항공기를 격리계류장으로 유도하여 보안검색 등 보안조치
③ 해당 항공기의 다음 운항 스케줄을 조정
④ 해당 항공기의 소유주에게 손해배상 청구

해설
항공보안법 제19조
국토교통부장관은 해당 항공기를 격리계류장으로 유도하여 보안검색 등 보안조치를 하여야 한다.

54 비행서류 등의 보안관리 절차에 있어서 탑승권, 수하물 꼬리표 등 비행 서류에 대한 보안관리 대책을 수립·시행하여야 하는 주체는 누구인가?

① 공항운영자
② 국토교통부장관
③ 항공운송사업자
④ 지방항공청장

정답 50. ② 51. ③ 52. ② 53. ② 54. ③

해설
항공보안법 제20조
항공운송사업자는 탑승권, 수하물 꼬리표 등 비행서류에 대한 보안관리 대책을 수립·시행하여야 한다.

55 범죄인 호송업무 등에 있어서 경호업무, 범죄인 호송업무 등 대통령령으로 정하는 특정한 직무를 수행하기 위하여 대통령령으로 정하는 무기를 항공기에 가지고 들어갈 때 누구의 허가를 받아야 하는가?

① 경찰청장   ② 국토교통부장관
③ 국가정보원장   ④ 항공운송사업자

해설
항공보안법 제21조
제1항에도 불구하고 경호업무, 범죄인 호송업무 등 대통령령으로 정하는 특정한 직무를 수행하기 위하여 대통령령으로 정하는 무기의 경우에는 국토교통부장관의 허가를 받아 항공기에 가지고 들어갈 수 있다.

56 다음 중 항공기에 무기를 가지고 들어가는 절차에 대한 설명으로 맞는 것은?

① 탑승 전 기장에게 통보하고 휴대
② 탑승 전 기장에게 보관하게 하고 탑승 후 반환
③ 탑승 후 기장에게 보관하게 하고 목적지에서 반환
④ 탑승 전 기장에게 통보하고 항공기 내 보안요원에게 보관

해설
항공보안법 제21조
항공기에 무기를 가지고 들어가려는 사람은 탑승 전에 이를 해당 항공기의 기장에게 보관하게 하고 목적지에 도착한 후 반환받아야 한다. 다만, 제14조 제2항에 따라 항공기 내에 탑승한 항공기 내 보안요원은 그러하지 아니하다.

57 항공기의 보안을 해치거나 인명이나 재산에 위해를 주는 행위 또는 항공기 내 질서를 어지럽히는 행위를 하려는 사람에 대하여 그 행위를 저지하기 위한 필요한 조치를 할 수 있는 사람이 아닌 것은?

① 기장
② 기장으로부터 권한을 위임받은 승무원
③ 탑승 관련 항공운송사업자 소속 직원 중 기장의 시원 요청을 받은 사람
④ 공항운영자

해설
항공보안법 제22조
기장이나 기장으로부터 권한을 위임받은 승무원 또는 승객의 항공기 탑승 관련 업무를 지원하는 항공운송사업자 소속 직원 중 기장의 지원 요청을 받은 사람은 필요한 조치를 할 수 있다.

58 기장의 권한에 있어 항공기의 보안을 해치는 행위를 한 사람을 체포한 경우의 조치에 대한 설명으로 맞는 것은?

① 착륙한 경우는 체포한 사람이 탑승하는 것에 보안요원이 동의한 경우 계속 탑승 이륙
② 체포된 사람을 항공기에서 내리게 할 수 없는 사유가 없는 경우 그대로 이륙
③ 체포한 사람이 계속 탑승하는 것에 기장이 동의한 경우 체포한 상태로 이륙
④ 체포된 사람을 항공기에서 내리게 할 수 있는 사유가 있는 경우라도 기장 동의 시 그대로 이륙

해설
항공보안법 제22조
기장 등은 제1항 각호의 행위를 한 사람을 체포한 경우에 항공기가 착륙하였을 때에는 체포된 사람이 그 상태로 계속 탑승하는 것에 동의하거나 체포된 사람을 항공기에서 내리게 할 수 없는 사유가 있는 경우를 제외하고는 체포한 상태로 이륙하여서는 아니 된다.

정답 55. ② 56. ① 57. ④ 58. ③

59 승객의 협조의무에 있어서 항공기 내에서 승객이 하여서는 아니 되는 행위에 해당하지 않는 것은?

① 폭언, 고성방가 등 소란행위
② 술을 마시는 행위
③ 승인되지 않은 전자기기를 사용하는 행위
④ 조종실 출입 시도 행위

해설
항공보안법 제23조
폭언, 고성방가 등, 흡연, 음주 후 위해 행위, 성적 수치심 유발 행위, 승인되지 않은 전자기기 사용 행위, 조종실 출입 시도, 기장 등의 업무방해 행위 등

60 승객의 협조의무에 있어서 승객이 항공기 내에서 행할 수 없는 행위에 해당하지 않는 것은?

① 항공기의 보안이나 운항을 저해하는 행위
② 출입문, 탈출구의 기기를 조작하는 행위
③ 개인 휴대 전자기기를 사용하여 영화를 시청하는 행위
④ 다른 사람을 폭행하거나 항공기의 보안이나 운항을 저해하는 폭행·협박·위계행위

해설
항공보안법 제23조
승객은 항공기 내에서 다른 사람을 폭행하거나 항공기의 보안이나 운항을 저해하는 폭행·협박·위계행위 또는 출입문·탈출구·기기의 조작을 하여서는 아니 된다.

61 승객의 협조의무에 있어서 항공운송사업자가 탑승을 거절할 수 있는 사람이 아닌 것은?

① 보안검색을 거부하는 사람
② 음주로 인하여 소란행위를 하거나 할 우려가 있는 사람
③ 항공기 안전운항을 해칠 우려가 있어 탑승을 거절할 것을 요청받거나 통보받은 사람
④ 호송공무원이 동반한 수감 중인 사람

해설
항공보안법 제23조
보안검색 거부자, 본인 일치 확인 거부자, 음주로 인한 소란 우려자, 탑승 거절을 요청받거나 통보받은 자, 항공보안을 위한 조치를 거부한 자, 음주로 승객 및 승무원에게 위해를 가할 우려가 있는 자, 폭행이나 협박, 출입문 조작 등 행위를 한 자, 탑승권 발권 등 수속 시 위협적인 행동, 모욕을 주는 행위 등으로 안전을 해칠 우려가 있는 자

62 승객의 협조의무에 있어서 항공운송사업자는 항공기가 이륙하기 전에 승객에게 승객의 협조의무를 어떤 방식으로 안내해야 하는가?

① 구두로 안내
② 서면으로 안내
③ 영상물 상영 또는 방송 등을 통하여 안내
④ 탑승권에 인쇄하여 안내

해설
항공보안법 제23조
항공운송사업자는 항공기가 이륙하기 전에 승객에게 승객의 협조의무를 영상물 상영 또는 방송 등을 통하여 안내하여야 한다.

정답 59. ② 60. ③ 61. ④ 62. ③

63 수감 중인 사람 등의 호송에 있어서 사법경찰관리 또는 법 집행 권한이 있는 공무원이 호송대상자를 항공기를 이용하여 호송할 경우, 미리 누구에게 통보해야 하는가?

① 국토교통부장관
② 지방항공청장
③ 공항운영자
④ 해당 항공운송사업자

해설
항공보안법 제24조
사법경찰관리 또는 법 집행 권한이 있는 공무원은 항공기를 이용하여 피의자, 피고인, 수형자, 그 밖에 기내 보안에 위해를 일으킬 우려가 있는 사람(이하 이 조에서 "호송대상자"라 한다)을 호송할 경우에는 미리 해당 항공운송사업자에게 통보하여야 한다.

64 수감 중인 사람 등의 항공기를 이용한 호송 시 호송을 위해 미리 항공운송사업자에게 다음 사항을 포함하여 통보하여야 한다. 통보사항에 포함되어야 하는 내용이 아닌 것은?

① 호송인의 인적사항
② 호송 이유
③ 호송대상자의 인적사항
④ 호송 안전조치에 관한 사항

해설
항공보안법 제24조
통보사항에 호송대상자의 인적사항, 호송 이유, 호송 방법 및 호송 안전조치 등에 관한 사항이 포함되어야 한다.

65 수감인을 항공기를 이용하여 호송하는 경우 호송대상자가 항공기, 승무원 및 승객의 안전에 위협이 된다고 판단될 경우, 통보를 받은 항공운송사업자가 취해야 할 조치로 맞는 것은?

① 국토교통부장관에게 운항 중단을 요구할 수 있다.
② 공항운영자에게 추가 보안 인력 배치를 요구할 수 있다.
③ 지방항공청장에게 비상 착륙을 요구할 수 있다.
④ 사법경찰관리 등 호송 공무원에게 적절한 안전조치를 요구할 수 있다.

해설
항공보안법 제24조
제1항에 따라 통보를 받은 항공운송사업자는 호송대상자가 항공기, 승무원 및 승객의 안전에 위협이 된다고 판단되는 경우에는 사법경찰관리 등 호송 공무원에게 적절한 안전조치를 요구할 수 있다.

66 범인의 인도·인수 시 기장 등이 항공기 내에서 항공보안법에 따른 죄를 범한 범인을 인도해야 하는 대상은 누구인가?

① 국토교통부장관
② 해당 항공보안업체
③ 해당 공항을 관할하는 국가경찰관서
④ 지방항공청장

해설
항공보안법 제25조
기장 등은 항공기 내에서 이 법에 따른 죄를 범한 범인을 직접 또는 해당 관계 기관 공무원을 통하여 해당 공항을 관할하는 국가경찰관서에 통보한 후 인도하여야 한다.

정답 63. ④ 64. ① 65. ④ 66. ③

67 범인의 인도·인수에 있어서 기장 등이 다른 항공기 내에서 죄를 범한 범인을 인수한 경우, 그 항공기 내에서 구금을 계속할 수 없을 때 어떻게 해야 하는가?

① 즉시 항공기를 회항하여 출발지로 돌아간다.
② 범인을 다음 목적지까지 계속 호송한다.
③ 항공운송사업자에게 보고 후 지시를 기다린다.
④ 해당 공항을 관할하는 국가경찰관서에 지체 없이 인도하여야 한다.

> **해설**
> 항공보안법 제25조
> 기장 등이 다른 항공기 내에서 죄를 범한 범인을 인수한 경우에 그 항공기 내에서 구금을 계속할 수 없을 때에는 직접 또는 해당 관계 기관 공무원을 통하여 해당 공항을 관할하는 국가경찰관서에 지체 없이 인도하여야 한다.

68 범인의 인도·인수에 있어서 범인을 인도받은 국가경찰관서의 장이 범인에 대한 처리 결과를 지체 없이 통보하는 주체는?

① 국토교통부장관
② 지방항공청장
③ 해당 항공운송사업자
④ 법무부장관

> **해설**
> 항공보안법 제25조
> 제1항 및 제2항에 따라 범인을 인도받은 국가경찰관서의 장은 범인에 대한 처리 결과를 지체 없이 해당 항공운송사업자에게 통보하여야 한다.

69 국토교통부장관이 성능 인증을 받은 항공보안장비의 인증을 반드시 취소해야 하는 경우에 해당하는 것은?

① 항공보안장비가 성능 기준에 적합하지 아니하게 된 경우
② 거짓이나 그 밖의 부정한 방법으로 인증을 받은 경우
③ 정당한 사유 없이 임시 점검을 받지 아니한 경우
④ 점검 결과 중대한 결함이 있다고 판단된 경우

> **해설**
> 항공보안법 제27조의2
> 단서 조항은 다만, 제1호에 해당하는 때에는 그 인증을 취소하여야 한다고 명시하고 있다. 제1호는 거짓이나 그 밖의 부정한 방법으로 인증을 받은 경우이므로, 이 경우 국토교통부장관은 인증을 취소해야 한다. 나머지 보기들은 '취소할 수 있다.'는 재량적 사항에 해당한다.

70 항공보안장비의 성능 인증 및 점검 업무를 위탁 수행할 수 있는 기관으로 올바른 것은?

① 항공보안장비 제작사
② 국립전파시험소
③ 한국기계연구원
④ 항공안전기술원

> **해설**
> 항공보안법 제27조의3
> 국토교통부장관은 항공보안장비의 성능 인증 및 점검업무를 대통령령으로 정하는 기관(항공안전기술원)에 위탁할 수 있다.

정답 67. ④ 68. ③ 69. ② 70. ④

71 항공보안법 제28조 제2항에 따르면, 보안검색 업무를 감독하거나 수행하는 사람은 국토교통부장관이 지정한 교육기관에서 보안검색에 필요한 교육훈련을 받아야 한다. 보안검색에 필요한 교육내용이 아닌 것은?

① 보안검색 방법
② 보안검색 절차
③ 보안검색장비의 정비
④ 보안검색장비 운용

해설
항공보안법 제28조
보안검색 업무를 감독하거나 수행하는 사람은 국토교통부장관이 지정한 교육기관에서 검색 방법, 검색 절차, 검색장비의 운용, 그 밖에 보안검색에 필요한 교육훈련을 이수하여야 한다.

72 민간항공에 대한 불법방해행위에 신속하게 대응하기 위해 자체 우발계획을 수립·시행해야 하는 주체는?

① 국토교통부장관
② 공항운영자
③ 공항보안업자
④ 항공운송사업자

해설
항공보안법 제31조
국토교통부장관은 민간항공에 대한 불법방해행위에 신속하게 대응하기 위해 국가항공보안 우발계획을 수립·시행하여야 하며 공항운영자는 자체 우발계획을 수립·시행하여야 한다.

73 항공보안법 제33조 제5항에 따르면, 항공보안 점검 시 점검 대상자에게 점검 계획을 며칠 전에 통지해야 하는가? (단, 예외는 제외)

① 점검 1일 전까지
② 점검 3일 전까지
③ 점검 7일 전까지
④ 점검 당일 통지

해설
항공보안법 제33조
제1항 또는 제2항에 따라 점검을 하는 경우에는 점검 7일 전까지 점검일시, 점검 이유 및 점검 내용 등에 대한 점검계획을 점검 대상자에게 통지하여야 한다.

74 국토교통부장관이 소속 공무원 중 지정한 항공보안 감독관이 항공보안 점검업무 수행을 위하여 필요한 경우 출입하여 검사할 수 있는 대상은?

① 공항 인근 상업 시설
② 항공기 및 공항시설
③ 공항 주변 주택가
④ 항공 관련 연구소

해설
항공보안법 제33조
항공보안 감독관은 항공보안에 관한 점검업무 수행을 위하여 필요한 경우에는 항공기 및 공항시설에 출입하여 검사할 수 있다.

정답 71. ③ 72. ② 73. ③ 74. ②

75 항공보안법 제39조 제1항에 따르면, 운항 중인 항공기의 안전을 해칠 정도로 항공기를 파손한 사람에 대한 처벌로 맞는 것은?

① 3년 이하의 징역
② 7년 이하의 징역
③ 사형, 무기징역 또는 5년 이상의 징역
④ 10년 이하의 징역 또는 1억원 이하의 벌금

해설
항공보안법 제39조
운항 중인 항공기의 안전을 해칠 정도로 항공기를 파손한 사람(항공안전법 제138조 제1항에 해당하는 사람은 제외한다)은 사형, 무기징역 또는 5년 이상의 징역에 처한다.

76 항공보안법 제39조 제2항에 따르면, 계류 중인 항공기의 안전을 해칠 정도로 항공기를 파손한 사람에 대한 처벌로 맞는 것은?

① 10년 이상의 징역
② 7년 이하의 징역
③ 무기징역
④ 사형

해설
항공보안법 제39조
계류 중인 항공기의 안전을 해칠 정도로 항공기를 파손한 사람은 7년 이하의 징역에 처한다.

77 항공보안법 제40조 제1항에 따르면, 폭행, 협박 또는 그 밖의 방법으로 항공기를 강탈하거나 그 운항을 강제한 사람에 대한 처벌로 맞는 것은?

① 5년 이하의 징역
② 7년 이하의 징역
③ 무기 또는 7년 이상의 징역
④ 3년 이상의 징역

해설
항공보안법 제40조
폭행, 협박 또는 그 밖의 방법으로 항공기를 강탈하거나 그 운항을 강제한 사람은 무기 또는 7년 이상의 징역에 처한다고 명시하고 있다.

78 항공기를 강탈하거나 사람을 사상에 이르게 할 목적으로 음모 또는 예비한 사람에 대한 처벌 규정 중 옳은 것은?

① 10년 이상의 징역에 처한다.
② 5년 이하의 징역에 처한다.
③ 처벌하지 않는다.
④ 7년 이상의 징역에 처한다.

해설
항공보안법 제40조
제1항 또는 제2항의 죄를 범할 목적으로 예비 또는 음모한 사람은 5년 이하의 징역에 처한다. 다만, 그 목적한 죄를 실행에 옮기기 전에 자수한 사람에 대하여는 그 형을 감경하거나 면제할 수 있다.

79 항공보안법 제42조에 따르면, 위계 또는 위력으로써 운항 중인 항공기의 항로를 변경하게 하여 정상 운항을 방해한 사람은 어떤 처벌을 받는가?

① 3년 이하의 징역
② 5년 이상 15년 이하의 징역
③ 1년 이상 10년 이하의 징역
④ 무기 또는 7년 이상의 징역

해설
항공보안법 제42조
위계 또는 위력으로써 운항 중인 항공기의 항로를 변경하게 하여 정상 운항을 방해한 사람은 1년 이상 10년 이하의 징역에 처한다.

정답 75. ③ 76. ② 77. ③ 78. ② 79. ③

80 항공보안법 제43조에 따르면, 폭행·협박 또는 위계로써 기장 등의 정당한 직무집행을 방해하여 항공기와 승객의 안전을 해친 사람은 어떤 처벌을 받는가?

① 10년 이하의 징역
② 1년 이상 5년 이하의 징역
③ 2년 이하의 징역 또는 2천만원 이하의 벌금
④ 3년 이상 10년 이하의 징역

해설
항공보안법 제43조
폭행·협박 또는 위계로써 기장 등의 정당한 직무집행을 방해하여 항공기와 승객의 안전을 해친 사람은 10년 이하의 징역에 처한다.

81 항공보안법 제48조에 따르면, 항공운항을 방해할 목적으로 거짓된 정보를 제공한 사람은 어떤 처벌을 받는가?

① 5년 이하의 징역
② 3년 이하의 징역 또는 3천만원 이하의 벌금
③ 1년 이상 10년 이하의 징역
④ 무기 또는 7년 이상의 징역

해설
항공보안법 제48조
항공운항을 방해할 목적으로 거짓된 정보를 제공한 사람은 3년 이하의 징역 또는 3천만원 이하의 벌금에 처한다.

82 항공보안법 제51조 제3항에 따르면, 제17조 제1항에 따른 항공운송사업자의 지시에도 불구하고 휴대물품을 가지고 내리지 아니한 사람에게 부과되는 과태료는?

① 1천만원 이하의 과태료
② 500만원 이하의 과태료
③ 100만원 이하의 과태료
④ 과태료 부과 대상이 아님

해설
항공보안법 제51조
제17조 제1항에 따른 항공운송사업자의 지시에도 불구하고 휴대물품을 가지고 내리지 아니한 사람에게는 100만원 이하의 과태료를 부과한다고 명시하고 있다.

83 다음 중 500만원 이하의 과태료 부과 대상에 해당하지 않는 것은?

① 승객에게 협조의무에 대한 영상물을 상영하지 않은 경우
② 보안검색 업무와 훈련기록, 보안검색에 관한 기록을 작성·유지하지 않은 경우
③ 항공보안 점검업무에 필요한 서류를 제출하지 않은 경우
④ 항공기 내 보안요원을 탑승시키지 아니한 경우

해설
항공보안법 제51조
항공기 내 보안요원을 탑승시키지 아니한 경우는 1천만원 이하의 과태료

정답 80. ① 81. ② 82. ③ 83. ④

84 항공보안법 시행령 제2조에 따른 항공보안협의회의 구성에 대한 설명으로 옳지 않은 것은?

① 위원장은 항공안전정책실장이 된다.
② 위원장은 고위공무원단 또는 소속 시관의 장이 지명한다.
③ 위원은 오직 국토교통부 소속 공무원으로만 구성된다.
④ 간사는 국토교통부장관이 소속공무원 중 임명한다.

해설
항공보안법 시행령 제2조
항공보안협의회 위원은 외교부, 법무부, 국방부, 국정원 등 관계 중앙행정기관의 고위공무원과 한국공항공사, 인천국제공항공사의 항공보안 책임 임직원 등으로 구성될 수 있다.

85 항공보안법 시행령 제3조 제1항에 따르면, 지방항공보안협의회(지방보안협의회)는 위원장 1명을 포함하여 몇 명 이내의 위원으로 구성하는가?

① 10명 이내   ② 15명 이내
③ 20명 이내   ④ 25명 이내

해설
항공보안법 시행령 제3조
법 제8조 제1항에 따른 지방항공보안협의회(이하 지방보안협의회라 한다)는 위원장 1명을 포함한 20명 이내의 위원으로 구성한다.

86 지방항공보안협의회 위촉위원의 임기는 몇 년인가?

① 1년   ② 2년
③ 3년   ④ 4년

해설
항공보안법 시행령 제3조
제2항 제4호에 따른 위촉위원의 임기는 2년으로 한다.

87 항공보안법 시행령 제3조 제3항에 따르면, 지방보안협의회의 위원장은 누가 되는가?

① 국토교통부장관이 지명하는 사람
② 해당 공항운영자가 추천하는 사람
③ 지방항공청장이 소속 공무원 중에서 지명하는 사람
④ 해당 공항에 상주하는 항공운송사업자가 추천하는 사람

해설
항공보안법 시행령 제3조
위원장은 해당 공항을 관할하는 지방항공청장 또는 지방항공청장이 소속 공무원 중에서 지명하는 사람이 된다.

88 항공보안을 위한 지방보안협의회의 협의 사항이 아닌 것은?

① 자체 보안계획의 수립 및 변경에 관한 사항
② 공항시설의 확장 및 신규 건설 예산에 관한 사항
③ 항공기의 보안에 관한 사항
④ 자체 우발계획의 수립·시행에 관한 사항

해설
항공보안법 시행령 제4조
지방보안협의회의 협의 사항으로 자체 보안계획 수립 및 변경, 공항시설 및 항공기 보안, 자체 우발계획 수립·시행 등

정답 84. ③ 85. ③ 86. ② 87. ③ 88. ②

89 지방보안협의회의 협의사항을 협의한 경우 지방보안협의회 위원장은 협의사항을 누구에게 보고해야 하는가?

① 지방항공청장
② 경찰청장
③ 국토교통부장관
④ 국가정보원장

해설
항공보안법 시행령 제4조
위원장은 제1항 각호에 해당하는 사항을 협의한 경우에는 국토교통부장관에게 보고하여야 한다고 명시하고 있다.

90 지방보안협의회의 주요 임무에 해당하는 것은?

① 공항운영자 및 항공운송사업자의 경영 효율성 증진
② 해당 공항 및 항공기의 보안 관련 사항
③ 공항시설 운영에 관한 사항
④ 공항 주변 지역 항공보안에 관한 사항

해설
항공보안법 시행령 제4조
지방보안협의회는 해당 공항과 항공기의 보안과 자체 우발계획의 수립, 시행 및 규정한 사항 외 항공기 및 공항 보안에 관한 사항

91 항공보안 기본계획에 포함되어야 하는 내용이 아닌 것은?

① 국내외 항공보안 환경의 변화 및 전망
② 국내 항공보안 현황 및 경쟁력 강화에 관한 사항
③ 항공운송사업자의 재정 건전성 평가 및 지원 방안
④ 항공보안 전문인력의 양성 및 항공보안 기술의 개발에 관한 사항

해설
항공보안법 시행령 제5조
1. 국내외 항공보안 환경의 변화 및 전망
2. 국내 항공보안 현황 및 경쟁력 강화에 관한 사항
3. 국가 항공보안정책의 목표, 추진방향 및 단계별 추진계획
4. 항공보안 전문인력의 양성 및 항공보안 기술의 개발에 관한 사항
5. 그 밖에 항공보안 발전을 위하여 필요한 사항

92 항공보안법 시행령 제5조 제2항에 따르면, 국토교통부장관이 기본계획을 수립하거나 변경하는 경우 반드시 거쳐야 하는 절차는?

① 국회 동의
② 보안협의회의 협의
③ 대통령의 승인
④ 국제민간항공기구(ICAO)와의 사전 협의

해설
항공보안법 시행령 제5조
국토교통부장관은 기본계획을 수립하거나 변경하는 경우에는 보안협의회의 협의를 거쳐야 한다.

93 항공보안법 시행령 제5조 제3항에 따르면 국토교통부장관이 기본계획을 수립하거나 변경한 경우, 그 내용을 통보해야 하는 대상은?

① 일반 국민
② 항공보안 전문가 집단
③ 공항운영자 등
④ 지방항공청장

해설
항공보안법 시행령 제5조
국토교통부장관은 기본계획을 수립하거나 변경한 경우에는 그 내용을 법 제9조 제1항에 따른 공항운영자 등(이하 "공항운영자 등"이라 한다)에게 통보하여야 한다.

정답 89. ③ 90. ② 91. ③ 92. ② 93. ③

94 항공보안법 시행령 제10조에 따라 공항운영자가 항공기에 탑승하는 승객에 대해 보안검색을 할 때 사용해야 하는 장비가 아닌 것은?

① 원형 검색장비 ② 엑스선 검색장비
③ 문형금속탐지기 ④ 폭발물 탐지견

해설
항공보안법 시행령 제10조
공항운영자는 법 제15조에 따라 항공기 탑승 전에 모든 승객 및 휴대물품에 대하여 법 제27조에 따라 국토교통부장관이 고시하는 항공보안장비(이하 "검색장비 등"이라 한다)를 사용하여 보안검색을 하여야 한다. 이 경우 승객에 대해서는 문형금속탐지기 또는 원형 검색장비를, 휴대물품에 대해서는 엑스선 검색장비를 사용하여 보안검색을 하여야 하며, 폭발물이나 위해물품이 있다고 의심되는 경우에는 폭발물 탐지장비 등 필요한 검색장비 등을 추가하여 보안검색을 하여야 한다.

95 탑승권을 소지한 승객의 위탁수하물 보안검색에 대한 설명으로 맞는 것은?

① 항공점검 감독관에게 보안검색을 의뢰하여 수행
② 항공운송사업자가 보안검색을 수행
③ 보안검색 의뢰 후 탑승권 소지자의 소유 확인
④ 탑승권 소지 승객의 위탁수하물만 보안검색

해설
항공보안법 시행령 제11조
항공운송사업자는 법 제15조에 따라 탑승권을 소지한 승객의 위탁수하물에 대해서만 공항운영자에게 보안검색을 의뢰하여야 한다. 이 경우 항공운송사업자는 공항운영자에게 보안검색을 의뢰하기 전에 그 위탁수하물이 탑승권을 소지한 승객의 소유인지 및 위해물품인지를 확인하여야 한다. 공항운영자는 제1항에 따른 위탁수하물에 대하여 항공기 탑재 전에 엑스선 검색장비를 사용하여 보안검색을 하여야 한다.

96 항공보안법 시행령 제10조에 따라 승객의 동의를 받아 직접 신체 검색을 하거나 개봉 검색을 할 수 있는 경우가 아닌 것은?

① 검색장비의 오작동
② 검색장비 등의 경보음이 울리는 경우
③ 무기류나 위해물품을 휴대하거나 숨기고 있다고 의심되는 경우
④ 엑스선 검색결과 내용물을 판독할 수 있는 경우

해설
항공보안법 시행령 제10조
승객의 동의를 받아 직접 신체 검색을 하거나 개봉 검색을 할 수 있는 경우는 검색장비의 오작동, 경보음, 위해물품 의심, 엑스선 판독 불가능, 엑스선 검색 불가 크기의 단일 휴대물품인 경우

97 항공보안법 시행령 제10조에 따라 폭발물이나 위해물품이 있다고 의심되는 경우, 추가하여 보안검색을 해야 하는 장비에 포함되지 않는 것은?

① 엑스선 검색장비
② 금속탐지장비
③ 폭발물탐지견
④ 폭발물 탐지장비

해설
항공보안법 시행령 제10조
국토교통부장관이 고시하는 항공보안장비는 엑스선장비, 금속탐지장비, 폭발물 탐지장비를 말한다.

정답 94. ④ 95. ④ 96. ④ 97. ③

98 항공운송사업자는 화물기에 탑재하는 화물에 대해 다음 어느 하나의 방법으로 보안검색을 하여야 한다. 보안검색 방법이 아닌 것은?

① 개봉검색
② 엑스선 검색장비를 통한 검색
③ 폭발물 탐지견에 의한 검색
④ 밀폐실을 사용한 검색

해설

항공보안법 시행령 제12조
항공운송사업자는 화물기에 탑재하는 화물에 대해서
1. 개봉검색
2. 엑스선 검색장비에 의한 검색
3. 폭발물 탐지장비 또는 폭발물 흔적탐지장비에 의한 검색
4. 폭발물 탐지견에 의한 검색
5. 압력실을 사용한 검색 방법으로 보안검색

99 다음 중 항공보안법 시행령 제15조에 따라 보안검색을 면제할 수 있는 사람이 아닌 것은?

① 공무로 여행을 하는 대통령
② 국제협약 등에 따라 보안검색을 면제받도록 되어 있는 사람
③ 보안검색을 완료하고 환승을 위해 보안검색 완료 구역을 벗어난 승객
④ 외국의 국가원수 및 그 배우자

해설

항공보안법 시행령 제15조
1. 공무로 여행하는 대통령(당선인 및 권한대행 포함)과 외국의 국가원수 및 배우자
2. 국제협약 등에 따라 보안검색을 면제받도록 되어 있는 사람
3. 출발하는 국내공항에서 보안검색을 완료하고 국제선 항공기 탑승, 국제선 항공기로 환승하기 전까지 보안검색이 완료된 구역을 벗어나지 않은 경우

100 승객의 본인 일치 여부를 확인할 수 있는 신분증명서의 종류에 포함되지 않는 것은?

① 주민등록 등본
② 사설기관 자격증
③ 국가유공자증
④ 주민등록 초본

해설

항공보안법 시행규칙 제8조의5, 항공보안법 시행령 제15조의2
여권, 주민등록증, 장애인등록증, 외국인등록증, 선원수첩, 승무원 등록증, 기술자격증, 전역증, 공무원 신분증, 사관생도 신분증, 국가보훈대상자 등록증, 한미 상호방위조약에 따른 구성원 신분증명서, 운전경력증명서, 주민등록증 발급신청 확인서, 주민등록 등본 또는 초본, 가족관계증명서, 건강보험증, 학생증, 재학증명서, 청소년증, 국내거소신고증

101 항공보안법 시행령 제15조 제3항에 따르면, 위탁수하물을 환적하는 경우 법 제15조에 따른 보안검색을 면제받기 위한 요건에 해당하지 않는 것은?

① 출발 공항에서 탑재 직전에 적절한 수준으로 보안검색이 이루어질 것
② 출발 공항에서 탑재된 후에 환승 공항에 도착할 때까지 계속해서 외부의 비인가 접촉으로부터 보호받을 것
③ 국토교통부장관이 출발 공항의 환적시스템의 첨단성을 직접 확인할 것
④ 출발 공항의 보안통제 실태를 직접 확인하고 해당 국가와 협약을 체결할 것

✈ 정답 98. ④ 99. ③ 100. ② 101. ③

해설

항공보안법 시행령 제15조
1. 출발 공항에서 탑재 직전에 적절한 수준으로 보안검색이 이루어질 것
2. 출발 공항에서 탑재된 후에 환승 공항에 도착할 때까지 계속해서 외부의 비인가 접촉으로부터 보호받을 것
3. 국토교통부장관이 제1호 및 제2호의 사항을 확인하기 위하여 출발 공항의 보안통제 실태를 직접 확인하고 해당 국가와 협약을 체결할 것

102 특정 직무의 수행에 있어서 대통령령으로 정하는 특정한 직무에 해당하지 않는 것은?

① 대통령 등의 경호에 관한 법률에 따른 경호업무
② 경찰관 직무집행법에 따른 일반 시민의 개인 경호업무
③ 외국 정부의 중요 인물을 경호하는 해당 정부의 경호업무
④ 항공기 내의 불법방해행위를 방지하는 항공기 내 보안요원의 업무

해설

항공보안법 시행령 제18조의2
위에 명시된 사항 이외에 경찰관 직무집행법에 따른 주요 인사 경호업무, 호송대상자에 대한 호송업무가 해당한다.

103 기내반입무기에 있어서 대통령령으로 정하는 무기에 해당하지 않는 것은?

① 권총
② 분사기
③ 소총
④ 안전면도날

해설

항공보안법 시행령 제19조
대통령령으로 정하는 무기를 권총, 분사기, 전자충격기, 그리고 국제협약 또는 외국 정부와의 합의서에 의해 휴대가 허용되는 무기

104 국토교통부장관이 관계 행정기관과 합동으로 현장점검을 실시할 수 있는 경우가 아닌 것은?

① 항공기 제조사의 신형 항공기 발표회를 위해 대규모 인원이 초대된 경우
② 올림픽경기대회·아시아경기대회 또는 국제박람회 등 국제행사가 개최되는 경우
③ 국가원수 또는 국제기구의 대표 등 국내외 중요 인사가 참석하는 국제회의가 개최되는 경우
④ 국내외 정보수사기관으로부터 구체적 테러 첩보 또는 보안위협 정보를 알게 된 경우

해설

항공보안법 시행령 제19조의3
위에 명시된 사항 이외에 항공기의 보안 유지를 위해 국토교통부장관이 필요하다고 인정하는 경우

105 합동으로 현장점검을 실시하려는 행정기관은 그 필요성 및 점검항목 등에 관하여 미리 협의해야 하는 대상은?

① 지방항공청장
② 국토교통부장관
③ 경찰청장
④ 국가정보원장

정답 102. ② 103. ④ 104. ① 105. ②

해설
항공보안법 시행령 제19조의3
제1항에 따라 합동으로 현장점검을 실시하려는 행정기관은 그 필요성 및 점검항목 등에 관하여 미리 국토교통부장관과 협의하여야 한다.

106 국토교통부장관이 항공보안법에 따른 권한의 일부를 지방항공청장에게 위임할 수 있는 사항이 아닌 것은?

① 자체 보안계획의 승인 또는 변경 승인
② 공항시설 보호구역 지정 및 지정취소의 승인
③ 항공기 제작 및 형식 승인
④ 보안검색 위탁업체의 지정 및 지정 취소

해설
항공보안법 시행령 제20조
국토교통부장관은 자체 보안계획 승인 또는 변경 승인, 공항시설 보호구역과 임시보호구역의 지정 및 지정취소의 승인, 특별 보안검색 대상의 인정, 보호구역 출입허가, 승객의 증명서 인증, 보안검색 위탁업체의 지정 및 지정취소, 상용화주의 지정 및 지정취소, 보안검색 실패 등의 보고접수, 항공보안에 필요한 조치, 보안검색 등 보안조치, 기내 무기 반입의 허가, 자체 우발계획 승인 또는 변경 승인, 항공보안감독관을 통한 점검업무 수행, 서류 및 자료 제출 요구, 시정조치 또는 보안대책 수립 명령, 청문, 과태료 부과 및 징수

107 기본계획의 통보를 위해 국토교통부령으로 정하는 자에 해당하지 않는 것은?

① 도심공항터미널업자
② 지정된 보호구역에 상주하는 고등교육법 제2조에 따른 교육기관
③ 상용화주
④ 공항운영자

해설
항공보안법 시행규칙 제3조
"국토교통부령으로 정하는 자"란 위에 해당 사항 이외에 항공사업법의 항공기 사용사업을 하는 자, 항공안전법에 따른 비행기나 헬리콥터를 소유하거나 임차해서 사용하는 자, 전문교육기관

108 국가항공보안계획에 포함되어야 하는 사항이 아닌 것은?

① 공항운영자의 항공보안에 대한 임무
② 항공보안장비의 관리
③ 항공사고예방을 위한 우발계획
④ 항공보안에 따른 점검업무

해설
항공보안법 시행규칙 제3조의2
국가항공보안계획에 포함되어야 할 내용으로 위의 사항 이외에 국가항공보안 우발계획, 항공보안에 관한 국제협력, 그밖에 항공보안에 필요한 사항

109 국토교통부장관이 국가항공보안계획을 수립하는 경우 반드시 거쳐야 하는 절차는?

① 대통령의 승인
② 국회 보고
③ 항공보안협의회의 협의
④ 지방항공청장의 자문

해설
항공보안법 시행규칙 제3조의2
국토교통부장관은 국가항공보안계획을 수립하는 경우에는 법 제7조 제1항에 따른 항공보안협의회의 협의를 거쳐야 한다.

정답 106. ③ 107. ④ 108. ③ 109. ③

110 항공보안을 위해 공항운영자가 수립하는 자체 보안계획에 포함되어야 할 사항이 아닌 것은?

① 항공보안업무 담당 조직의 구성 및 보안책임자 지정
② 공항시설의 경비대책
③ 승객·휴대물품 및 위탁수하물에 대한 보안검색
④ 항공기 보안 검색장비 정비

해설

항공보안법 시행규칙 제3조의4
공항운영자의 자체 보안계획에 포함될 내용으로 항공보안업무 담당 조직의 구성·세부업무 및 보안책임자의 지정, 항공보안에 관한 교육훈련, 항공보안에 관한 정보전달 및 보고절차, 공항시설의 경비대책, 보호구역 지정 및 출입통제, 승객·휴대물품 및 위탁수하물에 대한 보안검색, 통과승객·환승승객 및 그 휴대품·위탁수하물에 대한 보안검색, 승객의 일치여부 확인절차, 항공보안검색요원의 운영계획, 공항밖 공항상주업체의 항공보안관리 대책, 항공보안장비의 관리 및 운용, 보안검색 실패 등에 대한 대책 및 보고·전달체계, 보안검색 기록의 작성·유지, 공항별 특성에 따른 세부 보안기준

111 공항운영자는 자체 보안계획을 승인받은 경우, 관련 사항을 누구에게 통보해야 하는가?

① 일반 국민
② 항공보안 전문가 집단
③ 관련 기관, 항공운송사업자 등
④ 공항 주변 지역 주민 대표

해설

항공보안법 시행규칙 제3조의4
공항운영자는 자체 보안계획을 승인받은 경우 관련 기관, 항공운송사업자 등에게 관련 사항을 통보하여야 한다.

112 항공운송사업자의 자체 보안계획 수립에 있어 항공기 보안에 관한 사항 중 자체 보안계획에 포함되어야 하는 내용이 아닌 것은?

① 비행 전·후 항공기에 대한 보안점검
② 계류항공기에 대한 탑승계단, 탑승교, 출입문, 경비요원 배치에 관한 보안 및 통제 절차
③ 국내 취항 항공기 보안대책
④ 항공기 내 보안요원의 운영 및 무기운용 절차

해설

항공보안법 시행규칙 제3조의5
항공기보안에 관한 사항으로 항공기 경비대책, 비행 전·후 항공기 보안점검, 계류항공기 탑승방지를 위한 보안 및 통제절차, 운항 중 보안대책, 범죄인의 인도·인수 및 호송절차, 고성방가 등 승객 협조의무 위반자에 대한 처리절차, 기내 보안요원 운영 및 무기운용절차, 국외취항 항공기 보안대책, 항공기에 대한 위험 증가 시 보안대책, 조종실 출입절차 및 출입문 보안강화 대책, 기장의 권한 및 위임절차, 기내 보안장비 운용절차

113 외국 국적 항공운송사업자가 수립하는 자체 보안계획은 어떤 언어로 작성되어야 하는가?

① 해당 외국어 및 영어
② 영문 및 국문
③ 해당 외국어 및 국문
④ 영어로만 작성

해설

항공보안법 시행규칙 제3조의5
외국 국적 항공운송사업자가 수립하는 자체 보안계획은 영문 및 국문으로 작성되어야 한다.

정답 110. ④ 111. ③ 112. ③ 113. ②

114 공항운영자 등은 자체 보안계획을 변경한 경우, 누구에게 그 사실을 즉시 통보해야 하는가?

① 경찰청장 또는 소방청장
② 국토교통부장관 또는 지방항공청장
③ 국가정보원장 또는 법무부장관
④ 관세청장 또는 질병관리청장

해설
항공보안법 시행규칙 제3조의7
공항운영자 등은 제1항에 따라 자체 보안계획을 변경한 경우에는 국토교통부장관 또는 지방항공청장에게 그 사실을 즉시 통보하여야 한다.

115 공항시설의 보호구역 지정에 있어 보호구역에 포함되어야 하는 지역이 아닌 것은?

① 보안검색이 완료된 구역
② 항공운송사업자의 정비시설 계류장
③ 출입국심사장
④ 활주로

해설
항공보안법 시행규칙 제4조
공항시설 보호구역은 보안검색이 완료된 구역, 출입국심사장, 세관검사장, 관제탑 등 관제시설, 활주로 및 계류장, 항행안전시설 설치지역, 화물청사로 항공운송사업자가 관리·운영하는 정비시설에 부대하여 설치된 계류장은 제외된다.

116 항공보안법상 '보호구역'으로 지정된 곳이 아닌 것은?

① 공항 출국장 면세점
② 수하물 처리 시설
③ 관제탑
④ 계류장

해설
항공보안법 시행규칙 제4조
항공보안법 제2조 및 관련 규정에 따라 항공기 항행·안전시설, 수하물 처리 시설, 관제탑, 활주로 및 계류장 등은 엄격한 출입통제가 이루어지는 보호구역에 해당한다. 반면, 일반 여객이 자유롭게 이용할 수 있는 출국장 면세점은 보호구역이 아닌 일반구역으로 분류한다.

117 항공보안법 시행규칙 제5조에 따라 공항운영자가 보호구역 등의 지정 승인을 받으려는 경우, 누구에게 관련 서류를 제출하여야 하는가?

① 국토교통부장관
② 지방항공청장
③ 교통안전관리공단 이사장
④ 공항공사 사장

해설
항공보안법 시행규칙 제5조
보호구역 또는 임시보호구역의 지정 승인, 변경 승인, 지정취소의 승인을 받으려는 경우 관련 서류를 지방항공청장에게 제출하여야 한다.

118 공항운영자 및 화물터미널운영자는 보호구역 등을 출입하는 사람 또는 차량에 대한 기록을 작성한 날로부터 얼마 동안 보존하여야 하는가?

① 6개월 이상
② 1년 이상
③ 2년 이상
④ 3년 이상

해설
항공보안법 시행규칙 제6조
공항운영자 및 화물터미널운영자는 보호구역 등을 출입하는 사람 또는 차량에 대하여 기록하고 이를 작성한 날로부터 1년 이상 보존하여야 한다.

정답 114. ② 115. ② 116. ① 117. ② 118. ②

119 항공운송사업자가 여객기의 보안 강화를 위해 조종실 출입문에 취해야 할 보안조치가 아닌 것은?

① 조종실 출입통제 절차를 마련할 것
② 조종실 출입문에 견고한 잠금장치를 설치할 것
③ 조종실 출입문 열쇠 보관 방법 정할 것
④ 조종실 출입문을 운항 준비 중 잠글 것

해설
항공보안법 시행규칙 제7조
운항 중에는 조종실 출입문을 잠글 것

120 항공운송사업자가 매 비행 전에 항공기 보안을 위해 해야 할 보안점검 사항이 아닌 것은?

① 항공기의 외부 점검
② 항공기 승무원들의 개인 소지품 검사
③ 객실, 좌석, 화장실, 조종실 및 승무원 휴게실 등에 대한 점검
④ 위탁수하물, 화물 및 물품 등의 선적 감독

해설
항공보안법 시행규칙 제7조
위에 명시된 사항 이외에 항공기 정비 및 서비스 업무 감독, 항공기에 대한 출입통제, 승무원 휴대물품에 대한 보안조치, 기내 보안요원 좌석 확인 및 보안조치, 보안통신신호 절차 및 방법, 유효탑승권의 확인 및 탑승과정의 승객 감독, 기장의 객실승무원에 대한 통제, 명령절차 및 확인

121 항공기에 대한 출입통제를 위하여 항공운송사업자가 수립해야 할 대책이 아닌 것은?

① 탑승계단의 관리
② 탑승교 출입통제
③ 탑승교 운용 방법
④ 항공기 출입문 보안조치

해설
항공보안법 시행규칙 제7조
항공기 출입통제를 위한 대책으로 탑승계단 관리, 탑승교 출입통제, 항공기 출입문 보안조치, 경비요원 배치

122 항공보안을 위해 항공운송사업자는 공항운영자에게 운송정보를 제공해야 한다. 국토교통부령으로 정하는 운송정보에 해당하지 않는 것은?

① 승객의 성명
② 승객의 국적 및 여권번호
③ 승객의 탑승좌석 번호
④ 승객의 탑승 항공편명 및 운항 일시

해설
항공보안법 시행규칙 제8조의2
운송정보의 종류는 승객의 성명, 국적 및 여권번호(국내선은 승객식별번호), 탑승 항공편명 및 운항 일시

123 항공기 내에 무기를 가지고 들어가려는 사람에 취해야 하는 절차로 맞는 것은?

① 탑승 1일 전 지방항공청장에게 신청
② 탑승 1일 전 국토교통부장관에게 신청
③ 탑승 3일 전 지방항공청장에게 신청
④ 탑승 3일 전 국토교통부장관에게 신청

정답 119. ④ 120. ② 121. ③ 122. ③ 123. ③

> **해설**
> 항공보안법 시행규칙 제12조의2
> 항공기 내에 무기를 가지고 들어가려는 사람은 항공기 탑승 최소 3일 전에 지방항공청장에게 신청하여야 한다.

124 공항운영자는 제공받은 운송정보를 언제 폐기하여야 하는가?

① 제공받은 날로부터 1년 이내
② 제공받은 날로부터 3개월 이내
③ 정보주체인 승객이 탑승한 항공기가 해당 공항을 이륙한 즉시
④ 정보주체인 승객이 탑승한 항공기가 목적 공항에 착륙한 즉시

> **해설**
> 항공보안법 시행규칙 제8조의2
> 공항운영자는 제2항 전단에 따라 제공받은 운송정보를 개인정보 보호법에 따라 관리하여야 하며, 제공받은 운송정보의 정보주체인 승객이 탑승한 항공기가 해당 공항을 이륙한 즉시 제공받은 운송정보를 폐기하여야 한다.

125 상용화주가 되기 위해 확보해야 하는 항공보안검색요원의 최소 인원은?

① 1명 이상
② 2명 이상
③ 3명 이상
④ 5명 이상

> **해설**
> 항공보안법 시행규칙 제9조의2
> 항공보안검색요원을 2명 이상 확보할 것

126 항공운송사업자가 위해물품이 기내식 또는 기내저장품을 이용하여 기내로 유입되지 아니하도록 보안대책을 수립해야 하는 대상이 아닌 것은?

① 기내식 또는 기내저장품을 운반하는 사람
② 기내식 또는 기내저장품을 운반하는 차량
③ 기내식 제조시설
④ 기내식 재료 공급업체

> **해설**
> 항공보안법 시행규칙 제10조
> 보안대책 수립 대상을 기내식 또는 기내저장품을 운반하는 사람, 차량, 기내식 제조시설

127 항공기 안전운항을 저해하는 불법방해행위가 발생한 경우, 지방항공청장에게 보고하는 것 외에 관련 행정기관에 지체 없이 통보해야 하는 주체는?

① 공항운영자
② 국토교통부장관
③ 지방항공청장
④ 경찰청장

> **해설**
> 항공보안법 시행규칙 제11조
> 공항운영자·항공운송사업자·화물터미널운영자는 다음 각호의 어느 하나에 해당하는 경우 지방항공청장에게 보고하여야 하며, 제1호의 사항에 대하여는 관련 행정기관에 지체 없이 통보하여야 한다.

정답 124. ③ 125. ② 126. ④ 127. ①

128 항공보안장비의 점검에 대한 설명으로 틀린 것은?

① 정기점검은 2년에 1회 실시한다.
② 정기점검은 매년 실시한다.
③ 수시점검은 국토교통부장관의 요청에 따라 실시한다.
④ 수시점검은 관계 직원과 시험기관이 함께 점검할 수 있다.

[해설]
항공보안법 시행규칙 제14조의6
1. 정기점검: 항공보안장비가 성능 인증 기준에 맞게 제작되었는지 및 성능 인증 품질시스템의 유지 여부 등에 관해 매년 실시하는 점검
2. 수시점검: 국토교통부장관의 요청이나 특별 점검계획에 따라 실시하는 점검으로 인증기관이 정기점검 또는 수시점검을 실시하기 위해 필요하다고 인정하는 경우 관계 직원, 시험기관 및 관계전문가와 함께 점검하게 할 수 있으며 점검의 기준·방법 및 절차 등에 관해 필요한 사항은 국토교통부장관이 정해서 고시한다.

129 호송대상자가 항공기에 탑승하는 경우 승객의 안전을 위하여 다음 각호의 필요한 조치를 하여야 한다. 이 조치에 해당하지 않는 것은?

① 호송대상자의 탑승 절차를 별도로 마련할 필요는 없다.
② 호송 대상자에게 철제 식기류를 제공하지 아니할 것
③ 호송대상자에게 술을 제공하지 아니할 것
④ 호송대상자의 좌석은 승객의 안전에 위협이 되지 아니하도록 배치할 것

[해설]
항공보안법 시행규칙 제14조
호송대상자에게 철제 식기류를 제공하지 아니할 것

130 국토교통부장관은 항공보안을 해치는 정보를 알게 되었을 경우 항공보안을 위협하는 정보를 제공하여야 하는 대상이 아닌 것은?

① 관련 행정기관
② 국제민간항공기구
③ 해당 항공기 인증국가
④ 항공기 소유자

[해설]
항공보안법 시행규칙 제17조
국토교통부장관이 정보를 제공하는 관련 행정기관(외교부, 법무부, 국방부, 문화체육관광부, 농림축산식품부, 보건복지부, 국토교통부, 국정원, 관세청, 경찰청 및 해양경찰청의 고위공무원단 또는 동일 직급의 기관장이 지명한 사람), 항공기 등록국가 및 운영국가 관련 기관, 외국인인 경우 해당 국가의 관련 기관, 국제민간항공기구, 항공기 소유자

정답 128. ① 129. ① 130. ③

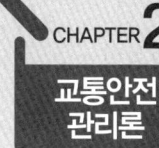

기출 예상문제

01 교통안전관리자가 법령상 주관하는 교육은?

① 승무원 자격시험
② 교통안전 실무 교육
③ 비행술 경연대회
④ 외부강사 초빙

해설
안전 실무·법률, 사고예방 교육이 법정 의무

02 교통의 3요소에 해당하지 않는 것은?

① 인간(Human)
② 도로(Road Environment)
③ 차량(Vehicle)
④ 법규(Regulation)

해설
교통의 3요소는 교통의 주체인 '인간', 교통의 공간인 '도로 및 교통시설', 교통수단인 '차량'을 의미하며, 법규는 이 3요소가 원활하고 안전하게 상호작용하도록 하는 규제 및 통제 수단이다.

03 교통안전진단의 관리단계 중 새로운 현장을 방문하여 정기적인 점검하는 단계는?

① 준비단계   ② 조사단계
③ 교육훈련단계 ④ 확인단계

해설
교통안전관리단계: 준비단계, 조사단계, 계획단계, 설득단계, 교육훈련단계, 확인단계

04 교통안전진단단계에서 대책 강구 다음에 실시하는 단계는?

① 예비조사   ② 개선 목표 설정
③ 점검정비   ④ 위험예지

해설
예비-진단-정비-대책-개선 목표

05 교통안전 진단 기법 중 도로 구간별 사고 다발 원인 분석 방법은?

① SWOT 분석
② 회귀분석
③ 인터뷰 조사
④ 몬테카를로 시뮬레이션

해설
회귀분석 등 통계기법: 사고 영향요인을 구조적(도로 선형, 교차로, 시설물), 환경적(기상, 조도), 운전자 행태·특성 등 여러 변수로 분해하고, 실제 사고자료와 변수 간 상관분석, 다중회귀분석, 상관계수 산출 등으로 사고와의 연관성을 객관적으로 계량화한다.

06 특정 도로구간이나 교통시설의 잠재적 위험요인을 사전에 찾아내고 개선 대책을 제시하기 위해 전문가가 수행하는 체계적인 안전성 검토 활동은?

① 교통영향평가
② 교통안전진단
③ 환경영향평가
④ 타당성 조사

정답 01. ② 02. ④ 03. ④ 04. ② 05. ② 06. ②

해설

교통안전진단은 교통사고 데이터를 분석하고 현장을 점검하여 사고 발생 가능성이 있는 도로 구조, 안전시설, 교통 운영상의 문제점을 체계적으로 파악하고 개선 방안을 제시하는 예방적 안전 활동

07 교통사고 예방을 위한 위험요소 제거 6단계에 해당하지 않는 것은 무엇인가?

① 위험요인 인식
② 위험의 시급성 판단
③ 위험 회피 조치 실행
④ 사고 발생 후 보험 처리

해설

위험요소 제거 6단계는 위험 인식→위험 성격 판단→위험 시급성 판단→회피 방법 결정→회피 조치 실행→결과 확인 및 재평가로 구성

08 시몬즈식 교통사고비용 책정에 해당하지 않는 항목은?

① 부상자 치료를 위한 병원비
② 사고로 발생한 차량 수리비
③ 사고로 인한 생산성 저하 비용
④ 사고 발생지역의 선거관리 비용

해설

시몬즈 방식은 사고로 인한 손실비용을 직접비(치료비, 수리비 등)뿐만 아니라 생산 손실, 시간·노동력 손실 등 간접비까지 넓게 산정하여, 총체적으로 교통사고에 따른 사회적·경제적 피해를 평가하는 방식으로 사고와 관계없는 비용은 포함하지 않는다.

09 시몬즈의 사고비용 책정 방식과 가장 관련 깊은 설명은 무엇인가?

① 사고 발생 후 직접적인 치료비만을 계산하는 방식
② 사고 원인자에 대한 민·형사상 책임을 중점적으로 따지는 방식
③ 사고로 인한 직접비와 간접비를 모두 포괄적으로 평가하는 방식
④ 사망 및 중상자 수만을 보험금 기준으로 책정하는 방식

해설

문제 8번 해설 참조

10 교통사고 피해 정도 산정에 가장 비중을 두는 지표는?

① 사망자수　② 경상자수
③ 보험금액　④ 사고건수

해설

사망자수는 모든 통계의 핵심 가중치 요인이다.

11 교통사고 발생원인 분석 시 활용되는 계통적 탐색 기법은?

① SWOT
② 결함수분석(FTA)
③ 5Why
④ 설문조사

해설

FTA(Fault Tree Analysis)는 사고원인 구조적 분석법이다.

12 교통사고의 특성에 대한 설명으로 가장 거리가 먼 것은?

① 고의가 배제된 과실에 의해 발생한다.
② 언제 어디서 일어날지 모르는 우연성을 가진다.
③ 다양한 원인이 복합적으로 작용하여 발생한다.
④ 동일한 조건에서 완벽하게 재현이 가능하다.

정답 07. ④　08. ④　09. ③　10. ①　11. ②　12. ④

> **해설**
> 교통사고는 다양한 요인이 복합적으로 작용하며, 시간, 장소, 인간의 심리 상태 등 모든 조건을 동일하게 맞춰 재현하는 것은 불가능하며 이를 재현 불가능성이라고 한다.

13 교통사고 발생요인의 비중이 동일하다는 원리를 무엇이라 하는가?

① 등치성 원리
② 배치성 원리
③ 차등성 원리
④ 동인성 원리

> **해설**
> 문제 14번 해설 참조

14 교통사고 발생요인 배치의 원리는?

① 등치성 원리
② 동인성 원리
③ 차등성 원리
④ 배치성 원리

> **해설**
> 여러 가지 사고 야기 요인이 동시에 또는 특정 배열로 존재할 때, 각 요인이 어느 위치에, 어떤 조합과 상태로 배치되어 있느냐가 사고의 발생과 결과에 영향을 미친다는 원리(배치성의 원리), 사고를 야기하는 여러 요인(인간, 차량, 도로, 환경 등)은 그 사고의 원인으로서 동일한 비중과 중요성을 가진다는 원리(등치성의 원리), 여러 사고 원인 요인이 존재하지만, 사고마다 특정 요인의 영향력이 더 크거나 적을 수 있으며, 요인별 비중이 사건마다 차등적으로 작용한다는 원리(차등성의 원리), 사고는 단일 요인보다는 여러 원인이 복합적으로 작용(동시인, 동시원)하여 발생한다는 원리(동인성의 원리)이다.

15 교통사고 조사지표에 포함되는 직접적 항목은?

① 사망자수
② 사고 차량 종류
③ 차량 피해 정도
④ 도로의 규정속도

> **해설**
> 사망자·중상자·경상자·사고 건수가 기본 지표이다.

16 사고예방을 위한 접근방법이 아닌 것은?

① 기술적 접근   ② 관리적 접근
③ 제도적 접근   ④ 사후처리

> **해설**
> 예방은 사전적(기술, 관리, 제도) 접근이 원칙이다.

17 교통사고 예방을 위한 6단계의 마지막 단계는?

① 위험요인 예지   ② 사후관리
③ 교육 강화   ④ 규정 개정

> **해설**
> 예방→식별→분석→조치→평가→사후관리(모니터링)

18 교통사고 평가지수에서 중상자의 가중치는?

① 0.5   ② 0.7
③ 1.0   ④ 0.3

> **해설**
> 통계 산출 시 중상자에는 0.7의 가중치가 부여된다.

정답 13. ① 14. ④ 15. ① 16. ④ 17. ② 18. ②

19 교통사고 원인 중 '매개체(Media)'에 해당하는 것은?

① 운전자의 피로
② 차량의 브레이크 결함
③ 비오는 젖은 노면
④ 운전자 교육 미흡

해설
매개체는 사고에 영향을 미치는 환경적 요인으로 도로와 노면, 환경 등

20 교통사고 발생 가능성 결정에 가장 직접적인 요인은?

① 운전 경험
② 현재 기상상태
③ 차량 연식
④ 보험 가입

해설
외적 환경요인인 기상이 직접적 위험이다.

21 교통사고 원인 중 관리적 요인에 해당하는 것은?

① 현장 안전 점검 미흡
② 운전자의 졸음운전
③ 브레이크 고장
④ 도로의 미끄러움

해설
관리적 요인은 운영 및 관리 미흡에 해당한다.

22 교통사고 요인 중 '관리적 요인'에 해당하지 않는 것은?

① 법규 미비
② 업무 과부하
③ 환경적 결함
④ 안전교육 미실 시

해설
환경적 결함은 매개체(환경) 요인이다.

23 교통안전법상 중대교통사고에 해당하지 않는 것은?

① 사망자가 1명 이상 발생한 사고
② 3주 이상의 치료를 요하는 부상자가 2명 이상 발생한 사고
③ 부상자가 5명 이상 발생한 사고
④ 차량이 전복되어 1천만원 이상의 재산피해가 발생한 사고

해설
교통안전법 시행규칙 제25조의2에 따르면, 중대교통사고는 ①사망자 1명 이상, ②3주 이상 치료가 필요한 부상자 2명 이상, ③부상자 5명 이상 발생한 사고 등을 말한다.

24 교통사고의 인적 요인으로 가장 거리가 먼 것은?

① 운전자의 주의력 저하
② 피로
③ 차량 브레이크 고장
④ 숙련도 부족

해설
기계적 결함은 차량 요인, 인적 요인은 사람의 행동이나 정신적 상태이다.

25 교통사고 다발자 관리방안으로 가장 올바른 것은?

① 처벌 강화
② 반복 교육 및 행동 분석
③ 무기한 운전정지
④ 연령 제한 강화

정답 19. ③ 20. ② 21. ① 22. ③ 23. ④ 24. ③ 25. ②

해설
반복적 교육과 행동 특성분석이 근본적 예방에 효과적이다.

26 교통약자를 포함한 모든 사람이 교통시설을 안전하고 편리하게 이용할 수 있도록 물리적, 제도적 장벽을 제거하는 설계를 무엇이라고 하는가?

① 고속 주행 설계
② 배리어 프리 설계
③ 최소 비용 설계
④ 자연 친화적 설계

해설
배리어 프리 설계(Barrier-Free Design)는 노인, 장애인, 어린이 등 교통약자들이 겪는 어려움을 해소하는 것을 목표로 한다. 예를 들어, 횡단보도 턱 낮추기, 저상버스 도입, 점자블록 및 음향신호기 설치 등이 이에 해당한다.

27 교통사고 발생 시나리오에서 방어벽(통제 수단)이 어떻게 실패하여 사고로 이어지는지를 시각적으로 보여주고, 예방 통제와 완화 통제를 함께 분석할 수 있는 위험관리 기법은?

① 5-Why 기법
② 나비넥타이 분석
③ 결함수 분석(FTA)
④ 스위스 치즈 모델

해설
나비넥타이 분석(Bow-tie Analysis)은 특정 위험 사건(나비넥타이 중앙 매듭)을 중심으로, 그 원인이 되는 위협(좌측)과 이를 막기 위한 예방 통제, 그리고 사건 발생 시 피해를 줄이기 위한 완화 통제(우측)를 시각적으로 표현하여 위험을 종합적으로 이해하고 관리하는 데 유용한 기법이다.

28 인적 요인을 설명하는 쉘(SHEL) 모델의 구성요소가 아닌 것은?

① 소프트웨어(Software-절차, 규정)
② 하드웨어(Hardware-장비, 기계)
③ 환경(Environment-작업 환경)
④ 경제(Economy-비용, 예산)

해설
쉘(SHEL) 모델은 중심에 있는 인간(Liveware)과 이를 둘러싼 소프트웨어(S), 하드웨어(H), 환경(E) 간의 상호작용을 분석한다.

29 하나의 결과에 대해 "왜?"라는 질문을 5번 반복하여 근본 원인을 찾아가는 사고 분석 기법은?

① 5-Why 기법
② 결함수 분석(Fault Tree Analysis, FTA)
③ 사건수 분석(Event Tree Analysis, ETA)
④ 인적 요인 분석 및 분류 시스템(HFACS)

해설
5-Why 기법은 표면적인 문제의 이면에 숨어있는 근본적인 원인을 찾아내기 위한 간단하면서도 효과적인 질문 기반의 분석 기법이다.

30 사고 조사에서 인적 요인을 체계적으로 분석하기 위해 개발된 프레임워크로, 스위스 치즈 모델에 기반하여 '불안전한 행동', '불안전한 행동의 전제조건', '불안전한 감독', '조직의 영향' 4단계로 오류의 원인을 분류하는 시스템은?

① 쉘 모델(SHEL Model)
② 인적 요인 분석 및 분류 시스템(Human Factors Analysis and Classification System, HFACS)
③ 위협 및 오류 관리(TEM)
④ 5-Why 분석 기법

정답 26. ② 27. ② 28. ④ 29. ① 30. ②

> **해설**
> HFACS(Human Factor Analysis Classification System)는 미 해군에서 개발한 사고 분석 도구로, 사고의 직접 원인인 '불안전한 행동'뿐만 아니라, 그 배후에 있는 감독 및 조직의 문제까지 체계적으로 파고들어 근본 원인을 찾아내기 위해 사용한다.

31 시스템 설계 시, 인간의 실수가 발생하더라도 즉시 심각한 사고로 이어지지 않도록 시스템 자체에 방어 장치나 완충 기능을 포함시키는 설계 철학은?

① 오류 허용 설계(Error-Tolerant Design)
② 사용자 중심 설계(User-Centered Design)
③ 비용 절감 설계(Cost-Saving Design)
④ 최소 기능 설계(Minimalist Design)

> **해설**
> 오류 허용 설계는 인간은 실수를 할 수밖에 없는 존재라는 것을 인정하고, 실수가 발생하더라도 시스템이 이를 감지하여 경고하거나, 그 영향이 확산되는 것을 막아 최종적인 사고를 예방하도록 설계하는 개념이다.

32 인적 요인으로 인한 실수 감소를 위한 시스템적 설계는?

① 표준화　　② 자동화
③ 중복검증　④ 모든 항목

> **해설**
> 시스템 설계는 다양한 방법 복합적 적용 필요

33 인간행동에 영향을 미치는 내적 요인으로 가장 적합하지 않은 것은?

① 개인의 신념　② 본인동기
③ 교통법규　　④ 감정상태

> **해설**
> 내적요인은 인간행동을 결정짓는 개인 내부의 심리적, 생리적 요인(본인동기, 성격, 지식 및 경험, 감정상태, 생리적 상태, 신념과 가치관)이며, 외적요인은 개인을 둘러싼 환경 및 제도, 사회적 자극 등 외부에서 주어지는 영향(법령 및 규정, 환경, 사회 ACL 집단, 상벌제도, 교육 및 훈련, 경제적 조건)이다.

34 다음 중 인간행동에 영향을 미치는 외적 요인에 해당하는 것은?

① 성격
② 가치관
③ 직무상 벌점제도
④ 지식

> **해설**
> 벌점제도와 같은 상벌체계, 법규, 환경 등은 외적 요인(외부에서 주어지는 영향)에 해당하며, 성격, 가치관, 지식 등은 내적 요인이다.

35 내적 요인과 외적 요인에 대한 설명으로 옳은 것은?

① 내적 요인은 사회 환경과 상벌에 의해 결정된다.
② 외적 요인은 본인동기, 감정, 성격에 의해 좌우된다.
③ 내적 요인은 개인의 심리·생리적 특성에 기반한다.
④ 외적 요인은 개인의 유전적 특징과 관련이 있다.

> **해설**
> 내적 요인은 본인의 심리, 생리, 동기, 성격, 신념 등 내부적 특성에 근거한다. 외적 요인은 법령, 환경 등 외부의 사회적·제도적 요인이 있다.

정답 31. ①　32. ④　33. ③　34. ③　35. ③

36 인적 평가 오류에 해당하지 않는 것은?

① 정보 부족　② 편견
③ 일관성 결여　④ 교육훈련 강화

해설
교육훈련 강화는 오류 예방 수단

37 위험 및 오류 관리(Threat and Error Management, TEM) 모델의 3가지 기본 구성요소가 아닌 것은?

① 위협(Threats)
② 오류(Errors)
③ 원치 않는 항공기 상태(Undesired Aircraft States, UAS)
④ 조직 문화(Organizational Culture)

해설
TEM 모델은 비행 중에 발생하는 '위협'을 관리하고, 그로 인해 발생하는 승무원의 '오류'를 관리하며, 만약 오류 관리에 실패하여 '원치 않는 항공기 상태'가 되었을 때 이를 신속하게 회복하는 것에 초점을 맞춘 운영철학이다.

38 인간의 오류(Human Error) 중, 의도는 옳았으나 행동이 의도와 다르게 나타나는 실수는?

① 착오(Mistake)
② 위반(Violation)
③ 슬립(Slip)
④ 태만(Lapse)

해설
슬립(Slip)은 행동 수행의 실패로, 계획이나 의도는 정확했지만, 손이 미끄러지거나 버튼을 잘못 누르는 등 행동 단계에서 발생하는 오류이다.

39 한 직원의 적극적인 발표 태도만을 보고 다른 업무 능력까지 모두 높게 평가하는 현상은?

① 상동적 오류　② 상관편견
③ 현혹효과　④ 투사

해설
현혹효과(Halo Effect)는 피평가자의 한 가지 장점(예: 적극적 발표)으로 전체적 업무능력 등 다른 평가항목까지 긍정적으로 왜곡되는 오류이다.

40 평가자가 자신의 가치관이나 행동 양식을 피평가자에게 부당하게 적용해 평가하는 오류는?

① 정보 부족　② 투사
③ 상관편견　④ 현혹효과

해설
인적평가를 할 때, 평가자의 인지적 편향이나 정보의 왜곡으로 평가의 객관성이 저하되는 현상을 평가오류라 한다. 피평가자의 한 가지 두드러진 특성(현혹효과), 두 가지 특성이 서로 직접적으로 관련이 없음에도 한 가지 특성(예: 꼼꼼함)이 다른 특성(예: 책임감)에도 영향줄 것이라고 오판(상관편견), 특정 집단이나 경력, 학력 등에 대한 고정관념으로 평가자의 개인적인 편견이 작용(상동적오류), 평가자 자신이 가진 가치관, 성격, 행동양식 등을 피평가자 평가에 그대로 적용(투사)시켜 객관성 결여(투사), 피평가자에 대한 정보가 부족하거나 평가 기준 적용이 평가자마다 들쭉날쭉해 평가의 신뢰성 저하(정보 부족 및 일관성 결여)

41 인적 요인 사고 예방을 위해 반드시 시행해야 할 제도는?

① 휴식·근로시간 관리
② 연속근무
③ 광고비 할당
④ 승객 선호 조사

정답 36. ④　37. ④　38. ③　39. ③　40. ②　41. ①

해설
휴식 시간 기록 및 근로관리 제도가 인적 요인 예방의 핵심이다.

42 인간의 오류 중, 계획이나 의도 자체가 잘못된 경우는?

① 착오(Mistake)
② 슬립(Slip)
③ 위반(Violation)
④ 실수(Error)

해설
착오(Mistake)는 계획의 실패로, 상황을 잘못 판단하거나 지식이 부족하여 애초에 잘못된 계획을 세우고 그 계획을 정확히 수행한 경우이다. 문제 해결을 위한 절차 자체를 잘못 알고 있는 경우가 해당된다.

43 운전자의 사고 인적 요인에 가장 큰 영향을 주는 심리상태는?

① 피로   ② 집중
③ 냉정함 ④ 여유

해설
대표적인 인적 요인은 피로, 스트레스, 과도한 감정 등이다.

44 사고 발생의 원인 중 인적 요인(Human Factor)에 해당하지 않는 것은?

① 운전자의 과속 및 신호 위반
② 보행자의 무단 횡단
③ 관제사의 착오
④ 브레이크 파열

해설
브레이크 파열은 차량의 기계적 결함으로, 차량 요인에 해당한다. 인적 요인은 운전자, 보행자, 관제사 등 사람의 행동이나 심리 상태와 관련된 요인이다.

45 의도적으로 정해진 규정이나 절차를 따르지 않는 행위를 무엇이라고 하는가?

① 슬립(Slip)
② 착오(Mistake)
③ 위반(Violation)
④ 망각(Lapse)

해설
위반(Violation)은 슬립, 망각, 착오와 같은 비의도적 오류와 달리, 정해진 규칙이 있음을 알면서도 의도적으로 따르지 않는 행동으로 지름길 위반, 습관적 위반 등이 여기에 속한다.

46 인적 요인(Human Factors)을 연구하는 목적과 가장 가까운 것은?

① 인간의 능력을 기계의 성능에 맞추도록 훈련하는 것
② 인간의 과오를 찾아내어 책임을 묻는 것
③ 인간의 특성과 한계를 이해하고, 인간이 사용하기 쉽고 안전한 시스템을 설계하는 것
④ 모든 작업을 자동화하여 인간을 시스템에서 배제하는 것

해설
인적 요인(또는 인간공학)은 인간의 능력, 한계, 특성을 이해하고 이를 시스템, 장비, 환경 설계에 반영하여 안전성, 효율성, 편의성을 높이는 것을 목표로 하는 학문이다.

47 제임스 리즌(James Reason)이 제시한 스위스 치즈 모델(Swiss Cheese Model)이 강조하는 바는?

① 사고는 예방이 불가능하다.
② 사고는 대부분 한 개인의 치명적인 실수 때문에 발생한다.

정답 42. ①   43. ①   44. ④   45. ③   46. ③   47. ③

③ 사고는 조직, 감독, 작업환경, 개인의 실수 등 다층적 방어체계의 결함이 동시에 드러날 때 발생한다.
④ 방어 체계가 많을수록 사고 발생 가능성은 기하급수적으로 증가한다.

해설
스위스 치즈 모델은 사고가 어느 한 가지 원인이 아닌, 조직적 요인, 불안전한 감독 등 여러 방어 계층에 존재하는 잠재적 결함(구멍)들이 우연히 일직선으로 정렬될 때 발생한다는 것으로 이는 사고 예방을 위해 시스템 전반을 살펴봐야 함을 시사한다.

48 항공 분야에서 인적 요인으로 인한 오류를 분석하고 예방하기 위해 개발된 모델로, 조직의 영향, 불안전한 감독, 전제조건, 불안전한 행동 등의 방어 계층에 존재하는 구멍(Hole)들이 일직선상에 놓일 때 사고가 발생한다고 보는 이론은?

① 쉘 모델(SHEL Model)
② 스위스 치즈 모델(Swiss Cheese Model)
③ 도미노 이론(Domino Theory)
④ 3E 모델

해설
제임스 리즌(James Reason)의 스위스 치즈 모델은 여러 겹의 방어 체계(치즈 조각)에 존재하는 잠재적 결함(구멍)들이 우연히 일렬로 정렬될 때 사고가 발생한다는 이론으로, 단일 원인이 아닌 시스템적 결함의 중요성을 강조한다.

49 다음 중 교통사고 예방 정책의 실행 방안을 도출하기 위해 전문가 의견을 반복적으로 모으고 조정하는 시스템적 예측 방법은?

① 델파이 기법   ② 시계열분석
③ 분산분석   ④ 상관분석

해설
델파이 기법은 전문가 집단의 의견을 체계적으로 수렴·조정해 합의된 결론을 얻는 방법이다. 의견조사 결과를 요약·재질문하는 과정을 반복이다.

50 교통사고의 주요 원인에 영향을 주는 요인을 수집하여, 다양한 변수 간 인과관계를 파악하고 사고발생 건수 또는 사망자 수를 예측하는 데 가장 적합한 통계적 분석 방법은?

① 분산분석법
② 회귀분석법
③ 분류분석법
④ 집단평균검정법

해설
회귀분석은 과거 교통사고 데이터와 사고 관련 변수 간의 통계적 상관관계를 규명하여 조사 항목을 선정하는 방법이다.

51 다음 중 교통사고 데이터를 운전자 연령, 성별, 사고 유형 등 기준에 따라 여러 집단 또는 범주로 나누어 분석하는 통계적 방법은?

① 회귀분석법
② 분산분석법
③ 분류분석법
④ 상관분석법

해설
분류분석법은 데이터를 일정 기준이나 속성에 따라 그룹이나 범주로 나누어 각각의 특성이나 분포를 분석하는 통계적 방법이다. 예를 들어 연령대별, 지역별 사고 유형 분포 분석 등이 이에 해당한다.

정답 48. ② 49. ① 50. ② 51. ③

52 음주운전, 졸음운전, 과속 등 원인별로 교통사고 건수의 집단 평균 차이를 비교하려면 어떤 분석법이 가장 적합한가?

① 분류분석 ② 분산분석
③ 분할표 분석 ④ ROC 분석

해설
분산분석법(Analysis of Variance, ANOVA)은 세 집단 이상의 평균값 차이가 우연인지, 유의한 차이인지 검정하는 통계적 기법으로, 지역별 사고율 차이 분석 등에 사용되며, 델파이 기법은 전문가들의 의견을 단계적으로 수렴하여 합의를 도출하는 방법으로, 통계적 기법보다는 전문가 판단을 체계적으로 반영하는 데 목적이 있다.

53 방어운전 교육을 실시한 집단과 교육을 실시하지 않은 집단의 교통사고 건수 평균에 차이가 있는지 검증하고자 할 때 가장 적절한 분석법은?

① 상관분석
② 집단평균 검정법
③ 요인분석
④ 군집분석

해설
집단평균 검정은 두 집단의 평균 차이가 통계적으로 유의미한지 분석하는 데 쓰이는 방법이다.

54 교통사고 원인 및 결과 변수를 여러 개의 범주(예: 낮/밤, 도시/농촌 등)로 구분하여 위험집단을 찾아내는 데 주로 사용하는 기법은?

① 주성분분석 ② 분류분석
③ 군집분석 ④ 시계열분석

해설
분류분석은 변수별 특성에 따라 데이터를 여러 범주로 나누어 경향성을 분석하며 고위험군, 저위험군 식별 등에 널리 활용한다.

55 교통사고원인 평가 주요 방법이 아닌 것은?

① 회귀분석 ② 델파이법
③ 유사집단법 ④ 설문통계법

해설
회귀·델파이·유사집단 등이 주요 평가법이다.

56 교통사고 발생률이 도심, 교외, 농촌 등 3개 이상의 지역 집단 간에 통계적으로 차이가 있는지 알아보고자 할 때 가장 적합한 분석 방법은?

① 상관분석법 ② 분산분석법
③ 경로분석법 ④ 델파이 기법

해설
문제 52번 해설 참조

57 야간조와 주간조 운전자들의 평균 사고 건수 차이를 분석할 때 사용하는 통계적 검정 방법은?

① 분산분석
② 집단평균 검정법
③ 델파이 기법
④ 로지스틱 회귀분석

해설
집단평균 검정은 두 개 집단(야간과 주간)의 평균값 차이가 우연한지 검증할 때 이용한다.

정답 52. ② 53. ② 54. ② 55. ④ 56. ② 57. ②

58 교통안전정책 우선순위 선정 등 다양한 전문가 의견을 여러 차례 설문을 통해 객관적으로 종합하는 방법은?

① 로지스틱 회귀분석
② 집단평균 검정
③ 델파이 기법
④ 분류분석

해설
델파이 기법은 익명성 유지와 반복적 설문을 통해 전문가의 합의를 도출하는 질적 연구 방법으로, 정책개발, 미래 예측 등에 폭넓게 쓰인다.

59 안전관리시스템(SMS) 필수 도입 요소가 아닌 것은?

① 안전정책   ② 위험관리
③ 안전보증   ④ 광고정책

해설
SMS 4대 요소: 안전정책, 위험관리, 안전보증, 안전증진

60 안전관리시스템(Safety Management System, SMS)의 정의로 가장 올바른 것은?

① 사고 발생 후 대책을 수립하는 체계
② 위험을 사전에 식별·관리하여 허용 가능한 수준으로 유지
③ 모든 위험을 완벽하게 제거하는 활동
④ 법규 준수 여부만을 감독하는 시스템

해설
SMS는 안전을 조직의 핵심 가치로 삼고, 위험을 사전에 식별하고 관리하여 허용 가능한 수준으로 유지하기 위한 체계적이고 조직적인 관리 시스템이다.

61 안전관리시스템의 '안전 보증(Safety Assurance)' 활동에 해당하지 않는 것은?

① 안전 성과 모니터링 및 측정
② 내부 안전 감사
③ 위험 통제 대책의 효과 모니터링 및 평가
④ 변화 관리

해설
위험요인 식별 및 분석은 '안전 위험 관리' 구성요소의 핵심 활동으로 안전 보증은 수립된 위험 통제 대책이 효과적으로 작동하는지 지속적으로 모니터링하고 평가하는 활동이다.

62 안전관리시스템에서 'ALARP(As Low As Reasonably Practicable)' 원칙이 의미하는 바는?

① 모든 위험은 완전히 제거되어야 한다.
② 합리적으로 실행 가능한 한 위험을 낮게 유지해야 한다.
③ 위험 관리에 비용을 사용해서는 안 된다.
④ 위험은 무시해도 좋다.

해설
ALARP 원칙은 위험을 0으로 만드는 것은 현실적으로 불가능하므로, 시간, 비용, 기술적 어려움 등을 고려하여 합리적으로 실행 가능한 수준까지 위험을 최대한 낮춰야 한다는 개념이다.

63 안전관리시스템(SMS)의 필수 4대 요소가 아닌 것은?

① 안전정책   ② 위험관리
③ 안전보증   ④ 비용관리

해설
4대 요소: 안전정책, 위험관리, 안전보증, 안전증진

정답 58. ③ 59. ④ 60. ② 61. ③ 62. ② 63. ④

64 산재를 몇 개의 범주로 나누어 범주별 평균비용을 산출하여 사고를 분류하는 방식을 제시하는 방식은?

① 하인리히 방식 ② 시몬즈 방식
③ 콤페스 방식   ④ 버드방식

해설
- 하인리히 방식은 사고 비용을 직접비와 간접비로 나누고, 간접비가 직접비의 4배 정도라고 보는 경험칙에 기반한 방식으로, 버드 방식의 구조는 하인리히 방식과 유사하지만, 간접비를 직접비의 5배로 평가해 더 크게 산출하는 점이 다르다.
- 콤페스 방식은 사고로 인해 실제 발생한 개별비용(직접 손실)과 공용비용(간접 손실)을 구분해 각각 실제 금액을 집계하는 방식이다.
- 시몬즈 방식은 보험비용(실제 보상·치료비 등)과 비보험비용(보험처리되지 않는 간접·사회적 손실)을 별도로 산정하며, 사고 유형별 평균비용과 사고건수를 곱해 비보험비용을 추정하는 방식이다.
- 버드 방식은 사고 비용을 눈에 보이는 비용과 보이지 않는 부분으로 나누어 산재로 인해 발생하는 총비용을 산출하는 방식이다.
- 네 방식 모두 사고 피해의 실제적, 간접적 손실을 종합적으로 평가하려는 목적을 갖고 있다.

65 안전관리시스템(SMS)이 성공적으로 정착하기 위한 필수적인 전제 조건으로 가장 중요한 것은?

① 완벽한 안전 규정
② 최고경영자의 확고한 의지와 리더십
③ 모든 직원에 대한 강력한 처벌
④ 최신 IT 시스템 도입

해설
SMS는 상부로부터 시작되는(Top-down) 활동으로, 최고경영자가 안전을 최우선 가치로 여기고, 인력, 예산 등 자원을 적극적으로 지원하며, 안전 문화를 이끌어 나갈 때 비로소 조직 전체에 효과적으로 정착될 수 있다.

66 교통안전관리자가 관리하는 주요 기록물은?

① 정비 이력   ② 항로지도
③ 음료수 재고   ④ 외부 청소 일정

해설
정비 이력, 점검기록 등은 사고 예방 및 관리에 필수이다.

67 항공교통안전관리자가 현장교육 시 중점적으로 다룰 내용은?

① 비용 산정   ② 사고 사례 분석
③ 기내식 종류   ④ 유류 관리

해설
사고 사례 및 예방교육이 실무에서 핵심이다.

68 다음 중 교통안전법에서 규정하는 교통안전시설의 범위에 해당하지 않는 것은?

① 도로   ② 철도
③ 궤도   ④ 공항시설

해설
교통안전법 제2조에 따르면 교통안전시설에는 도로, 철도, 궤도, 항만시설, 어항시설 등이 포함된다.

69 다음 중 교통안전관리 기능에 해당하지 않는 것은?

① 계획기능   ② 예방기능
③ 통제기능   ④ 단속기능

해설
교통안전관리의 3대 기능은 계획기능(사고 방지를 위한 계획 수립)→예방기능(사전 예방 활동)→통제기능(위반 및 위험 상황에 대한 관리)

정답 64. ② 65. ② 66. ① 67. ② 68. ④ 69. ④

70 운전자 사고 행동 모델 중에서 '인지→예측→판단→실행' 단계로 구성된 것은?

① AIM 모형
② IPDE 모형
③ Haddon's 상해 발생 모델
④ 버드(Bird)의 사고 빈도 모델

해설
IPDE(Inquire, Predict, Decide, Execute) 모형은 운전 행동을 '인지→예측→판단→실행'으로 단계별 분석하는 모델이다.

71 교통안전관리자의 직무가 아닌 것은?

① 교통안전관리규정의 계획 및 점검
② 교통수단 운전자의 직접적인 인사 관리
③ 교통안전에 관한 교육·훈련 계획의 수립 및 실시
④ 교통사고 통계의 유지 및 활용

해설
교통안전관리자는 안전에 관한 계획, 점검, 교육, 통계 관리 등의 직무를 수행하고, 운전자의 채용, 해고 등 직접적인 인사 관리는 사업주의 고유 권한이다.

72 하인리히(Heinrich)의 재해 발생 5단계(도미노 이론)의 3단계에 해당하는 것은?

① 사회적 환경 및 유전적 요소
② 개인적 결함
③ 불안전한 행동 및 불안전한 상태
④ 사고

해설
하인리히의 도미노 이론은 ①사회적 환경 및 유전적 요소→②개인적 결함→③불안전한 행동 및 상태(직접원인)→④사고→⑤상해의 순서로 진행된다. 3단계는 사고의 직접적인 원인이 되는 단계이다.

73 하인리히의 도미노 이론에서 직접적 사고 원인은?

① 개인적 결함
② 불안전한 행동 또는 상태
③ 사고
④ 상해

해설
불안전한 행동/상태가 직접 원인에 해당한다.

74 하인리히가 주장한 재해예방의 중요 요소로 3E 정책으로 불리는 교통안전대책에 포함되지 않는 것은?

① 기술(Engineering)
② 교육(Education)
③ 단속(Enforcement)
④ 평가(Evaluation)

해설
교통안전대책의 3E는 도로 시설 개선 등 기술(Engineering), 운전자 및 보행자 교육(Education), 법규 위반 단속(Enforcement)을 의미한다. 평가는 3E 정책의 효과를 측정하는 활동이지만, 기본 3요소에 포함되지 않는다.

75 하인리히의 재해 발생비율로 바르게 짝지어진 것은?

① 29:1:300   ② 1:29:300
③ 10:20:300 ④ 20:10:300

해설
하인리히의 법칙(Heinrich's Law)은 산업재해 및 교통사고 예방 분야에서 널리 인용되는 이론으로, 1건의 중대 사고 이면에는 29건의 경상 사고와 300건의 잠재적 위험상황(무사고 사례)이 존재한다는 1:29:300 법칙이다.

정답 70. ② 71. ② 72. ③ 73. ② 74. ④ 75. ②

76 버드(Bird)의 신(新) 도미노 이론에서 재해 발생의 근본적인 원인으로 가장 먼저 제시한 단계는?

① 관리 부족(Lack of Control)
② 기본 원인(기원)
③ 직접 원인(징후)
④ 사고(접촉)

해설
(버드 재해발생이론, 안전관리 개론)버드는 하인리히의 이론을 발전시켜, 재해의 가장 근본적인 원인을 '경영 및 관리 체계의 부족'으로 보았다. 효과적인 안전관리가 부재하면 재해로 이어지는 연쇄 반응이 시작된다는 것이다.

77 욕조곡선에 대한 설명으로 옳은 것은?

① 기계 내구성 판단
② 부품의 시간에 따른 고장 확률 변화
③ 교통량 예측
④ 위자료 산정

해설
욕조곡선이란 제품이나 시스템의 고장률이 시간이 경과함에 따라 어떤 양상으로 변화하는지를 나타내는 그래프로 초기 고장률이 높다가 중기에 점차 낮아지고 말기에 고장률이 높아진다.

78 교통안전관리기법 중 사고 원인 계통 분석으로 대표적인 것은?

① SWOT(Strength · Weakness · Opportunity · Threat)
② PEST(Political · Economic · Social · Technological)
③ FTA(Fault Tree Analysis)
④ ROI(Return on Investment)

해설
사고원인 계통 분석은 Fault Tree Analysis가 대표적이다.

79 교통안전관리기법 중 'SWOT 분석'의 활용 목적은?

① 사업성 평가
② 위험요인 탐색
③ 승객 만족도 조사
④ 수익률 계산

해설
SWOT 분석은 조직 내 위험요인·강점·약점·기회를 체계적으로 파악하는 데 활용한다.

80 인적오류 방지를 위한 대표적 훈련기법은?

① Brain Storming
② CRM(Crew Resource Management)
③ TQM(Total Quality Management)
④ SWOT(Strength · Weakness · Opportunity · Threat) 분석

해설
CRM은 협업/의사소통 중심의 인적오류 예방기법이다.

81 브레인스토밍 기법의 가장 중요한 원칙으로 옳지 않은 것은?

① 아이디어를 평가하거나 비판하지 않는다.
② 서로의 의견을 자유분방하게 제시한다.
③ 한 번에 한 사람씩만 순서대로 의견을 낸다.
④ 서로의 아이디어를 결합하거나 발전시켜도 된다.

해설
브레인스토밍은 집단에서 창의적인 아이디어를 도출하기 위한 대표적인 아이디어 창출 기법으로 여러 사람이 순서에 구애받지 않고 자유롭게 아이디어를 제시하는 것이 특징이다.

정답 76. ① 77. ② 78. ③ 79. ② 80. ② 81. ③

82 다음 중 브레인스토밍을 실시할 때 적절한 행동이 아닌 것은?

① 다른 사람의 아이디어에 추가 아이디어를 얹어본다.
② 엉뚱해 보이는 생각도 주저 없이 발표한다.
③ 제시된 아이디어를 즉시 옳고 그름으로 평가한다.
④ 가능한 한 많은 아이디어를 낸다.

해설
브레인스토밍에서는 아이디어의 즉각적인 비판이나 평가를 삼가고, 자유롭게 생각을 표현하도록 하는 것이 가장 중요하다.

83 다음 중 브레인스토밍의 기본 원칙으로 옳지 않은 것은?

① 비판 금지   ② 양 산출
③ 자유분방   ④ 즉시 평가

해설
브레인스토밍은 비판 금지·양 산출·자유분방·결합·개선이 핵심이다.

84 시그니피컨트(시네틱스형) 기법의 특징으로 가장 적절한 것은?

① 수치 계산 도표로 값 추정
② 유추로 낯익은 것을 낯설게 하여 해결 실마리 탐색
③ 무작위 단어 결합 금지만 허용
④ 현 상태를 촘촘히 평가·선별

해설
시네틱스 계열은 유추/비유(직접·상징·공상·개인)를 체계적으로 사용해 고정관념을 깨고 통찰을 얻는다.

85 노모그램 기법을 가장 잘 설명한 것은?

① 생물학 원리 모방
② 눈금이 있는 도표로 변수 간 관계를 시각적으로 추정·결정
③ 무비판 아이디어 폭발
④ 문제를 숨기고 일반화부터 토론

해설
노모그램은 스케일 도표를 이용해 관계·값을 빠르게 산정하고 설계·의사결정을 한다.

86 바이오닉스 기법의 설명으로 옳은 것은?

① 법칙·규정의 강제 집행
② 자연에서 기능 원리를 찾아 문제 해결에 적용
③ 데이터 회귀로 요인 선정
④ 무작위 단어에서 출발해 연결

해설
생체모방은 거미줄, 상어 피부, 연잎 효과 등 생물의 구조·기능을 모방하여 해법을 찾는다.

87 교통사고 사망자 감소를 위한 범세계적인 캠페인으로, 안전한 도로, 안전한 속도, 안전한 자동차, 안전한 도로 이용자 등을 강조하는 패러다임은?

① 제로 톨러런스(Zero Tolerance)
② 비전 제로(Vision Zero)
③ 3E 정책
④ ALARP 원칙

해설
비전 제로는 단 한 명의 사망자나 중상자도 용납할 수 없다는 철학을 바탕으로, 교통사고의 책임을 이용자 개인에게만 묻는 것이 아니라, 실수가 발생하더라도 사망이나 중상으로 이어지지 않는 안전한 교통 시스템을 설계해야 한다는 접근 방식이다.

정답 82. ③ 83. ④ 84. ② 85. ② 86. ② 87. ②

88 다음 중 인풋-아웃풋법(Input-Output Method)과 초점법(Focus Method)에 대한 설명으로 옳지 않은 것은?

① 인풋-아웃풋법은 문제의 원인(input)과 결과(output)를 체계적으로 분석해 사고나 성과의 흐름을 도식적으로 파악하는 방법이다.
② 초점법은 해결하고자 하는 문제의 핵심(핵심초점)을 찾고, 그 초점에서 파생될 수 있는 다양한 의견이나 아이디어를 도출하는 창의기법이다.
③ 인풋-아웃풋법은 참여자 간 자유로운 브레인스토밍을 기반으로 문제의 원인을 찾아 창의적 해결방안을 탐구한다.
④ 초점법은 문제를 명확히 하여 집중적으로 탐구하려는 집단토의법의 하나이다.

해설
인풋-아웃풋법은 문제의 인과관계를 체계적으로 도식화하여 원인과 결과의 흐름을 논리적으로 분석하는 방법으로, 브레인스토밍처럼 자유롭게 아이디어를 내는 방식이 아니며 창의성보다는 구조적 분석에 중점을 둔다.

89 다음 중 고든법(Gordon Method)에 관한 설명으로 옳지 않은 것은?

① 창의적 문제 해결 기법 중 하나로, 익명성을 전제로 집단토의를 통해 아이디어를 끌어낸다.
② 주제를 처음부터 명확히 밝히지 않고, 유사한 사례나 비유로 접근하며 점진적으로 핵심 문제를 공개한다.
③ 회의 참가자들은 자유롭고 비판 없이 의견을 개진하며, 창의적 발상을 촉진한다.
④ 아이디어 도출자의 신원을 반드시 공개하는 점이 특징이다.

해설
고든법은 참가자들이 심리적 부담을 줄이고 자유롭게 발상할 수 있도록, 주제를 완전히 공개하지 않거나, 익명성 또는 비유·사례 위주 접근을 활용한다. 따라서 신원 공개가 아니라 익명성이 특징이다.

90 회귀분석, 델파이, 유사집단 분류 등은 주로 어디에 활용되는가?

① 안전교육 개발
② 사고원인 항목 선정
③ 평가보고서 작성
④ 보험료 산정

해설
안전관리에 사용한다.

91 사고분석에서 델파이법의 특징은?

① 전문가 집단 의견 수렴
② 계량 분석
③ 통계 수치 사용
④ 원가 중심 결정

해설
전문가 반복 설문+합의 유도

92 SWOT(Strength · Weakness · Opportunity · Threat) 분석을 실무에서 활용하는 주요 목적은?

① 수익률 증대
② 위험요인 탐색 및 분석
③ 고객 만족도 평가
④ 사업성 검토

해설
위험요인과 조직 내 강점·약점·기회·위협 등 체계적 분석이다.

정답 88. ③ 89. ④ 90. ② 91. ① 92. ②

93 어린이의 행동 특성으로 옳지 않은 것은?

① 판단력 부족·모방행동 많음
② 시야·운동능력 미숙
③ 위험 예측력 높음
④ 교통 규칙 이해 부족

해설
위험 예측력이 낮다.

94 노인 운전 특성으로 옳은 것은?

① 위험 반응 빠름
② 아이보다 민첩성 높음
③ 속도·거리 판단 정확성 떨어짐
④ 반응속도 우수

해설
경험은 많지만, 판단·반응 정확성이 저하된다.

95 전조작기(유아기) 아동의 행동 특징을 잘 설명하는 예로 적절하지 않은 것은?

① 컵의 모양이 변해도 물의 양은 같다고 설명한다.
② 인형에게 밥을 먹여주며 마치 살아있는 것처럼 대한다.
③ 자신의 입장에서만 세상을 보고 타인의 관점은 이해하지 못한다.
④ 두꺼운 지우개와 얇은 지우개를 비교할 때, 오직 길이만 보고 어느 것이 더 큰지 판단한다.

해설
피아제에 따르면 유아기는 보존 개념이 형성되지 않아 컵의 모양이 변하면 '물의 양도 달라졌다'고 생각한다. 상징적 사고, 자기중심적 사고, 직관적 사고가 전조작기 특징에 해당한다.

96 피아제 이론에 따르면 전조작기 유아에게 나타나는 중심화(Centration) 현상에 대한 설명으로 옳은 것은?

① 두 가지 이상의 속성에 동시에 주의를 기울일 수 있다.
② 하나의 두드러진 특징에만 집착하여 다른 특징은 무시하는 경향이 있다.
③ 사물의 변환과정을 인과적으로 분석한다.
④ 보존개념이 확립되어 부피, 수량이 변하지 않음을 안다.

해설
전조작기 아동은 사물을 문제 해결이나 판단 시 여러 측면을 동시에 고려하지 못하고, 눈에 띄는 한 가지 속성(예: 물컵의 높이 또는 넓이)에만 집착하는 중심화 현상을 보인다.

97 다음 중 피아제의 인지발달이론에서 유아기(전조작기)의 전형적인 인지적 특징으로 가장 옳은 것은?

① 보존 개념이 확립되어 양이 변하지 않음을 이해한다.
② 논리적 추론이 가능하여 동시에 여러 요소를 고려해 사고한다.
③ 자기중심적 사고로 타인의 관점을 이해하기 힘들다.
④ 거꾸로 사고(가역적 사고)가 발달해 있다.

해설
피아제 이론에서 유아기(전조작기, 약 2~7세)는 상징적 사고가 발달하지만, 논리적 사고는 미숙한 시기이다. 전조작기의 주요 특징은 자기중심성(Egocentrism), 보존 개념 미발달, 물활론적 사고, 중심화, 직관적 사고 등으로 전조작기 유아는 자기중심성이 뚜렷해, 타인의 시각이나 입장을 잘 이해하지 못한다. 즉, 다른 사람도 나와 똑같이 생각할 것이라고 여기는 경향이 강하다.

정답 93. ③　94. ③　95. ①　96. ②　97. ③

98 어린이 교통사고 특징 중 틀린 것은?

① 시야가 좁다. ② 판단력 부족
③ 순발력 우수 ④ 위험 인지 늦다.

해설
순발력은 상대적으로 낮다.

99 다음 중 보행자의 심리에 대한 설명으로 가장 적절한 것은?

① 보행자는 항상 자동차보다 자신이 더 위험하다고 인식한다.
② 보행자는 도로 상황을 객관적으로 판단하여 충동적 행동을 하지 않는다.
③ 보행자는 '자동차가 멈추겠지'라는 과신 심리로 무단횡단을 하는 경우가 많다.
④ 보행자는 자신의 이동 속도를 과소평가하여 신호위반을 거의 하지 않는다.

해설
보행자는 교통약자임에도 불구하고 자동차가 자신을 피해 줄 것이라는 과신 심리를 갖는 경우가 많으며, 이로 인해 무단횡단·신호위반 등의 위험 행동이 발생한다.

100 사고 다발자에게서 흔히 나타나는 특성으로 가장 적절하지 않은 것은?

① 성격이 급하고 충동적이다.
② 규칙 위반과 과속 성향이 강하다.
③ 책임감이 강하고 방어운전을 습관화한다.
④ 주의 집중력이 낮고 위험예측 능력이 부족하다.

해설
사고 다발자는 대체로 충동적이고 규칙 위반 성향이 강하며 주의력이 부족하다.

101 음주운전자의 일반적 특성으로 옳은 것은?

① 판단력과 반응속도가 향상되어 복잡한 상황 대응력이 좋아진다.
② 시야 협소, 거리·속도 판단 오류가 증가한다.
③ 자신이 술에 취한 정도를 과소평가하여 조심 운전하게 된다.
④ 음주운전 시 위험 회피 행동이 신속해진다.

해설
자신의 상태를 과대평가하는 경향이 있어 사고 위험이 커진다.

102 음주운전 적발 시 면허를 즉시 취소하는 법이 시행된 경우, 이 노력은 어떤 접근방법에 해당하는가?

① 기술적 접근
② 관리적 접근
③ 제도적 접근
④ 심리적 접근

해설
법령, 행정규칙, 의무화 등 제도적 장치를 통해 사회 전체의 안전행동을 유도하거나 의무화하는 것은 제도적 접근의 핵심이다. 면허 즉시 취소는 법령이라는 제도 적용이다.

103 운전자의 시야각이 가장 좁아지는 조건은?

① 차량 속도 증가
② 밝은 환경
③ 휴식 후 운행
④ 저속 운전

해설
속도 증가 시 시야각이 급격히 줄어든다.

정답 98. ③ 99. ③ 100. ③ 101. ② 102. ③ 103. ①

104 운전자의 시야각도(속도별 시야 축소)는?

① 40km/h 100°, 70km/h 65°, 100km/h 40°
② 40km/h 90°, 70km/h 60°, 100km/h 30°
③ 40km/h 120°, 70km/h 80°, 100km/h 50°
④ 40km/h 100°, 70km/h 70°, 100km/h 45°

해설
속도 증가 시 시야각이 급격히 축소되어 주변 위험에 대한 인지능력이 급격히 떨어진다.

105 운전자 시야 축소에 가장 직접적 영향을 주는 요인은?

① 속도　② 피로
③ 조명　④ 도로 폭

해설
속도 증가 시 시야각이 대폭 축소된다.

106 암순응에 대한 설명으로 올바른 것은?

① 밝은 곳에서 어두운 곳으로 이동 시 시력 적응
② 어두운 곳에서 밝은 곳으로 이동 시 적응
③ 원근 감각 적응
④ 색상 인지 적응

해설
암순응(Dark Adaptation)은 밝은 곳에서 어두운 곳으로 들어갈 때 시력이 적응하는 과정이다. 먼 곳과 가까운 곳을 보는 것은 원근 조절에 해당한다.

107 야간에 마주 오는 차량의 전조등 불빛으로 인해 중앙선 부근의 보행자가 순간적으로 보이지 않게 되는 현상은?

① 박명 현상
② 증발 현상
③ 시각의 순응 현상
④ 스텔스 현상

해설
증발 현상(Evaporation Phenomenon)은 양쪽 차량의 전조등 불빛이 교차하는 지점에 있는 보행자나 장애물이 마치 증발한 것처럼 보이지 않는 위험한 현상이다.

108 운전자의 시력 설명 중 잘못된 것은?

① 암순응은 명순응보다 빠르다.
② 동체시력은 정지시력보다 높다.
③ 운전자는 야간에 암순응 필요
④ 명순응은 어두운 환경에서 밝은 환경에 적응

해설
동체시력은 정지시력보다 낮다.

109 운전자의 교통반응 단계로 가장 올바르게 나열된 것은?

① 판단→인지→실행→확인
② 인지→판단→행동→실행
③ 인지→판단→실행→확인
④ 실행→판단→인지→확인

해설
교통반응은 주로 ①인지(상황 파악)→②판단(어떻게 할지 결정)→③실행(조작)→④확인(실행 결과 점검)의 순서로 이루어진다.

정답 104. ①　105. ①　106. ①　107. ②　108. ②　109. ③

110 다음 중 '상황반응'에 가장 잘 해당하는 예시는?

① 도로 표지판의 내용을 읽는다.
② 앞에서 차량이 갑자기 급정거할 것을 예상하고 속도를 줄인다.
③ 브레이크를 즉시 밟는다.
④ 차선을 변경하기 위해 방향지시등을 켠다.

해설
상황반응은 단순 인지가 아니라, 주위 상황을 해석·예측해 대응할 필요성까지 판단하는 종합적 반응이다.

111 차량의 정지거리를 올바르게 설명한 것은?

① 제동거리−공주거리
② 공주거리+제동거리
③ (공주거리+제동거리)×속도
④ 제동 시점부터 정지까지의 시간

해설
정지거리는 운전자가 위험을 인지한 순간부터 차량이 완전히 멈출 때까지 이동한 총 거리로, 공주거리와 제동거리의 합으로 계산한다.

112 운전자가 위험을 인지하고 브레이크 페달을 밟아 브레이크가 실제로 작동하기 시작할 때까지 차량이 진행한 거리는?

① 제동거리   ② 공주거리
③ 정지거리   ④ 안전거리

해설
공주거리는 '운전자의 인지-반응 시간 동안 차량이 나아간 거리'를 의미한다. 운전자의 피로도나 주의력에 따라 달라질 수 있다.

113 운전 중 도로 위에 장애물을 발견해 핸들을 우측으로 급히 돌려 피했다. 이때의 반응 단계는?

① 인지반응   ② 상황반응
③ 행동반응   ④ 판단반응

해설
직접적인 신체 조작(핸들을 돌려 장애물을 회피함)은 행동반응이다.

114 정보처리 4단계의 올바른 순서는?

① 인지−예측−판단−실행
② 예측−실행−인지−판단
③ 인지−실행−판단−예측
④ 예측−인지−실행−판단

해설
IPDE: Dentify(인지)-Predict(예측)-Decision(판단)-Execute(실행)

115 후광효과(Halo Effect)에 관한 설명으로 옳은 것은?

① 한 가지 특성이 나머지 특성의 평가에 영향을 미치는 심리적 오류
② 특정 행동이 항상 같은 결과를 가져오는 현상
③ 자신의 기준에 맞는 정보만을 받아들이는 현상
④ 다양한 평가자가 동일한 결과를 내리는 현상

해설
후광효과는 한 가지 강한 특성(예: 외모, 첫인상)이 전체 평정에 영향을 주는 오류를 의미한다.

정답 110. ② 111. ② 112. ② 113. ③ 114. ① 115. ①

116 다음 중 후광효과(Halo Effect)의 예로 가장 적합한 것은?

① 피평가자의 근속기간이 오랜 만큼 성과도 높다고 평가한다.
② 과거의 실수를 기준으로 계속 부정적으로 본다.
③ 첫인상이 좋으니 직무수행능력도 뛰어날 것이라 생각한다.
④ 여러 평가자가 평가 결과에 일치한다.

해설
첫인상(외모 등 한 특성)이 다른 능력까지 긍정적으로 평가하는 전형적인 후광효과의 사례이다.

117 다음 중 4M(MAN, MACHINE, MEDIA, MANAGEMENT) 이론에 기초한 주요 사고방지대책으로 옳지 않은 것은?

① MAN(인간) 측면에서는 교육·훈련 강화 및 자격 관리가 중요하다.
② MACHINE(기계) 측면에서는 정기점검과 예방정비, 성능개선이 필수적이다.
③ MEDIA(매개체, 환경) 측면에서는 안전한 환경 조성, 위험요인 제거, 표준화가 필요하다.
④ MANAGEMENT(경영) 측면에서는 직원의 자율성 보장만을 중시하는 것이 바람직하다.

해설
MANAGEMENT(경영) 부문에서는 자율성만 보장하는 것이 아니라, 체계적인 안전관리 방침 수립, 조직 내 안전문화 정착, 감독 및 평가 등 적극적인 안전관리 활동이 반드시 요구된다.

118 교통사고원인 4M 분석 중 매개체(MEDIA)에 포함되는 것은?

① 인간 실수
② 관리 기준 부족
③ 도로·기상
④ 기관 점검

해설
매개체는 환경 및 외부 요소이다.

119 교통사고 원인 분석의 4M에 해당하지 않는 것은?

① Management(관리)
② Machine(기계)
③ Media(매개체)
④ Mission(목표)

해설
Mission은 4M에 포함되지 않는다.

120 교통안전관리와 운수 현장에서 안전 및 효율을 높이기 위한 대표적인 관리순환절차로 운행계획의 PDCA 사이클에서 조정(ACT) 단계의 핵심은?

① 실행
② 계획 수립
③ 개선 및 조정
④ 성과측정

해설
계획(Plan), 실시(Doing), 통제(Control), 조정(Action)의 순환이 필요하며 Act 단계는 개선·조정으로 다음 계획 반영하여 운행계획의 품질 및 안전 수준을 지속적으로 높이기 위한 반복적 개선 프로세스이다.

정답 116. ③ 117. ④ 118. ③ 119. ④ 120. ③

121 PDCA 사이클에서 Check의 역할은?

① 실행　② 평가
③ 개선　④ 계획

해설
실제 실행을 평가해 개선점을 파악한다.

122 PDCA(계획 – 실행 – 평가 – 개선)에서 '통제'에 해당하는 단계는?

① Plan　② Do
③ Check　④ Act

해설
Check는 실행결과를 점검·평가하여 통제하는 역할이다.

123 매슬로우의 욕구 5단계에 있어서 하위욕구 단계가 충족되면 이전단계의 욕구는 동기부여의 역할을 수행하지 못하는 이론으로 욕구 진행단계가 올바른 것은?

① 생리적–안전–사회적–존경–자아실현
② 안전–생리적–존경–사회적–자아실현
③ 생리적–사회적–자아실현–존경–안전
④ 사회적–생리적–안전–존경–자아실현

해설
욕구단계설의 욕구5단계는 생리적-안전-사회적-존경-자아실현욕구로 진행된다.

124 하위욕구가 충족될수록 상위욕구에 대한 욕망이 커지고 반대로 상위욕구가 충족이 어려울수록 하위욕구에 대한 욕망이 커진다는 ERG이론을 주장한 사람은 누구인가?

① 맥그리거　② 브룸
③ 알더파　④ 페이욜

해설
알더파의 ERG이론은 Maslow의 욕구 5단계설을 세 가지로 압축(Existence, Relatedness, Growth)하며, 하위욕구와 상위욕구가 상호작용적으로 영향을 미친다는 특징을 강조한다. 즉, 하위욕구가 충족될수록 상위욕구에 대한 욕망이 커지며(진전의 원리), 상위욕구 충족이 어려우면 다시 하위욕구에 대한 욕망도 커질 수 있다고 설명하고 있다.

125 페이욜 조직이론에서 안전관리의 기능이 아닌 것은?

① 계획
② 판단
③ 명령
④ 통제

해설
계획·조직·명령·조정·통제가 핵심이다.

126 조직행동론(Organizational Behavior)에서 쿤츠가 분류한 경영학 접근법 중 '집단행동 접근법(Group Behavior Approach)'이 다루는 주요 대상은 무엇인가?

① 개인의 동기 유발 및 태도
② 조직구조와 공식 규정
③ 집단 내 상호작용과 팀워크
④ 재무 관리 및 자원 배분

해설
집단행동 접근법은 개인보다는 집단 내 상호작용, 팀워크, 동료 간 관계 등 '집단'이 조직 행동에 미치는 영향을 주로 다룬다.

정답 121. ② 122. ③ 123. ① 124. ③ 125. ② 126. ③

127 다음 중 쿤츠가 제시한 집단행동 접근법(Group Behavior Approach)의 특징으로 가장 적합하지 않은 것은?

① 집단 응집력, 규범, 리더십, 집단사고 등 집단 내 현상을 중시한다.
② 개인의 심리 및 동기 분석에 집중한다.
③ 조직의 공식적·비공식적 그룹 모두를 분석 대상으로 삼는다.
④ 집단 내 상호작용을 조직 전체 성과와 연결해 본다.

해설
집단행동 접근법은 '개인'이 아니라 집단 단위의 행동과 상호작용, 그리고 조직 내 집단 구조가 각종 성과와 관련된다는 점에 중점을 둔다.

128 집단행동 접근법의 주요 연구 주제에 해당하지 않는 것은 무엇인가?

① 조직 내 비공식 집단의 영향
② 팀워크와 협력
③ 개인별 성과급 책정 방식
④ 집단 내 리더십과 의사결정

해설
개인별 성과급은 주로 개인 행위나 성취와 관련된 주제이며, 집단행동 접근법의 주된 연구대상에는 포함되지 않는다.

129 쿤츠의 집단행동 접근법이 조직행동론 연구·실무에 주는 시사점과 가장 관련이 깊은 것은?

① 조직 내 정책과 절차 수립의 합리성
② 집단 응집력 및 집단사고가 조직의 의사결정에 미치는 영향 분석
③ 개개인의 인사평가 및 승진관리
④ 설비투자 및 생산기술 혁신

해설
집단행동 접근법은 집단의 응집력, 규범, 집단사고 등 집단 현상이 조직 구성원의 태도와 전체 조직의 의사결정에 미치는 영향에 초점을 둔다.

130 캇츠(Katz)가 제시한 태도의 기능 가운데, 인성이 성숙하면서 자신에 대한 신념이나 집단의 가치관을 대변하려는 목적이 가장 강하게 발휘되는 기능은 무엇인가?

① 지식 기능
② 방어적 기능
③ 도구적 기능
④ 가치표현적 기능

해설
캇츠의 가치표현적 기능은 인성에 작용하여, 개인(자신)이 중요하게 여기는 가치를 행동이나 태도로 적극적으로 드러내려는 심리를 설명한다. 이로써 개인의 사회적 정체성도 강화된다.

131 페이욜 조직이론에서 안전관리의 기능은?

① 통제
② 조직
③ 명령
④ 조정

해설
페이욜이 제시한 5대 관리활동(계획, 조직, 명령, 조정, 통제) 중에서 안전관리의 핵심은 통제(Controlling) 기능이다. 실행 결과가 목표와 부합하는지 점검하고, 문제가 있으면 시정조치를 하는 활동이 바로 안전관리의 본질이다.

132 허즈버그의 동기-위생 이론에서 '위생요인'에 해당하는 것은 무엇인가?

① 직무 자체의 성취감
② 급여 및 복리후생
③ 도전적인 업무 내용
④ 인정과 칭찬

정답 127. ② 128. ③ 129. ② 130. ④ 131. ① 132. ②

> **해설**
> 허즈버그 이론에서 위생요인은 급여, 복리후생, 근무 환경, 상사와의 관계 등 조직 환경과 관련된 외적 요인으로, 불만족을 예방하지만 동기를 직접 유발하지는 않는다. 성취, 인정 등은 동기요인이다.

133 다음 중 허즈버그 동기-위생 이론에 대한 설명으로 옳은 것은?

① 모든 만족·불만족의 원인은 동일한 요인에서 발생한다.
② 동기요인은 불만족을 감소시키는 역할을 한다.
③ 위생요인은 충족되어도 만족을 느끼게 한다.
④ 동기요인은 직무 자체와 관계된 요인이다.

> **해설**
> 허즈버그 이론에 의하면 동기요인은 성취감, 책임, 발전 가능성, 일의 내용 등 직무 자체와 직접적으로 관련된 요인이고, 이 요인이 충족될 때 진정한 만족과 동기부여가 생긴다. 위생요인은 불만 제거에는 중요하나 동기부여에는 직접 영향을 주지 않는다.

134 맥그리거의 X이론(Theory X)에 해당하는 조직 구성원의 가정으로 가장 적절한 것은?

① 사람은 본질적으로 일을 즐기고 자기실현을 위해 직무를 찾는다.
② 구성원은 신뢰받고 자율성이 부여될수록 동기가 상승한다.
③ 사람은 대부분 책임을 회피하고, 통제와 지시가 필요하다.
④ 조직원은 창의적이며 자기가 맡은 일에 적극적으로 참여하려 한다.

> **해설**
> X이론은 인간은 기본적으로 일을 싫어하며, 책임을 회피하려 하고, 통제와 지시가 있을 때 제대로 일한다고 가정하는 비관적 인간관이다.

135 다음 중 맥그리거의 Y이론(Theory Y)에 대한 설명으로 옳은 것은?

① 인간은 주로 경제적 보상에만 동기부여를 받는다.
② 상벌 중심의 강한 감독이 필요하다.
③ 사람은 자기조절과 자율에 의해 동기부여가 된다.
④ 구성원은 본질적으로 능동적이지 않고 수동적이다.

> **해설**
> Y이론은 인간이 적절한 조건에서는 스스로 동기부여되고 자기조절이 가능하며, 일 자체에서 만족과 보람을 얻는다는 긍정적 인간관이다.

136 다음 중 맥그리거의 X이론에 대한 설명으로 틀린 것은?

① 사람은 보통 책임을 지지 않으려 한다.
② 관리는 엄격한 통제와 지시를 수반해야 한다.
③ 일에 대한 내적 동기가 강하다고 본다.
④ 최소한의 경제적 보상에 의해 동기부여 될 수 있다.

> **해설**
> X이론은 사람은 일을 싫어하고, 책임을 피하고, 외적 동기가 필요하다고 본다. 내적 동기가 강하다는 것은 Y이론의 관점이다.

정답 133. ④ 134. ③ 135. ③ 136. ③

137 맥그리거의 Y이론을 바탕으로 한 조직 관리방식의 특징으로 올바른 것은?

① 구성원에 대한 불신과 통제로 일관한다.
② 일과 조직 목표 달성을 서로 분리하여 생각한다.
③ 자율과 참여를 중시하는 분위기를 조성한다.
④ 하급자의 자유를 제한하고 권위를 강조한다.

해설
Y이론은 자율성과 자기주도, 참여적 관리 풍토가 중요하며, 구성원들이 스스로 동기부여 되어 목표 달성에 적극적으로 임한다고 본다.

138 알더파(Clayton Alderfer)의 ERG 이론에서 'E', 'R', 'G'가 각각 의미하는 욕구의 범주로 올바른 것은?

① E: 교육(Education), R: 보상(Reward), G: 성장(Growth)
② E: 생존(Existence), R: 관계(Relatedness), G: 성장(Growth)
③ E: 경험(Experience), R: 규범(Rule), G: 목표(Goal)
④ E: 환경(Environment), R: 결과(Result), G: 적합성(Goodness)

해설
알더파의 ERG 이론은 인간의 욕구를 생존(Existence), 관계(Relatedness), 성장(Growth)의 세 가지 범주로 구분한다. 생존은 물질적 욕구, 관계는 인간관계, 성장은 자아실현의 욕구를 의미한다.

139 다음 중 알더파 ERG 이론이 매슬로우 욕구 5단계 이론과 구별되는 주요 특징으로 가장 적합한 것은?

① 상위 욕구가 충족되어야 하위 욕구가 발생한다.
② 욕구는 항상 단계적으로 순차 충족되어야 한다.
③ 한 가지 욕구가 좌절될 시 다른 욕구를 더 강하게 추구할 수 있다.
④ 오로지 생리적 욕구만을 중시한다.

해설
ERG 이론은 좌절-퇴행(Fustration-Regression)의 원리를 제시하여, 한 욕구가 충족되지 않으면 하위 욕구가 오히려 더 강하게 나타날 수 있다고 본다. 이는 매슬로우 이론의 엄격한 위계질서와 차별화되는 점이다.

140 알더퍼(ERG) 이론에 해당하지 않는 욕구는 무엇인가?

① 생존 욕구
② 관계 욕구
③ 성장 욕구
④ 자기초월 욕구

해설
알더퍼 ERG 이론은 인간의 욕구를 '생존(Existence)', '관계(Relatedness)', '성장(Growth)' 세 종류로 분류한다.

141 다음 중 페이욜이 주장한 14가지 관리원칙에 포함되지 않는 것은?

① 분업   ② 고객만족
③ 공평   ④ 질서

정답 137. ③ 138. ② 139. ③ 140. ④ 141. ②

> **해설**
> 고객만족은 현대 경영에서 매우 중요하나, Fayol의 14가지 원칙은 분업의 원칙, 권한과 책임의 원칙, 규율의 원칙, 명령통일의 원칙, 목표통일의 원칙, 조직이익 우선의 원칙, 공정한 보상의 원칙, 집권화와 분권화의 원칙, 계층화의 원칙, 질서의 원칙, 공평성의 원칙, 고용안정의 원칙, 창의성 고무의 원칙, 단결의 원칙에는 포함되지 않는다. 나머지 분업, 공평, 질서는 모두 포함한다.

142 공식조직과 비공식조직의 차이로 옳은 것은?

① 공식조직은 경영목표 중심
② 비공식조직은 감성·친목 중심
③ 공식은 규정, 비공식은 인간관계
④ 모두 맞음

> **해설**
> ①,②,③ 모두 공식/비공식 비교의 정확한 핵심이다.

143 현장 안전회의의 마지막 단계는?

① 위험예지   ② 확인
③ 점검정비   ④ 도입

> **해설**
> 도입→점검정비→운행지시→위험예지→확인

144 위험요인(Hazard)과 위험(Risk)의 관계를 가장 잘 설명한 것은?

① 위험요인은 위험의 결과이다.
② 위험은 위험요인이 손실로 이어질 가능성과 심각도를 조합한 것이다.
③ 위험요인과 위험은 동일한 개념이다.
④ 위험요인이 존재하면 항상 사고가 발생한다.

> **해설**
> 위험요인(Hazard)은 손실을 초래할 수 있는 잠재적인 조건이나 상태(예: 젖은 활주로)를 의미하며, 위험(Risk)은 해당 위험요인으로 인해 사고가 발생할 가능성(Probability)과 그 결과의 심각성(Severity)을 조합하여 평가한 것이다.

145 현장안전회의 5단계 중 두 번째 단계는?

① 도입
② 점검정비
③ 위험예지
④ 운행지시

> **해설**
> 도입-점검정비-운행지시-위험예지-확인

146 다음 중 항공교통안전관리에서 위험요소 제거 절차의 올바른 순서로 나열된 것은?

① 대책 수립 → 위험 평가 → 위험요인 분석 → 대책 실행 → 위험요인 식별 → 모니터링
② 위험요인 식별 → 위험요인 분석 → 위험 평가 → 대책 수립 → 대책 실행→ 모니터링 및 피드백
③ 모니터링 → 위험 평가 → 위험요인 분석 → 대책 실행 → 대책 수립 → 위험요인 식별
④ 위험 평가 → 위험요인 식별 → 대책 수립 → 위험요인 분석 → 모니터링 → 대책 실행

> **해설**
> 위험요소 제거 6단계는 '식별→분석→평가→대책→실행→모니터링'의 순서로 순환적 관리가 이루어진다.

정답 142. ④ 143. ② 144. ② 145. ② 146. ②

147 위험요소 제거 6단계 중 '확률 및 심각성에 따라 조치의 우선순위를 결정하는 단계'는 무엇인가?

① 위험요인 확인
② 위험평가
③ 대책수립
④ 사후 모니터링 및 피드백

해설
위험평가 단계에서는 위험요소가 실제로 사고나 중대한 결과로 이어질 가능성과 심각성을 평가하여, 취급 우선순위를 결정한다.

148 다음 중 조직의 안전 위험요인 제거 절차에 해당하지 않는 단계는 무엇인가?

① 위험 통제 및 완화
② 위험 분석
③ 사고 원인 책임자 처벌
④ 위험요인 식별

해설
위험요소 제거의 절차는 '위험요인 식별', '위험 분석', '수용 가능성 평가', '위험 통제 및 완화' 등으로 구성된다. 사고의 원인 제공자에 대한 처벌은 위험 예방 및 제거 절차에 포함되지 않는다. 안전문화는 예방과 개선에 중점을 둔다.

149 사람의 양쪽 눈을 기준으로 한 시야각은 일반적으로 어느 정도인가?

① 90~120도　② 120~150도
③ 180~200도　④ 210~230도

해설
양쪽 눈의 중심 시야(약 120도)와 주변 시야를 합산한 값이며, 주변 시야를 포함하면 180~200도 정도가 된다. 단안 시야(한쪽 눈)만 기준이면 약 150도 정도로 좁아진다.

150 다음 중 안전진단의 5단계에 포함되지 않는 것은 무엇인가?

① 자료 수집
② 위험요인 분석
③ 안전조치 계획수립
④ 수익성 평가

해설
안전진단의 5단계
- 1단계 자료 수집: 사고 기록, 현장 점검, 설비 자료 등 정보 수집
- 2단계 현장 조사 및 분석: 작업 환경, 설비, 조직, 작업자 행동 등 분석
- 3단계 위험 요인 분석: 사고 위험, 잠재적 위험 요인 식별
- 4단계 개선대책 수립: 안전조치 계획 및 개선 방안 마련
- 5단계 결과 평가 및 보고: 개선 결과 평가 및 보고서 작성

정답 147. ② 148. ③ 149. ③ 150. ④

CHAPTER 3 항공기체 기출 예상문제

01 다음 중 항공기 나셀(Nacelle)의 주요 기능으로 옳지 않은 것은?

① 엔진을 지지하고 보호한다.
② 공기저항을 줄이도록 유선형으로 설계된다.
③ 항공기의 객실이나 화물칸을 형성하여 탑재물을 지지한다.
④ 화재 시 연료와의 차단 및 소화 장치와 연결된다.

해설
나셀은 항공기 엔진을 감싸고 있는 외부 덮개 구조로 엔진 보호, 공기역학적 성능, 엔진 냉각, 소음 저감, 장비 수납(엔진 부품, 배선, 연료 및 오일 라인, 화재 감지 시스템 등을 수용)의 기능을 수행하며 탑재물 지지와는 무관하다.

02 다음 중 항공기 방화벽(Fire Wall)의 역할로 가장 적절한 것은?

① 엔진의 출력을 조절하여 연료 소비를 최소화한다.
② 기내 압력을 조절하여 승객의 쾌적함을 유지한다.
③ 항공기 기수에 장착되어 방향 조종을 담당한다.
④ 화재가 기체 전체로 퍼져 나가지 못하도록 차단한다.

해설
방화벽은 엔진 화재 시, 불길이 동체 내부나 다른 시스템으로 번지는 것을 막기 위해 설치된 내열 금속 차단막으로, 화재 격리 역할을 한다.

03 다음 중 날개보(Wing Spar)에 대한 설명으로 옳은 것은?

① 항공기의 방향 조종을 위한 주된 장치이다.
② 주로 승객과 화물을 수용하기 위해 설계된 구조이다.
③ 날개에 작용하는 대부분의 하중을 담당하며 동체를 연결하는 주 구조부재이다.
④ 연료 연소 후 발생하는 배기를 배출하는 통로이다.

해설
날개보(Spar): 항공기 날개의 주요 구조 부재로, 날개 길이 방향으로 배치되어 굽힘하중, 전단하중, 비틀림하중을 지지하는 역할을 한다.

04 응력외피형 날개 구조에서 날개의 횡강도나 비틀림 강도를 증가시켜 주는 역할을 하는 길이 방향으로 설치된 부재는?

① 스파(Spar)   ② 스트링거(Stringer)
③ 리브(Rib)   ④ 웹(Web)

해설
- 스트링거(Stringer): 날개길이 방향으로 리브 주위에 배치되어 굽힘강도를 증대시키고 비틀림을 방지하며, 스킨(Skin)과 함께 외부 하중을 지지하고 좌굴을 방지하는 길고 얇은 보강재
- 리브(Rib): 항공기 날개, 꼬리날개, 수직꼬리날개 등의 단면 형상을 유지하고, 하중을 스파(Spar)와 스트링거로 전달하는 구조적 보강 부재
- 웹(Web): 스킨(Skin), 스파(Spar), 리브(Rib), 프레임(Frame) 등의 주요 부재를 연결하고 보강하는 얇은 판재로, 주로 전단하중을 지지하는 역할

정답 01. ③ 02. ④ 03. ③ 04. ②

05 응력외피형 날개의 I형 날개보에서 웹(Web)이 주로 담당하는 하중은?

① 굽힘하중
② 압축하중
③ 인장하중
④ 전단하중

해설
문제 4번 해설 참조

06 나셀(Nacelle)을 동체에 고정하여 결합할 때 일반적으로 사용하는 연결 방법은?

① 용접
② 리벳
③ 스크류
④ 볼트와 너트

해설
분해 및 정비가 필요한 구조물에는 탈부착이 용이한 볼트와 너트를 사용한다.

07 날개 구조에서 앞전(Leading Edge)과 뒷전(Trailing Edge)을 연결하며 날개의 길이 방향으로 설치된 주요 구조 부재는?

① 리브(Rib)
② 웹(Web)
③ 스트링거(Stringer)
④ 스파(Spar)

해설
스파는 날개의 앞전과 뒷전을 연결하며 전체 하중을 지탱하는 주요 부재이다.

08 응력외피형 구조에서 외피(Skin)에 과도한 국부 좌굴이 발생하지 않도록 보조적으로 설치되는 구조 부재는?

① 스파(Spar)
② 리브(Rib)
③ 롱거론(Longeron)
④ 스트링거(Stringer)

해설
스트링거는 외피의 좌굴을 방지하고 길이 방향으로 하중을 지지하여 강성을 높이는 역할을 한다.

09 항공기 동체에서 좌우 날개의 하중을 동체로 전달하며, 연료 탱크 및 전기 배선 등을 통과시키는 주요 구조 부재는?

① 스파(Spar)
② 센터 윙 박스(Center Wing Box)
③ 롱거론(Longeron)
④ 리브(Rib)

해설
센터 윙 박스는 항공기 동체의 중앙과 날개(좌우 주익)를 연결하는 강력한 구조체로, 항공기 전체에서 가장 큰 하중이 집중되는 구역 중 하나이다.

10 리벳 결합의 장점으로 적절하지 않은 것은?

① 구조적으로 가볍다.
② 고온 환경에서도 우수한 강도를 유지한다.
③ 반복 탈부착이 가능하다.
④ 하중 분산에 유리하다.

해설
리벳은 영구 결합 방식으로 탈부착이 어렵기 때문에 정비성을 요구하는 부위에는 적절하지 않다.

정답 05. ④ 06. ④ 07. ④ 08. ④ 09. ② 10. ③

11 항공기 동체에서 롱거론(Longeron)의 주요 역할로 옳은 것은?

① 전단하중 지지
② 동체 외피 연결만을 위한 구조물
③ 굽힘 모멘트 저항 및 구조 형상 유지
④ 주 연료 저장 용기

해설
롱거론은 항공기의 동체 길이 방향(Longitudinal Direction)으로 뻗어 있는 주 구조 부재로서 동체의 형상을 유지하고, 굽힘하중과 좌굴하중에 저항하는 역할을 한다.

항목	롱거론(Longeron)	스트링거(Stringer)
크기/역할	주 구조 부재(굵고 강함)	보조 구조 부재(가늘고 많음)
배치	프레임 사이를 길게 연결	스킨 안쪽을 따라 다수 배치
기능	구조적 뼈대 유지, 하중 전달	국부 좌굴 방지, 외피 지지

12 기체구조 형식에 해당하지 않는 것은?

① 트러스 구조
② 모노코크 구조
③ 세미 모노코크 구조
④ 대치 구조

해설
- 트러스 구조: 봉(Bar), 관(Pipe) 등으로 구성된 삼각형 형태의 골조 구조
- 모노코크 구조: 외피(Skin)만으로 하중을 지지하는 구조
- 세미 모노코크 구조: 외피(Skin)+내부 뼈대(Frame, Stringer, Longeron 등)가 하중 지지

13 트러스형 구조에서 대부분의 하중은 어떤 부재가 담당하는가?

① 외피(Skin)   ② 트러스(골격)
③ 벌크헤드   ④ 외피와 뼈대

해설
트러스형 구조는 삼각형 형태의 골격(트러스)으로 하중을 지지하는 방식이다. 이 구조에서는 외피는 주로 공기저항 감소 등의 형상 유지 역할만 하며, 하중은 대부분 내부의 트러스(골격)가 담당한다.

14 트러스형 구조에 대한 설명으로 옳지 않은 것은?

① 제작이 쉽다.
② 내부 공간 마련이 쉽다.
③ 제작비용이 적게 든다.
④ 동체 및 날개 구조에 주로 사용한다.

해설
트러스형의 단점: 내부 공간이 적다.

15 샌드위치 구조의 특성이 아닌 것은?

① 응력 외피 구조에 비해 무게가 무겁다.
② 강도, 강성을 크게 하면서 굽힘하중이나 피로 하중에 강하다.
③ 항공기 무게를 감소시킬 수 있다.
④ 주로 날개, 꼬리날개 또는 조종면 등의 끝부분 그리고 동체 마루판으로 사용한다.

해설
샌드위치 구조는 두 개의 얇은 강한 표면재(페이스 시트) 사이에 가볍고 두꺼운 중심재(코어)를 넣은 구조로, 무게는 가볍지만, 강도와 강성이 뛰어나다.

정답 11. ③ 12. ④ 13. ② 14. ② 15. ①

16 모노코크 구조에서는 대부분의 하중을 어느 부재가 담당하는가?

① 외피(Skin)
② 트러스
③ 벌크헤드
④ 외피와 뼈대

해설
모노코크 구조: 대부분의 하중을 외피가 담당한다.

17 세미 모노코크 구조에서 길이 방향(세로 방향)으로 보강하는 부재는?

① 벌크헤드, 스트링거
② 스트링거, 세로대
③ 세로대, 정형재
④ 링, 벌크헤드

해설
- 가로 방향(수직 방향) 부재: 프레임, 리브, 링, 벌크헤드, 정형재
- 길이 방향(세로 방향) 부재: 롱거론(세로대), 스트링거, 스파

18 세미 모노코크 구조에서 외피는 주로 무엇을 담당하는가?

① 인장력
② 압축력
③ 전단응력
④ 비틀림응력

해설
길이 방향 인장·압축 하중은 스트링거(Longeron, Stringer) 등이 주로 담당한다.

19 세미 모노코크 구조의 가장 큰 장점은 어느 것인가?

① 외피가 대부분의 하중을 담당한다.
② 벌크헤드, 정형재, 세로대가 모든 힘을 담당한다.
③ 외피와 골격이 같이 하중을 담당한다.
④ 외피는 항공 역학적인 기능만을 한다.

해설
세미 모노코크 구조: 외피와 뼈대가 같이 하중을 담당한다(부정정 구조).

20 조종실의 윈드실드에서 외측 판의 양쪽 면에 금속 피막이 붙어 있는 이유는?

① 방빙, 서리 제거
② 부식 방지
③ 충격 완화
④ 강도의 증가

해설
항공기 조종실의 윈드실드(앞 유리)에는 외측 판의 양쪽 면에 금속 피막이 붙어 있는 경우가 많다. 이 금속 피막은 전기 저항을 이용하여 열을 발생시킬 수 있으며, 그 목적은 빙결 방지(방빙), 서리 제거(제상). 즉, 비행 중 또는 지상 대기 중에 윈드실드에 성애나 얼음이 생기는 것을 방지하여 조종사의 시야를 항상 확보하는 데 필수적인 장치이다.

21 날개 구조에서 굽힘강도를 크게 하고 날개의 비틀림에 의한 좌굴을 방지하는 날개의 구성품은?

① 스트링거   ② 세로대
③ 외피   ④ 날개보

해설
스트링거의 기능: 좌굴(Bucking) 방지, 날개의 경량화, 강도 유지

정답 16. ① 17. ② 18. ③ 19. ③ 20. ① 21. ①

22 날개의 형태를 유지해 주고 날개 외피에 작용하는 하중을 날개보에 전달해 주는 역할을 하는 부재는?

① 리브
② 스트링거
③ 스파
④ 밑면 플랜지

해설

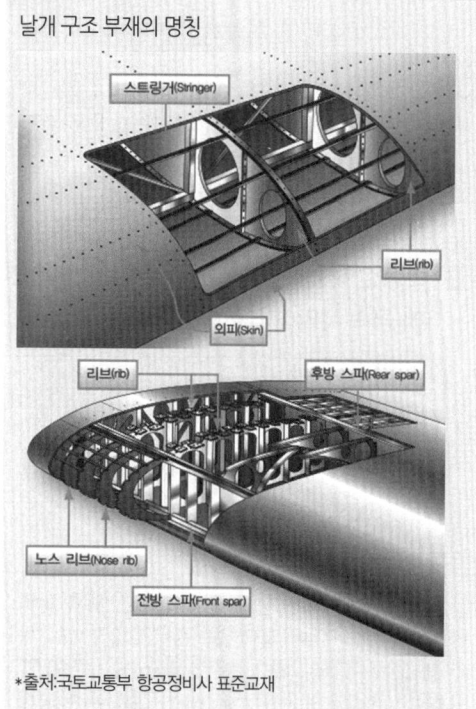
날개 구조 부재의 명칭

*출처:국토교통부 항공정비사 표준교재

23 날개에서 스트링거의 역할은?

① 날개의 비틀림에 의한 좌굴 방지
② 날개에 작용하는 대부분의 하중 담당
③ 날개의 형태 유지
④ 날개에 작용하는 전단하중 담당

해설

스트링거(Stringer)는 날개나 동체의 외피와 함께 설치되는 길고 가는 보강재로, 주로 길이 방향으로 배치된다.

24 다음 중 슬롯(Slot)의 역할은?

① 항공기의 실속을 방지하고 양력을 증가시킨다.
② 캠버를 증가시켜 추력을 크게 한다.
③ 받음각을 크게 하여 추력을 크게 한다.
④ 주목적은 중력 증가에 있다.

해설

슬롯(Slot)과 슬랫(Slats)은 모두 항공기 날개 앞전(Leading Edge) 부근에 위치하며, 양력을 증가시키고 실속을 지연시키는 장치이다. 두 용어는 비슷하지만 약간의 차이가 있다.

가. 슬롯(Slot)
- 고정된 통로, 날개 앞전과 플랩 사이에 항상 열려 있는 틈(간극), 고속 공기가 이 틈을 통해 흘러가면서 날개 상부의 흐름을 붙잡아 실속을 늦춘다. 별도의 가동 장치 없이 고정형
- 역할: 경사각이 커져도 공기의 박리가 지연되어, 실속 각이 증가, 저속 비행 시 양력 유지에 도움

나. 슬랫(Slats)
- 가동식 장치(자동 또는 수동으로 펼쳐짐), 날개 앞전에 부착되며, 필요시 앞으로 돌출되어 슬롯을 형성하고, 평소에는 날개 앞전에 밀착되어 있다.
- 역할: 슬랫이 전개되면 슬롯이 형성되어, 고속 공기가 날개 위로 재순환. 저속, 이착륙 시 양력 증가 및 실속 지연

25 슬롯(Slot)의 주된 목적은 무엇인가?

① 항력을 증가시켜 감속한다.
② 날개의 박리를 유도하여 실속을 유발한다.
③ 날개 상부의 흐름을 유지하여 실속을 지연한다.
④ 날개의 강도를 높이기 위해 구조를 보강한다.

해설

문제 24번 해설 참조

정답 22. ① 23. ① 24. ① 25. ③

26 슬랫(Slat)에 대한 설명으로 옳은 것은?

① 항상 열려 있는 고정형 장치이다.
② 항력을 줄이기 위해 고속 비행 중 전개된다.
③ 자동 또는 수동으로 날개 앞전에 전개되어 양력을 증가시킨다.
④ 날개 후방에 설치되어 실속을 지연시킨다.

해설
문제 24번 해설 참조

27 다음은 스포일러의 설명이다. 틀린 것은?

① 대형 항공기에서는 안쪽과 바깥쪽에 설치되어 있다.
② 비행 중 양 날개 바깥쪽의 공중 스포일러의 일부를 좌우로 따로 움직여 자세를 조종한다.
③ 착륙활주 중에는 지상 스포일러를 수직에 가깝게 세워서 양력을 증가시켜 활주 거리를 짧게 한다.
④ 스포일러는 공중 스포일러와 지상 스포일러가 있다.

해설
스포일러: 양력 감소, 항력 증가, 롤 조종 보조(속도 브레이크/차동 스포일러), 하강 시 또는 착륙 전 접근 중 속도를 줄이기 위해 펼쳐진다.

28 엔진 마운트에 대한 설명이다. 틀린 것은 어느 것인가?

① 엔진의 무게를 지지하고 엔진의 추력을 기체에 전달하는 구조물이다.
② 항공기 구조물 중 하중을 가장 많이 받은 곳 중의 하나이다.
③ 엔진 마운트 자체는 방하벽이 부착되어 있고 진동을 흡수하고 고무를 통하여 볼트와 너트로 고정되어 있다.
④ 프로펠러 엔진보다 제트엔진이 추력이 크기 때문에 엔진 마운트에 토크도 크게 작용한다.

해설
프로펠러 회전력으로 제트엔진보다 프로펠러 엔진이 토크가 크다.

29 다음 중 방화벽의 재질은?

① 티타늄 또는 스테인리스강
② 강철 합금
③ 크롬-니켈-몰리브덴
④ 마그네슘 합금

해설
방화벽은 항공기 엔진과 객실(또는 주요 구조) 사이에 설치된 내화성 구조물로, 엔진 화재 시 불꽃이나 열이 기체의 다른 부분으로 확산되는 것을 방지한다.

항목	내용
정의	화재 확산을 막기 위한 내화성 구조물
재료	스테인리스강, 티타늄, 방염 복합재료 등
위치	엔진과 객실 또는 주요 장비 사이
기능	화염·고온 격리, 연료 계통·유압 계통·조종실 보호

30 나셀 안으로 통과하여 나가는 공기의 양을 조절하여 엔진의 냉각을 돕는 장치는?

① 카울링   ② 카울 플랩
③ 공기 스쿠프   ④ 역추력장치

해설
카울 플랩(Cowl Flap)은 항공기 엔진 나셀(Nacelle) 뒤쪽 또는 아래쪽에 있는 가동식 덮개로, 엔진 내부를 통과한 냉각 공기가 빠져나가는 양을 조절한다. 카울 플랩을 열면 공기 흐름이 빨라져 냉각 효과가 증가하고, 닫으면 공기 저항이 줄어들지만, 냉각은 제한된다.

정답 26. ③ 27. ③ 28. ④ 29. ① 30. ②

31 다음 중 항공기 날개 구조에서 주 하중(Main Load)을 담당하는 부재는 무엇인가?

① 리브(Rib)
② 스파(Spar)
③ 스트링거(Stringer)
④ 스킨(Skin)

해설
스파(Spar)는 날개 앞전에서 뒷전 방향으로 뻗은 주 구조부재로, 양력 등 대부분의 하중을 지지한다.

32 엔진 마운트는 다음 중 어떤 재료로 만들어지는가?

① 속이 비지 않은 강철
② 관으로 된 강철
③ 관으로 된 알루미늄
④ 속이 찬 마그네슘

해설
고강도, 내열성, 진동 흡수, 무게 절감을 위해 고강도 강철 관의 재질을 사용한다.

33 카울링 플랩이란 무엇인가?

① 고장력 장치의 하나로 이착륙 시 사용한다.
② 기관으로 유입되는 공기 흐름을 조절한다.
③ 엔진 냉각을 조절한다.
④ 기관의 결빙을 방지하기 위한 장치이다.

해설
카울 플랩(Cowl Flap)은 항공기 엔진나셀 뒤쪽에 위치한 가변식 덮개로, 냉각 공기의 배출량을 조절하여 엔진 냉각 효율을 조절하는 장치이다.
- 플랩을 열면: 더 많은 공기가 나셀 밖으로 배출되어 냉각 효과 증가
- 플랩을 닫으면: 공기 흐름 제한→냉각 효과 감소→ 공기 저항 감소

34 다음 중 나셀에 대한 설명으로 틀린 것은?

① 동체 안에 엔진을 장착할 때도 나셀이 필요하다.
② 엔진 및 이에 부수되는 각종 장치를 수용하기 위한 공간을 마련하고 저항을 적게 받기 위하여 유선형으로 한다.
③ 엔진을 둘러싸고 있는 부분이다.
④ 냉각과 연소에 필요한 공기를 유입하는 흡입구와 배기구가 마련되어 있어야 한다.

해설
동체 안에 기관 장착 시 나셀은 필요 없다.

35 스트링거와 관계 깊은 것은?

① 전단(Shear)
② 비틀림(Torsion)
③ 굽힘(Bending)
④ 좌굴(Bucking)

해설
스트링거=좌굴 방지용 세로 보강재, 외피와 함께 세미 모노코크 구조의 강성 유지에 기여한다.

36 항공기 타이어에서 공기압을 모두 배출하려면 어떤 부품을 제거해야 하는가?

① 트레드(Tread)
② 비드(Bead)
③ 밸브 코어(Valve Core)
④ 사이드월(Sidewall)

해설
- 밸브 코어(Valve Core): 밸브 내부에 있는 작은 스프링식 밸브 부품으로, 공기의 유입과 유출을 제어. 이 부품을 제거하면 공기가 빠르게 전부 배출된다.
- 사이드월(Sidewall): 트레드와 비드 사이의 측면. 타이어 강성을 유지하지만, 공기 배출에는 관여하지 않는다.

정답 31. ② 32. ② 33. ③ 34. ① 35. ④ 36. ③

37 항공기 브레이크 시스템에서 블리드 밸브(Bleed Valve)의 주된 역할은 무엇인가?

① 브레이크 패드의 마모를 보상한다.
② 브레이크 디스크를 냉각시킨다.
③ 브레이크 유압 계통에 섞여 있는 공기를 빼낸다.
④ 브레이크 압력을 높인다.

해설
브레이크 블리드 밸브는 유압 계통 안에 혼입된 공기(Air)를 제거하여 브레이크 성능을 정상적으로 유지하는 데 사용된다.

38 착륙장치의 완충 스트럿에 압축공기를 공급할 때, 공기 대신 공급할 수 있는 가스는 무엇인가?

① 산소   ② 헬륨
③ 질소   ④ 아르곤

해설
착륙장치의 완충 스트럿에는 질소(Nitrogen)가 사용된다. 질소는 공기보다 안정적이며, 화학적으로 안전하고 압축성이 뛰어나서 압축공기 대신 사용된다.

39 항공기 타이어 검사를 위해 최소한 얼마나 쉬어야 정확한 점검이 가능한가?

① 30분   ② 1시간
③ 2시간   ④ 3시간

해설
타이어 온도의 안정화와 내부 압력 변화 등을 고려할 때, 최소 3시간의 대기 시간이 필요하다.

40 항공기 타이어의 크기, 압력, 하중 등 중요한 정보는 어디에 표기되어 있는가?

① 타이어 내부
② 타이어 측면(Sidewall)
③ 타이어 밸브 부위
④ 타이어 트레드 부분

해설
타이어 측면(Sidewall)에는 타이어의 크기, 압력, 하중 등의 중요한 정보가 표기되어 있다.

41 랜딩기어 계통에서 트라이 사이클 기어 배열의 특성이 아닌 것은 무엇인가?

① 앞쪽에 하나, 뒤쪽에 두 개의 주 바퀴 배치
② 착륙 시 꼬리가 먼저 닿고 시야 확보가 불리
③ 안정적인 착륙 및 이륙 성능 향상
④ 브레이크 성능 향상

해설
트라이 사이클 기어 배열은 앞쪽에 하나(앞바퀴), 뒤쪽에 두 개의 주 바퀴가 배치된 형태로서 안정성을 높이고 착륙 및 이륙 성능을 향상시키는 중요한 역할을 한다.

42 지상활주 중 항공기 앞 착륙장치에 많이 발생하는 불안정한 좌우 진동 현상을 감쇠 및 방지하기 위한 장치는 무엇인가?

① 시미 댐퍼(Shimmy Damper)
② 비상 브레이크(Emergency Brake)
③ 충격흡수기(Shock Absorber)
④ 고정장치(Locking Mechanism)

해설
시미 댐퍼(Shimmy Damper)는 지상활주 중 앞 착륙장치에서 발생하는 불안정한 좌우 진동(Shimmy)을 감쇠하고 방지하는 장치이다.

정답 37. ③ 38. ③ 39. ④ 40. ② 41. ② 42. ①

43 실제 착륙 상태 또는 그 이상의 조건에서 착륙장치의 완충능력 및 하중 전달 구조물의 강도를 확인하기 위해 수행하는 시험은 무엇인가?

① 내구성 시험 ② 낙하시험
③ 고온시험   ④ 진동시험

해설
낙하시험(Drop Test)은 실제 착륙 상태 또는 그 이상의 조건에서 착륙장치의 완충능력과 하중 전달 구조물의 강도를 확인하는 중요한 시험이다.

44 타이어가 과팽창되어 계속 사용할 경우, 충격 손상이 발생하는 주요 부분은 어디인가?

① 타이어 트레드 ② 타이어 측면
③ 타이어 밸브   ④ 허브

해설
과팽창된 타이어는 내부 압력이 높아 충격 흡수 능력이 저하되며, 이로 인해 착륙 시 충격이 허브에 직접 전달되어 피로 손상이나 균열이 발생할 수 있다.

45 항공기 휠 구조에서 Two-piece 구조(두 조각 구조)에 대한 설명으로 옳은 것은?

① 휠이 두 개의 주요 부분으로 나누어져 있으며, 이들은 별도의 연결 부품 없이 조립된다.
② 휠이 두 개의 주요 부분으로 나누어져 있으며, 볼트와 너트를 이용하여 연결된다.
③ 휠이 하나의 단일 구조로 되어 있어 추가적인 연결이 필요 없다.
④ 휠 구조는 한 개의 고정된 부분으로 구성되어 있으며, 나사가 필요 없다.

해설
Two-piece 휠 구조는 휠이 두 개의 주요 부분으로 나뉘며, 이 두 부분은 볼트와 너트를 사용해 연결된다. 이 구조는 휠의 조립과 분해가 용이하고, 내구성 및 유지보수 효율성을 높여준다.

46 접개들이(Retractable) 착륙장치를 항공기에 연결해 주는 장치는 무엇인가?

① 트러니언(Trunnion)
② 서스펜션 시스템(Suspension System)
③ 랙 앤 피니언(Rack and Pinion)
④ 레버 시스템(Lever System)

해설
트러니언(Trunnion)은 접개들이 착륙장치를 항공기에 장착할 때, 착륙장치를 항공기 구조물에 고정하는 중요한 부품이다. 트러니언은 착륙장치의 회전 중심 역할을 하며, 착륙장치가 접히거나 펼쳐지는 동작을 수행하는 데 필요하다.

47 착륙장치에서 완충 스트럿의 주요 기능은 무엇인가?

① 착륙 시 기체의 하중을 지면으로 분산시킨다.
② 착륙 시 발생하는 수직 충격을 흡수한다.
③ 타이어의 공기압을 자동으로 조절한다.
④ 착륙장치의 회전 중심을 유지한다.

해설
완충 스트럿은 착륙 시 발생하는 수직 충격을 흡수하여 충격을 완화하고, 타이어와 착륙장치의 손상을 방지하는 역할을 한다.

48 다음 중 Roll 운동을 유도하는 주 조종면은?

① Rudder   ② Elevator
③ Aileron   ④ Flap

정답 43. ② 44. ④ 45. ② 46. ① 47. ② 48. ③

해설

항공기의 3축(롤, 피치, 요)에 따른 주요 조종면과 그 기능은 다음과 같다.
- 도움날개(Aileron): 양쪽 날개 끝에 위치. 종축(세로축) 중심. 기체를 좌우로 기울여 좌우 방향 전환 유도(Roll)
- 승강키/엘리베이터(Elevator): 수평 꼬리날개에 위치. 횡축(가로축) 중심. 기수의 상하 움직임 조정(Pitch), 상승/하강 제어
- 방향키(Rudder): 수직꼬리날개에 위치. 수직축(Yaw) 중심. 기체의 좌우 방향 회전(요잉) 조정, 방향 안정

49 다음 중 양력(Lift)의 생성 원리를 가장 잘 설명한 것은?

① 작용-반작용 법칙
② 뉴턴의 제1 법칙
③ 베르누이의 원리
④ 트림 탭의 작용

해설

베르누이의 원리는 유체(공기)의 속도가 빨라질수록 압력이 낮아진다는 원리. 항공기 날개의 윗면은 곡선, 아랫면은 평평한 구조. 따라서 윗면을 따라 흐르는 공기의 속도가 더 빨라지고, 압력은 더 낮아진다. 아래쪽은 상대적으로 압력이 높아져서, 날개를 위로 들어올리는 힘, 즉 양력(Lift)이 발생한다.

50 플랩(Flap)의 전개 시 항공기에 미치는 영향으로 틀린 것은?

① 양력이 증가한다.
② 실속 속도가 감소한다.
③ 항력이 증가한다.
④ 순항 속도가 증가한다(Twist).

해설

플랩(Flap)은 항공기 날개 뒷부분(트레일링 엣지)에 위치한 고양력 장치이다. 이 장치는 이착륙 시 양력을 증가시키고, 필요시 항력을 증가시켜 항공기의 성능을 조절하며, 플랩을 전개하면 양력은 증가하지만, 항력도 증가하므로 순항 속도는 오히려 감소한다.

51 다음 중 Yaw 운동에 영향을 주는 조종 장치는?

① Aileron   ② Elevator
③ Rudder   ④ Spoiler

해설

문제 48번 해설 참조

52 항공기의 정적 안정성(Static Stability)이 클 경우, 나타나는 특성은?

① 조종성이 좋아진다.
② 외부 힘이 가해져도 자세를 유지하지 못한다.
③ 자세가 흐트러졌을 때 복원하려는 경향이 크다.
④ 피칭 모멘트가 커져 실속이 잦아진다.

해설

정적 안정성(Static Stability)은 항공기에 자세의 변화(기울거나, 기수 들림 등)가 생겼을 때, 그 자세를 원래 상태로 되돌리려는 초기 반응이다. 정적 안정성이 클수록, 자세가 흐트러졌을 때 스스로 복원하려는 성질이 강하다.

53 다음 중 트림 탭(Trim Tab) 시스템의 주요 목적은?

① 항력을 증가시키기 위함
② 조종면을 고정하여 조종 피로를 줄이기 위함
③ 플랩을 자동으로 전개하기 위함
④ Yaw 운동을 제어하기 위함

해설

트림 탭(Trim Tab) 시스템은 조종면(엘리베이터, 러더, 에일러론 등)에 부착된 작은 보조 조종면이다. 비행 중 조종면에 계속 힘을 주지 않고도 항공기의 원하는 자세를 유지할 수 있도록 하여 조종사의 부담(피로)을 줄여주는 장치이다.

정답 49. ③ 50. ④ 51. ③ 52. ③ 53. ②

54 다음 중 NOTAR 헬기의 외형적 특징에 대한 설명으로 가장 적절한 것은?

① Tail Rotor가 노출되어 회전하는 모습이 보인다.
② 로터가 안 보이고 팬이 보인다.
③ 꼬리날개 대신 로켓 추진기가 장착되어 있다.
④ Tail Boom 끝에 두 개의 반전 로터가 장착된다.

해설
NOTAR(No Tail Rotor) 헬기는 꼬리 회전날개 없이 내부 팬(Fan)이 Tail Boom 내부에서 압축공기를 분사하여 방향 제어를 수행한다. 외형상 회전하는 Tail Rotor가 보이지 않고, 대신 Tail Boom 끝이나 옆에 분사구만 보이며, 내부 팬만 작동한다.

55 I형 날개보(I-beam wing spar)에서 웹(Web)이 주로 담당하는 하중은?

① 압축하중 ② 인장하중
③ 전단하중 ④ 굽힘하중

해설
웹은 스파의 중앙 부분이며, 주로 전단하중을 담당하며, 플랜지는 굽힘 모멘트에 대응한다.

56 응력외피형 날개 구조에서 외피(Skin)의 주된 역할은?

① 날개 후퇴각 유지
② 공기력 발생
③ 연료 저장
④ 하중 분산 및 전달

해설
응력외피형 구조에서는 외피(Skin)가 날개에 가해지는 하중을 분산하고 지탱하는 구조적 역할을 수행한다.

57 다음 중 비행 중에는 항공기의 자세 제어에 사용되고, 착륙 시에는 양력을 감소시켜 활주 거리를 줄이는 브레이크 역할도 하는 장치는 무엇인가?

① 플랩(Flap)
② 에일러론(Aileron)
③ 스포일러(Spoiler)
④ 트림 탭(Trim Tab)

해설
스포일러는 날개 윗면에 장착되어 비행 중에는 롤 방향 제어(roll control)를 돕고, 착륙 시에는 양력을 감소시켜 지상활주 거리를 줄여주는 에어 브레이크 역할을 한다.

58 비행 중 조종사의 지속적인 조종 입력 없이도 항공기를 수평 상태로 유지할 수 있도록 해주는 장치는 무엇인가?

① 플랩(Flap)
② 스포일러(Spoiler)
③ 트림 탭(Trim Tab)
④ 러더(Rudder)

해설
트림 탭(Trim Tab)은 조종면에 부착된 작은 보조면으로 조종사의 지속적인 조작 없이도 수평 비행 유지를 가능하게 하고, 조종 피로를 감소하고, 비행 안정성을 향상시키는 역할을 한다.

59 조종면이 움직이는 방향과 반대 방향으로 움직이도록 설계되어 조종력을 줄여주는 장치는 무엇인가?

① 트림 탭(Trim Tab)
② 밸런스 탭(Balance Tab)
③ 서보 탭(Servo Tab)
④ 플랩(Flap)

정답 54. ② 55. ③ 56. ④ 57. ③ 58. ③ 59. ②

해설

밸런스 탭은 조종면과 기계적으로 연동되어 작동하는 작은 보조면으로, 조종면이 움직이는 방향과 반대 방향으로 움직인다.

60 다음 중 항공기의 1차 비행조종면(Primary Flight Control Surface)에 해당하지 않는 것은 무엇인가?

① 에일러론(Ailerons)
② 엘리베이터(Elevators)
③ 러더(Rudder)
④ 플랩(Flap)

해설

- 1차 비행조종면은 항공기의 세 가지 기본 축 운동(롤, 피치, 요)을 제어하는 장치이다. Aileron→롤(Roll) / Elevator→피치(Pitch) / Rudder→요(Yaw)
- 플랩은 양력 조절을 위한 보조장치로 2차 비행조종면(Secondary Control Surface)이다.

61 항공기의 조종면이 설계 기준에 맞게 정확히 장착되고, 비행 중 안정적인 자세 제어가 가능하도록 조정하는 정비 작업은 무엇인가?

① 리깅(Rigging)
② 튜닝(Tuning)
③ 얼라인먼트(Alignment)
④ 테스트 플라이트(Test Flight)

해설

리깅은 조종면의 각도와 장착 상태를 기준에 맞게 조정하여 항공기의 정상적인 비행을 가능하게 하는 기본 정비 절차이다.

62 다음 중 항공기 방향키 페달(Rudder Pedal)의 기능이 아닌 것은 무엇인가?

① 항공기의 요(Yaw) 방향 제어
② 방향키(Rudder) 조종
③ 지상에서의 조향 조작
④ 수직안정판 조종

해설

- 방향키 페달은 조종사가 양발로 조작→러더(Rudder)를 움직임, 항공기의 요(Yaw) 방향 제어, 지상에서는 조향 및 브레이크와 연동 가능
- 수직안정판은 고정된 안정면으로, 페달 또는 조종장치로 직접 조종할 수 없는 구조물이다.

63 조종용 케이블에서 와이어나 스트랜드가 굽어져 영구적인 손상 상태로 남아 있는 것을 무엇이라 하는가?

① 프레이드 케이블(Frayed Cable)
② 스트레치 케이블(Stretched Cable)
③ 킹크 케이블(Kinked Cable)
④ 슬랙 케이블(Slack Cable)

해설

킹크(Kink)란 조종용 케이블이 꺾이거나 접혀 내부 스트랜드 손상, 영구적인 굽힘 변형 발생, 강도와 유연성 저하→즉시 교체 필요

64 항공기 조종계통에 사용되는 케이블의 인장력을 조절하기 위해 사용하는 장치는 무엇인가?

① 셀렉터 밸브(Selector Valve)
② 스풀 밸브(Spool Valve)
③ 턴버클(Turnbuckle)
④ 서보모터(Servo Motor)

정답 60. ④ 61. ① 62. ④ 63. ③ 64. ③

해설

턴버클은 항공기 조종계통의 케이블 장력 조절 장치이다. 용도는 조종면 리깅(Rigging) 작업 시 정밀한 장력을 조절하고, 케이블의 늘어짐을 보정 및 정렬 유지이다.

65 항공기의 세로안정성(Longitudinal Stability)과 가장 밀접한 관련이 있는 조종면은 무엇인가?

① 러더(Rudder)
② 에일러론(Aileron)
③ 엘리베이터(Elevator)
④ 플랩(Flap)

해설

세로안정성은 항공기의 기수가 위나 아래로 움직이는 피치(pitch) 방향에 대한 안정성을 말한다. 이 안정성을 유지하는 필요한 조종면은 바로 엘리베이터(elevator)이다.

66 다음 중 뒤젖힘 날개(후퇴익, Swept-back Wing)의 특징으로 옳지 않은 것은 무엇인가?

① 고속 비행 시 파형 항력 감소
② 임계 마하수 증가
③ 저속에서 실속 발생 가능성 증가
④ 저속 비행에 유리하다.

해설

- 뒤젖힘 날개(Swept-back Wing)는 고속 비행에 유리하고 초음속 항공기에 널리 사용된다. 저속 성능이 불리하고 가로안정성(Lateral Stability)이 향상되고 롤링 성능이 저하된다.
- "저속에 유리하다"는 설명은 틀린 내용이며, 이착륙 성능이 저하되고 실속 위험이 증가할 수 있다.

67 조종계통의 방식 중, 기체에 가해지는 중력가속도(G-force)나 기울기(Angle of Attack) 등을 감지하여 컴퓨터가 조종 범위를 제한하고, 조종사의 감지 능력을 보완해 주는 조종 방식은 무엇인가?

① 기계식 조종 방식(Mechanical Control System)
② 유압식 조종 방식(Hydraulic Control System)
③ 플라이 바이 와이어(Fly-by-Wire)
④ 전기식 서보 시스템(Electric Servo System)

해설

Fly-by-Wire(FBW) 시스템은 조종사의 입력을 컴퓨터가 해석하여, 비행 안전성과 기체 구조적 한계를 초과하지 않도록 자동 제한한다. 전투기와 여객기에서 널리 사용되며, 조종사의 실수를 방지하고 비행 안정성을 향상시킨다.

68 날개 끝부분에 윙렛(Winglet)을 장착하는 이유로 옳은 것은 무엇인가?

① 항공기 비행 속도 증가
② 유도항력 감소
③ 비행기의 연료 소비 증가
④ 항공기의 조종성 향상

해설

윙렛(Winglet)
- 수직안정판처럼 위로 젖혀진 날개 끝부분(윙 팁).
- 공기역학적 장치로, 날개 끝에서 발생하는 와류로 인한 항력 감소를 위해 설계되었다.
- 주로 알루미늄 또는 복합재료로 제작되며, 특정 속도에서 성능을 최적화할 수 있다.

*출처:국토교통부 항공정비사 표준교재

정답 65. ③ 66. ④ 67. ③ 68. ②

69 항공기가 표준대기(ISA) 기준으로 설정된 기압고도계를 사용하여 비행 중이다. 이때, 항공기가 실제로 비행하는 지역의 대기 온도가 표준대기보다 낮다면, 고도계가 표시하는 지시고도와 항공기의 실제 고도 사이의 관계로 가장 적절한 것은?

① 고도계 지시값보다 실제 고도가 높다.
② 고도계 지시값보다 실제 고도가 낮다.
③ 고도계 지시값과 실제 고도가 같다.
④ 고도계 지시값과 실제 고도는 온도와 관계없다.

해설
실제 대기 온도가 낮으면 공기가 더 밀집되어, 실제 고도는 고도계 지시고도보다 낮게 된다.

70 항공기가 착륙 시 브레이크 효율을 높이고, 바퀴가 잠기는 것을 방지하여 미끄러짐(Skid)을 억제하는 장치는 무엇인가?

① 스포일러(Spoiler)
② 안티스키드 장치(Anti-Skid System)
③ 플랩(Flap)
④ 리트랙션 장치(Retraction System)

해설
안티스키드 장치(Anti-Skid System)는 착륙 시 바퀴 잠김을 방지하고 브레이크 압력을 자동 조절해 제동 안전성을 높이는 장치로, 자동차의 ABS와 유사하다.

71 정상 수평 비행 중인 항공기의 날개에 작용하는 응력을 윗면(상부)과 아랫면(하부) 순으로 올바르게 나열한 것은?

① 인장, 압축
② 전단, 인장
③ 압축, 인장
④ 인장, 전단

해설
정상 수평 비행 중 날개가 휘어질 때 윗면은 눌리고(압축), 아랫면은 늘어나는(인장) 상태가 된다.
• 윗면(상부): 눌리는 방향의 힘이 작용→압축응력
• 아랫면(하부): 당겨지는 방향의 힘이 작용→인장응력

72 항공기 구조 강도의 안전성과 조종면의 안전 작동을 보장하기 위해 설정된 설계상의 최대 허용 속도는 무엇인가?

① 실속 속도(Stall Speed)
② 순항 속도(Cruise Speed)
③ 최대 운용 속도(Vne)
④ 설계 급강하 속도(Design Dive Speed, Vd)

해설
설계 급강하 속도(Vd)는 구조적 한계를 고려해 설정된 최대 속도로, 실제 운항에서는 이를 초과하지 않도록 더 낮은 Vne가 적용된다.

73 항공기 중량 산정 시, Jack, Block, Chock 등과 같은 부수적인 장비의 무게를 무엇이라 하는가?

① Gross Weight
② Net Weight
③ Empty Weight
④ Tare Weight

정답 69. ② 70. ② 71. ③ 72. ④ 73. ④

해설

무부하 중량(Tare Weight): 항공기의 무게를 측정할 때 사용하는 잭(Jack), 블록(Block), 촉(Chock)과 같은 부수적인 품목의 무게. 항공기의 실제 무게와는 관계가 없다.

74 항공기가 화물, 승객, 연료 등을 적재하지 않은 상태의 무게는?

① Ramp Weight
② Zero Fuel Weight
③ Operating Empty Weight
④ Gross Weight

해설

Operating Empty Weight(OEW): 항공기 자체의 무게+운항에 필요한 기본 장비(유압유, 오일, 조종석 장비, 식음료 등)가 포함된 무게로, 승객·화물·연료는 포함되지 않는다.

75 항공기 중량에서 연료와 유류 계통을 제외한 상태의 허용 중량은?

① Basic Empty Weight
② Zero Fuel Weight
③ Maximum Takeoff Weight
④ Tare Weight

해설

Zero Fuel Weight: Operating Empty Weight에 화물과 승객을 더한 무게로, 연료는 제외된다.

76 다음 중 마그네슘(Magnesium) 합금의 특성에 대한 설명으로 옳지 않은 것은?

① 높은 비강도(Specific Strength)를 가져 경량 구조재로 활용된다.
② 상온에서의 성형성(Formability)은 알루미늄 합금보다 일반적으로 낮다.
③ 주조 시 유동성이 좋아 복잡한 형상의 부품 제조가 용이하다.
④ 표면 산화피막이 치밀하여 부식 저항성이 매우 우수하다.

해설

마그네슘의 산화피막은 알루미늄처럼 치밀하지 않아 부식 저항성이 부족하다.

77 비행 중 양력과 중력의 관계로 옳은 설명은?

① 중력이 양력을 이길 때 수직 상승
② 양력이 중력보다 작을 때 상승
③ 양력과 중력이 같을 때 수평 비행
④ 양력이 없으면 항력도 없다.

해설

양력과 중력의 관계로 본 항공기의 비행 상태

상태	양력 vs 중력	결과
수평 비행	양력=중력	항공기는 고도를 유지하며 등속 비행
상승	양력>중력	항공기는 고도가 올라감
강하	양력<중력	항공기는 고도가 내려감
양력이 없다.	자유낙하 상태	항력은 여전히 존재할 수 있다(공기 저항 때문에).

78 다음 중 항공기에 작용하는 기본 4가지 힘이 아닌 것은?

① 양력
② 중력
③ 추력
④ 뒤틀림력

정답 74. ③ 75. ② 76. ④ 77. ③ 78. ④

해설
- 항공기에 작용하는 기본적인 4가지 힘(Four Forces of Flight): 양력(Lift), 중력(Weight), 추력(Thrust), 항력(Drag)
- 뒤틀림력은 기체의 구조에 영향을 주는 내력 중 하나이다.

79 항공기 구조물의 리벳 하나에 작용하는 전단하중이 2,400N이고, 리벳의 단면적이 80㎟일 때, 리벳에 작용하는 전단응력은 몇 MPa인가?

① 20 ② 30
③ 40 ④ 50

해설
전단응력은 재료에 평행한 방향으로 작용하는 힘에 의해 발생하는 응력이다. 주로 재료가 미끄러지거나 변형되는 경우에 발생한다.
전단응력 공식: $\tau = F/A$ $2400/80 \times 10^{-6} \text{㎡} = 30\text{MPa}$
[τ(타우, 전단응력), F(힘): 단위 N, A(단면적): 단위: ㎡]

80 재료의 응력과 변형률의 관계를 알아보기 위하여 가장 보편적으로 시행되는 재료 시험은 무엇인가?

① 충격시험
② 비틀림시험
③ 인장시험
④ 경도시험

해설
인장시험(Tensile Test)은 재료에 일정한 하중을 가해 늘어나게 하면서, 응력-변형률 곡선을 얻는 가장 기본적이고 보편적인 시험이다. 이 시험을 통해 항복강도, 인장강도, 연신율, 탄성계수 등을 확인할 수 있다.

81 인장시험에서 시험편이 파단될 때까지 견딘 최대 응력을 무엇이라 하는가?

① 인장강도 ② 항복강도
③ 전단강도 ④ 비례한도

해설
인장강도는 재료가 인장시험 중 파단되기 전까지 견딜 수 있는 최대 응력을 말한다. 이는 시험 중 응력-변형률 곡선의 최고점에서의 응력 값이다.

82 다음 중 재료의 연성(Ductility)을 나타내는 지표로 가장 적절한 것은?

① 경도 ② 연신율
③ 항복강도 ④ 비례한도

해설
연성(Ductility)이란 재료가 파단되기 전까지 늘어나는 성질, 즉 변형을 얼마나 잘 견디는가를 나타낸다. 이를 수치로 표현한 것이 연신율이다.

83 한 항공기의 기준선으로부터 측정된 CG 위치는 650인치, MAC의 앞전 위치는 600인치, MAC 길이는 100인치일 때, CG 위치는 몇 % MAC인가?

① 30% ② 40%
③ 50% ④ 60%

해설
평균공력시위(Mean Aerodynamic Chord, MAC)와 % MAC
- 평균공력시위(MAC): 항공기 날개의 공기역학적 특성을 대표하는 시위로, 날개의 형상과 위치에 따라 결정되며, 항공기의 날개와 공기역학적 특성을 기반으로 한 평균적인 날개 길이
- CG % MAC: 항공기의 안정성과 관련이 있으며, 항공기 CG의 위치가 MAC의 길이에 대해 몇 퍼센트 떨어져 있는지를 나타내는 값

$$CG 위치(\% MAC) = \left(\frac{CG 위치 - MAC 앞전(\leq ading\ Edge) 위치}{MAC 길이}\right) \times 100$$

정답 79. ② 80. ③ 81. ① 82. ② 83. ③

84 항공기 위치 표시 방법 중, 기수로부터 일정한 거리에 위치한 상상의 수직면을 기준으로 위치를 표시하는 방식은 무엇인가?

① 리브 위치선   ② 스트링거 기준선
③ 스파 기준선   ④ 동체 위치선

해설
동체 위치선(Fuselage Station, STA)은 항공기 위치 표시 방법 중 하나로, 기수(Nose) 또는 기준점(Datum)으로부터 일정한 거리만큼 떨어진 상상의 수직면을 기준으로 항공기 내 위치를 정의하는 방법이고 기준점보다 앞에 있으면 음수(-), 뒤에 있으면 양수(+)이다.

85 항공기의 동체 중심선을 기준으로 좌우 폭 방향으로 거리를 측정한 가상의 평행선을 무엇이라 하는가?

① 스테이션 라인
② 워터라인
③ 버턱라인
④ 스파라인

해설
버턱라인(Buttock Line, BL)은 항공기의 위치 표시 방법 중 하나로, 동체 중심선(Centerline)을 기준으로 왼쪽(-) 또는 오른쪽(+) 방향으로 수평 거리(폭)를 측정한 가상의 선이다.

86 수직 기준선을 기준으로 상하 높이 방향으로 측정된 항공기 위치는?

① 워터라인   ② 스테이션라인
③ 버턱라인   ④ 리브 기준선

해설
항공기에서 수직 기준선을 따라 상하 높이 위치를 나타내는 기준은 워터라인이다.

87 항공기에서 연료의 무게는 다음 무게 분류 중 어디에 해당하는가?

① 자중(Empty Weight)
② 최대이륙중량(Max Takeoff Weight)
③ 탑재중량(Payload)
④ 유효하중(Useful Load)

해설
유효하중(Useful Load): 승무원, 승객, 화물, 무장 계통, 연료, 윤활유의 무게를 포함한 것과 최대 총중량에서 자중을 뺀 무게이다.

88 다음 중 항공기에서 연료를 날개 내부에 저장하는 주된 이유로 옳지 않은 것은?

① 하중을 날개 전체에 분산시켜 구조적 강도를 높일 수 있다.
② 무게중심(CG) 위치를 안정적으로 유지할 수 있다.
③ 날개 내부 공간을 활용하여 기내 좌석 공간을 확보할 수 있다.
④ 연료가 날개에 있으면 연료 공급 시스템의 설계가 복잡해진다.

해설
실제로 날개에 연료를 저장하면 연료라인이 짧아지고 중력의 도움을 받아 효율적인 공급이 가능하다. 날개는 항공기에서 가장 강한 구조 중 하나로, 연료 무게를 잘 지지할 수 있으며, 이로 인해 무게중심 관리도 용이하다.

89 항공기의 객실여압은 보통 객실고도 약 8,000ft로 유지되도록 설계되어 있다. 다음 중 지상 기압 수준으로 유지하지 않는 주된 이유는 무엇인가?

① 연료 소모가 증가하기 때문에
② 승객의 귀가 통증을 느낄 수 있기 때문에

정답 84. ④ 85. ③ 86. ① 87. ④ 88. ④ 89. ③

③ 동체의 강도에 한계가 있기 때문에
④ 기내 습도가 너무 높아지기 때문에

해설
항공기 객실을 지상 기압으로 유지하면 외부와의 압력 차가 너무 커져 동체에 무리가 가므로, 동체 강도의 한계를 넘지 않기 위해 약 8,000ft 수준으로 유지한다.

90 다음 중 정하중 시험의 순서를 옳게 나열한 것은?

① 강성시험→한계 하중시험→극한 하중시험→파괴시험
② 한계 하중시험→강성시험→극한 하중시험→파괴시험
③ 극한 하중시험→강성시험→한계 하중시험→파괴시험
④ 파괴시험→강성시험→한계 하중시험→극한 하중시험

해설
- 정하중 시험은 항공기 구조물이 하중을 견디는 능력을 확인하기 위한 시험으로, 시험은 약한 하중부터 강한 하중 순으로 진행된다.
- 강성→한계→극한→파괴 순서로 진행한다.

91 다음 중 항공기의 안전계수에 대한 식으로 옳은 것은?

① 안전계수=제한하중+극한하중
② 안전계수=극한하중/제한하중
③ 안전계수=제한하중×극한하중
④ 안전계수=극한하중−제한하중

해설
- 항공기 구조물에서 안전계수(Safety Factor)는 구조물의 설계 안전성을 평가하기 위해 사용하는 개념이다.
- 안전계수 = 극한하중(Ultimate Load) ÷ 제한하중(Limit Load).

92 다음 중 알루미늄보다 강하고, 티타늄보다 저렴한 중간 강도의 합금강으로, 크롬(Cr), 몰리브덴(Mo), 니켈(Ni) 등의 원소를 포함하여 항공기의 착륙장치 등 고하중 부품에 사용되는 재료는?

① 티타늄 합금
② 마그네슘 합금
③ 탄소강
④ 니켈 크롬계 합금강(합금강철)

해설
니켈 크롬계 합금강(합금강철)은 중간 강도와 내식성, 그리고 피로 강도 등을 만족시켜야 하는 항공기 부품(특히 착륙장치나 엔진 마운트)에 주로 사용한다. 알루미늄보다 강하고, 티타늄보다 경제적이기 때문에 실용성이 높다.

93 다음 중 알루미늄 합금 AA 2024의 주요 합금 원소로 가장 적절한 것은?

① 니켈(Ni) ② 크롬(Cr)
③ 구리(Cu) ④ 마그네슘(Mg)

해설
- AA 2024는 구리(Cu)를 주요 합금 원소로 포함한 고강도 알루미늄 합금이다.
- 2024: 알루미늄-구리 4.4%의 합금, 초두랄루민이라 한다.

94 다음 중 알루미늄 합금 AA 2024의 특징으로 옳지 않은 것은?

① 높은 인장강도와 우수한 피로 저항성을 갖는다.
② 우수한 내식성으로 바닷물에 직접 사용하는 구조에 적합하다.
③ 항공기 구조 재료로 널리 사용된다.
④ 열처리를 통해 기계적 특성을 향상시킬 수 있다.

정답 90. ① 91. ② 92. ④ 93. ③ 94. ②

> **해설**
> AA 2024는 내식성이 낮기 때문에 해양 환경에는 부적합하다. 따라서 일반적으로 부식 방지를 위한 보호 처리가 필요하다.

95 알클래드 알루미늄을 항공기에 사용하는 주요 목적은 무엇인가?

① 고온 환경에서의 강도 유지
② 용접성이 우수하기 때문
③ 부식 방지를 위해
④ 탄성계수가 높기 때문

> **해설**
> Alclad는 고강도 알루미늄 합금의 낮은 내식성을 보완하기 위해, 표면에 순수 알루미늄을 입혀 부식을 방지한다.

96 알클래드 알루미늄에서 표면에 입혀지는 순수 알루미늄의 일반적인 순도는 얼마인가?

① 90% ② 95%
③ 98% ④ 99.9%

> **해설**
> Alclad의 표면은 부식 방지를 위해 순도 99.9% 이상의 알루미늄으로 덮여 있다.

97 다음 중 SAE(Society of Automotive Engineers) 강재 번호 중 탄소 함유량이 가장 많은 것은?

① SAE 1020 ② SAE 1035
③ SAE 1045 ④ SAE 1010

> **해설**
> • SAE 10XX 계열은 탄소강(Carbon Steel)이며, 뒤의 두 자리는 탄소 함유량×100을 의미한다.
> • SAE 1010→0.10%, SAE 1020→0.20%, SAE 1035→0.35%, SAE 1045→0.45%(가장 많음).

98 다음 중 크롬–몰리브덴(Chromium-Molybdenum) 계열의 SAE 합금강은?

① SAE 1020 ② SAE 4340
③ SAE 4130 ④ SAE 6150

> **해설**
> SAE 4130은 크롬(Chromium)과 몰리브덴(Molybdenum)이 포함된 대표적인 항공용 합금강. 4130은 내피로성, 인장강도, 용접성 모두 우수하여 항공기 구조에 많이 사용된다.

99 다음 중 니켈–크롬–몰리브덴(Ni–Cr–Mo) 계열로 고강도와 고인성(높은 연성)을 가진 합금강은?

① SAE 1045
② SAE 4130
③ SAE 4340
④ SAE 6150

> **해설**
> SAE 4340은 니켈, 크롬, 몰리브덴이 모두 포함된 고성능 합금강으로, 항공기 착륙장치, 고부하 기어, 고응력 부품 등에 사용된다.

100 다음 중 비철금속 재료가 아닌 것은?

① 티타늄(Ti)
② 마그네슘(Mg)
③ 크롬–몰리브덴 강
④ 알루미늄(Al)

> **해설**
> 크롬–몰리브덴 강은 철(Fe)을 주성분으로 한 철강 재료이고, 나머지는 모두 비철금속이다.

정답 95. ③ 96. ④ 97. ③ 98. ③ 99. ③ 100. ③

101 다음 중 항공기 구조재로 사용되는 마그네슘 합금의 단점으로 옳은 것은?

① 매우 무겁다.
② 낮은 비강도
③ 높은 연성
④ 연소 위험이 존재한다.

해설
마그네슘 합금은 가볍고 가공성은 좋지만, 고온에서의 연소 위험이 단점이다.

102 미국 알루미늄 협회(AA)의 규격에 따라 알루미늄 합금 재질을 "1100"으로 표기할 때, 첫째 자리 숫자 '1'이 의미하는 그것은 무엇인가?

① 열처리 처리가 가능함을 의미한다.
② 99% 이상의 순수 알루미늄임을 의미한다.
③ 1열 계열은 알루미늄-아연 합금 계열이다.
④ 1000번 대는 단조용 알루미늄 합금을 의미한다.

해설
AA 1XXX 계열은 99% 이상의 순수 알루미늄이다. "1100"은 99% 이상의 순도와 우수한 내식성, 전기전도성을 가진 재료로, 항공기 전기부품이나 장식용에 사용된다.

103 다음 중 강(鋼)의 합금 종류로 옳게 분류된 것은?

① 고철, 탄소강, 알루미늄
② 순철, 주철, 스테인리스
③ 순철, 탄소강, 특수강
④ 연철, 니켈강, 동합금

해설
- 순철(Pure Iron): 탄소 함유량이 거의 없는 순수 철
- 탄소강(Carbon Steel): 철에 소량의 탄소가 포함된 가장 일반적인 강
- 특수강(Alloy Steel): 니켈, 크롬, 몰리브덴 등의 합금원소가 추가되어 특수한 성질(내열성, 내식성 등)을 가진 강

104 다음 중 금속 재료와 비금속 재료의 분류가 바르게 된 것은?

① 티타늄 - 비금속, 카본 복합재 - 금속
② 알루미늄 - 금속, 에폭시 수지 - 비금속
③ 인코넬 - 비금속, 합성고무 - 금속
④ 탄소강 - 비금속, 페놀수지 - 금속

해설
- 금속 재료: 알루미늄, 티타늄, 인코넬, 탄소강
- 비금속 재료: 에폭시 수지, 카본 복합재, 합성고무, 페놀수지

105 다음 중 '철'(Fe)을 주성분으로 하지 않는 금속 재료는?

① 스테인리스강
② 탄소강
③ 티타늄 합금
④ 크롬-몰리브덴강

해설
- Fe 주성분 금속: 탄소강, 스테인리스강, 크롬-몰리브덴강 등 '강(Steel)'이 들어간 재료는 대부분 철 기반이다.
- Fe를 주성분으로 하지 않는 금속: 티타늄 합금, 알루미늄 합금, 마그네슘 합금 등은 비철금속(Non-ferrous metal).

정답 101. ④ 102. ② 103. ③ 104. ② 105. ③

106 다음 중 복합재료(Composite Material)의 예로 옳은 것은?

① 알루미늄 7075
② 티타늄 합금
③ 스테인리스 304
④ 카본 파이버(탄소 섬유)+에폭시 수지

해설
- 복합재료는 두 가지 이상의 서로 다른 재료를 조합하여 각 재료의 장점을 살리고 단점을 보완한 재료이다. 일반적으로 섬유(보강재)+매트릭스(수지)의 구조로 이루어진다.
- 대표적인 예: 카본 파이버(탄소 섬유)+에폭시 수지
→가볍고 강도가 높으며 피로 저항성이 뛰어나 항공기 구조물에 널리 사용된다.

107 다음 중 항공기에 사용되는 고온 내열 재료로 적합한 것은?

① 순철
② 알크래드 알루미늄
③ 인코넬(Inconel)
④ 마그네슘 합금

해설
인코넬(Inconel)은 니켈-크롬 기반의 초내열 합금이다. 고온 환경에서도 강도와 내산화성(내식성)이 매우 뛰어나, 항공기 엔진 부품, 배기 계통, 터빈 블레이드 등에 사용된다.

108 다음 중 항공기에 사용되는 비금속 재료로 분류되는 것은?

① 니켈강
② CFRP(탄소 섬유 강화플라스틱)
③ 주철
④ 청동

해설
- CFRP(탄소 섬유 강화플라스틱)는 Carbon Fiber Reinforced Plastic의 약어이고 비금속 재료로, 탄소 섬유(Carbon Fiber)를 고분자 수지(Matrix)와 결합한 복합재료이다.
- 주요 특징: 고강도·고강성, 하지만 가볍고 비금속성. 금속보다 무게가 30~50% 가볍다. 항공기 구조물(동체, 날개, 제어면 등)에 광범위하게 사용된다.

109 순철의 기계적 성질이나 내식성, 내열성 등 여러 특성을 향상시키기 위해 각종 합금 원소를 첨가하여 만든 것은 무엇인가?

① 주석
② 연강
③ 강
④ 청동

해설
강(Steel)이란 순철(Fe)에 탄소(C) 및 기타 합금 원소(크롬, 니켈, 망간, 몰리브덴 등)를 첨가하여 만든 합금 금속으로, 첨가된 원소에 따라 강도, 인성, 내식성, 내열성 등 기계적 성질이 대폭 향상된다.

110 다음 중 금속의 성질에 대한 설명으로 옳지 않은 것은?

① 금속은 일반적으로 열 전도성이 좋다.
② 금속은 연성과 전성이 있어 가공이 용이하다.
③ 금속은 모든 경우에서 취성이 강한 재료이다.
④ 대부분의 금속은 전기전도성이 우수하다.

해설
금속은 일반적으로 연성과 전성이 있지만, 일부 특수 합금이나 낮은 온도에서는 취성을 가질 수 있으나, 모든 경우에 취성이 강하지는 않다.

정답 106. ④ 107. ③ 108. ② 109. ③ 110. ③

111 다음 중 금속의 기계적 성질에 대한 설명으로 옳은 것은?

① 연성(Ductility): 힘을 받으면 쉽게 부서지는 성질
② 강도(Strength): 부드럽고 잘 휘는 성질
③ 취성(Brittleness): 변형이 거의 일어나지 않으며, 부서지기 쉬운 성질
④ 인성(Toughness): 외부 충격에 매우 약한 성질

해설
금속의 대표적인 기계적 성질은 다음과 같다.

성질	정의	특징
연성(Ductility)	재료가 늘어나는 성질, 주로 인장력에 대해	연신율이 높고, 쉽게 늘어남(예: 구리)
강도(Strength)	재료가 변형되거나 파괴되기 전까지 견디는 능력	항복강도, 인장강도 등 다양한 기준 존재
취성(Brittleness)	재료가 늘어나지 않고 바로 부러지는 성질	변형 없이 파단(예: 유리, 주철 등)
인성(Toughness)	재료가 변형과 파괴 모두 견디는 능력	강도와 연성을 동시에 갖춤(예: 단조 강철)

112 다음 중 소성 가공법이 아닌 것은 무엇인가?

① 압연 ② 단조
③ 인발 ④ 용접

해설
소성 가공법은 재료를 변형시켜 원하는 모양으로 가공하는 방법으로서 단조, 압연, 인발, 압출 등이 있으며 용접은 소성 가공법이 아닌 결합 가공법이다. ①~③은 모두 금속에 힘을 가하여 형태를 바꾸는 소성 가공법이다.

113 다음 중 비철금속에 해당하지 않는 것은?

① 알루미늄 ② 구리
③ 철 ④ 니켈

해설
비철금속은 철 이외의 금속을 말하며, 구리, 알루미늄, 니켈, 납, 주석, 코발트 등이 포함된다. 철은 '철강재료(철계금속)'로 분류되어 비철금속이 아니다.

114 다음 중 항공기 표피 재료로 사용되는 섬유 복합재가 아닌 것은?

① 아라미드 섬유
② 탄소 섬유
③ 유리 섬유
④ 스테인리스강

해설
스테인리스강은 금속 재료로 구조용으로는 사용되지만, 복합재 섬유처럼 항공기 표피에 널리 사용되지는 않는다.

115 항공기 복합재료 중 Kevlar는 어떤 섬유계 재료에 해당하는가?

① 탄소 섬유
② 유리 섬유
③ 아라미드 섬유
④ 세라믹 섬유

해설
- Kevlar(케블라)는 아라미드 섬유(Aramid Fiber) 계열에 속하는 복합재료 섬유이다.
- Kevlar의 특징(아라미드 섬유의 대표 재료): 높은 인장강도와 내충격성이 좋고 가볍고 유연하다. 방탄복, 항공기 충격 흡수 구조물, 내부 패널 등에 사용하고 불에 잘 타지 않고 내열성도 우수하다.

정답 111. ③ 112. ④ 113. ③ 114. ④ 115. ③

116 다음 중 항공기 복합재료의 장점으로 옳지 않은 것은?

① 고강도
② 내식성 우수
③ 무게 증가
④ 피로강도 우수

해설
복합재는 무게를 줄이기 위한 대표적인 재료이다.

117 다음 중 항공기 표피 재료로 사용되는 금속 재료로 옳은 것은?

① 고무
② 마그네슘 합금
③ 청동
④ PVC

해설
항공기 표피 재료로 사용되는 금속: 알루미늄 합금(가장 널리 쓰임. 예: 2024, 7075), 마그네슘 합금(초경량, 일부 구조용 표피에 사용됨), 티타늄 합금(고온, 고강도 부위에 사용), 스테인리스강(내열성 필요한 부위에 제한적 사용)

118 다음 중 비금속 재료 중에서 가장 단단한 것으로 옳은 것은?

① 아라미드 섬유
② 유리 섬유
③ 탄소 섬유 강화 복합재(CFRP)
④ 나일론

해설
탄소 섬유 강화 복합재(CFRP)는 가볍지만 매우 높은 강도와 강성을 지닌 비금속 재료로, 항공기 구조에 적합하며 가장 단단한 비금속 소재 중 하나이다.

119 다음 중 세라믹 복합재(CMC)의 주요 특성으로 옳지 않은 것은?

① 고온에 강하다.
② 산화에 강하다.
③ 낮은 강도와 밀도로 인해 구조 재료로는 부적절하다.
④ 금속보다 가벼울 수 있다.

해설
세라믹 복합재(CMC)는 고온에서 강도와 내구성을 유지하면서도 가볍기 때문에 항공기의 구조 재료로 매우 적합하다.

120 다음 중 항공기의 재료로 쓰이는 가장 가벼운 금속으로, 전연성과 절삭성이 우수한 금속은 무엇인가?

① 알루미늄
② 마그네슘
③ 티타늄
④ 구리

해설
마그네슘은 알루미늄보다 가벼우며 전연성과 절삭성이 뛰어나지만, 내식성이 낮아 주로 합금 형태로 항공기에 사용된다.

121 다음 중 고무에 대한 설명으로 옳지 않은 것은?

① 고무는 높은 신축성을 가지고 있다.
② 고무는 강자성체이다.
③ 고무는 내마모성이 뛰어나다.
④ 고무는 다양한 종류와 용도로 사용된다.

해설
고무는 자성을 가지지 않는 비자성 재료로, 신축성, 내마모성, 내화학성이 뛰어나며 강자성체는 철, 코발트, 니켈 등의 금속이다.

정답 116. ③ 117. ② 118. ③ 119. ③ 120. ② 121. ②

122 다음 중 유리 섬유에 대한 설명으로 옳지 않은 것은?

① 유리 섬유는 높은 인장강도를 가진다.
② 유리 섬유는 전기 절연성이 좋다.
③ 유리 섬유는 복합재에서 보강재로 사용된다.
④ 유리 섬유는 복합재의 모재(Matrix)로 사용된다.

해설
유리 섬유는 복합재의 보강재로 사용되며, 수지 모재와 결합해 강도, 내열성, 절연성이 우수한 재료를 형성한다.

123 다음 중 모재(Matrix)와 강화재(보강재)로 이루어진 복합재(Composite material)에서 모재로 사용되는 것은 무엇인가?

① 탄소 섬유   ② 유리 섬유
③ 수지(Resin)   ④ 아라미드 섬유

해설
- 복합재는 모재(수지)와 강화재(섬유)로 구성되며, 모재는 섬유를 보호하고 하중을 분산시키며, 강화재는 복합재의 강도와 강성을 담당한다.
- 모재 예: 에폭시, 폴리에스터
- 강화재 예: 탄소 섬유, 유리 섬유, 아라미드 섬유

124 다음 중 항공기에서 금속 대신 복합 소재를 사용하는 이유가 아닌 것은?

① 비강도(강도 대비 무게)가 뛰어나 경량화에 유리하다.
② 부식에 강하며 유지보수가 간편하다.
③ 유연성이 크고 진동이 작아 피로강도가 감소한다.
④ 설계에 따라 다양한 형상과 특성을 부여할 수 있다.

해설
- 복합재료는 높은 강성과 강도를 갖는다.
- 유연성은 금속에 비해 낮으며, 일반적인 특성으로 보기 어렵다.
- 진동 특성은 설계 방식에 따라 달라질 수 있다.
- 잘못 설계되면 특정 방향에 취약할 수 있으며, 피로강도도 사용 조건에 따라 달라진다.

125 다음 중 특수강 SAE 2330에 대한 설명으로 옳은 것은?

① 망간-실리콘 강
② 몰리브덴-바나듐강
③ 니켈-크롬강
④ 크롬-몰리브덴강

해설
SAE 2330은 SAE 강재 분류 기준에 따라 니켈(Ni)과 크롬(Cr)을 주요 합금 원소로 포함한 니켈-크롬강이다. 이 강재는 인성, 강도, 내마모성이 요구되는 기계 부품이나 항공기 부품에 사용된다.
- 23: 니켈-크롬강 계열
- 30: 탄소 함유량 약 0.30%

126 다음 중 저탄소강의 탄소 함유량 범위로 옳은 것은?

① 0.6~0.8%   ② 0.3~0.5%
③ 0.1~0.3%   ④ 0.8~1.0%

해설
- 저탄소강 특징: 유연하고 가공성이 좋음, 강도가 낮지만, 연성과 인성이 우수, 열처리(담금질)로 경도 증가가 어렵다.
- 저탄소강: 0.1~0.3%, 연성·전성이 우수, 용접성·가공성 좋음, 항공기 구조물, 자동차 차체, 강관
- 중탄소강: 0.3~0.6%, 강도·경도 증가, 열처리 가능, 기어, 샤프트, 철도 레일
- 고탄소강: 0.6~1.0%, 높은 강도·경도, 내마모성 우수, 공구강, 스프링, 베어링

정답 122. ④ 123. ③ 124. ③ 125. ③ 126. ③

127 다음 중 플라스틱 재료 가운데 투명도가 가장 높고, 광학적 성질이 우수하여 항공기용 창문 유리 등에 사용되는 것은?

① 폴리염화비닐(PVC)
② 폴리카보네이트(PC)
③ 폴리메타크릴산메틸(PMMA)
④ 나일론(Nylon)

해설
PMMA는 흔히 아크릴(Acrylic) 또는 Plexiglas라고도 불리며, 탁월한 투명도와 자외선 저항성, 광투과율 약 92%로 유리보다 투명하다. 항공기의 창문, 캐노피, 조종석 덮개 등에 많이 사용된다.

128 다음 중 실란트(Sealant)에 대한 설명으로 틀린 것은 무엇인가?

① 실란트는 항공기의 연료탱크, 동체 패널 접합부 등에서 누설을 방지하기 위해 사용된다.
② 사용 전에는 경화제를 혼합해야 하며, 사용 시간(Pot Life)이 정해져 있다.
③ 보관 시에는 냉장 또는 규정 온도에서 보관하여야 한다.
④ 사용 시 접착력 향상을 위해 따뜻하게 보관하여야 한다.

해설
실란트는 일반적으로 저온(냉장) 보관을 권장한다. 높은 온도에서 보관하면 경화가 빨라지거나 품질 저하의 위험이 있으므로 따뜻하게 보관하는 것은 잘못된 방법이다.

129 다음 중 실란트(Sealant)에 대한 설명으로 옳은 것은?

① 단일 성분으로 구성되어 혼합 없이 사용할 수 있다.
② 용도가 다양하여 금속 표면의 윤활제로 사용된다.
③ 누설 방지를 위해 패널 접합부, 연료탱크 등에 사용된다.
④ 접착 강도는 높지만 경화 시간이 매우 짧다.

해설
실란트는 기밀 유지와 누설 방지 용도로 사용되며, 보통 2액형으로 구성된다.

130 다음 중 윤활제(Lubricant)의 역할로 옳지 않은 것은?

① 마찰 감소
② 부식 방지
③ 전기전도성 향상
④ 부품 수명 연장

해설
윤활제는 전기전도성을 높이는 용도가 아닌, 기계적 마찰 및 부식 방지가 목적이다.

131 다음 중 접착제(Adhesive)의 사용 용도로 가장 적절한 것은?

① 연료탱크의 기밀 유지
② 금속 표면 산화 방지
③ 구조 부재 간의 영구 결합
④ 마모 방지를 위한 피막 형성

해설
접착제는 서로 다른 재료나 부재를 고정하거나 결합하는 데 사용된다.

정답 127. ③ 128. ④ 129. ③ 130. ③ 131. ③

132 다음 중 항공기 정비에 사용되는 화학 약품류(실란트, 윤활제, 접착제 등)의 취급 시 주의 사항으로 옳은 것은?

① 사용 후 공기 노출 상태로 보관한다.
② 혼합 후 가능한 한 빨리 사용을 마친다.
③ 보관 시 직사광선을 쬐는 장소에 둔다.
④ 보관 용기는 가급적 밀봉하지 않는 것이 좋다.

해설
항공기 정비에 사용되는 화학 약품류(실란트, 윤활제, 접착제 등)는 혼합 후 경화가 시작되므로, 정해진 사용 시간(Pot life) 내에 사용을 마쳐야 한다.

133 다음 중 허니컴 샌드위치 구조의 장점이 아닌 것은?

① 고강도, 경량 구조를 실현할 수 있다.
② 열 및 음향 절연 효과가 우수하다.
③ 구조적 안정성이 뛰어나다.
④ 집중하중에 매우 강하다.

해설
허니컴 구조는 전체적으로 압축, 굽힘, 전단 하중에 우수한 성능을 발휘하지만, 국부적인 집중하중(예: 뾰족한 물체에 눌림)에는 약한 단점이 있다. 패널 상부에 강화재나 스킨 두께 보강이 필요한 경우가 많다.

134 항공기 부재의 재료가 하중에 대하여 견딜 수 있는 저항력을 의미하는 용어는 무엇인가?

① 변형(Deformation)
② 응력(Stress)
③ 연성(Ductility)
④ 탄성(Elasticity)

해설
응력은 현재 받고 있는 하중에 대한 저항력이다.
응력(Stress, σ) = 힘(하중, F) ÷ 단면적(A)

135 재료가 하중을 받아도 파괴되지 않고 견딜 수 있는 최대한의 응력을 무엇이라 하는가?

① 연성(Ductility)
② 경도(Hardness)
③ 강도(Strength)
④ 탄성한계(Elastic Limit)

해설
강도는 재료가 하중을 받아도 파괴되지 않고 견딜 수 있는 최대 응력을 의미한다. 따라서 최대한의 응력은 강도를 뜻한다.

136 다음 중 응력을 나타내는 단위로 옳은 것은?

① kg
② m/s
③ N/mm² (또는 MPa)
④ m³

해설
항공이나 기계 분야에서는 N/mm² 또는 MPa가 널리 사용된다.
1MPa = 1N/mm² = 1,000,000Pa

137 재료에 작용하는 하중이 일정할 때, 단면적이 클수록 응력은 어떻게 되는가?

① 증가한다.
② 변하지 않는다.
③ 감소한다.
④ 예측할 수 없다.

정답 132. ② 133. ④ 134. ② 135. ③ 136. ③ 137. ③

해설

응력(σ)=하중 (힘) F÷단면적 A
즉, 같은 하중(F)이 작용할 때, 단면적(A)이 커지면 분모가 커지므로 응력(σ)은 작아진다.

138 다음 중 열을 가할 때 반복적으로 녹았다. 굳었다를 반복할 수 있는 수지는?

① 에폭시 수지 ② 페놀 수지
③ 멜라민 수지 ④ 폴리카보네이트

해설

- 열가소성 수지(Thermoplastic Resin): 열을 가하면 녹고, 식으면 굳는다. 이 과정을 반복할 수 있다.
  예: 폴리카보네이트, 폴리에틸렌, 나일론, 폴리염화비닐(PVC) 등
- 열경화성 수지(Thermosetting Resin): 한 번 경화되면 다시 녹지 않는다. 고온에서 화학반응으로 구조가 고정된다.
  예: 에폭시, 페놀, 멜라민 수지

139 다음 중 열경화성 수지(Thermosetting Resin)에 해당하지 않는 것은?

① 에폭시 수지(Epoxy Resin)
② 멜라민 수지(Melamine Resin)
③ 페놀 수지(Phenol Resin)
④ 폴리염화비닐(Polyvinyl Chloride, PVC)

해설

문제 138번 해설 참조

140 한 번 경화되면 다시 열로 녹일 수 없는 수지는?

① 열경화성 수지 ② 열가소성 수지
③ 고무 수지   ④ 아크릴 수지

해설

문제 138번 해설 참조

141 다음 중 열가소성 수지에 해당하는 것은?

① 에폭시   ② 페놀 수지
③ 나일론   ④ 멜라민 수지

해설

문제 138번 해설 참조

142 항공기 복합재 구조에서 접착제나 모재로 주로 사용되는 수지는?

① 열가소성 수지 ② 열경화성 수지
③ 실리콘 수지   ④ 탄성 수지

해설

항공기 복합재 구조에서 사용하는 수지는 강도, 열적 안정성, 내화학성이 매우 요구된다. 이러한 요구 조건을 충족시키기 위해 주로 사용하는 것이 바로 열경화성 수지이다.

143 다음 중 유압 백업링, 호스, 패킹, 전선 피복 등에 널리 사용되며, 우수한 내열성과 내화학성을 지닌 열가소성 수지는 무엇인가?

① 나일론(Nylon)
② 폴리염화비닐(PVC)
③ 테프론(Teflon, PTFE)
④ 아크릴(Acrylic)

해설

테프론(PTFE)은 열가소성 수지로, 높은 온도와 화학물질에 강한 특성을 가지고 있어 항공기뿐 아니라 각종 유압 계통, 전기 피복, 패킹 부품 등에 널리 사용된다. 특히 마찰계수가 매우 낮아 베어링이나 실(Seal)에도 적합하다.

정답 138. ④ 139. ④ 140. ① 141. ③ 142. ② 143. ③

144 다음 중 ALCOA(알코아) 규격 10S에서 사용된 주합금 원소는 무엇인가?

① 아연(Zinc)
② 마그네슘(Magnesium)
③ 구리(Copper)
④ 망간(Manganese)

해설
ALCOA 10S는 알루미늄 합금 중 구리(Cu)를 주합금 원소로 사용하는 합금이다. 이는 두랄루민 계열(Al-Cu계)로, 강도와 피로 저항이 우수하여 항공기 외피나 구조 부품 등에 사용된다.

145 다음 중 복합 소재의 경화 과정(Curing Process)에서 표면에 압력을 가하는 목적으로 옳지 않은 것은?

① 기포 및 공기 제거
② 층간 접착력 향상
③ 적층 재료의 수지 함침 향상
④ 적층판을 서로 분리

해설
복합재 경화 과정에서는 진공백(Vacuum Bagging)이나 오토클레이브(Autoclave) 등을 통해 표면에 압력을 가한다. 이는 기포 제거, 층간 접착력 향상, 수지 침투 촉진 등의 목적이며, 반대로 적층판을 분리하는 건 전혀 해당하지 않는 목적이다.

146 다음 중 항온 열처리(Isothermal Heat Treatment) 방법이 아닌 것은?

① 오스템퍼링(Austempering)
② 마텐퍼링(Martempering)
③ 파커라이징(Parkerizing)
④ 베이나이팅(Bainiting)

해설
항온 열처리는 금속을 일정 온도에서 유지해 조직을 변화시키는 방법이며, 오스템퍼링, 마텐퍼링, 베이나이팅이 그 예이다. 파커라이징은 열처리가 아닌, 금속 표면에 인산염을 입혀 부식을 방지하는 표면 처리법이다.

147 다음 중 너트(Nut)의 머리 모양을 통해 알 수 있는 정보로 가장 적절한 것은 무엇인가?

① 재질의 열전도율
② 너트의 강도 등급 및 용도
③ 나사산의 회전 방향
④ 너트가 사용된 위치의 진동 크기

해설
육각형 머리 너트는 머리 부분의 숫자나 기호를 통해 강도 등급 또는 특정 용도 식별이 가능하다. 식별 불가능한 요소는 재질의 열전도율, 나사 회전 방향, 진동 환경 등은 외형만으로는 알 수 없다.

148 항공기에서 자주 사용하는 자기 잠금 너트(Self-locking Nut)의 주요 목적은 무엇인가?

① 볼트의 윤활을 돕기 위함
② 고온 환경에서도 너트를 부식시키지 않기 위함
③ 진동이나 충격에도 풀리지 않도록 하기 위함
④ 공기 저항을 줄이기 위함

해설
항공기는 비행 중 강한 진동과 반복적인 충격을 지속적으로 받는다. 이로 인해 일반적인 너트는 자연스럽게 풀릴 위험이 있다. 이를 방지하기 위해 사용되는 것이 바로 자기 잠금 너트(Self-locking Nut)이다.

정답 144. ③ 145. ④ 146. ③ 147. ② 148. ③

149 다음 중 비자동 고정 너트(Non-self-locking Nut)에 해당하는 것으로 가장 적절한 것은 무엇인가?

① 나일론 삽입 너트(Nylon Insert Nut)
② 금속 인서트 너트(Metal Insert Nut)
③ 캐슬 너트(Castle Nut)
④ 토크 너트(Torque Nut)

해설
- 비자동 고정 너트(Non-Self-Locking Nut)는 자체적으로 풀림 방지 기능 없다. 별도 고정 장치가 필요하다(예: 코터핀, 와셔 등).
  예: 캐슬 너트(Castle Nut)→코터핀을 사용해 볼트 구멍에 고정
- 자동 고정 너트(Self-locking Nut)는 내부 삽입물이나 구조로 인해 자체 잠금 기능을 보유하고 있다.
  예: 나일론 삽입 너트(Nylon Insert Nut), 금속 인서트 너트(Metal Insert Nut), 토크 너트(Torque Nut).

150 다음 중 볼트 머리 양옆에 "-" 모양의 표시(- -)가 있는 볼트를 의미하는 것으로 가장 적절한 것은 무엇인가?

① 고강도 합금강 볼트
② 티타늄 합금 볼트
③ 알루미늄 합금 볼트
④ 자기 잠금 기능이 있는 특수 볼트

해설
항공기용 볼트는 머리 부분의 표시를 통해 재질과 강도를 식별할 수 있다. 볼트 머리에 "- -"(두 개의 짧은 선)이 표시되어 있는 경우, 이는 알루미늄 합금 볼트(Aluminum Alloy Bolt)를 나타낸다.

151 다음 중 볼트 머리에 "+" 모양 표식이 있는 경우, 해당 볼트의 재질은 무엇인가?

① 스테인리스강
② 알루미늄 합금
③ 티타늄 합금
④ 크롬몰리브덴강

해설
"+" 모양은 크롬몰리브덴강(Chromium-Molybdenum Steel) 볼트를 의미한다. 이 재질은 고강도, 내열성을 가지며 항공기 고하중 부위에 자주 사용된다.

152 볼트 머리에 아무 표식도 없는 경우, 이 볼트의 재질로 적절한 것은?

① 고강도 스틸
② 알루미늄 합금
③ 저탄소강 또는 일반 구조용 강재
④ 티타늄 합금

해설
머리에 표식이 없는 볼트는 비표준 저강도 볼트로, 일반적으로, 저탄소강으로 제작한다. 항공기에서는 제한된 위치에만 사용되며, 고하중 구조에는 사용되지 않는다.

153 다음 중 PULL 형 고정볼트의 특징으로 가장 적절한 것은?

① 설치 시 외부에서 기계적으로 리벳팅 해야 한다.
② 설치 시 양쪽 면에 접근이 가능해야 한다.
③ 설치 시 한쪽 면에서만 작업이 가능하다.
④ 고열 상태에서 수축하여 고정한다.

해설
PULL 형 고정볼트는 한쪽 면에서만 설치가 가능한 구조로 되어 있어, 내부에 접근이 어려운 항공기 구조물에 매우 유용하다. 설치 시 전용 공구로 리벳 형태의 볼트를 잡아당기며 고정한다.

정답 149. ③ 150. ③ 151. ④ 152. ③ 153. ③

154 STUMP형 고정볼트에 대한 설명으로 적절한 것은 무엇인가?

① 설치 시 항상 PULLER 공구를 사용한다.
② 설치가 끝난 후 헤드가 구조물 밖으로 돌출된다.
③ 설치 후 외부로 돌출되지 않아 공기 저항이 적다.
④ 주로 철강 구조물에만 사용된다.

해설
STUMP형 고정볼트는 설치 후 헤드 부분이 거의 돌출되지 않으며, 외관이 평평하여 공기 저항을 최소화할 수 있다. 이러한 특성 덕분에 항공기 외피나 외부 패널 부위에 자주 사용된다.

155 항공기 리벳의 머리 부분을 통해 확인할 수 있는 정보로 가장 적절한 것은 무엇인가?

① 리벳의 길이
② 리벳의 항복 강도만
③ 리벳의 직경과 재질
④ 리벳의 재질과 강도

해설
리벳의 머리 부분에는 도장 색상이나 각인 등을 통해 리벳의 재질(material) 및 강도 등급(strength class)을 식별할 수 있다. 머리 표식은 재질 및 강도를 식별하는 데 사용되며, 직경과 길이는 리벳 몸통 또는 카탈로그/설치 도면을 통해 확인 가능하다.

156 머리 표식이 없는 리벳은 일반적으로 어떤 재질로 만들어졌는가?

① 2117-T4 알루미늄 합금
② 순수 알루미늄
③ 스테인리스강
④ 2024-T4 알루미늄 합금

해설
리벳 머리에 표식이 없으면 순수 알루미늄(A형)으로 분류된다. 이는 낮은 강도를 가지며 주로 비구조적 부위나 낮은 응력이 작용하는 부위에 사용된다.

157 다음 중 정압관(Static Port)이 막힐 경우, 정상 작동하지 않는 계기는 무엇인가?

① 나침반
② 속도계
③ 회전계
④ 엔진 압력계

해설
속도계(Airspeed Indicator)는 정압(Static Pressure)과 전압(Pitot Pressure)의 차이를 이용해 속도를 표시한다. 속도계뿐 아니라 기압고도계, 승강계(VSI)도 정압을 사용하므로 함께 영향을 받는다.

158 다음 중 정압(Static Pressure)을 이용하여 작동하는 계기가 아닌 것은?

① 고도계
② 승강계(VSI)
③ 선회계
④ 속도계

해설
선회계는 자이로의 특성을 이용하여 항공기의 선회를 표시하는 계기로, 정압계통과 무관하다.

159 피토관(Pitot Tube)이 막히고 정압관은 정상인 경우, 속도계는 어떻게 반응하는가?

① 정확한 속도를 계속 표시한다.
② 0을 표시한다.
③ 고도와 관계없이 현재 속도에서 멈춘다.
④ 고도가 올라갈수록 낮은 속도로 표시된다.

해설
피토관이 막히면 속도계는 더 이상 동압을 받을 수 없어, 현재 표시된 속도에서 멈춘 상태로 고정된다.

정답 154. ③ 155. ④ 156. ② 157. ② 158. ③ 159. ③

160 다음 중 황(S)이 많이 함유된 탄소강에서 발생할 수 있는 적열취성(적열 메짐, Hot Shortness)을 방지하기 위해 첨가해야 하는 원소는 무엇인가?

① 크롬(Cr)   ② 니켈(Ni)
③ 망간(Mn)   ④ 몰리브덴(Mo)

해설
황은 강재 내에서 황화철(FeS)을 형성하여 적열취성을 유발한다. 이를 방지하기 위해 망간(Mn)을 첨가하여 황과 결합한 황화망간(MnS)을 생성하면 고온에서의 취성이 줄어들어 가공성과 내열성이 향상된다.

161 다음 중 수직속도계(VSI, 승강계)에 대한 설명으로 가장 옳은 것은?

① 피토관과 연결되어 고도 변화를 측정한다.
② 정압관과 연결되어 상승률 및 하강률을 표시한다.
③ 자이로의 회전을 이용해 고도를 계산한다.
④ 외부 온도를 기준으로 상승률을 결정한다.

해설
VSI(Vertical Speed Indicator)는 정압계통(Static Pressure)에 연결되어 있으며, 기체의 고도 변화에 따른 정압의 시간 차이를 감지해, 분당 상승률(ft/min) 또는 하강률을 표시한다.

162 다음 중 자이로(Gyro)를 기반으로 작동하지 않는 계기는 무엇인가?

① 자세계(Attitude Indicator)
② 방향지시계(Heading Indicator)
③ 선회계(Turn Coordinator)
④ 고도계(Altimeter)

해설
자이로 계기는 회전하는 자이로스코프의 특성을 이용해 자세, 방향, 회전율 등을 측정한다.

163 다음 계기 중 자이로 계통에 속하는 것은 무엇인가?

① 고도계   ② 나침반
③ 자세계   ④ 속도계

해설
자이로 계통은 자이로스코프를 이용해 기체의 방향, 자세, 회전을 측정한다. 자세계(Attitude Indicator)는 기체의 피치(Pitch)와 롤(Roll) 각도를 표시한다. 방향지시계(Heading Indicator), 선회계(Turn Coordinator)도 자이로 계통에 포함된다.

164 Torque Wrench에 대한 설명으로 옳지 않은 것은?

① 소켓렌치로 약간 조이고 나서 사용한다.
② 같은 곳에 여러 번 사용해도 항상 정확한 토크값이 나온다.
③ 정기적으로 오차를 수정해 주어야 한다.
④ 항공기 정비에서 토크 관리에 필수적인 공구이다.

해설
토크렌치는 사용 횟수, 보관 상태, 충격, 온도 변화 등에 따라 정확도가 변할 수 있다. 반복 사용 시 정기적인 캘리브레이션(보정)이 필요하며, 항상 정확한 값을 보장하지는 않는다.

165 항공기 등록기호 재질로 가장 일반적으로 사용되는 것이 아닌 것은?

① 페인트   ② 비닐 데칼
③ 금속 플레이트   ④ 고무판

해설
항공기의 등록기호(Registration Mark)는 항공기의 신원을 식별하기 위한 문자로, 기체 외부에 명확하게 표시되어야 하며 내구성, 가시성, 항공기 외피 손상 방지 등이 고려되어야 한다.

정답 160. ③ 161. ② 162. ④ 163. ③ 164. ② 165. ④

166 금속 표면에 다른 금속을 확산시켜 합금층을 만드는 방법은?

① 담금질 ② 금속침투법
③ 침탄법 ④ 단조

해설
금속침투법(Metal Diffusion or Metalizing)은 금속 표면에 다른 금속을 확산시켜 합금층을 형성하는 방법이다. 이 방법은 내식성, 내열성, 내마모성 등을 향상시키기 위해 사용되며, 고온에서 처리되어 기저 금속과 외부 금속이 확산 반응을 일으켜 금속 간 합금층을 형성한다.

167 질화 처리법에 적용하기 어려운 금속은 무엇인가?

① 철강 ② 니켈 합금
③ 알루미늄 ④ 크롬 합금

해설
질화처리(Nitriding)는 금속 표면에 질소를 확산시켜 고경도층을 형성하는 열처리 방법이다.
- 적용 가능 재료: 철강, 크롬 합금, 니켈 합금 등→질소와 친화력이 높다.
- 적용 불가능 재료: 알루미늄, 티타늄, 망간(Mn) 등→질소와 친화력이 낮아 질화처리가 어렵다.

168 금속을 상온이나 고온에서 두드려서 성형하는 방법은?

① 표면경화 ② 단조
③ 질화처리 ④ 트라이사이클 배열

해설
단조(Forging)는 금속을 상온 또는 고온에서 두드리거나 눌러서 원하는 형태로 성형하는 가공 방법이다. 이 과정에서 금속 조직이 치밀해지고 강도와 인성이 향상되기 때문에 항공기 부품이나 엔진 부품 등 높은 강도가 요구되는 부품 제조에 많이 사용된다.

169 금속을 고온에서 가열 후 급랭하여 강도와 경도를 높이는 열처리법은?

① 질화법 ② 금속침투법
③ 담금질 ④ 단조

해설
담금질은 열처리를 통해 금속의 표면을 단단하게 하고, 내마모성과 강도를 향상시키는 방법이다.

170 탄소 함유량이 가장 적은 것은 무엇인가?

① 주철 ② 강
③ 순철 ④ 알루미늄

해설
금속 재료에서 탄소 함유량은 금속의 물리적 성질(강도, 경도, 연성 등)에 큰 영향을 미친다. 주철(2.0% 이상), 강(0.02%~2.0%), 순철(0.02% 이하), 알루미늄(비철금속→탄소 함량 비교 대상 아님)

171 기술변경서 처리부호 'A'가 의미하는 것은?

① 삭제 ② 추가
③ 변경 ④ 재작업

해설
A는 추가(Addition), D는 삭제(Delete), C는 변경(Change), R은 재작업(Rework)

172 항공기 유체 계통에서 누설을 막기 위해 고무로 만들어진 실(Seal)은?

① 방화벽 ② 트러니언
③ O-링 ④ 트럭 빔

해설
항공기 유체 계통(예: 유압, 연료, 윤활유 시스템 등)에서는 압력 누설 방지와 기밀 유지가 매우 중요하다. 이때 널리 사용되는 고무로 만든 실(Seal)이 바로 O-링이다.

정답 166. ② 167. ③ 168. ② 169. ③ 170. ③ 171. ② 172. ③

기출 예상문제

01 비행계획의 준수사항으로 틀린 것은?

① 항공기는 비행 시 제출된 비행계획을 지켜야 한다.
② VOR 항공로 비행 시 항공기는 반드시 주파수 변경 지점에서 전방의 항행안전시설의 주파수로 변경하여야 한다.
③ 항공기는 항공로의 중심선을 따라 비행하여야 한다.
④ 항공로를 이탈한 경우에는 즉시 항공로로 복귀하여야 한다.

해설
전방향표지시설(VOR)에 따라 설정된 항공로를 비행하는 항공기는 주파수 변경 지점이 설정되어 있는 경우, 그 변경 지점 또는 가능한 한 가까운 지점에서 항공기 후방의 항행안전시설로부터 전방의 항행안전시설로 주파수를 변경하여야 한다.

02 항공기의 고도가 지표면으로부터 2,500피트를 초과하고, 평균해면으로부터 9,000피트 상공일 경우, 최대 지시대기속도는?

① 200노트 ② 250노트
③ 270노트 ④ 300노트

해설
항공기는 지표면으로부터 750미터(2,500피트)를 초과하고, 평균해면으로부터 3,050미터(1만 피트) 미만인 고도에서는 지시대기속도 250노트 이하로 비행하여야 한다. 따라서 평균해면으로부터 9,000피트 상공은 이 범위에 속하므로 최대 지시대기속도는 250노트이다.

03 다음 중 항공교통관제업무의 목적이 아닌 것은 무엇인가?

① 항공교통흐름의 촉진
② 항공기 간 충돌 방지
③ 항공교통의 경제성 증대
④ 항공교통흐름의 조절

해설
항공교통의 경제성은 항공교통관제업무의 직접적인 목적에 해당하지 않는다.

04 편대비행에 대한 설명으로 틀린 것은?

① 편대비행 항공기들은 단일 항공기로 취급하여 관제기관에 위치 보고한다.
② 편대 책임기장은 편대 내 항공기 집결 또는 분산 시 적절하게 분리를 취한다.
③ 편대는 종적, 횡적 1킬로미터, 수직 30미터 이내 분리를 취한다.
④ 편대비행을 하기 위해서는 관할 관제기관의 허가를 득해야 한다.

해설
편대비행을 하려는 기장은 미리 다른 기장과 실시계획, 형태, 신호 및 그 의미 등에 대해 협의하지만, 편대비행 자체를 위해 관할 관제기관의 허가를 득해야 하는 건 아니다.

정답 01. ② 02. ② 03. ③ 04. ④

05 시계비행방식으로 비행하는 항공기가 기상상태와 관계없이 계기비행방식에 따라 비행하여야만 하는 사항이 아닌 것은?

① 평균해면으로부터 22,000피트 고도로 비행 시
② 천음속 비행 시
③ 초음속 비행 시
④ 편대비행 시

해설
평균해면으로부터 6,100미터(20,000피트)를 초과하는 고도로 비행하거나 천음속 또는 초음속으로 비행하는 경우 기상상태와 관계없이 계기비행방식에 따라 비행해야 한다.

06 시계비행방식에 따라 비행 방향 150°로 비행할 경우, 따라야 하는 비행고도는?

① 9,000피트 ② 9,500피트
③ 10,000피트 ④ 10,500피트

해설
시계비행방식으로 고도측정 단위를 피트(feet)로 사용하는 지역에서 시계비행방식으로 비행 시, 자침로 0도부터 179도까지의 방향에서는 홀수 천 단위 피트(feet)에 500피트를 더한 고도로 비행해야 한다.

07 시계비행방식으로 비행하는 경우, 해발 3,000피트 미만에서 B 등급 공역의 비행시정은?

① 미 적용   ② 8,000미터
③ 5,000미터 ④ 1,500미터

해설
해발 900미터(3,000피트) 또는 장애물 상공 300미터(1,000피트) 중 높은 고도 이하 범위에서 'B등급 공역'에 해당하는 비행시정 기준인 5천 미터이다.

08 다음 중 결심고도를 필요로 하는 계기비행 절차는?

① 비정밀접근절차
② 정밀접근절차
③ 표준계기도착절차
④ 표준계기출발절차

해설
결심고도/높이(Decision Altitude/Height, DA)는 정밀접근 또는 수직유도 정보가 제공되는 접근에서, 접근을 계속하는 데 필요로 하는 시각 참조가 이루어지지 않으면, 실패접근을 시작해야 하는 지점에 설정된 고도 또는 높이이다. 비정밀접근절차에서는 최저강하고도/높이(Minimum Descent Altitude/Height, MDA/H)가 사용된다.

09 다음 중 비행계획에 포함되지 않은 사항은?

① 비행의 방식
② 출발 비행장
③ 교체 비행장
④ 출발 및 도착비행장 ATS 시설명

해설
비행계획에 포함되어야 하는 사항은 항공기 식별부호, 비행의 방식, 항공기 정보, 출발 비행장, 순항속도, 순항고도, 교체 비행장 등이며, 출발 및 도착 비행장의 ATS 시설명은 포함되지 않는다.

10 진로를 정의할 때, 항공기 간 보호공역이 일치되거나, 중첩 또는 교차되고, 그 진로의 각도차가 45° 미만인 진로는?

① 반대진로(Opposite Course)
② 교차진로(Crossing Course)
③ 동일진로(Same Course)
④ 역진로(Reciprocal Course)

정답 05. ④ 06. ② 07. ③ 08. ② 09. ④ 10. ③

> **해설**
> 두 항공기의 보호공역이 일치, 중첩, 교차되고 진로간 각도 차이가 45도 미만이면 동일진로(Same Course)라고 한다.

11 긴박한 상황의 회피가 필요하며 신속한 이행이 요구되는 경우에 사용하는 용어는?

① Immediately
② Expedite
③ Emergency
④ Control

> **해설**
> '긴박한 상황의 회피가 필요하며 신속한 이행이 요구되는 경우'에 사용하는 용어는 Immediately이다.

12 다음 중 최소연료(Minimum Fuel) 상태에 대한 설명으로 틀린 것은?

① 목적지까지 도착할 수 있는 연료량만을 보유하여 중간 지연이 발생하면 안 된다.
② 연료가 거의 소진된 상태이므로 반드시 우선권이 주어져야 한다.
③ 비상 상황은 아니나, 지연 발생 시 비상으로 발전할 수 있다.
④ 조종사는 연료 잔량을 분 단위로 환산하여 보고하여야 한다.

> **해설**
> 조종사가 '최소연료'를 선언하는 것은 목적지까지 도착할 수 있는 최소한의 연료만을 보유하고 있으므로 중간에 지연이 발생해서는 안 된다는 것을 ATC에 알리는 것으로, 항공교통상의 우선권을 요구하는 사항은 아니다.

13 무선통신 이양 시 조종사에게 사용할 주파수 통보를 생략할 수 있는 경우로서 적절하지 않은 것은?

① 사전에 발부된 Departure 주파수
② SID에 등재된 Departure 주파수
③ 관제사 판단에 조종사가 사용주파수를 알고 있다고 생각되는 경우의 Ground 및 Local Control 주파수
④ Ground Control 주파수가 120MHz 대역일 때, 소수점 앞의 숫자

> **해설**
> 주파수 통보 생략은 사전에 고지되거나(SID, ATIS 등) 조종사가 명백히 알고 있다고 판단될 때 가능하며, 또한 지상관제 주파수가 121MHZ 대역일 때 소수점 앞의 숫자는 생략할 수 있다.

14 조종사 또는 인접 시설로부터 접수한 조류 활동 정보에 대한 조언은 육안관측 또는 차후 보고를 통하여 조류 활동이 더 이상 교통장애가 되지 않는다고 확인될 때까지 최소한 몇 분 동안 발부하여야 하는가?

① 10분
② 15분
③ 20분
④ 30분

> **해설**
> 조종사의 보고, 관제탑의 관측 또는 레이더 관측 및 조종사의 확인에 의한 조류 활동에 대하여 조언정보를 발부하여야 하며, 육안관측 또는 차후 보고를 통해 조류 활동이 더 이상 교통장애가 되지 않을 것임을 확인할 때까지 조종사 또는 인접 시설로부터 조류 정보를 접수 후, 최소한 15분 동안 조언을 발부하여야 한다. 정보에는 조류의 종류, 위치, 크기, 진행 진로, 고도 등을 포함한다.

정답 11. ① 12. ② 13. ④ 14. ②

15 관할구역 내에서 비행 중인 항공기가 TCAS RA 경고에 따르고 있음을 통보할 때, 관제사의 대응절차 중 틀린 것은?

① RA 경고 대응절차와 관계없이 관제지시 발부
② RA 경고를 따르는 항공기에게 장애물에 관한 안전경보 및 조언 발부
③ 인근의 관제 중인 항공기에게 관제지시, 안전경보 및 교통정보 조언
④ RA 기동 완료 후, 표준관제업무 재개

해설

관할구역 내에서 비행 중인 항공기가 TCAS RA 경고에 따르고 있음을 통보할 때, 관제사는 조종사가 실행하고 있다고 보고한 RA 경고 대응절차에 반하는 관제지시를 발부하여서는 안 된다.

16 통보된 도착예정 시간과 몇 분 이상 차이가 날 경우에 인수 관제시설에 수정시간을 통보하여야 하는가?

① 3분　② 5분
③ 10분　④ 15분

해설

도착예정 시간 수정 통보는 예정 시간과 3분 이상 차이가 나는 경우에 인수 관제시설에 수정시간을 통보하여야 한다.

17 공중충돌 방지장치(ACAS)에 의한 회피조언(RA)에 대한 설명 중 적절하지 않은 것은?

① 조종사가 RA에 따라 기동하고 있다고 통보하면 관제사는 RA에 상반되는 관제지시를 발부해서는 아니 된다.
② 항공기가 RA에 따라 기동을 시작하였다고 하더라도 관제사는 RA에 반응하는 항공기와 다른 항공기 또는 장애물 간의 표준 분리에 대한 책임이 있다.
③ ACAS RA 경보에 따라서 기동을 시작할 때 조종사는 가능한 지체없이 ATC에 RA 기동 중임을 통보하여야 한다.
④ ACAS 충돌 위험이 해소되었을 경우, 조종사는 ATC에 사전에 배정된 Clearance나 그 이후에 발부한 지시대로 복귀하고 있음을 통보하여야 한다.

해설

항공기가 TCAS RA 경고에 대한 대응절차를 시작한 경우, 관제사는 해당 항공기와 기타 다른 항공기, 공역, 지형이나 장애물 간의 표준 분리를 제공할 의무가 없다. 관제사는 항공기가 지정된 고도와 항로로 돌아왔거나 대체 ATC 허가가 주어졌을 때 표준 분리에 대한 책임이 다시 발생한다.

18 항공기가 지상활주하거나 차량, 장비의 이동에 관한 허가 발부 시 사용하여서는 아니 되는 단어는?

① Taxi　② Proceed
③ Cleared　④ Hold

해설

항공기 지상활주, 장비, 차량, 인원의 이동에 관한 허가 발부 시 용어 'Cleared'를 사용할 경우, 조종사가 이륙 또는 착륙 허가로 오인할 수 있어 사용해서는 안 된다. 지상활주하는 항공기에는 서두에 'Taxi', 'Proceed' 또는 'Hold'를 사용하여야 하며, 차량, 장비, 인원에 대하여는 서두에 용어 'Proceed' 또는 'Hold'를 사용하여야 한다.

19 이동지역 내 운행차량이 ATC 빛총신호로 깜빡이는 적색을 수신한 경우, 요구되는 조치사항은?

① 즉시 정지하라
② 활주로 또는 유도로를 이탈하라
③ 계류장으로 되돌아오라
④ 즉시 활주로에 진입하라

정답 15. ① 16. ① 17. ② 18. ③ 19. ②

해설
빛총신호 중 점멸 적색등(Flashing red)은 지상의 차량이나 인원에게 '활주로 또는 유도로를 벗어나라'는 의미이다.

20 조종사로부터 Low Level Wind Shear Advisories가 보고되었을 경우, ATIS 방송에 얼마 동안 포함시켜야 하는가?

① 5분　　② 10분
③ 15분　　④ 20분

해설
저고도 윈드시어 정보는 이착륙 항공기에게 매우 중요한 안전 정보로, ATIS가 있는 시설에서는 해당 정보를 마지막 보고 또는 징후가 있는 시간으로부터 20분 동안 ATIS 방송에 포함시켜야 한다.

21 비행장 교통장주에서 표준선회 방향은?

① 우선회　　② 좌선회
③ 지정선회방향　　④ 교통상황에 따라

해설
별도로 명시되거나 지시되지 않은 한, 모든 비행장 교통장주(Traffic Pattern)의 표준 선회 방향은 좌선회(Left Turn)이다.

22 활주로 제동상태를 나타내는 용어 중 맞는 것은?

① NORMAL, POOR, NIL
② GOOD, RELIABLE, UNRELIABLE
③ FAIR, POOR, NIL
④ BAD, MIDIUM, POOR

해설
조종사에게 예상되는 활주로 제동의 정도/상태를 제공하는 상태 보고는 GOOD, GOOD TO MEDIUM, MEDIUM, MEDIUM TO POOR, FAIR, POOR, LESS THAN POOR 또는 NIL로 보고된다.

23 활주로 선정 절차가 별도로 수립되어 있지 않은 경우, 몇 Knots의 풍속을 기준으로 풍향과 가장 가까이 정대되는 활주로를 선정하여 사용하는가?

① 3knots 이상　　② 5knots 이상
③ 7knots 이상　　④ 10knots 이상

해설
활주로 선정 절차가 별도로 수립되어 있는 경우를 제외하고, 풍속이 5노트 이상일 때 풍향과 가장 가까이 정대(직접 마주보는)되는 활주로를 선택하여 사용하며, 풍속이 5노트 미만일 때에는 무풍활주로를 사용하여야 한다.

24 수신만 가능한 고정익 항공기에게 관제사의 지시에 대한 응답으로 항공기에게 요구하는 응답 표시 내용과 거리가 먼 것은?

① 지상 이동 중에는 보조익 또는 방향타를 움직인다.
② 비행 중에는 날개를 좌우로 흔든다.
③ 야간에는 항법등 또는 착륙등을 깜박인다.
④ 활주로 상공을 저공비행 한다.

해설
수신만 가능한 항공기의 응답은 비행 중일 때 날개 좌우로 흔들기(주간), 항법등 또는 착륙등 2회 점멸(야간)하고, 지상에서는 보조익 또는 방향타 움직이기(주간), 항법등 또는 착륙등 2회 점멸(야간)한다.

25 INTERSECTION DEPARTURE에 대한 설명 중 틀린 것은?

① 관제사가 요구할 때만 가능하다.
② 조종사 요청 시 중간 이륙을 인가해도 좋다.
③ 관제사는 조종사에게 중간 이륙을 권고할 수 있다.

정답　20. ④　21. ②　22. ③　23. ②　24. ④　25. ①

④ 중간 이륙에 대한 적절한 지시가 없는 경우, 중간 이륙지점에서 활주로 끝까지의 측정된 거리를 발부해야만 한다.

해설

중간 이륙(Intersection Departure)은 관제사의 권고나 조종사의 요청이 있을 때 허가된다. 최종적인 이륙 결정 책임은 조종사에게 있기 때문에 관제사가 교통 흐름 등을 위해 중간 이륙을 권고할 수는 있지만, 강제로 요구할 수는 없다.

26 주간에 항공기가 보조익 혹은 방향타를 지상에서 흔들면 그 뜻은?

① 수신 가능하다.
② 송신 가능하다.
③ 송·수신 고장이다.
④ 수신 고장이다.

해설

지상에 있는 항공기가 주간에 보조익(Aileron)이나 방향타(Rudder)를 움직이는 것은, '관제사의 지시를 알아들었음(수신 가능)'을 나타내는 시각적인 응답 신호이다.

27 사용활주로 선택에 관한 설명 중 맞지 않는 것은?

① 사용활주로는 이착륙하려는 항공기가 가장 적절하게 사용하도록 지정한다.
② 사용활주로 선택은 지상 풍향과 풍속으로 결정되며 교통장주 및 활주로 길이 등은 상관이 없다.
③ 사용활주로가 항공기 운항에 부적합한 것으로 판단되면 기장은 다른 활주로 사용을 위한 승인을 요구할 수 있다.
④ 항공기는 반대(다른) 방향이 더 적합한 경우를 제외하고는 바람이 불어오는 방향을 향해 이·착륙해야 한다.

해설

사용활주로는 풍향과 풍속을 가장 우선적으로 고려하지만, 그 외에도 소음 감소, 운영상 이점 등 여러 요소를 종합적으로 고려하여 결정한다.

28 항공기가 이륙허가를 이행하지 않는 경우 지시하는 관제 용어는?

① vacate runway or take off at own discretion
② hold short of runway or unable option
③ take off immediately or cleared for the option
④ take off immediately or vacate runway

해설

이륙 허가를 받은 항공기가 즉시 이륙하지 않아 후속 항공기의 안전에 영향을 줄 수 있는 경우, 관제사는 조종사에게 즉시 이륙하거나 활주로를 비우도록 해야 한다.

29 이륙 위치에서 대기 허가를 할 때 사용하는 방법 중 틀린 것은?

① behind landing traffic 등의 조건부 구문을 사용한다.
② 이륙 대기 지시 전에 활주로 번호를 우선 발부해야 한다.
③ 출발용으로만 사용되지 않을 때, 관제탑으로부터 출발지점 육안 확인이 불가능한 경우, 이륙위치에서 대기를 허가할 수 없다.
④ 동일 활주로에 최종 접근 중인 6마일 이내의 가장 가까운 항공기에 대한 교통정보를 발부한다.

정답 26. ① 27. ② 28. ④ 29. ①

> **해설**
> 'behind..'와 같은 조건부 구문은 활주로에 진입하지 않고 대기하는 'hold short' 지시 등에 사용될 수 있으나, 활주로에 직접 진입하는 LUAW(Line Up and Wait, 이륙 위치에서의 대기) 허가에는 사용할 수 없다.

30 항공교통관제에서 사용하는 용어 중 "승인이나 거부가 아니라, 요청사항을 인지하였고 잠시 후에 이에 대한 회신을 할 것임"을 의미하는 것은?

① APPROVED ② WAIT
③ WILLCO   ④ STAND BY

> **해설**
> 승인이나 거부가 아니라, 관제사가 요청사항을 인지하였고 잠시 후에 이에 대한 회신을 할 것임을 의미하는 용어는 'STAND BY'이다.

31 다음 중 1차 레이더 식별 방법으로 맞는 것은?

① Squawk "IDENT"
② 식별 선회 또는 30° 이상의 선회를 이용하여 항적 관찰
③ 적절한 개별 또는 비개별 코드로 변경토록 하여 표적 또는 코드전시의 변화를 관찰
④ 특정 SSR Code로 Set 하도록 지시 후 관찰

> **해설**
> ①, ③, ④는 모두 항공기의 트랜스폰더 응답을 이용하는 2차감시레이더(SSR) 식별 방법이다.

32 29,000피트 이하에서 IFR 항공기 간 수직분리 최저치는?

① 300피트   ② 500피트
③ 800피트   ④ 1,000피트

> **해설**
> 비행고도 29,000피트(FL290) 이하 공역에서 계기비행(IFR) 항공기 간에 적용되는 표준 수직분리 최저치는 1,000피트(300미터)이다.

33 비상선언 항공기가 레이더 식별이 되지 않을 시, 코드 배정을 요구하는 용어로 맞는 것은?

① SQUAWK MAYDAY ON 7700
② SQUAWK EMERGENCY ON 7700
③ SQUAWK URGENCY ON 7700
④ SQUAWK DISTRESS ON 7700

> **해설**
> 비상 상황에 처한 항공기가 레이더에 식별되지 않을 때, 관제사는 조종사에게 비상 코드 7700을 배정하고 비상 의도를 명확히 하도록 요청할 수 있는데, 이때 사용하는 관제 용어는 'SQUAWK MAYDAY ON 7700'이다.

34 항공기가 동일 고도 또는 하방 1,000ft 미만의 고도 차이로 앞선 항공기 뒤를 운항하거나, 두 항공기가 동일 활주로를 이용하는 경우 항공기 간 Wake Turbulence 적용 분리 최저치로 틀린 것은?

① MEDIUM 뒤에 비행하는 LIGHT : 5NM
② HEAVY 뒤에 비행하는 LIGHT : 6NM
③ HEAVY 뒤에 비행하는 MEDIUM : 5NM
④ HEAVY 뒤에 비행하는 HEAVY : 3NM

> **해설**
> HEAVY 뒤를 따르는 HEAVY 항공기에는 4NM의 분리치를 적용한다.

✈ **정답** 30. ④ 31. ② 32. ④ 33. ① 34. ④

35 동일 활주로를 사용하는 출발 항공기 간 Wake Turbulence 적용 분리 최저치 중 맞는 것은?

① A380-800→A380-800 : 5NM
② A380-800→LIGHT : 5NM
③ A380-800→MEDIUM : 5NM
④ A380-800→HEAVY : 5NM

해설
SUPER 등급인 A380 항공기 뒤를 이륙하는 Heavy 항공기 최소 분리기준은 5NM, MEDIUM일 경우 7NM, LIGHT일 경우 8NM의 분리치를 적용한다.

36 다음 중 항공기 준사고의 범주에 포함되지 않는 것은?

① 다른 항공기 또는 물체와 500피트 이상의 거리에서 발생한 공중충돌경고장치의 작동
② 비행 중 운항승무원의 조종 능력 상실
③ 조종사가 비상선언을 하여야 하는 연료의 부족 발생
④ 비행 유도 및 항행에 필수적인 예비시스템 중 2개 이상의 시스템 고장

해설
항공기의 위치, 속도 및 거리가 다른 항공기와 충돌 위험이 있었던 것으로 판단 되는 근접비행이 발생한 경우(다른 항공기와의 거리가 500피트 미만으로 근접하였던 경우를 말한다)가 해당한다. 500피트 이상에서 단순히 공중충돌경고장치가 작동한 것만으로는 항공기 준사고로 보지 않는다.

37 조종사가 최소연료 상황을 선언했을 때의 상황에 대한 설명으로 옳은 것은?

① 조종사는 즉시 항공교통상의 우선권을 부여받는다.
② 연료가 거의 소진된 비상상황이므로 즉시 착륙을 허가해야 한다.
③ 현재 비상상황은 아니나, 중간 지연 발생 시 비상으로 발전할 수 있음을 의미한다.
④ 조종사는 연료 잔량을 분 단위로 환산하여 관제사에게 보고해야 한다.

해설
조종사가 '최소연료(MINIMUM FUEL)'를 선언하는 것은 목적지까지 도착할 수 있는 최소한의 연료만을 보유하고 있으므로 중간에 지연이 발생해서는 안 된다는 것을 ATC에 알리는 것으로, 항공교통상의 우선권을 요구하는 사항이 아니다. 이는 현재 비상 상황은 아니지만, 추가적인 지연이 발생할 경우 비상 상황으로 발전할 가능성이 있다는 경고의 의미를 포함한다.

38 항공신체검사증명에 대한 설명으로 틀린 것은?

① 항공신체검사증명의 유효기간의 시작은 항공신체검사를 받는 날부터이다.
② 40세 미만의 항공교통관제사의 항공신체검사증명의 유효기간은 24개월이다.
③ 종료일이 매월 말일이 아닌 경우에는 그 종료일이 속하는 달의 말일에 항공신체검사증명의 유효기간이 종료하는 것으로 본다.
④ 50세 이상의 항공교통관제사의 항공신체검사증명의 유효기간은 12개월이다.

정답 35. ④ 36. ① 37. ③ 38. ②

> **해설**
> 제3종 항공신체검사증명을 받는 항공교통관제사의 유효기간은 40세 미만인 경우 48개월이다.

39 비행계획에 포함된 사항 중 목적비행장 변경과 함께 항공로를 변경하고자 할 때 관할 항공교통관제기관에 통보해야 할 내용이 아닌 것은?

① 항공기 호출부호
② 비행의 방식
③ 변경하려는 순항속도
④ 변경예정 시간

> **해설**
> 목적비행장 변경이 있는 항공로 변경 시 통보해야 하는 정보는 항공기의 식별부호, 비행의 방식, 목적비행장까지의 변경 항공로, 변경 예정 시간, 교체 비행장, 그 밖에 비행장·항공로의 변경에 필요한 정보이다.

40 항공운송사업을 제외한 국외 비행에 비행기를 계기비행방식에 따라 비행하려는 경우에는 몇 개 이상의 목적지 교체 비행장을 지정하여야 하는가?

① 1개
② 2개
③ 3개
④ 4개

> **해설**
> 항공운송사업에 사용되거나 항공운송사업을 제외한 국외 비행에 사용되는 비행기를 계기비행방식에 따라 비행하려는 경우 1개 이상의 목적지 교체 비행장(Destination Alternate Aerodrome)을 지정해야 한다.

41 앞서 발부된 비행경로 또는 고도를 수정 발부하는 방법으로 적절하지 않은 것은?

① 수정해야 할 '비행로'를 먼저 말한 후 수정된 '비행로'를 말한다.
② 수정된 사항을 포함시킨 전 비행로를 발부한다.
③ 사전에 발부된 허가 중 비행로나 고도가 수정될 경우, 모든 적절한 고도 제한사항을 재발부한다.
④ 고도 제한사항과 속도 제한사항을 조종사가 동시에 수행할 수 없다고 보고할 경우, 'Do the best you can'이라는 용어를 대체 허가로 사용한다.

> **해설**
> 조종사가 지시받은 고도와 속도를 동시에 준수할 수 없다고 보고하면, 관제사는 어느 것을 우선으로 할지 명확하게 지시해야 한다. 'Do the best you can' 또는 이와 유사한 용어는 고도 또는 속도 제한사항의 대체 허가로 적절하지 않다.

42 간소화된 출발 허가에 대한 설명 중 적절하지 않은 것은?

① 제출된 비행계획서의 비행로가 변경되지 않은 경우, 간소화된 비행 허가를 발부한다.
② 제출된 비행로의 변경이 없는 경우, 'Cleared to(Destination) Airport, (SID), Then As Filed'라는 용어를 사용한다.
③ SID가 배정되지 않을 경우에는 'As Filed'라는 용어 다음에 배정고도를 명시한다.
④ 어떠한 경우라도 초기 비행로를 식별할 수 있도록 하나 또는 둘 이상의 FIX를 명시한다.

정답 39. ③ 40. ① 41. ④ 42. ④

해설
비레이더 관제 상황인 경우, 초기 비행경로를 식별할 수 있도록 하나 또는 둘 이상의 픽스를 명시해야 한다.

43 'Climb/Descend at Pilot's Discretion' 관제 용어의 의미로서 적절하지 않은 것은?

① 상승/강하를 시작할 선택권을 조종사에게 준다는 의미다.
② 조종사가 원할 때는 언제라도 상승/강하를 할 수 있다.
③ 조종사는 어떠한 고도를 떠난 후, 그 고도로 다시 돌아갈 수 있다.
④ 조종사는 어떠한 중간 고도에서도 잠시 수평비행을 할 수 있다.

해설
언제든지 조종사의 판단에 따라 임의 상승 또는 강하를 할 수 있지만, 일단 특정 고도를 떠나 강하(또는 상승)를 시작한 후에는, 다시 이전의 고도로 돌아갈 수는 없다.

44 지연이 예상될 경우, 항공기가 허가 한계점에 도착하기 적어도 몇 분 전에 체공지시를 발부하여야 하는가?

① 3분
② 5분
③ 10분
④ 15분

해설
지연이 예상될 경우, 허가 한계점 도착 예정 시각 최소 5분 전에 체공지시를 발부해야 한다.

45 Low Approach 및 Touch-and-Go에 대한 설명 중 적절하지 않은 것은?

① Low Approach 하는 항공기는 활주로 시단을 통과하기 전까지는 도착항공기로, 그 이후는 출발 항공기로 간주한다.
② Touch-and-Go하는 항공기는 활주로에 접지하기 전까지는 도착항공기로, 그 이후는 출발항공기로 간주한다.
③ 항공기가 최종강하를 시작하기 전에 조종사에게 접근완료 후 행할 적절한 출발지시를 하여야 한다.
④ 출발지시사항이 동일한 경우라도 상승지시는 매번 발부하여야 한다.

해설
Touch-and-Go 또는 Low Approach를 반복적으로 수행하는 항공기에 대해 지시가 동일한 경우, 첫 접근 이후의 상승지시(Climb Out Instruction)는 생략할 수 있다.

46 조난에 처한 조종사가 비상을 선언하기 위하여 첫 교신 시 3회 반복하여 사용하는 용어는?

① Mayday
② Pan-Pan
③ Distress
④ Urgency

해설
조난상황에 처한 조종사는 첫 무선 교신 시 "Mayday"를 3회 반복 사용하여 비상을 선언한다. 긴급한 상황에서는 용어 "Pan-Pan"을 같은 방법으로 사용한다.

정답 43. ③ 44. ② 45. ④ 46. ①

47 피랍항공기(Hijacked Aircraft)에 대한 관제절차 중 적절하지 않은 것은?

① 관제사가 Mode 3/A Code 7500을 관측하였을 경우에는 "Verify Squawking 7500"이라는 관제 용어를 사용하여 피랍상황을 확인한다.
② 만약 조종사의 응답이 없을 경우에는 확인이 될 때까지 계속 질문한다.
③ 항공기를 추적(Following)하여야 하며, 항공기와 교신이 되지 않는 경우 항공기의 송신 또는 응답을 요구하지 말고 정상적으로 관제 이양(Hand Off)을 한다.
④ 만약 피랍항공기를 호위하기 위하여 항공기가 급파되었다면 호위 항공기가 피랍항공기 뒤쪽에서 보조할 수 있도록 모든 가능한 지원을 한다.

해설
조종사가 불법 간섭을 받고 있는 것으로 응답하거나 응답이 없는 경우, 조종사에게 더 이상 추가 질문을 삼가고, 항공기의 요구에 응하여야 한다.

48 비상위치지시용 무선표지설비(ELT)의 지상운영 시험시간으로 인가된 시간은?

① 매 30분마다 첫 5분 동안
② 매 정시 5분 전에서 정시까지
③ 매 정시에서 첫 5분 동안
④ 매 정시 전·후 5분 동안

해설
ELT 지상운영시험은 매시 첫 5분 동안만 허가되며, 실제 경보와 시험운영과의 혼동을 피하기 위하여 시험운영은 3회 신호 이하로 제한된다.

49 무선통신 또는 레이더 포착이 이루어지지 않고, 특정 지점이나 필수 보고 지점 또는 관할구역의 허가한계점 도착예정 시간으로부터 몇 분이 경과하면 도착지연 항공기로 간주하는가?

① 10분
② 20분
③ 30분
④ 40분

해설
통신이나 레이더 포착이 이루어지지 않고, 다음 시간으로부터 30분이 경과한 때는 도착지연 항공기로 간주한다.

50 VFR-On-Top에 관한 설명 중 틀린 것은?

① 허가를 받은 항공기 간에는 표준계기비행(IFR) 분리가 적용된다.
② 계기비행(IFR) 계획서를 제출한 항공기가 요구할 시 허가할 수 있다.
③ 허가를 받은 항공기는 비행규칙에 정한 구름으로부터의 회피거리를 준수하여야 한다.
④ 일몰과 일출 간에는 별도의 제한 사항을 발부하여 허가할 수 있다.

해설
운상시계비행 허가를 발부 받았을 때, 항공기는 비행규칙에 정한 시계비행(VFR) 고도 준수, 시계비행(VFR) 시정 및 구름으로부터 회피 거리를 유지하여야 하며, 다른 항공기를 육안으로 확인 후, 회피할 수 있도록 사주경계에 주의를 기울여야 할 책임이 있다. 표준 IFR 분리는 적용되지 않는다.

정답 47. ② 48. ③ 49. ③ 50. ①

51 Visual Approach에 관한 설명 중 틀린 것은?

① 계기접근을 위하여 레이더 유도 중인 항공기가 활주로 육안 확인을 보고하고, 요구하는 경우 허가할 수 있다.
② 목적 공항의 시정이 3마일 이상일 때 Visual Approach를 위한 레이더 유도를 시작할 수 있다.
③ 계기접근절차의 일종이나.
④ IFR 계획서를 제출한 항공기가 착륙공항까지 육안으로 확인하면서 비행하는 항공교통관제허가이다.

해설
시각(Visual) 접근은 계기비행(IFR) 계획서를 제출한 항공기가 착륙공항까지 육안으로 확인하면서 비행하는 항공교통관제 허가로, 계기접근절차가 아니며, 실패접근절차 구간(Segment) 또한 없다.

52 Contact Approach에 관한 설명 중 틀린 것은?

① 조종사 요구 시 허가 가능
② 보고 된 지상시정이 최소 3마일(SM) 이상인 경우
③ 착륙공항에 표준 계기접근절차가 수립되어 있고 사용할 수 있는 경우
④ 허가된 항공기와 다른 SVFR 항공기 간에 인가된 계기비행 분리가 유지되는 경우

해설
Contact Approach는 조종사 요구 시 허가되며, 허가를 위한 지상시정은 최소 1마일(SM) 이상이어야 한다.

53 송신해야 할 비상 전문이 있을 때, 우선권이 낮은 전문을 중단하기 위하여 사용하는 용어로 적절한 것은?

① IMMEDIATELY
② EXPEDITE
③ EMERGENCY
④ CONTROL

해설
송신해야 할 비상 전문이 있을 때, 우선권이 낮은 전문을 중단하기 위해서는 'EMERGENCY'라는 용어를 사용해야 한다.

54 레이더에 식별된 항공기에게 교통조언을 발부하는 방법으로 틀린 것은?

① 12시간 시각 기준으로 항공기로부터의 방위
② 킬로미터 단위의 거리
③ 항공기의 진행 방향 또는 상대적인 움직임
④ 항공기의 기종 및 고도(인지한 경우)

해설
레이더에 식별된 항공기에게 교통조언 발부 시, 항공기로부터 마일 단위의 거리를 사용한다.

55 항공기 비행 상황별 속도 조절 최저치 중 맞는 것은?

① Holding Pattern에서 체공하고 있는 항공기 : 210knots
② 고고도 계기접근절차를 수행 중인 항공기 : 210knots
③ 10,000FT~FL 280에서 비행하는 항공기 : 210knots
④ 출발 터보 제트항공기 : 230knots 이상

정답 51. ③ 52. ② 53. ③ 54. ② 55. ④

> **해설**
>
> 체공 또는 고고도 계기접근절차를 수행 중인 항공기에게 속도 조절을 지시하면 안 되며, 10,000피트 이상 터보제트기는 250노트, 출발하는 터보제트 항공기는 230노트를 최저 속도로 한다.

56 항공기 또는 차량 운행자에게 적절한 일반 경고신호를 가장 적절하게 표현한 것은?

① 적색 및 녹색 교차 발부
② 백색 및 녹색 교차 발부
③ 적색 및 백색 교차 발부
④ 모두 맞다.

> **해설**
>
> 항공기 또는 차량 운행자에게 적절한 일반 경고신호는 적색 및 녹색을 교차 발부하는 것이다.

57 항공기 레이더 식별이 이륙활주로 종단 1마일 이내에서 이루어지는 경우, 연속 또는 동시 출발 조건에 대한 설명으로 틀린 것은?

① 동일 활주로를 사용하여 이륙 직후 진로가 15도 이상 서로 분기되는 경우, 두 항공기 간에는 1마일 분리를 적용한다.
② 두 활주로의 분기각도가 15도 이상이고, 비교차활주로의 경우 동시 이륙을 허가한다.
③ 이륙진로가 15도 이상으로 분기되는 교차활주로의 경우, 선행 항공기가 활주로 교차점을 통과 시 후행항공기의 이륙을 허가한다.
④ 평행활주로 중앙선 간격이 최소 1,000피트 이상이고, 이륙 즉시 15도 이상 진로가 분기되는 경우 동시 이륙을 허가한다.

> **해설**
>
> 동시 출발을 허가하기 위한 평행활주로의 최소 중심선 간격은 2,500피트이다.

58 비레이더 절차에 관한 설명 중 틀린 것은?

① 마일 단위에 근거한 절차 및 최저치는 조종사와 관제사 간 직접 무선통신이 유지되는 경우에만 가능하다.
② 항공기 분리에 영향을 미치는 위치 보고를 접수하지 못했을 때는 특정 픽스 통과예정 시간으로부터 5분 이내에 보고를 받을 수 있도록 필요한 조치를 취하여야 한다.
③ 조종사에게 동일한 위치 보고를 두 개의 항공교통관제기관에 보고하도록 요구한다.
④ 항공기 간에 종적분리, 횡적분리 및 수직분리 중의 하나 이상을 적용하여 절차를 수행한다.

> **해설**
>
> 조종사에게 동일한 위치 보고를 둘 이상의 항공교통관제기관에 보고하도록 요구하여서는 안 된다.

59 비레이더 절차 운용 시, 동일 공항에서 이륙 후 45도 이상 분기되는 방향으로 비행하는 연속적인 출발 항공기(Successive Departing Aircraft) 간의 분리 최소치에 대한 설명 중 틀린 것은?

① 동일 활주로에서 이륙 후 즉시 진로가 분기되는 경우, 1분 분리
② 동일 활주로에서 이륙 후 5분 이내에 진로가 분기되는 경우, 2분 분리
③ 동일 활주로에서 이륙 후 13마일 이내에서 진로가 분기되는 경우, 5마일 분리

정답 56. ① 57. ④ 58. ③ 59. ③

④ 활주로 중심선 간 간격이 3,500피트인 다른 평행활주로로부터 같은 방향으로 이륙하는 항공기 간 이륙 후 즉시 진로가 변경되는 경우, 동시 이륙 가능

해설
이륙 후 13마일 이내에서 진로가 분기될 때 진로가 분기될 때까지 3마일을 적용한다.

60 비레이더 환경에서, 동일 활주로를 사용하여 동일 진로상 선행 이륙한 항공기의 속도가 후행 이륙한 항공기의 속도보다 22노트 이상 빠를 때 종적분리 최소치는?

① 1분 ② 2분
③ 3분 ④ 5분

해설
선행 항공기가 뒤따라가는 항공기의 속도보다 최소 44노트 이상 빠를 때 3분, 22노트 이상 빠를 때 5분 분리를 적용한다.

61 비레이더 절차 운용 시, 항행안전시설(DME NAVAID)로부터 35마일 밖에서 원호상을 비행하는 항공기와 군 작전공역(MOA) 경계선 간의 DME 원호비행 분리 최소치는?

① 3마일
② 5마일
③ 10마일
④ 20마일

해설
항행안전시설로부터 35마일 이내는 5마일, 35마일 밖은 10마일을 적용한다.

62 불확실단계, 경보단계, 또는 조난단계의 의미를 가지는 일반적인 용어는?

① UNCERTAINTY PHASE
② ALERT PHASE
③ DISTRESS PHASE
④ EMERGENCY PHASE

해설
비상단계(EMERGENCY PHASE)는 불확실단계(INCERFA), 경보단계(ALERFA), 조난단계(DETRESFA)로 구분한다.

63 항공기 및 탑승자가 중대하고 절박한 위험에 처해 있으며 긴급한 도움이 필요하다는 상당한 확신이 있는 상황은?

① 비상단계
② 경보단계
③ 조난단계
④ 불확실단계

해설
항공기 및 탑승자가 심각하고 절박한 위험에 의하여 위협받고 있다고 논리적으로 확신이 되는 경우는 비상단계 중 조난단계(DETRESFA)에 해당한다. 비상단계는 불확실단계(INCERFA), 경보단계(ALERFA), 조난단계(DETRESFA)로 구분된다.

64 통상적인 정보를 자동반복 송신함으로써 관제사의 업무 효율을 증가시키고, 또 주파수 혼잡을 덜어주기 위한 목적으로 비행 활동이 많은 특정한 공항지역에서 녹음된 비관제정보를 계속 방송하는 것을 무엇이라고 하는가?

① ADS-B ② ATBS
③ ATIS   ④ AMBS

정답 60. ④ 61. ③ 62. ④ 63. ③ 64. ③

해설
ATIS(Automatic Terminal Information Service, 공항정보자동방송업무)는 항공기 운항이 많은 특정한 공항 구역에서 녹음된 비관제 정보를 계속 방송하는 것으로, 통상적인 것을 자동반복 송신함으로써 관제사의 업무 효율을 증가시키고, 주파수 혼잡을 덜어주기 위한 목적을 가진다.

65 공지통신국을 통하여 조종사에게 전달되는 비행인가, 그리고 ATC 기구로부터 통보되는 관제정보 또는 정보 요청에 대한 응답에서 서두에 첨부하는 용어가 아닌 것은?

① ATC Advises
② ATC Clears
③ ATC Requests
④ ATC Approved

해설
항공관제시설이 아닌 시설을 통하여 항공기에게 비행허가, 비행정보 또는 정보의 요구를 중계할 때 서두에 사용하는 용어는 ATC Clears, ATC Advises, ATC Requests이다.

66 관제이양에 관한 설명으로 틀린 것은?

① 지정된 또는 합의된 위치, 시간, 픽스, 고도에서 한다.
② 분리책임이 있는 다른 항공기와 충돌 요인 제거 후 하여야 한다.
③ 인수관제 기관의 동의가 없어도 항공기의 이양은 가능하다.
④ 이양 관제기관은 인수 관제기관이 요구하는 정보를 통보하여야 한다.

해설
인수관제기관의 동의 없이 항공기의 관제책임을 다른 항공교통관제기관으로 이양하여서는 안 된다.

67 관제 중인 항공기의 조종사에게 지시할 수 있는 속도 배정 기준으로 틀린 것은?

① FL 280에서 1만 피트 사이를 비행하는 항공기에는 250노트 이상의 속도, 또는 동등한 마하속도
② 고도 1만 피트 이하에서 비행하는 터보 제트항공기가 착륙 예정 공항으로부터 20마일 이내에 있을 때는 170노트 이상의 속도
③ 고도 1만 피트 이하에서 비행하는 프로펠러 또는 터보프롭 항공기는 착륙 예정 공항으로부터 20마일 이내에 있을 때 150노트 이상의 속도
④ 출항하는 터보 제트항공기는 230노트 미만의 속도

해설
출항하는 터보 제트항공기는 230노트를 최저 속도로 한다.

68 항공기가 관할 항공교통업무기관이 없는 곳에 착륙하였을 경우, 도착 보고를 하여야 하는 기관은?

① 출발공항 항공교통업무기관
② 가장 가까운 항공교통업무기관
③ 관할 지방항공청 운항허가 부서
④ 항공교통본부

해설
항공기는 도착비행장에 착륙하는 즉시 관할 항공교통업무기관에 도착 보고를 하여야 한다. 다만, 관할 항공교통업무기관이 없는 경우에는 가장 가까운 항공교통업무기관에 도착 보고를 하여야 한다.

정답 65. ④ 66. ③ 67. ④ 68. ②

69 긴급항공기의 업무에 해당하지 않는 것은?

① 재난 등으로 인한 수색
② 응급환자의 후송
③ 화재의 진압
④ 국가 중요 인물의 수송

해설
국가 중요 인물 수송은 긴급항공기의 업무 범위에 포함되지 않는다.

70 시계비행항공기가 인구 밀집지역의 상공을 비행하고자 할 경우, 해당 항공기를 중심으로 600미터 범위 안의 지역에 있는 가장 높은 장애물의 상단으로부터 유지하여야 할 최저비행고도는?

① 500피트   ② 1,000피트
③ 500미터   ④ 1,000미터

해설
가장 높은 장애물 상단에서 300미터(1,000피트) 이상의 고도를 유지해야 한다.

71 다음의 용어들에 대한 설명 중 틀린 것은?

① 'EXECUTE MISSED APPROACH'는 IFR 접근항공기를 위한 용어이며, GO AROUND는 IFR/VFR 접근항공기를 위한 용어이다.
② 'GO AROUND'를 지시받은 VFR 항공기는 별도 지시가 없는 한, 활주로 끝을 통과 후 교통장주고도까지 상승한 후 Crosswind Leg를 통해 교통장주로 진입하여야 한다.
③ 'EXECUTE MISSED APPROACH'를 지시받은 IFR 항공기는 별도 지시가 없는 한, 실패접근 지점(MAP)에 도달하기 전이라 할지라도 실패접근절차에 명시된 고도로 즉시 상승할 수 있다.
④ 'CLEARED LOW APPROACH'를 허가받은 VFR 항공기의 경우, 활주로 시단을 통과하기 전까지는 도착항공기로 간주하며 그 이후부터는 출발 항공기로 간주한다.

해설
'EXECUTE MISSED APPROACH'를 지시받은 IFR 항공기는 실패접근절차에 따라 명시된 고도로 즉시 상승할 수 있다.

72 계기접근 및 출발절차 용어에 대한 설명이 잘못된 것은?

① 비정밀접근절차 : 전자적인 활공각 정보를 이용하지 않고 활주로 방위각 정보를 이용하는 절차
② 정밀접근절차 : 정밀 활주로방위각 및 활공각 정보를 이용하는 절차
③ 표준계기도착절차 : 비정밀접근절차 수행 도중 정밀접근절차로 변경하는 절차
④ 표준계기출발절차 : 비행장을 출발하여 항공로를 비행할 수 있도록 연결하는 절차

해설
표준계기도착절차(Standard Instrument Arrival Procedure, STAR)는 항공교통 흐름을 효율적으로 관리하기 위해 항공로에서 계기접근절차로 연결하는 절차를 말한다.

정답 69. ④ 70. ② 71. ③ 72. ③

73 해발 900m(3,000ft) 미만 C등급 공역에서 VFR 방식으로 비행하는 항공기에게 적용하는 시계상 양호한 기상상태를 설명한 것이다. 구름으로부터의 거리 기준치는 얼마인가?

① 수평 1,000m, 수직 150m
② 수평 1,200m, 수직 200m
③ 수평 1,500m, 수직 300m
④ 수평 1,800m, 수직 500m

> **해설**
> 항공안전법 시행규칙 [별표 24]에 따르면, C, D, E 등급 공역에서 해발 3,050미터(1만 피트) 미만으로 비행 시, 구름으로부터의 거리는 수평으로 1,500미터, 수직으로 300미터(1,000피트) 이상을 유지해야 한다.

74 편대비행을 하고자 할 때 편대를 책임지는 항공기로부터의 분리 기준은?

① 종적 및 횡적으로는 1킬로미터, 수직으로 30미터 이내
② 종적 및 횡적으로는 1킬로미터, 수직으로 35미터 이내
③ 종적 및 횡적으로는 1킬로미터, 수직으로 40미터 이내
④ 종적 및 횡적으로는 1킬로미터, 수직으로 45미터 이내

> **해설**
> 관제공역 내에서 편대비행을 하려는 항공기의 기장은 편대를 책임지는 항공기로부터 편대 내의 항공기들을 종적 및 횡적으로는 1킬로미터, 수직으로는 30미터 이내의 분리를 유지해야 한다.

75 VFR 방식으로 비행하는 항공기가 준수하여야 하는 경우로서 맞지 않는 것은?

① 관할 항공교통업무기관의 허가를 받지 않고 지표면 상공을 3,000피트 이상으로 시계비행방식으로 비행하고자 할 때에는 국토교통부령(항공법시행규칙)에서 정하는 순항고도에 따라 비행하여야 한다.
② 특별시계비행방식에 따라 비행하는 경우 항공교통관제기관의 지시에 따라 비행하여야 한다.
③ 기동지역에서 운항하는 경우에는 항공교통관제기관의 지시에 따라 비행하여야 한다.
④ 관제권 밖에서 시계 비행하는 경우에는 비행정보를 제공하는 관할 항공교통업무기관과 공대지 통신을 유지하여야 한다.

> **해설**
> 통신 유지 의무는 관제권 내에서만 적용된다. 관제권 밖의 비관제공역에서는 VFR 항공기가 항공교통업무기관과 양방향 무선통신을 의무적으로 유지해야 하는 것은 아니다.

76 항공기 간 통행 우선순위에 관한 설명으로 틀린 것은?

① 정면으로 접근 시 서로 기수를 오른쪽으로 바꾼다.
② 교차 시는 다른 항공기를 좌측으로 보는 항공기가 진로를 양보한다.
③ 착륙을 위해 접근 중인 항공기 간에는 높은 고도의 항공기가 낮은 고도의 항공기에게 진로를 양보한다.
④ 동력항공기는 물건을 예항하고 있는 항공기에게 진로를 양보한다.

정답 73. ③ 74. ① 75. ④ 76. ②

해설
다른 항공기를 우측으로 보는 항공기가 진로를 양보해야 한다.

77 다음 중 조난단계를 나타내는 용어는?

① INCERFA ② ALERFA
③ DETRESFA ④ EMERGENCY

해설
비상단계(Emergency Phase)는 아래와 같이 3단계로 구분된다.
- 불확실단계(Uncertainty Phase) : INCERFA
- 경보단계(Alert Phase) : ALERFA
- 조난단계(Distress Phase) : DETRESFA

78 항공교통업무의 구분으로 적절하지 않은 것은?

① 항공교통관제업무
② 기상업무
③ 비행정보업무
④ 경보업무

해설
항공교통업무(Air Traffic Services, ATS)는 항공교통관제업무(ATC), 비행정보업무(FIS), 경보업무(Alerting Service)로 된다. 기상업무는 항공기 운항에 필수적이지만, ATS의 직접적인 구성 요소는 아니다.

79 항공교통관제업무의 목적으로 적절하지 않은 것은?

① 항공기 간의 충돌 방지
② 신속한 사고 보고 및 수색구조
③ 기동지역 내의 항공기와 장애물 간 충돌 방지
④ 항공교통 흐름의 촉진 및 질서유지

해설
항공교통관제업무(ATC)의 주된 목적은 항공기 간의 충돌 방지, 기동지역 내 충돌 방지, 항공교통 흐름의 촉진 및 질서유지이다. 신속한 사고 보고 및 수색구조 지원은 경보업무(Alerting Service)의 주된 목적이다.

80 IFR 비행만이 허용되며 모든 비행에 항공교통관제업무가 제공되고 항공기 간에 분리업무가 제공되는 공역의 등급은?

① A
② B
③ C
④ E

해설
A등급 공역은 계기비행(IFR) 항공기만 운항할 수 있으며, 모든 항공기는 항공교통관제업무를 받고 서로 분리된다.

81 관제구역의 하부 한계는 지상 또는 수면으로부터 얼마 이상의 높이로 설정하도록 규정하고 있는가?

① 200m(700feet)
② 300m(1,000feet)
③ 600m(2,000feet)
④ 900m(3,000feet)

해설
관제구역(Control Area)의 하부 한계는 지상 또는 수면으로부터 200미터(700피트) 이상의 높이로 설정하도록 규정하고 있다.

정답 77. ③ 78. ② 79. ② 80. ① 81. ①

82 A등급 공역에서 시계비행방식으로 비행하는 항공기가 준수해야 하는 비행시정은?

① 미적용
② 8,000미터
③ 5,000미터
④ 3,000미터

해설
A등급 공역에서는 계기비행(IFR)만 허용되며 시계비행(VFR)은 금지되므로, 시계비행 시정 기준은 적용되지 않는다.

83 관제구역의 하부 한계보다 더 높은 관제권의 상부 한계를 설정하고자 할 경우, 상부 한계의 고도가 얼마 이상일 경우 VFR 순항고도와 일치시켜야 하는가?

① 200m(700feet)
② 300m(1,000feet)
③ 600m(2,000feet)
④ 900m(3,000feet)

해설
관제구역의 하부 한계보다 더 높은 관제권의 상부 한계를 설정하고자 하거나, 관제권이 관제구역의 수평범위 바깥에 위치할 경우, 상부 한계는 조종사가 쉽게 구분할 수 있도록 고도로 설정하여야 한다. 이 한계가 해발 900미터(3,000피트)보다 높을 경우, 시계비행규칙(VFR) 순항고도와 일치시켜야 한다.

84 항공로의 기본 명칭은 1개의 알파벳문자에 1부터 999까지의 숫자를 덧붙여 구성한다. 다음 중 지역 항공로 망에 포함되지 않는 RNAV 항공로임을 나타내는 문자는?

① A
② L
③ W
④ Y

해설
항공로의 기본 지정자는 한 개의 알파벳문자와 1에서 999까지의 숫자로 구성된다. 기본 지정자의 의미는 다음과 같다.
- A, B, G, R: ATS 경로의 지역 네트워크의 부분을 형성하면서 RNAV 경로는 아닌 경로에 사용한다.
- L, M, N, P: ATS 경로의 지역 네트워크의 부분을 형성하는 RNAV 경로에 사용한다.
- H, J, V, W: ATS 경로의 지역 네트워크의 부분을 형성하지 않고, RNAV 경로는 아닌 경로에 사용한다.
- Q, T, Y, Z: ATS 경로의 지역 네트워크의 부분을 형성하지 않는 RNAV 경로에 사용한다.

85 보고 목적으로 사용되는 중요 지점에 대한 설명 중 적절하지 않은 것은?

① 보고 지점은 필수(Compulsory) 또는 비필수(On-request) 보고 지점으로 설정하여야 한다.
② 필수 보고 지점은 조종사와 관제사의 업무 부담 및 공지통신 부담을 고려하여 최소한으로 제한하여야 한다.
③ 항행안전무선시설이 있을 경우 반드시 필수 보고 지점으로 지정하여야 한다.
④ 비행정보구역 또는 관제구역 경계선에 반드시 필수 보고 지점을 설정해야 할 필요는 없다.

해설
중요 지점은 가능한 한, 지상의 항행안전무선시설(되도록이면 VHF 또는 HF 시설)에 관련하여 설정하며, 중요 지점을 보고 지점으로 지정할 수 있지만, 어떤 위치에 항행안전무선시설이 있다고 하여 이를 꼭 필수 보고 지점으로 지정할 필요는 없다.

정답 82. ① 83. ④ 84. ④ 85. ③

86 지연이 예상될 시, 항공기에게 체공지시를 발부해야 하는 시점은?

① 허가한계점 도착 전 적어도 3분 전까지
② 허가한계점 도착 전 적어도 5분 전까지
③ 허가한계점 도착 전 적어도 10분 전까지
④ 허가한계점 도착 전 적어도 15분 전까지

해설
지연이 예상될 때, 항공기가 허가한계점에 도착하기 적어도 5분 전에 허가한계점과 체공지시를 발부하여야 한다. 교통상황이 체공픽스로부터 5분 이내에 있는 항공기가 체공하여야 할 상황인 경우에는 허가한계점과 체공지시를 지체없이 발부하여야 한다.

87 ATS 기관이 책임구역 내에서 민간항공기가 요격당하고 있음을 인지하였을 경우 취할 조치사항으로 가장 적절하지 않은 것은?

① 비상주파수 121.5MHZ를 비롯하여 가능한 모든 주파수를 사용하여 피요격기와의 양방향 통신 설정을 시도한다.
② 피요격기의 주위에서 비행 중인 항공기에게 민간항공기가 요격당하고 있음을 통보한다.
③ 피요격기의 조종사에게 요격 사실을 통보한다.
④ 요격기와 통신을 유지하고 있는 요격관제기관에 동 항공기에 대한 유용한 정보를 제공한다.

해설
요격과 같은 민감한 군사/보안 상황은 불필요한 공황이나 혼란을 야기하지 않도록 제한적으로 전파되어야 하므로, 주변의 다른 민간항공기에게 요격 사실을 직접적으로 방송하는 것은 적절하지 않다.

88 항공교통업무 기관의 시계 및 기타 시간기록 장치는 항상 UTC로부터 몇 초 이내의 정확한 시간을 유지할 수 있도록 점검하여야 하는가?

① 1초   ② 10초
③ 20초   ④ 30초

해설
항공교통업무시설의 시계 및 다른 시간 기록장치는 국제표준시(UTC)로부터 30초 이내의 성확한 시간이 유지되도록 점검하여야 한다. 다만, 데이터링크 통신을 사용하는 경우에는 국제표준시(UTC)로부터 1초 이내의 정확한 시간이 유지되도록 점검하여야 한다.

89 주어진 공역 내에서 적용할 분리최저치를 선택하는 방법으로 적절하지 않은 것은?

① 분리최저치는 PANS-ATM 및 지역 보충절차의 규정 중에서 선택한다.
② 이용되는 항행안전시설의 종류 또는 상황에 대한 ICAO 규정이 없는 경우, 한 국가의 주권이 미치는 공역 내에 있는 비행로에 대해서는 관계 ATS 당국이 항공기 운용자와 협의하여 설정한다.
③ 이용되는 항행안전시설의 종류 또는 상황에 대한 ICAO 규정이 없는 경우, 공해상의 공역 또는 주권불명의 공역 내에 있는 비행로에 대해서는 ICAO 이사회에서 설정한다.
④ 비행로가 적용할 분리최저치보다 더 가깝게 인접공역 경계선에 근접해 있을 경우, 인접공역 ATS 당국과 협의하여 선택한다.

정답 86. ② 87. ② 88. ④ 89. ③

> **해설**
> ICAO 이사회는 ICAO의 최고 집행 기관으로서 국제 항공의 정책 및 표준 제정에 관여하지만, 특정 비행로에 대한 운영적 분리최저치를 직접 설정하는 역할은 수행하지 아니한다. 특히, ICAO 규정이 없는 공해상 또는 주권 불명의 공역 내 비행로에 대해서는 해당 공역에 대한 항공교통업무 제공 책임을 수락한 국가들이 ICAO의 기본 원칙에 따라 상호 협의 및 지역 항행 협정을 통해 분리최저치를 설정하는 것이 일반적인 방식이다.

90 고도계수정치가 29.90인 경우 최저 사용 가능 비행고도는?

① FL 140 ② FL 150
③ FL 160 ④ FL 170

> **해설**
> 고도계수정치에 따른 최저 사용 가능 비행고도는 다음과 같이 적용된다.
> • 29.92′ 이상일 경우: FL 140
> • 29.91′에서 28.92′사이일 경우: FL 150
> • 28.91′에서 27.92′사이일 경우: FL 160

91 ATC 허가 및 지시 중 항상 복창하여야 하는 사항으로 적절하지 않은 것은?

① 비행로 허가
② 활주로 횡단 허가
③ CPDLC에 대한 음성 복창
④ 항공기 속도 지시

> **해설**
> 항공교통관제(ATC) 비행로 허가, 활주로 진입, 착륙, 이륙, 정지, 횡단활주 및 역주행 허가 및 지시, 그리고 사용활주로, 고도계 수정치, 2차 감시레이더 코드, 고도 지시, 기수 및 속도 지시, 전이고도 등 항공안전 관련 허가 또는 지시사항에 대하여 반드시 복창하여야 한다.

92 음성-공항정보자동방송업무(Voice-ATIS)에 대한 설명 중 적절하지 않은 것은?

① ILS의 음성 채널을 사용해서는 아니 된다.
② 계속적이고 반복적으로 제공되어야 한다.
③ 하나 이상의 언어로 제공될 경우에는 각 언어에 대해 별도의 회선을 사용할 수 있다.
④ 메시지는 가능한 1분을 초과하지 않아야 한다.

> **해설**
> 음성-공항정보방송 메시지는 송신속도 또는 송신에 사용되는 항행안전시설의 식별신호에 의해 저해되지 않도록 가능한 30초를 초과하지 않아야 한다.

93 FL600 초과 고도에서 군용항공기 간 IFR 항공기 간 수직분리 최저치는?

① 1,000피트 ② 2,000피트
③ 3,000피트 ④ 5,000피트

> **해설**
> FL410 초과 고도에서 2,000feet의 수직분리 최저치를 적용하지만, FL600 초과고도에서 군용항공기 간에는 5,000feet를 적용한다.

94 항공교통관제 절차의 규정으로서 진로의 각도차가 45°~135° 사이에서 서로 교차하는 진로는?

① 동일진로(Same Course)
② 교차진로(Crossing Course)
③ 반대진로(Opposite Course)
④ 역진로(Reciprocal Course)

정답 90. ② 91. ③ 92. ④ 93. ④ 94. ②

> **해설**
> 진로의 각도차가 45°에서 135° 사이에서 서로 교차하는 진로는 교차진로(Crossing Course)이다.

95 항공교통관제 절차의 규정으로서 항공기 간 보호공역이 일치, 중첩, 교차되고, 그 각도차가 135°를 초과하고 180° 이하인 진로는?

① 동일진로(Same Course)
② 교차진로(Crossing Course)
③ 반대/역진로(Opposite/Reciprocal Course)
④ 추월진로(Overtaking Course)

> **해설**
> 항공기 간의 보호공역이 일치·중첩·교차되고 그 각도차가 135°를 초과하고 180° 이하인 진로는 반대/역진로(Opposite/Reciprocal Course)이다.

96 긴박한 상황으로 진전됨을 회피하기 위하여 즉각 이행이 요구되는 경우에 사용하는 용어는?

① Immediately
② Expedite
③ Emergency
④ Control

> **해설**
> 긴박한 상황으로 진전됨을 회피하기 위하여 즉각 이행이 요구되는 경우, Expedite라는 용어를 사용한다. 긴박한 상황의 회피가 필요하며 신속한 이행이 요구될 때는 Immediately라는 용어를 사용한다.

97 다른 관제사, 조종사 또는 기타 차량 운전자의 요청사항에 대한 응답 용어로서 긴 응답을 대신하여 사용되는 관제 용어는?

① (요구 내용) APPROVED
② APPROVED AS REQUESTED
③ UNABLE(요구 내용)
④ STAND BY

> **해설**
> 조종사 또는 기타 차량 운전자의 요청사항에 대한 응답 용어로서 긴 응답을 대신하여 사용되는 관제 용어는 APPROVED AS REQUESTED이다.

98 일반적으로 항공기의 관제정보는 인수관제시설의 관할구역 진입 예정 시간 최소 몇 분 전까지 인수관제시설에 통보하도록 항공교통관제 절차에서 규정하고 있는가?

① 5분 전　　② 10분 전
③ 15분 전　　④ 20분 전

> **해설**
> 관제시설은 항공기의 관제정보를 인수관제시설의 관할구역 진입 예정 시간 최소 15분 전까지 인수관제시설에 통보하여야 한다.

99 항공기에게 송신 시 송신 내용을 간소화할 수 있는 방법으로서 적절하지 않은 것은?

① 교신이 이루어진 후에는 항공기 식별부호 접두어와 마지막 3자리 숫자 또는 문자를 사용한다.
② 교신이 이루어진 후에는 시설 명칭을 생략한다.
③ 송신 내용이 짧고 수신이 확실한 경우, 호출한 다음에(항공기 응답을 기다리지 말고) 즉시 전문을 송신한다.
④ 송신 내용상 조종사가 당연히 응답하여야 하는 경우, 'OVER'를 사용한다.

정답 95. ③　96. ②　97. ②　98. ③　99. ④

> **해설**
> OVER는 송신이 끝나고 응답을 기다린다는 의미로 사용되는 용어이다. 다만, 명백한 응답이 요구될 경우 송신 간소화 측면에서 OVER는 생략한다.

100 송신해야 할 관제전문이 있을 경우, 우선권이 낮은 전문을 중단하기 위하여 사용하는 용어는?

① Emergency
② Control
③ Immediately
④ Expedite

> **해설**
> 송신해야 할 관제전문이 있을 때, 우선권이 낮은 전문을 중단하기 위해 CONTROL이라는 용어를 사용한다.

101 바람을 무풍으로 표현할 수 있는 풍속 기준은 얼마인가?

① 1Knot   ② 2Knots
③ 3Knots   ④ 5Knots

> **해설**
> 바람의 풍속이 3Knots 미만일 때 이를 무풍(calm)으로 표현한다.

102 항공로관제 중 접근관제시설이 없는 공항에 도착하는 항공기에게 목적 공항으로부터 몇 마일 지점에 접근하고 있을 때 목적 공항의 Altimeter Setting을 발부하여야 하는가?

① 약 20mile   ② 약 30mile
③ 약 40mile   ④ 약 50mile

> **해설**
> 접근관제업무가 제공되지 않는 공항에 착륙하려는 항공기에게, 지역관제소는 해당 공항의 가장 최근 고도계 수정치를 목적 공항으로부터 약 50마일 지점에서 발부하여야 한다.

103 ATIS 녹음에 관한 설명 중 적절하지 않은 것은?

① 수치의 변동이 없는 새로운 공식 기상정보를 접수하였을 경우, 새로 녹음할 필요가 없다.
② 활주로 제동상태 보고가 현재 ATIS 방송에 포함된 상태보다 좋지 않을 경우, 새로 녹음하여야 한다.
③ 사용활주로의 변경이 있을 경우, 새로 녹음하여야 한다.
④ NOTAM 사항의 변경이 있을 경우, 새로 녹음하여야 한다.

> **해설**
> ATIS 메시지는 수치의 변동과 관계없이 새로운 공식 기상정보를 접수했을 때 새로 녹음하여야 한다.

104 비행정보 자동처리시설을 갖춘 시설 간 비행정보자료가 자동 이양되지 않는 경우, 출발 지점이 이양시설 경계선으로부터 비행소요 시간이 몇 분 이내에 있을 때 항공기가 출발하기 전에 인수시설과 협의하여야 하는가?

① 5분   ② 10분
③ 15분   ④ 20분

> **해설**
> 출발 지점이 이양시설 경계선으로부터 비행소요 시간이 15분 이내에 있을 때, 항공기 출발 전에 인수시설과 협조하여야 한다.

정답 100. ② 101. ③ 102. ④ 103. ① 104. ③

105 비행 방향이 0°에서 179°까지인 경우, IFR 항공기에게 배정할 수 있는 고도는?

① FL290 미만에서는 2,000 feet 간격의 홀수 해발고도 또는 비행고도
② FL290 미만에서는 2,000 feet 간격의 짝수 해발고도 또는 비행고도
③ FL290 이상에서는 FL 300에서 시작하여 4,000 feet 간격의 비행고도
④ FL290 이상에서는 FL 300에서 시작하여 4,000 feet 간격의 짝수 비행고도

해설
계기비행(IFR) 항공기가 자침 비행로 0°에서 179° 사이로 비행하는 경우, FL290 미만에서는 2,000피트 간격의 홀수 해발고도 또는 비행고도를 배정하여야 한다.

106 조종사가 긴급한 상황을 선언하기 위하여 첫 교신 시 3회 반복하여 사용하는 용어는?

① Mayday
② Pan-Pan
③ Distress
④ Urgency

해설
조종사가 긴급 상황을 선언하기 위해 첫 교신 시 3회 반복하여 사용하는 용어는 'PAN PAN'이다.
조난상황에 처한 조종사는 첫 무선 교신 시 'Mayday'를 3회 반복 사용하여 비상을 선언한다. 긴급한 상황에서는 용어 'Pan-Pan'을 같은 방법으로 사용한다.

107 항공기 탐색경보(ALNOT) 발령은 관련 항공로에 부가하여 최종보고 지점에서 목적지까지 비행 항공로의 양쪽 몇 mile 범위의 항공교통기관까지 포함해야 하는가?

① 20mile   ② 30mile
③ 40mile   ④ 50mile

해설
관련 항공로에 부가하여 최종보고 지점에서 목적지까지 비행 항공로 양쪽에 50마일 지역의 모든 항공교통기관에 항공기 탐색경보를 발령해야 한다.

108 지연되거나 미 보고된 항공기가 있는 상황에서 활주로등, 진입등 및 필요한 다른 모든 공항 조명시설의 점등 요건으로 맞는 것은?

① 미보고 항공기의 도착예정 시간 최소 20분 전부터 항공기 위치가 확인될 때까지
② 미보고 항공기의 도착예정 시간 최소 10분 전부터 항공기 위치가 확인될 때까지
③ 미보고 항공기의 도착예정 시간 최소 30분 전부터 항공기의 연료가 고갈될 것으로 예상된 시간으로부터 30분 후까지
④ 미보고 항공기의 도착예정 시간 최소 20분 전부터 항공기의 연료가 고갈될 것으로 예상된 시간으로부터 1시간 후까지

해설
미보고 항공기 도착예정 시간 최소 30분 전부터 항공기 위치가 확인될 때까지 또는 연료가 고갈될 것으로 예상되는 시간으로부터 30분 후까지 활주로등, 진입등 및 필요한 다른 모든 공항 조명시설을 작동시킨다.

정답 105. ① 106. ② 107. ④ 108. ③

109 도착항공기가 관제사의 육안으로 확인을 할 수 있는 지점에서 위치 보고를 하였으나 확인되지 않을 경우, 취할 수 있는 조치로 맞는 것은?

① 직접 확인되지 않았으므로 착륙 허가를 발부하지 않는다.
② 시계비행상태일 때에만 착륙 허가를 발부한다.
③ 관제탑 관제사는 레이더 관제사에게 착륙 허가 발부를 요청한다.
④ 착륙 허가와 함께 당해 항공기가 확인되지 않고 있음을 조언하고, 착륙 허가를 발부한다.

해설
관제사가 육안으로 확인할 수 있는 지점에서 도착항공기가 위치 보고를 하였으나 육안 확인이 되지 않을 때, 착륙 허가와 함께 당해 항공기가 확인되지 않고 있음을 조언하고, 착륙할 활주로를 재발부하여야 한다.

110 항공기 지상활주, 차량, 장비, 인원의 이동에 관한 허가 발부 시 사용할 수 없는 용어는?

① Taxi
② Proceed
③ Cleared
④ Hold

해설
항공기 지상활주, 장비, 차량, 인원의 이동에 관한 허가를 발부할 때 'Cleared'라는 용어를 사용해서는 안 된다. 지상활주 항공기에는 'Taxi', 'Proceed', 또는 'Hold'를 서두에 사용해야 하며, 차량, 장비, 인원에 대해서는 'Proceed' 또는 'Hold'를 사용해야 한다.

111 다음 중 착륙항공기로 간주할 수 있는 경우가 아닌 것은?

① low approach를 하는 항공기가 활주로 중간 지점을 통과한 경우
② low approach를 하는 항공기가 활주로 시단을 통과할 때까지
③ touch-and-go를 하는 항공기가 활주로에 접지할 때까지
④ stop-and-go를 하는 항공기가 활주로에 완전히 정지할 때까지

해설
Low Approach를 실시하는 항공기는 활주로 시단(Landing Threshold)을 통과할 때까지 착륙 항공기로 간주하며, 활주로 시단 통과 이후에는 이륙 항공기로 간주한다.

112 비상상황 등의 특별한 경우가 아닌 한, 공항 상공으로 저고도 접근(Low Approach) 허가 시 허용할 수 있는 최저고도는?

① 100피트 ② 300피트
③ 500피트 ④ 1,000피트

해설
비상상황과 같은 특별한 경우가 아닌 한, 공항 상공으로 저고도 접근을 허가할 때 허용할 수 있는 최저고도는 500피트이다.

113 원형 접근(Overhead Approach)을 수행하는 항공기에게 제공하거나 발부하는 정보가 아닌 것은?

① 장주고도 및 선회방향
② Initial point에서의 보고 요구
③ Break point에서의 보고 요구
④ Roll Out point에서의 보고 요구

정답 109. ④ 110. ③ 111. ① 112. ③ 113. ④

> **해설**
> Roll Out point에서의 보고 요구는 원형 접근을 허가할 때 특별히 제공하거나 발부하는 정보가 아니다.

114 주기장에서 조종사가 push back 요구 시 관제사가 사용하는 관제지시로 적절하지 않은 것은?

① taxi to holding point
② push back approved
③ stand by
④ push back at own discretion

> **해설**
> 'taxi to holding point'는 지상활주(Taxi) 지시로, push back 상황과는 맞지 않다.

115 이륙위치에서의 대기(LUAW)에 관한 설명 중 옳은 것은?

① 관제탑으로부터 육안 확인이 가능한 경우, 교차활주로 상으로 동시에 두 항공기에게 LUAW를 지시할 수 있다.
② 한 항공기에게 LUAW를 지시한 경우, 충분한 분리가 이루어질 것으로 판단되면 다른 접근항공기에게 Low Approach 허가를 발부할 수 있다.
③ 먼저 LUAW를 지시한 후 나중에 활주로 번호를 발부한다.
④ 관제탑으로부터 육안 확인이 불가능한 경우, 공항감시레이더를 이용하여 항공기 위치식별이 가능하다면 LUAW를 지시할 수 있다.

> **해설**
> 공항 지상 감시 레이더(ASDE)를 통해 항공기 위치식별이 가능하다면, 즉 관제탑에서 육안 확인이 어렵더라도 ASDE가 보조적인 감시 기능을 수행할 수 있다면 이륙위치에서의 대기(Line Up And Wait, LUAW) 지시가 가능하다.

116 동일 활주로상 이륙항공기 간 거리분리 최저치가 옳지 않은 것은?

① CAT I 항공기 간 – 3,000피트
② CAT II 항공기가 CAT I 항공기에 앞서 비행할 때 – 3,000피트
③ CAT II 항공기 간 – 4,500피트
④ 민간전용공항에서 둘 중의 하나가 CAT III 항공기일 경우 – 6,000피트

> **해설**
> 둘 중의 하나가 CAT III 항공기일 때 최소 분리 거리는 6,000피트이다. 그러나 민간전용공항인 경우에는 8,000피트가 적용된다.

117 이착륙하는 항공기 간에 적절한 간격을 유지토록 하는 방법 중 틀린 것은?

① 이륙 허가 대신에 대기 지시를 조종사에게 발부할 때, 조종사는 대기지시를 복창하여야 한다.
② 헬리콥터의 적절한 간격 유지를 위하여 속도 조절이 경로 변경보다 다소 용이하다.
③ 선택허가절차는 관제탑이 운영되는 곳에서 사용되며, 관제기관의 허가를 득하여야 한다.
④ 항공기에게 지정된 이륙 활주로까지 Taxi 허가를 할 때 대기지시를 포함하지 않을 경우, 지정된 이륙 활주로 통과를 허가하는 것이다.

> **해설**
> 항공기에게 활주로까지 지상활주 허가를 발부할 때, 대기지시(Hold Short Instruction)를 명시적으로 포함하지 않더라도 활주로 진입 또는 횡단 허가는 자동으로 부여되지 않는다. 활주로를 횡단하거나 진입하기 위해서는 반드시 관제기관으로부터 명확한 활주로 진입(Line Up and Wait) 또는 횡단(Cross Runway) 허가를 받아야 한다.

정답 114. ① 115. ④ 116. ④ 117. ④

118 관제탑에서 접근관제소에 통보하여야 하는 사항 중 옳지 않은 것은?

① 사용활주로
② 계기비행 계획서의 취소 사항
③ 항공기 착륙시간
④ 탑승자 수

해설
관제탑은 당해 공항의 계기비행 관제권을 행사하는 관제기관에 도착항공기에게 시각접근을 허가할 경우, 항공기 착륙시간, 계기비행 계획서의 취소 사항, 실패접근, 미보고 또는 도착지연 항공기에 관한 정보, 사용활주로, 필요한 기상정보를 통보해야 한다.

119 항공기 출발 지연정보 발부 방법 중 옳지 않은 것은?

① 출발 항공기에게 엔진 시동 조언을 발부받을 예상 시간을 통보한다.
② 출발 항공기에게 엔진 시동을 허가하고, 지상활주 시기 통보를 요구한다.
③ 조종사가 지연 대기 장소에서 대기를 요구 시, 조종사 요구를 허가하여야 한다.
④ 계류장 대기 절차 종료 시, GC/FD 주파수로 모든 항공기에게 조언한다.

해설
조종사의 지연 대기 요청이 전체적인 교통 흐름, 공역의 혼잡도 또는 다른 항공기와의 분리 등 안전에 영향을 미칠 수 있다고 판단될 경우, 관제사는 해당 요청을 허가하지 않을 수 있다.

120 이륙 위치에서 대기 허가를 할 때 사용하는 방법 중 틀린 것은?

① behind landing traffic 등의 조건부 구문을 사용한다.
② 활주로 번호를 먼저 발부한 후, 이륙위치대기를 지시한다.
③ 동일 활주로상의 가장 가까운 항적의 교통정보를 발부한다.
④ 동일 활주로에 최종접근 중인 6마일 이내의 가장 가까운 항공기에 대한 정보를 통보한다.

해설
이륙 위치 대기(Line Up and Wait, LUAW) 허가를 발부할 때, 'behind landing traffic' 또는 'after departing aircraft'와 같은 조건부 구문을 사용하여서는 안 된다.

121 이륙위치에서의 대기에 대한 설명으로 틀린 것은?

① ASDE로 항공기 위치를 확인 할 수 없다면 이륙 위치에서 대기를 허가하여서는 안 된다.
② 교차활주로상에 두 항공기는 동시에 이륙위치 진입 후 대기를 허가할 수 있다.
③ 관제탑으로부터 육안 확인이 불가능한 경우, 이륙 위치에서 대기를 허가하여서는 안 된다.
④ 일몰과 일출 사이에는 항공기에게 교차 지점에 진입 후 대기를 허가해서는 안 된다.

해설
안전상의 이유로, 두 대 이상의 항공기가 하나의 활주로(동일 활주로 또는 교차 활주로)상에 동시에 이륙 위치에 진입하여 대기하도록 허가하여서는 안 된다.

정답 118. ④ 119. ③ 120. ① 121. ②

122 항공기 이륙허가 방법 중 틀린 것은?

① 먼저 활주로 번호를 알리고 출발 허가를 발부한다.
② 항공기에게 지상풍 및 이륙 허가를 발부한다.
③ 항공기에게 이륙을 허가할 때 동일 활주로상에 최종접근로 6마일 이내의 가까운 항공기에 대한 정보를 제공한다.
④ 터빈 동력항공기가 활주로에 도달 시는 이륙 준비 완료를 보고해야 한다.

해설
터빈 동력항공기는 별도 보고를 하지 않는 한 활주로에 도달 시 이륙 준비 완료로 간주한다.

123 국지관제사와 지상관제사 간의 공항 활주로 및 이동지역의 안전한 사용을 위해 필요한 정보 교환 수단 중 맞는 것은?

① 구두, 서면
② 비행진행스트립, 빛총신호
③ 자동정보전시기, 빛총신호
④ 서면, 빛총신호

해설
국지관제사와 지상관제사는 공항활주로 및 이동지역에서의 안전과 효율적인 사용을 위하여 필요한 정보를 교환하여야 한다. 정보 교환 시 구두, 비행진행기록지(strip), 서면 또는 자동정보전시기를 사용한다.

124 다음에서 착륙 허가 방법 중 맞지 않은 것은?

① 착륙활주로가 변경되었다면, 미리 'Change to Runway'를 말하고 착륙 허가를 발부하여야 한다.
② 동일 활주로상에 항공기가 대기 중일 때 touch and go, stop and go가 허가된 가장 가까운 항공기에게 정보를 제공한다.
③ 다른 활주로를 사용 중이거나 사용할 예정인 다른 항공기와 충돌할 가능성이 있을 경우, 착륙 활주로를 재강조하여 발부한다.
④ touch and go, stop and go 허가 발부 시는 지상풍을 발부할 필요가 없다.

해설
Touch-And-Go 또는 Stop-And-Go를 실시하는 항공기는 활주로 접지(Touch-And-Go 시) 또는 완전한 정지(Stop-And-Go 시)시까지 착륙항공기로 간주하며, 착륙항공기에게 지상풍을 포함한 최신 착륙정보를 발부하여야 한다.

125 별도로 인가되지 않는 경우, 관제탑 레이더 전시기의 사용에 관한 설명 중 틀린 것은?

① 항공기의 식별, 정확한 위치 확인
② 공항표면구역 밖에서 운항하는 항공기에 대한 정보 및 지시 발부
③ 다른 항공기에 대한 공간적 관계의 결정, 레이더 교통정보 조언 제공
④ 시계비행 항공기에 대한 방향 또는 권고 기수방향 제공

해설
별도로 인가되지 않는 한, 관제탑 레이더 전시기는 활주로상 또는 공항표면구역(surface area) 내에서 운항하는 항공기에 대한 국지관제사들이 책임을 다할 수 있도록 국지관제사를 보조하기 위한 것이다.

126 착륙지역의 안전에 영향을 미칠 어떠한 상태에 관한 처리 방법으로 틀린 것은?

① 공항운영자는 착륙지역의 상태점검 및 보고의 책임이 있다.
② 관제사가 공항운영자와 정보 교환이 불가능한 경우, NOTAM 조치를 취하고, 공항운영자에게 신속히 통보한다.
③ 관련 정보를 해당 공항운영자에게 통보한다.
④ 기록은 접수된 정보만을 유지한다.

해설
착륙지역의 안전에 영향을 미칠 어떠한 상태에 관하여 관제사가 직접 목격했거나 통보를 받은 경우, 접수된 정보 및 통보자의 이름을 기록하여야 한다.

127 레이더업무를 수행하기 위하여 관제사가 근무 상번 시 최우선적으로 실시해야 하는 Radar System에 대한 성능 점검절차는?

① Radar Identification
② Radar Alignment
③ Radar Monitor
④ Radar Contact

해설
레이더 업무를 수행하기 위하여 관제사가 근무 상번 시 최우선적으로 실시해야 하는 Radar System에 대한 성능 점검절차는 레이더 정렬 정확도 점검(Radar Alignment Accuracy Check)이다.

128 중간 이륙지점에서 해당 이륙활주로 끝까지의 측정거리가 6,398피트일 경우, 중간 이륙허가 발부 시 제공되는 잔여거리는?

① 6,300피트 ② 6,350피트
③ 6,390피트 ④ 6,398피트

해설
중간 이륙에 대한 적절한 지시가 없는 경우, 중간 이륙을 요구하는 조종사 및 모든 군항공기에게 중간 이륙지점에서 활주로 끝까지의 측정거리를 발부한다. 이때 발부되는 거리는 50피트 단위로 버림하여 산출한다.

129 민간항공기의 Radar 식별용으로 사용되는 Transponder는?

① MODE A
② MODE B
③ MODE C
④ MODE 3

해설
민간항공기의 레이더 식별(Radar Identification)을 위해 사용되는 트랜스폰더 모드는 MODE A이다.

130 다음 중 ATC 빛총신호와 의미가 맞지 않은 것은?

① SEADY GREEN – 비행 중인 항공기에게 착륙 허가 발부
② FLASHING GREEN – 지상에 있는 항공기에게 지상활주 허가 발부
③ SEADY RED – 지상활주 중에 있는 항공기에게 정지 지시
④ FLASHING WHITE – 비행 중인 항공기에게 계속 선회 지시

해설
점멸 백색등(Flashing White)은 지상에 있는 항공기에게는 비행장 안의 출발 지점으로 돌아갈 것을 의미하고, 비행 중인 항공기에게는 이 공항에 착륙하여 주기장으로 가라는 의미이다.

정답 126. ④ 127. ② 128. ② 129. ① 130. ④

131 수신만 가능한 항공기에게 시각적인 방법으로 응답을 요구할 때 사용하는 표준관제 용어는?

① ACKNOWLEDGE BY MOVING AILERONS
② CONFIRM BY MOVING AILERONS
③ VERIFY BY MOVING AILERONS
④ ADVISE BY MOVING AILERONS

해설
수신만 가능한 항공기에게 관제사의 지시를 이해했음을 응답하도록 요구할 때, 시각적인 수단을 통해 확인을 요청할 수 있다. 이 경우 사용하는 용어는 'ACKNOWLEDGE'이다.

132 주간에 진입등을 점등해야 하는 운고와 우시정 기준치로 맞는 것은?

① 운고 1,000피트 미만 또는 우시정 5마일(8,000미터) 이하
② 운고 2,000피트 미만 또는 우시정 5마일(8,000미터) 이하
③ 운고 3,000피트 미만 또는 우시정 5마일(8,000미터) 이하
④ 운고 5,000피트 미만 또는 우시정 5마일(8,000미터) 이하

해설
진입등(Approach Light Systems, ALS)은 주간에 운고 1,000피트 미만 또는 우시정 5마일(8,000미터) 이하일 때 점등해야 한다.

133 항공기 트랜스폰더 Mode C에서 제공되는 고도 정보의 허용 범위는?

① RVSM 적용지역 : ±100FT, RVSM 비적용지역 : ±200FT
② RVSM 적용지역 : ±200FT, RVSM 비적용지역 : ±300FT
③ RVSM 적용지역 : ±300FT, RVSM 비적용지역 : ±400FT
④ RVSM 적용지역 : ±400FT, RVSM 비적용지역 : ±500FT

해설
관제정보로 이용하기 위한 Mode C 오차 허용 고도는 RVSM 적용 지역에서는 ±200FT, RVSM 비적용지역에서는 ±300FT이다.

134 Radar 표준분리 적용에 관한 설명 중 틀린 것은?

① Radar 식별된 항공기 간 최저분리거리 이상의 간격을 유지해야 한다.
② Radar 식별된 항공기 간의 분리를 위해서는 Radar ID 상태를 계속 유지해야 한다.
③ ASR의 경우 안테나로부터 40마일 이내에서의 항공기 간 수평분리 최저치 3마일은 항상 적용할 수 있다.
④ 수직분리의 경우 고도배정 방식이 적용된다.

해설
수평분리 최저치는 일반적으로 안테나로부터 40마일 미만일 때 3마일이지만, 항공기 후류 난기류(Wake Turbulence) 분리 절차는 난기류의 영향으로 인하여 항공기 범주에 따라 증가된 분리 최저치가 적용되므로 3마일의 최저치가 항상 적용되는 것은 아니다.

135 접근관제구역에서 운용하는 공항감시레이더의 경우 안테나로부터 40NM 이상에서의 항공기 간 수평분리 최저치는?

① 3NM   ② 5NM
③ 7NM   ④ 10NM

정답 131. ①   132. ①   133. ②   134. ③   135. ②

해설
안테나로부터 40마일 미만일 때는 3마일, 40마일 이상일 때는 5마일이 적용된다.

136 1,000FT 미만의 고도 차이로 접근 중인 두 항공기 간 Wake Turbulence 적용 분리최저치 중 맞는 것은?

① MEDIUM→LIGHT : 5NM
② HEAVY→LIGHT : 4NM
③ HEAVY→MEDIUM : 3NM
④ HEAVY→HEAVY : 2NM

해설
선행 중형(MEDIUM) 항공기 뒤에 후행 소형(LIGHT) 항공기의 분리 최저치는 5NM이다.

137 활주로등의 운영 기준과 관계없이 점등과 소등을 할 수 있는 상황에 대한 설명으로 가장 적절한 것은?

① 관제사가 필요하다고 판단될 때
② 조종사 요구
③ 기타 인지된 다른 항공기에게 악영향을 미치지 않을 것으로 판단될 때
④ 위 모두

해설
활주로등은 관제사가 필요하다고 판단될 때, 조종사 요구 및 기타 인지된 다른 항공기에게 악영향을 미치지 않을 것으로 판단될 때 사용활주로 활주로등 운영 기준과 관계없이 점·소등할 수 있다.

138 비행장등대의 운영 시기에 대한 설명으로 맞는 것은?

① 일몰 시부터 일출 시까지
② 일출 시부터 일몰 시까지
③ 보고된 운고(ceiling) 또는 시정치가 시계비행 기상상태일 때
④ 보고된 기상이 계기비행 기상치 이상일 때

해설
비행장등대(Aerodrome Beacon)는 일몰 시부터 일출 시까지 점등하여 운영한다. 일출 시부터 일몰 시까지의 기간 중에는 보고된 운고(Ceiling) 또는 시정치가 시계비행 최저치 미만일 때에도 점등하여 운영한다.

139 C등급 공역 또는 D등급 공역 내의 공항으로부터 반경 7.4킬로미터(4마일) 내 지표면으로부터 2천500피트 이하의 고도에서 항공교통관제기관의 별도 승인이 없는 한, 항공기가 준수해야 하는 제한속도는?

① 지시대기속도 180노트 이하
② 지시대기속도 200노트 이하
③ 지시대기속도 210노트 이하
④ 지시대기속도 230노트 이하

해설
C 또는 D등급 공역에서는 공항으로부터 반지름 7.4킬로미터(4해리) 내의 지표면으로부터 750미터(2,500피트)의 고도 이하에서는 지시대기속도 200노트 이하로 비행하여야 한다.

140 사용활주로의 활주로등 운영 시기에 대한 설명으로 틀린 것은?

① 출발 항공기가 활주로에 진입하기 전부터 이륙 후 B, C, D 등급 공역의 공항표면구역(Surface Area) 이탈 시까지
② 계기비행 항공기가 최종접근을 시작하기 전
③ 일출부터 일몰까지 연속해서 운영
④ 항공기가 착륙활주로에서 지상활주를 종료할 때까지

정답 136. ① 137. ④ 138. ① 139. ② 140. ③

해설

일출 시부터 일몰 시까지 주간에는 사용활주로의 지상 시정이 2마일 미만일 때 야간 운영 기준을 적용하여 점등한다.

141 레이더 식별된 모든 항공기 중 중첩항적 처리절차를 적용하지 않아도 되는 항공기는?

① 설정된 체공장주에서 체공 중인 항공기
② 터보제트 항공기
③ 대통령 탑승기
④ 10,000피트 이상의 항공기

해설

설정된 체공장주에 있는 경우를 제외하고, 다음의 모든 레이더 식별된 항공기에게 중첩항적 처리절차(Merging Target Procedures, MTP)를 적용한다.

142 항공기에 탑재된 Transponder의 고장 또는 기능장애 등으로 배정한 비컨코드가 시현되지 않거나, 일치하지 않을 때 사용되는 용어로 맞지 않는 것은?

① (호출부호) Your Transponder Appears Inoperative/Malfunction, Reset, Squawk(코드)
② (호출부호) Reset Transponder, Squawk(코드)
③ (호출부호) Beacon Interrogator Inoperative/Malfunction
④ (호출부호) Reset Squawk(코드)

해설

지상의 비컨 질문기(Interrogator)가 작동하지 않거나 기능 장애가 있을 때 관제사가 해당 항공기에게 그 사실을 통보하는 용어는 '(시설명 또는 관제기능) Beacon Interrogator Inoperative/Malfunction'이다.

143 FL140 미만에서 부정확한 Mode C 판독이 관찰될 때 조치사항으로 잘못된 것은?

① Confirm/Verify Using Two Niner Niner Two AS Your Altimeter Setting
② (지점명) Altimeter(적절한 고도계 수정치), Verify Altitude
③ Check Altimeter Setting and Confirm(level)
④ Stop Altitude Squawk, Altitude Differs by(피트 수) Feet

해설

Confirm/Verify Using Two Niner Niner Two AS Your Altimeter Setting은 FL140 이상에서 부정확한 Mode C 판독이 관찰될 때, 조종사에게 고도계 수정치 29.92′를 사용하고 있는지 확인하도록 요청하는 용어이다.

144 협의에 따라 통신 이양 또는 자동화시스템에 의한 응신 없이 인수관제사의 공역에 진입할 항공기가 식별되었고, 진입을 허가함을 통보하기 위해 사용하는 용어는?

① POINT-OUT
② POINT-OUT APPROVED
③ HAND-OFF
④ HAND-OFF APPROVED

해설

통신 이양 또는 적절한 자동화 시스템에 의한 응신 없이 항공기가 식별되었고, 인수 관제사의 공역으로 진입이 허가되었음을 인계 관제사에게 통보하기 위해 사용되는 용어는 POINT-OUT APPROVED이다.

정답 141. ①　142. ③　143. ①　144. ②

145 인계 관제사의 관제권 이양(Transferring Controller Hand-Off) 방법으로 틀린 것은?

① 배정된 비행기 수, 속도 제한사항, 발부된 고도정보 등을 인수관제사에게 통보한다.
② 통신 이양 전, 관할 공역 내의 항공기 간 충돌가능성을 해소하여야 한다.
③ 특별히 협의하지 않는 한, 인수관제사가 발부한 제한사항을 준수하지 않아도 된다.
④ 항공기가 인수관제사의 공역에 진입하기 전에 레이더 이양을 완료하여야 한다.

해설
인계 관제사는 합의서 또는 운영내규에 명시되어 있지 않거나 사전에 협조되지 않는 경우, 인계인수 관제사가 발부한 제한사항을 반드시 따라야 한다.

146 STRIP에 사용하는 허가 약어로서 Cleared to climb/descend at pilot's discretion을 의미하는 것은?

① CAF
② Z
③ RA
④ PD

해설
CAF: Cleared as filed, Z: Tower jurisdiction, RA: Resolution advisory이다.

147 원격감시장치(FFM) 원격감지기는 일반적인 기상상태를 근거하며 정해진 기상상태에서 운영해야 한다. 설명 중 맞지 않는 것은?

① CAT I ILS 최저치 미만의 기상상태에서
② CAT I ILS 최저치 이상의 기상상태에서
③ CAT II ILS 최저치 미만의 기상상태에서
④ CAT II ILS 최저치 이상의 기상상태에서

해설
원격감시장치(Far Field Monitor, FFM) 원격감지기는 일반적인 기상상태를 근거하며, CAT II ILS 최저치 미만의 기상상태에서 운영하여야 한다.

148 다음 중 항공기 속도 조절을 할 수 있는 경우는?

① 발간된 고고도 계기접근절차를 수행 중인 항공기
② 체공장주에 있는 항공기
③ FAF 또는 활주로로부터 5마일 되는 지점 중 활주로로부터 가까운 지점에 있는 항공기
④ Terminal Area 내에서 10,000피트로 접근 중인 항공기

해설
발간된 고고도 계기접근절차를 수행 중인 항공기, 체공장주에 있는 항공기, 최종접근 진로상의 최종접근픽스 또는 활주로로부터 5마일 되는 지점 중 활주로로부터 가까운 지점에 있는 항공기에게는 속도 조절을 지시하여서는 안 된다.

정답 145. ③ 146. ④ 147. ③ 148. ④

149 항공기 비행 상황별 속도 조절 최저치 중 맞는 것은?

① Holding Pattern에서 체공하고 있는 항공기 : 210knots
② 고고도접근절차로 접근하고 있는 항공기 : 210knots
③ 10,000FT~FL 280에서 비행하는 항공기 : 230knots
④ 출발 터보 제트항공기 : 230knots

해설
Holding Pattern에서 체공하고 있는 항공기, 발간된 고고도 계기접근절차를 수행 중인 항공기에게는 속도 조절을 지시할 수 없고, FL280과 10,000피트 사이의 고도에서 비행하는 항공기에는 250노트 이상의 속도 또는 그와 대등한 마하수를 최저 속도로 배정한다.

150 관제권 내 비행장에서 시계비행금지에 대한 설명으로 틀린 것은?

① 비행장의 운고가 800피트일 경우 이륙을 금지한다.
② 비행장의 지상시정이 3,000미터이면 착륙을 금지한다.
③ 비행장의 운고가 1,200피트인 경우 관제권 안으로 진입이 가능하다.
④ 비행장의 지상시정이 5킬로미터이면 이륙할 수 있다.

해설
시계비행방식으로 비행하는 항공기는 해당 비행장의 운고(구름 밑부분 고도를 말한다)가 450미터(1,500피트) 미만이거나 지상시정이 5킬로미터 미만인 경우에는 관제권 안의 비행장에서 이륙 또는 착륙하거나 관제권 안으로 진입할 수 없다.

정답 149. ④ 150. ③

CHAPTER 5 기출 예상문제
항행안전시설

01 2차 감시레이더의 특수목적 코드와 그 의미의 연결이 옳지 않은 것은?

① 7700 : 비상상황
② 7600 : 무선통신 두절
③ 7500 : 항공기 피랍
④ 7400 : 항법장비장애

[해설]
code 7400은 무인항공기 연결 두절에 해당하는 코드이다.

02 2차 감시레이더가 항공기의 고도 정보를 요청할 때 사용하는 질문 펄스(P1, P3)의 시간 간격은?

① 8μs   ② 17μs
③ 21μs ④ 25μs

[해설]
Mode C는 항공기의 고도 정보를 얻기 위한 신호로 사용되며, 질문 펄스(P1, P3) 간격은 21마이크로초(μs) ±0.2μs이다.

03 다음 중 항공기에 탑재된 장비(트랜스폰더 등)의 도움이 필요 없는 비협력적 감시시설은?

① 1차 감시레이더
② 2차 감시레이더
③ 다변측정감시시설
④ 자동종속감시시설

[해설]
1차 감시레이더는 지상에서 발사한 전파가 항공기 동체에 맞아 반사되는 신호를 이용하며, 항공기에 별도의 응답 장비(트랜스폰더)가 없어도 탐지가 가능한 비협력적(Non-cooperative) 감시시설이다.

04 2차 감시레이더에서 사용하는 질문 신호와 응답 신호의 주파수 조합으로 옳은 것은?

① 질문: 1030MHz / 응답: 1090MHz
② 질문: 1090MHz / 응답: 1030MHz
③ 질문: 1030MHz / 응답: 1030MHz
④ 질문: 1090MHz / 응답: 1090MHz

[해설]
지상에서 항공기로 보내는 질문(Uplink) 신호는 1,030MHz를 사용하고, 항공기에서 지상으로 보내는 응답(Downlink) 신호는 1,090MHz를 사용한다.

05 다음 중 항공장애등의 종류가 아닌 것은?

① 저광도 항공장애등
② 중광도 항공장애등
③ 고광도 항공장애등
④ 초고광도 항공장애등

[해설]
항공장애등은 광도에 따라 저광도, 중광도, 고광도의 세 가지로 구분한다.

정답 01. ④ 02. ③ 03. ① 04. ① 05. ④

06 비행장표고의 정의로 가장 옳은 것은?

① 착륙 지역 중 가장 높은 지점의 표고
② 활주로 시단의 표고
③ 관제탑의 평균해수면(MSL)으로부터의 높이
④ 공항 내 가장 높은 장애물의 표고

해설
비행장표고(Aerodrome Elevation)는 항공기의 이륙 및 착륙에 사용되는 비행장 내 구역, 즉 착륙 지역(Landing Area) 중에서 가장 높은 지점의 표고를 말한다.

07 전방향표지시설 식별 부호의 송신 주기로 옳은 것은?

① 최소한 10초마다 1회
② 최소한 20초마다 2회
③ 최소한 30초마다 3회
④ 최소한 60초마다 6회

해설
전방향표지시설(VOR)의 식별신호는 국제 모스 부호를 사용하여 최소한 매 30초마다 3회 동일한 간격으로 송신되어야 한다.

08 여러 개의 지상 수신국에서 항공기 트랜스폰더에서 수신되는 신호의 시간차를 비교·분석하여 항공기 또는 지상이동 물체의 위치를 탐지하는 시스템은?

① MLAT   ② ADS-B
③ SBAS   ④ PSR

해설
다변측정감시(MLAT)는 2차감시레이더(SSR) 트랜스폰더에서 수신되는 신호의 시간차를 비교·분석하는 다변측정방식으로 항공기 또는 지상이동 물체의 위치를 탐지하여 관제용 현시 장치에 실시간으로 표시한다.

09 지상에 설치된 다수의 수신기가 항공기 트랜스폰더 신호의 도달 시간 차이를 측정하여 위치를 계산하는 다변측정감시 시스템에 대한 설명으로 옳지 않은 것은?

① 레이더 음영 지역 해소에 효과적이다.
② 공항 지상 이동 항공기 및 차량 감시에 사용될 수 있다.
③ 항공기에 별도의 송신 장비가 필요 없는 비협력적 감시 시스템이나.
④ 최소 4개 이상의 수신기가 필요하다.

해설
다변측정감시(MLAT)는 2차감시레이더(SSR) 트랜스폰더 신호를 이용하여 항공기 또는 지상 이동 물체의 위치를 탐지하는 시스템이다. 이는 항공기에 응답 또는 송신 장비(트랜스폰더)가 탑재되어 신호를 송출해야만 감시가 가능하므로, MLAT는 '협력적 감시시스템'에 해당한다.

10 기존의 2차 감시레이더에 비해 모드 S가 가지는 개선점으로 보기 어려운 것은?

① 항공기별 고유 주소를 이용한 개별 호출 기능
② 불필요한 응답 감소로 인한 채널 효율성 증대
③ 항공기 식별부호(코드)의 수를 8,192개로 증가
④ 항공기와 지상국 간 데이터링크 통신 기능

해설
모드 S는 24비트 고유 주소를 통해 항공기를 식별하지만, Squawk Code의 수는 기존 Mode A와 동일하게 4,096개를 유지하며, 코드 수가 증가하는 것은 아니다.

정답 06. ① 07. ③ 08. ① 09. ③ 10. ③

11 모드 S 2차 감시레이더가 기존 방식에 비해 가지는 주요 장점이 아닌 것은?

① 각 항공기별 고유 주소를 이용한 개별 호출 기능
② 불필요한 응답 감소로 인한 채널 효율성 증대
③ 1차 감시레이더(PSR) 없이도 항공기 탐지 가능
④ 항공기와 지상국 간 양방향 데이터링크 통신 기능

해설
모드 S는 항공기에 탑재된 응답 장치(트랜스폰더)와의 상호작용을 전제로 운용된다. 트랜스폰더가 없거나 고장 난 항공기는 2차 감시레이더로는 탐지할 수 없어 여전히 PSR이 필요하므로 이는 Mode S의 한계이지 장점이라 할 수 없다.

12 항공고정통신망에서 사용할 수 없는 문자는?

① &(Ampersand)
② /(Slash)
③ -(Hyphen)
④ =(Equals sign)

해설
앰퍼샌드는 AFTN에서 사용할 수 없는 문자이다. 항공고정통신망(AFTN)에서 사용되는 문자는 국제전신알파벳 제2호(ITA-2)를 기반으로 하며, 영문 대문자(A-Z), 숫자(0-9), 그리고 일부 특수기호(+, -, ?, :, (,), ., ,, ', =, / 등)로 제한된다. 상업용 기호인 '&'(Ampersand), '@'은 AFTN에서 사용할 수 없는 문자이다.

13 항공고정통신망에서 사용하는 우선순위 부호와 그 의미의 연결이 옳지 않은 것은?

① SS - 조난전문
② DD - 긴급전문
③ FF - 비행안전전문
④ GG - 항공기정시운항전문

해설
GG는 기상 전문(Meteorological Message), 비행규칙 전문(Flight Regularity Message), 또는 항공 정보 서비스(AIS) 전문(Aeronautical Information Service Message)에 사용된다.

14 계기착륙시설(ILS)의 보조용으로, 마커 비콘과 동일한 위치에 설치되는 저출력 무지향표지시설(NDB)을 무엇이라 하는가?

① Compass Locator
② Final Approach Fix
③ VOR
④ Marker Beacon

해설
컴패스 로케이터(Compass Locator)는 ILS의 외측마커(OM) 또는 중간마커(MM)와 동일한 장소에 설치하여 운용하는 저출력 무지향표지시설(NDB)을 말하며, 조종사가 자동방향탐지기(ADF)를 이용하여 마커의 위치를 보다 쉽게 확인하고 접근 절차를 수행할 수 있도록 지원한다.

15 활주로의 폭이 45미터인 경우 활주로시단표지의 세로 줄무늬 수는 몇 개인가?

① 8개   ② 10개
③ 12개   ④ 16개

해설
활주로 폭이 45미터인 경우 활주로시단표지의 세로 줄무늬 수는 12개이다.
활주로 폭에 따른 줄무늬의 수는 18m: 4개, 23m: 6개, 30m: 8개, 45m: 12개, 60m: 16개이다.

정답 11. ③ 12. ① 13. ④ 14. ① 15. ③

16 활주로에 진입하기 전에 항공기가 멈추어야 할 위치를 알려주는 등화는 무엇인가?

① 정지선등(Stop Bar Lights)
② 활주로 경계등(Runway Guard Lights)
③ 일시 정지 위치등(Intermediate Holding Position Lights)
④ 진입 금지선등(No-entry Bar)

해설
활주로 경계등(Runway Guard Lights)은 항공기가 활주로에 진입하기 전에 항공기가 멈추어야 할 위치를 알려주기 위해 설치하는 등화이다.

17 레이더 자료 처리 시스템인 ARTS(Automated Radar Terminal System)의 주된 기능으로 가장 적합한 설명은?

① 지상에서 이동하는 항공기와 차량을 탐지하여 화면에 표시하는 장치
② 착륙하는 항공기의 방위각과 활공각 정보를 생성하는 장치
③ 레이더 정보를 자동 처리하여 항공기 표적에 편명, 고도, 속도 등의 정보를 표시하는 장치
④ 자북 기준으로 항공기의 방위각 정보와 경사거리 정보를 생성하는 장치

해설
ARTS는 레이더로부터 수신된 항공기의 원시 신호 및 비행 자료를 자동 처리하여 관제사의 현시 장치에 항공기 표적과 함께 항공기 식별 부호(편명), 위치, 고도, 속도 등의 상세한 비행 정보를 숫자, 문자, 기호 등으로 표시하는 기능의 장치이다.

18 레이더 자료 처리 시스템인 ARTS(Automated Radar Terminal System) 또는 RDP(Radar Data Processing)에 대한 설명으로 옳지 않은 것은?

① 레이더 원시 정보를 처리하여 관제사에게 시현한다.
② 항공기 표적에 데이터 블록(편명, 고도, 속도 등)을 표시한다.
③ 충돌 위험이 예상될 때 자동으로 회피조언(RA)을 생성한다.
④ 항공기의 항적을 추적하고 미래 위치를 예측하는 기능이 있다.

해설
항공기에게 직접적인 회피 기동을 지시하는 '회피조언(Resolution Advisories, RA)'을 자동으로 생성하는 기능은 항공기에 탑재된 '공중충돌경고장치(ACAS, 또는 TCAS II)'의 고유 기능이다.

19 유도로 표지(Taxiway Marking)와 주기장 표지(Apron Marking)의 기본 색상으로 옳은 것은?

① 백색   ② 황색
③ 적색   ④ 청색

해설
유도로 표지(Taxiway Marking)의 중심선 표지, 가장자리 표지, 일시정지위치 표지 등은 황색이다. 주기장 표지(Apron Marking) 중 항공기 주기장 표지, 계류장 안전선, 계류장 가장자리 표지 등도 황색이다. 반면, 활주로 표지(Runway Marking)는 백색이어야 한다. 유도로등(Taxiway Edge Lights)은 등화 색상이 청색이다.

정답 16. ② 17. ③ 18. ③ 19. ②

20 AFTN 전문의 우선순위 부호의 연결이 옳지 않은 것은?

① 조난전문 – SS
② 긴급전문 – DD
③ 비행안전전문 – FF
④ 항공행정전문 – GG

해설
항공행정전문은 KK로 표시된다. GG는 기상 전문, 비행 규칙 전문, 항공 정보 업무(AIS) 전문에 사용되는 부호이다.

21 대양 등 초단파(VHF) 통신 권역을 벗어난 지역에서 지상국과 항공기 간 장거리 음성 통신을 위해 사용되는 시설은?

① 단파(HF) 통신시설
② 장파(LF) 통신시설
③ 중파(MF) 통신시설
④ 가청주파수(AF) 통신시설

해설
단파(HF) 통신시설은 HF 대역의 주파수를 이용하여 지상의 운영자와 항공기 조종사에게 장거리 이동통신 기능을 제공한다. HF 전파는 전리층에서 반사되는 특성을 이용하여 지구 곡면을 따라 원거리까지 도달한다. 이러한 특성 덕분에 VHF 통신 권역을 벗어난 대양이나 오지, 북극항로지역 등에서 항공이동통신업무를 지원하는 데 필수적으로 사용된다. HF 통신은 수천 킬로미터까지 장거리 통신이 가능하지만, 태양 흑점 활동 등 자연현상에 영향을 받아 신뢰성이 유동적이며 잡음에 노출되기 쉽다.

22 공항 이동지역 내 항공기의 지상 이동 경로를 표시하는 유도로 중심선 표지의 색상으로 옳은 것은?

① 백색 실선
② 황색 실선
③ 황색 파선
④ 백색 파선

해설
유도로 중심선 표지는 항공기가 따라가야 할 경로를 나타내는 표지로, 연속적인 황색 실선으로 표시된다. 백색은 활주로 표지에 사용된다.

23 북극 상공과 같이 위성 및 VHF 통신이 어려운 장거리 지역을 비행하는 항공기에서 지상국과 교신할 수 있는 가장 유효한 통신시설은?

① VCCS
② SATCOM
③ HF Radio
④ VDL

해설
단파이동통신시설(HF Radio)은 HF 대역의 주파수를 이용하여 지상 운영자와 항공기 조종사에게 장거리 이동통신 기능을 제공한다. HF 전파는 전리층에서 반사되는 특성을 이용하여 지구 곡면을 따라 원거리까지 도달한다. 이러한 특성으로 VHF 통신 권역을 벗어난 대양, 오지, 북극 항로 지역 등에서 항공이동통신업무를 지원하는 데 필수적으로 사용된다. 특히, 정지궤도 위성으로는 커버되지 않는 극지방 등 위성 통신이 불가능한 일부 지역에서 가장 유효한 통신 수단이 된다.

24 단파이동통신시설(HF Radio)의 주요 기능에 대한 설명으로 가장 옳은 것은?

① 대양이나 사막 등 원격지에서 항공기와 지상국 간의 장거리 음성 통신을 제공한다.
② 공항 주변 25해리 이내에서 항공기와 관제탑 간의 주된 통신을 담당한다.
③ 항공기에게 자북을 기준으로 한 방위각 정보를 제공하여 항공로를 구성한다.
④ 공항 이동지역 내 항공기와 차량의 위치를 탐지하여 관제사에게 시현한다.

정답 20. ④ 21. ① 22. ② 23. ③ 24. ①

해설

단파(HF)이동통신시설은 전리층에서 전파를 반사시켜 통신하는 방식으로, 초단파(VHF) 통신이 불가능한 대양 및 사막 등 원격지를 운항하는 항공기에게 장거리 음성 통신을 제공하는 것을 주요 기능으로 한다.

25 거리측정시설 장비가 항공기 조종사에게 제공하는 거리는 무엇을 의미하는가?

① 지상시설과 항공기 간 수평거리를 NM 단위로 표시
② 지상시설과 항공기 간 빗변(경사) 거리를 NM 단위로 표시
③ 활주로 끝에서 항공기 간 수평거리를 km 단위로 표시
④ 공항 중심에서 항공기 간 빗변(경사) 거리를 km 단위로 표시

해설

거리측정시설(DME)은 지상의 기준점으로부터 항공기까지의 경사거리정보를 항공기에 제공한다.

26 항행안전시설과 그 기능에 대한 설명으로 옳지 않은 것은?

① VOR: 항공기에게 자북 기준으로 시설로부터의 방위 정보를 제공한다.
② TACAN: 군용 항공기에게 방위각과 거리 정보를 동시에 제공한다.
③ DME: 항공기에게 지상 시설까지의 수평 거리 정보를 제공한다.
④ NDB: 항공기 탑재 ADF가 NDB 방향을 지시하도록 하여 위치를 파악하게 한다.

해설

DME는 항공기와 지상국 간의 경사거리(Slant Range) 정보를 제공하는 시설이다.

27 계기착륙시설(ILS)의 정밀접근 등급(CAT-Ⅰ, Ⅱ, Ⅲ)을 구분하는 핵심적인 두 가지 요소는?

① 결심고도(DH)와 운고(Ceiling)
② 결심고도(DH)와 활주로 가시범위(RVR)
③ 시정(Visibility)과 풍속(Wind Speed)
④ 운고(Ceiling)와 활주로 가시범위(RVR)

해설

계기착륙시설(ILS)의 정밀접근 등급을 구분하는 핵심적인 두 가지 요소는 결심고도(Decision Height, DH)와 활주로가시범위(Runway Visual Range, RVR)이다.

28 CAT-Ⅱ 등급의 정밀접근활주로 운영 조건으로 맞는 것은?

① 결심고도 30m 미만, 활주로 가시범위 300m 미만
② 결심고도 30m이상 60m 미만, 활주로 가시범위 300m 이상 550m 미만
③ 결심고도 30m이상 60m 미만, 활주로 가시범위 300m 미만
④ 결심고도 30m 미만, 활주로 가시범위 300m 이상 550m 미만

해설

CAT-Ⅱ 등급의 정밀접근활주로는 결심고도가 30m(100피트) 이상 60m(200피트) 미만이고, 활주로 가시범위가 300m 이상(CAT I은 550m 이상)인 조건에서 운용된다.

정답 25. ② 26. ③ 27. ② 28. ②

29 진입각지시등(PAPI)의 등화가 활주로에서 가까운 쪽부터 [적색, 백색, 백색, 백색]으로 보일 때, 항공기의 현재 진입 고도 상태는?

① 정상 진입각보다 매우 높음
② 정상 진입각보다 약간 높음
③ 정상 진입각 상태임
④ 정상 진입각보다 약간 낮음

해설
정상 진입각일 경우에 활주로에서 가까운 쪽부터 적색 2-백색 2개로 보이며, 백색이 많을수록 높고 적색이 많을수록 낮은 상태를 나타낸다.

30 4개의 등(Light unit)으로 구성된 표준 PAPI(진입각지시등)를 기준으로, 항공기가 정상 진입경로보다 매우 높게 진입할 때 조종사가 보게 되는 등화의 색상으로 옳은 것은?

① 백색 4개
② 백색 3개, 적색 1개
③ 백색 2개, 적색 2개
④ 적색 4개

해설
항공기가 정상 진입경로보다 매우 높게 진입할 때 조종사는 4개의 모든 등화가 백색으로 시현되는 것을 보게 된다.

31 4개의 등(Light unit)으로 구성된 표준 PAPI(진입각지시등)를 기준으로, 항공기가 정상 진입경로보다 약간 낮게 진입할 때 조종사가 보게 되는 등화의 색상으로 옳은 것은?

① 백색 4개
② 백색 2개, 적색 2개
③ 백색 1개, 적색 3개
④ 적색 4개

해설
항공기가 정상 진입경로보다 약간 낮게 진입할 때 조종사가 보게 되는 등화의 색상은 백색 1개, 적색 3개이다.

32 다음 항공등화 중 계기정밀접근 CAT-I 활주로에는 의무적으로 설치할 필요가 없는 등화는?

① 활주로등(Runway Edge Lights)
② 활주로중심선등(Runway Center Line Lights)
③ 활주로종단등(Runway End Lights)
④ 활주로시단등(Runway Threshold Lights)

해설
활주로중심선등은 CAT-II 및 CAT-III 정밀접근 활주로에 의무적으로 설치해야 하는 등화이다. CAT-I 정밀접근 활주로의 경우 높은 착륙 속도를 가진 항공기가 이용하거나 활주로등 열렬 사이의 폭이 50m 이상인 경우에는 설치가 권고되나, 의무적인 설치 대상은 아니다.

33 다음 중 비계기 활주로에 의무적으로 설치할 필요가 없는 항공등화는?

① 활주로시단등(Runway Threshold Lights)
② 진입각지시등(PAPI)
③ 활주로중심선등(Runway Centerline Lights)
④ 활주로종단등(Runway End Lights)

해설
활주로중심선등(Runway Centerline Lights)은 주로 CAT-II 및 CAT-III 정밀 접근 활주로에 설치하며, 비계기 활주로의 필수 설치 등화는 아니다.

정답 29. ② 30. ① 31. ③ 32. ② 33. ③

34 다음 중 활주로중심선등의 설치 조건에 대한 설명으로 옳지 않은 것은?

① CAT-II 및 CAT-III 정밀접근 활주로에는 의무적으로 설치해야 한다.
② 활주로 중심선을 따라 활주로 시단에서 종단까지 설치한다.
③ 등화의 간격은 일반적으로 15미터로 하며, RVR이 350미터 이상인 경우 30미터로 할 수 있다.
④ 모든 비계기 활주로 및 CAT-I 활주로에 의무적으로 설치해야 한다.

해설
비계기 활주로 및 CAT-I 활주로에 활주로중심선등 설치가 의무화되어 있지는 않다. 다만, CAT-I 정밀접근활주로라도 항공기 이륙 속도가 빠르거나 활주로등 등렬 사이의 폭이 50미터 이상인 경우 필요에 따라 설치할 수 있다.

35 다음 중 활주로중심선등을 의무적으로 설치해야 하는 활주로는?

① ILS CAT-II 정밀접근활주로
② 비계기 활주로
③ ILS CAT-I 정밀접근활주로
④ 모든 활주로

해설
활주로중심선등은 CAT-II 및 CAT-III 정밀접근활주로에 의무적으로 설치해야 하는 등화이다. 또한, 활주로 가시범위(RVR)가 400미터 미만이고 이륙 시 이용되는 활주로에도 의무적으로 설치해야 한다. 반면, 비계기 활주로 및 CAT-I 정밀접근활주로에는 활주로중심선등의 설치가 의무화되어 있지 않다. 다만, CAT-I 정밀접근활주로라도 항공기 이륙 속도가 빠르거나 활주로등 등렬 사이의 폭이 50미터 이상인 경우 필요에 따라 설치가 권고될 수 있다.

36 다음 항공등화시설과 그 불빛 색상의 연결이 옳지 않은 것은?

① 유도로등(Taxiway Edge Lights) - 청색
② 접지구역등(Touchdown Zone Lights) - 백색
③ 활주로종단등(Runway End Lights) - 황색
④ 정지선등(Stop Bar Lights) - 적색

해설
활주로종단등의 색상은 적색이다.

37 활주로를 주행하는 항공기에게 활주로의 끝을 알려주는 활주로종단등의 색상은 무엇인가?

① 적색 ② 녹색
③ 백색 ④ 황색

해설
활주로종단등(Runway End Lights)은 활주로 방향에서 적색으로 보이는 단방향 고정등으로 설치되어 이륙 또는 착륙하려는 항공기에 활주로의 종단 정보를 제공한다.

38 활주로종단등의 설치 기준에 대한 설명으로 옳지 않은 것은?

① 활주로등이 설치된 활주로에는 반드시 설치해야 한다.
② 활주로 종단에서 바깥쪽으로 3미터 이내에 설치한다.
③ 활주로 방향에서 볼 때 녹색의 고정등으로 표시한다.
④ 활주로 중심선과 직각이 되도록 배열하여 설치한다.

정답 34. ④ 35. ① 36. ③ 37. ① 38. ③

> **해설**
> 활주로종단등(Runway End Lights)은 이륙 또는 착륙하려는 항공기에 활주로의 종단을 알려주기 위해 설치하는 등화이다. 활주로 방향에서 적색의 단방향 고정등으로 표시한다.

39 1차 감시레이더의 항공기 탐지 원리를 가장 잘 설명한 것은?

① 지상에서 발사한 전파가 항공기 동체에 맞아 반사되어 돌아오는 신호를 수신하여 탐지한다.
② 지상에서 보낸 질문 신호에 대해 항공기의 트랜스폰더가 응답하는 신호를 수신하여 탐지한다.
③ 항공기가 위성 신호를 이용해 계산한 자신의 위치를 지상으로 방송하는 신호를 수신하여 탐지한다.
④ 여러 지상 수신국에 항공기 신호가 도달하는 시간 차이를 계산하여 위치를 탐지한다.

> **해설**
> 1차 감시레이더는 지상 장비에서 전파를 발사하고, 이 전파가 항공기나 공중 이동 물체에 부딪혀 반사되어 되돌아오는 신호(반사파)를 수신하여 물체의 존재 여부, 거리, 방위를 탐지하는 장비이다.

40 1차 감시레이더가 항공기로부터 수신하여 관제사에게 제공하는 정보가 아닌 것은?

① 항공기 거리
② 항공기 방위
③ 항공기 속도
④ 항공기 식별부호

> **해설**
> 항공기 식별부호 제공은 2차 감시레이더의 기능이다.

41 다음 중 지상에서 전파를 발사하여 그 반사파로 항공기를 탐지하는 1차 감시레이더의 탐지 정보에 해당하지 않는 것은?

① 항공기까지의 거리
② 항공기의 방위각
③ 항공기의 고도
④ 항공기의 존재 유무

> **해설**
> 1차 감시레이더는 지상에 설치된 장비에서 전파를 발사하고, 이 전파가 항공기나 공중 이동 물체에 부딪혀 반사되어 되돌아온 신호만을 이용하여 목표물을 탐지하는 방식이며, 항공기의 고도(Altitude) 정보를 직접적으로 탐지하지 못한다.

42 2차 감시레이더의 항공기 탐지 원리를 가장 잘 설명한 것은?

① 지상에서 발사한 전파가 항공기 동체에 맞아 반사되어 돌아오는 신호를 수신하여 탐지한다.
② 지상에서 보낸 질문 신호에 대해 항공기의 트랜스폰더가 응답하는 신호를 수신하여 탐지한다.
③ 항공기가 위성 신호를 이용해 계산한 자신의 위치를 지상으로 방송하는 신호를 수신하여 탐지한다.
④ 여러 지상 수신국에 항공기 신호가 도달하는 시간 차이를 계산하여 위치를 탐지한다.

> **해설**
> 2차 감시레이더는 지상에 설치된 질문기(Interrogator)가 질문 전파를 발사하면, 항공기에 탑재된 응답기(Transponder)가 이 질문 전파를 수신한 후 지연시켜 응답 전파를 송신하고, 지상의 수신 장비(2차 감시레이더)가 이 응답 코드를 분석하여 항공기의 식별부호, 고도, 거리 및 방위 정보를 탐지하는 장치이다.

정답 39. ① 40. ④ 41. ③ 42. ②

43 2차 감시레이더가 민간 항공기의 식별부호를 요청하고 응답받기 위해 사용하는 질문 모드는?

① Mode A
② Mode B
③ Mode C
④ Mode S

해설
Mode A는 항공기에 할당된 4지리의 식별부호(Squawk Code)를 송신하도록 요청하는 모드로 항공기 식별에 기본적으로 사용(군에서는 Mode 3와 동일하게 사용)되고, Mode C는 항공기의 기압 고도(Pressure Altitude) 정보를 제공하도록 요청하는 모드이며, Mode S는 현재 운용 중인 Mode A/C의 한계를 극복하여 개별적인 질문과 응답을 통한 데이터 통신 기능을 포함한다.

44 항공기의 기압 고도 정보를 획득하기 위해 사용하는 2차 감시레이더의 질문 모드는?

① Mode A
② Mode B
③ Mode C
④ Mode S

해설
Mode C는 항공기의 자동 기압 고도 전송 및 감시를 위한 트랜스폰더 응답을 유도하는 데 사용되는 질문 모드이다.

45 유도로안내표지판의 종류 중 정보표지판에 속하지 않는 것은?

① 위치표지판(Location Sign)
② 활주로진입대기위치표지판(Runway-holding Position Sign)
③ 방향표지판(Direction Sign)
④ 목적지표지판(Destination Sign)

해설
활주로진입대기위치표지판은 항공기 또는 차량이 관제탑의 허가 없이는 진행해서는 안 되는 지역을 식별하는 명령지시표지판(Mandatory Instruction Sign)에 속한다.

46 독립평행접근을 허용하기 위해 요구되는 두 평행활주로의 중심선 간 최소 이격거리는?

① 760m
② 915m
③ 1,035m
④ 1,525m

해설
2개의 평행활주로를 계기비행 기상상태에서 동시 사용할 목적으로 계획할 경우에 활주로 중심선 사이의 최소 간격은 독립평행접근의 경우(접근/접근)는 1,035m 이상이어야 한다.

47 활주로 분류번호가 4이고 정밀접근절차를 운영하는 활주로의 착륙대(Runway Strip) 폭 기준으로 옳은 것은?

① 활주로 중심선으로부터 양쪽으로 각각 75m 이상(총폭 150m)
② 활주로 중심선으로부터 양쪽으로 각각 140m 이상(총폭 280m)
③ 활주로 중심선으로부터 양쪽으로 각각 150m 이상(총폭 300m)
④ 활주로 중심선으로부터 양쪽으로 각각 280m 이상(총폭 560m)

해설
정밀접근 활주로의 경우, 분류번호 3 및 4 모두 착륙대의 폭은 활주로 중심선에서 착륙대의 긴 변까지의 거리가 140m(전폭 280m) 이상이어야 한다.

정답 43. ① 44. ③ 45. ② 46. ③ 47. ②

48 항공기가 활주로 시단에 못 미치거나 활주로를 지나쳐서 이탈하는 경우, 항공기의 손상을 줄이기 위해 활주로 양쪽 끝 착륙대 너머에 설치하는 구역은?

① 개방구역(Clearway)
② 정지로(Stopway)
③ 활주로종단안전구역(Runway End Safety Area, RESA)
④ 미끄럼방지구역(Skid-resistant Area)

> 해설
> "활주로 종단안전구역"은 접근활주로의 시단 앞쪽에 착륙하거나 종단을 지나쳐 버린 항공기의 손상을 줄이기 위하여 활주로 중심선의 연장선에 대칭으로 착륙대 종단 이후에 설정된 구역을 말한다.

49 어느 공항의 활주로 길이가 3,200m, 정지로(Stopway) 60m, 개방구역(Clearway) 200m일 때, 이륙가용거리(TODA)는 얼마인가?

① 3,200m   ② 3,260m
③ 3,400m   ④ 3,460m

> 해설
> 이륙가용거리(TODA) = 이륙활주가용거리(TORA) + 개방구역(Clearway)으로, TODA는 3,200m+200m=3,400m이다.

50 장애물제한표면 중 수평표면의 높이는 얼마인가?

① 30m   ② 45m
③ 60m   ④ 90m

> 해설
> 수평표면의 높이는 각 활주로 중심선의 끝 높이 중 가장 높은 점을 기준으로 수직상방 45미터로 한다.

51 정밀접근활주로에 설정해야 하는 장애물제한표면의 종류가 아닌 것은?

① 원추표면(Conical Surface)
② 수평표면(Horizontal Surface)
③ 외부전이표면(Outer Transitional Surface)
④ 착륙복행표면(Balked Landing Surface)

> 해설
> 장애물제한표면은 수평표면, 원추표면, 진입표면, 내부진입표면, 전이표면, 내부전이표면 및 착륙복행표면으로 구성된다.

52 육상비행장 착륙대의 등급이 A급인 활주로의 수평표면 반지름 길이로 옳은 것은?

① 4,000미터   ② 3,500미터
③ 3,000미터   ④ 2,500미터

> 해설
> 육상비행장의 착륙대 등급이 A인 활주로의 수평표면 반지름은 4,000미터이다.

53 우리나라 항공이동통신업무 제공 범위가 아닌 곳은?

① 도쿄 비행정보구역(FIR)
② 인천 비행정보구역(FIR)
③ 중·서태평양 1지역(CWP-1)
④ 북극항로지역

> 해설
> 항공이동통신업무의 제공 범위는 인천 비행정보구역(Incheon FIR) 내이며, 항공사 또는 항공기국이 ICAO에서 지정한 중·서태평양 1지역(CWP-1) 북·중아시아 3지역(NCA-3) 및 북극항로지역 내에서 항공이동통신업무의 제공 또는 각종 항공 관련 전문의 중계 등을 요청할 경우에는 HF Radio의 통신이 가능한 경우에 한하여 이를 지원할 수 있다.

정답 48. ③ 49. ③ 50. ② 51. ③ 52. ① 53. ①

54 항공통신에서 비행안전전문의 범주에 포함되지 않는 것은?

① 항공기 이동 및 관제에 관한 전문(위치보고 등)
② 비행 중인 항공기의 운항에 영향을 미치는 기상 정보
③ 항공기 운항의 정시성 확보를 위한 부품 수리 요청 전문
④ 비행 중이거나 출발하려는 항공기와 직접 관련된 전문

해설
항공기 운항의 정시성 확보를 위한 부품 수리 요청 전문은 비행규칙전문에 해당한다.

55 헬기장을 개설하고 해당 위치에 대한 지명약어를 배정받고자 할 때, 신청서를 제출해야 하는 기관은?

① 국토교통부장관
② 관할 지방자치단체장
③ 항공교통본부장
④ 관할 지방항공청장

해설
지명약어를 배정받고자 하는 자는 지명약어의 사용 개시 예정일 120일 전까지 관할 지방항공청장에게 신청하여야 한다.

56 항공고시보, 기상전문 등 특정 정보를 국내의 모든 관련 기관에 한 번에 배포하기 위해 사용되는 AFTN 주소 형식은?

① 발신처 주소(Originator Indicator)
② 수신처 주소(Addressee Indicator)
③ 일괄배포 주소(Collective Address)
④ 우선순위 부호(Priority Indicator)

해설
일괄배포 주소(Collective Address)는 항공고정통신망(AFTN)에서 특정 정보를 다수의 수신처에 한 번에 전송하기 위해 미리 지정해 둔 주소이다. 예를 들어, 우리나라(RK)의 항공고시보 국제사무소(NOF)에서 발행하는 정보를 수신하는 모든 기관에 배포하기 위한 주소는 RKZZNKXX이며, 여기서 마지막 'XX'가 일괄배포를 의미한다.

57 항공기 등불이 운용에 대한 설명으로 옳지 않은 것은?

① 비행장의 이동지역에서 엔진이 작동 중인 항공기는 충돌방지등을 켜야 한다.
② 조명시설이 없는 공항에 정류 중인 항공기는 위치를 나타내기 위해 항행등을 켜야 한다.
③ 조종사는 다른 항공기나 지상 근무자에게 피해를 줄 경우, 충돌방지등의 점멸을 일시적으로 중단할 수 있다.
④ 항공기 위치를 더 잘 보이게 하도록 규정된 항행등 외에 유사한 조명을 추가로 설치할 수 있다.

해설
규정된 항행등과 혼동을 줄 수 있는 유사한 별도의 조명시설을 임의로 추가 설치하는 것은 금지된다.

58 2차 감시레이더 시스템이 항공기의 트랜스폰더에 할당할 수 있는 개별 식별코드의 최대 수는?

① 256개   ② 1,024개
③ 2,048개   ④ 4,096개

해설
SSR 식별코드는 0~7까지 숫자 4자리로 구성되며, 할당 가능 코드의 총수는 4,096개이다.

정답 54. ③ 55. ④ 56. ③ 57. ④ 58. ④

59 공항 및 접근관제구역 내 항공기를 감시하기 위한 공항감시레이더의 일반적인 탐지 범위는?

① 6NM
② 60NM
③ 120NM
④ 200NM

해설
공항감시레이더(ASR)의 탐지 범위 기준은 수평거리 0.5마일에서 60마일까지, 고도 25,000피트 이내이다.

60 광범위한 공역을 비행하는 항공기를 감시하기 위한 항로감시레이더의 통달 범위는?

① 60NM
② 100NM
③ 150NM
④ 200NM

해설
항로감시레이더(ARSR) 탐지 범위 기준은 100마일 이상, 고도 60,000피트 이내로 통달 범위는 200마일 이상이어야 한다.

61 공항의 활주로, 유도로 등 지상 이동 지역 내 항공기와 차량의 움직임을 감시하는 레이더는?

① ARSR   ② ASR
③ ASDE   ④ PAR

해설
공항지상감시레이더(ASDE)는 활주로, 유도로 등 기동 지역상의 모든 항공기와 차량의 이동 상황을 감시하는 레이더이다.

62 레이더의 안테나 회전속도에 대한 설명으로 옳은 것은?

① ARSR은 ASR보다 더 빠르게 회전하여 넓은 지역을 신속하게 탐지한다.
② ASR은 ARSR보다 더 느리게 회전하여 표적을 정밀하게 분석한다.
③ ASDE는 지상의 빠른 움직임을 탐지하기 위해 안테나가 1초에 약 1회전 한다.
④ 모든 감시레이더는 동일하게 분당 15회의 속도로 회전한다.

해설
공항지상감시레이더(ASDE) 안테나의 회전속도는 60rpm±10%으로 1초에 1회전하는 속도에 해당한다.

63 지상의 항행안전시설에서 발사되는 전파 신호를 이용하는 항법은?

① 무선 항법   ② 지문 항법
③ 추측 항법   ④ 지역 항법

해설
지상에 설치되어 있는 항행안전시설에서 발사되는 전파 신호를 이용하는 항법은 무선 항법이다.

64 다음 중 항행안전시설의 정의에 포함되지 않는 것은?

① 불빛, 색채 또는 형상으로 항행을 돕는 항공등화시설
② 전파를 이용하여 항행을 돕는 항행안전무선시설
③ 항공기 운항에 필요한 전력을 공급하는 항공전력시설
④ 전기통신으로 정보를 교환하는 항공정보통신시설

정답 59. ② 60. ④ 61. ③ 62. ③ 63. ① 64. ③

해설
항행안전시설은 항공등화, 항행안전무선시설 및 항공정보통신시설로 구분된다.

65 전기통신을 이용하여 항공교통업무에 필요한 정보를 제공하거나 교환하기 위한 시설을 무엇이라고 하는가?

① 항공등화시설
② 항행안전무선시설
③ 항공감시시설
④ 항공정보통신시설

해설
"항공정보통신시설"이란 전기통신을 이용하여 항공교통업무에 필요한 정보를 제공 교환하기 위한 시설로 항공이동통신시설, 항공고정통신시설, 항공정보방송시설로 구분된다.

66 이륙 및 출발 단계에서 주로 사용되는 항행안전시설로 보기 어려운 것은?

① ASR   ② VOR
③ ASDE   ④ ILS

해설
계기착륙시설(ILS)은 항공기의 정밀한 착륙을 유도하는 것으로 이륙 및 출발 단계와는 무관하다.

67 항공정보통신시설에 포함되지 않는 것은?

① 항공이동통신시설
② 항공고정통신시설
③ 범용접속데이터통신시설
④ 항공정보방송시설

해설
범용접속데이터통신시설은 항행안전무선시설에 속한다.

68 다음 중 병설하여 하나의 시설처럼 운영될 수 없는 항행안전시설 조합은?

① VOR/DME
② VOR/TACAN
③ TACAN/DME
④ ILS/DME

해설
TACAN(전술항행표지시설)에는 DME 기능이 포함되어 방위각과 거리(DME) 정보를 함께 제공하는 시설로 DME 병설이 필요치 않은 시설이다.

69 거리측정시설(DME)이 사용하는 주파수 대역으로 옳은 것은?

① 108.0MHz~117.95MHz
② 190MHz~1750 kHz
③ 90MHz~150MHz
④ 960MHz~1215MHz

해설
할당된 DME 주파수대는 960MHz~1,215MHz이다.

70 로컬라이저 안테나의 표준 설치 위치로 가장 적합한 곳은?

① 착륙 활주로의 전단 지점
② 착륙 활주로의 말단 너머 약 300m (1,000ft) 지점
③ 착륙 활주로의 중심 부근, 활주로 측면
④ 공항 관제탑 옥상

해설
로컬라이저 안테나는 활주로 말단으로부터 약 300미터(1,000 피트) 지점에 설치한다.

정답 65. ④ 66. ④ 67. ③ 68. ③ 69. ④ 70. ②

71 TACAN이 제공하는 정보 중 민간 항공기가 수신하여 이용할 수 있는 정보는?

① 고도 정보   ② 방위각 정보
③ 거리 정보   ④ 활공각 정보

해설
TACAN 시설이 거리측정시설(DME)의 기능과 통합되어 운용되어 민간 항공기는 TACAN이 제공하는 정보 중 거리 정보를 수신하여 이용할 수 있다.

72 다음 중 공항 이동지역에 설치되는 유도로 안내표지판 중 항공기가 따라야 할 경로를 지시하는 방향표지판의 색상 조합으로 옳은 것은?

① 바탕색: 흑색, 글자색: 황색
② 바탕색: 황색, 글자색: 흑색
③ 바탕색: 적색, 글자색: 백색
④ 바탕색: 백색, 글자색: 적색

해설
방향표지판은 황색 바탕에 흑색 글자로 표시한다.

73 서울 라디오(Seoul Radio)의 주된 업무 제공 범위는?

① 인천 비행정보구역(FIR)
② 중·서태평양(CWP-1) 지역
③ 북·중아시아(NCA-3) 지역
④ 상기 모든 지역을 포함한 아시아 태평양 전역

해설
ICAO와의 협정에 따라 항공사 요청 시 인접한 중·서태평양(CWP-1) 및 북·중아시아(NCA-3) 지역에 대한 통신 지원 업무도 수행할 수 있으나, 주된 책임 구역은 인천 비행정보구역(FIR)이다.

74 항공이동통신 업무에서 취급하는 전문의 내용으로 가장 거리가 먼 것은?

① 항공기 위치 보고 전문
② 비행 중인 항공기에 영향을 미치는 중요 기상 조언
③ 항공기 운항 계획 변경에 관한 전문
④ 항공교통관제사의 관제 지시 전문

해설
항공이동통신 업무에서 취급하는 전문은 비행안전, 정시운항, 기상, 비행규칙 등 일반적인 운항 정보이며, 관제 지시는 공지통신시설을 통해 관제사와 조종사 간 직접 이루어진다.

75 선택호출장치(SELCAL)에 대한 설명으로 옳지 않은 것은?

① 영문자 A부터 S까지(I, N, O 제외)의 조합으로 구성된 4자리 코드를 사용한다.
② 지상국에서 특정 항공기만을 선택적으로 호출하기 위해 사용된다.
③ 항공기에서는 SELCAL 신호를 수신하면 경고음과 등화로 조종사에게 알려준다.
④ VHF 통신은 통화 품질이 명료하여 SELCAL을 주된 호출 방식으로 사용한다.

해설
SELCAL은 특정 항공기만을 호출하는 보조적인 수단으로 HF 및 VHF 채널 모두에서 사용된다. VHF 통신이 SELCAL을 주된 호출 방식으로 사용하지는 않는다.

정답 71. ③ 72. ② 73. ① 74. ④ 75. ④

76 무선통신 중 송신 내용에 오류가 발생했을 때, 이를 정정하기 위해 사용하는 표준 용어는?

① NEGATIVE
② ROGER
③ CORRECTION
④ STAND BY

해설
송신 중에 오류가 발생히였을 경우, 오류 송신 내용을 정정하는 용어는 CORRECTION이다.

77 무선전화의 수신 감도를 5단계로 구분하여 표시할 때, "가끔씩 읽을 수 있음(Readable now and then)"을 의미하는 등급은?

① 1 ② 2
③ 3 ④ 4

해설
무선전화의 수신 감도는 아래와 같다.
1: 읽을 수 없음(Unreadable)
2: 가끔씩 읽을 수 있음(Readable now and then)
3: 읽을 수 있으나 어려움(Readable but with difficulty)
4: 읽을 수 있음(Readable)
5: 완벽하게 읽을 수 있음(Perfectly Readable)

78 다음 중 항공기에게 항행 정보를 제공하는 항법시설이 아닌 것은?

① PSR ② ILS
③ TACAN ④ VOR

해설
1차 감시레이더는 관제사가 항공기의 위치를 파악하고 항공 교통 흐름을 관리하는 데 사용되는 시설이며, 항공기가 스스로 항행하는 데 필요한 직접적인 항행 정보를 제공하지 않는다.

79 음성 통신을 보완하여 관제 지시, 비행 허가 등을 텍스트 기반 데이터로 교환하는 시스템은 무엇인가?

① VCCS ② ATIS
③ CPDLC ④ AFTN

해설
제사와 조종사 간의 통신을 위해 데이터링크를 사용하는 통신 수단은 CPDLC(Controller-Pilot Data Link Communications)이다

80 공항의 최신 기상 정보, 사용 활주로, 주의 사항 등을 연속 방송하여 조종사에게 제공하는 시설은?

① ATIS ② MLAT
③ ASDE ④ SBAS

해설
공항에 이착륙하는 항공기에게 활주로 방향 및 정보, 기상정보, NOTAM(항공고시보) 등 공항의 정보를 자동으로 연속 방송하여 제공하는 것은 ATIS(Automatic Terminal Information Service)이다.

81 계기착륙시설에 대한 설명으로 옳지 않은 것은?

① 로컬라이저(LOC)는 수평면상의 활주로 중심선 정보를 제공한다.
② 마커 비콘(Marker Beacon)은 거리측정시설(DME)로 대체될 수 없다.
③ 글라이드패스(GP)는 수직면 상의 이상적인 활공각 정보를 제공한다.
④ 글라이드패스(GP) 시설이 고장 나면, 정밀접근(Precision Approach)을 수행할 수 없다.

정답 76. ③ 77. ② 78. ① 79. ③ 80. ① 81. ②

> **해설**
> 마커(Marker) 장비는 지형적 또는 운영 여건에 따라 거리측정시설(DME)로 대체될 수 있다.

82 전 세계 공항, 관제기관, 항공사 등 고정된 지점 간에 비행계획, 기상정보, 항공고시보 등을 교환하기 위한 전용 네트워크 시설은?

① AMHS ② AFTN
③ CPDLC ④ AIDC

> **해설**
> 항공고정통신망(Aeronautical Fixed Telecommunication Network, AFTN)은 각 국가의 고정된 지점에 위치한 AFTN 통신센터 및 가입자 간 항공정보(비행계획, NOTAM, 항공기상 등)를 교환하는 기능을 제공한다.

83 인접한 두 관제기관 간에 항공기의 관제권 이양, 비행 정보 통보 등을 자동화된 데이터 통신으로 처리하는 시스템은?

① AMHS ② AFTN
③ AIDC ④ HFDL

> **해설**
> 인접한 두 항공교통관제기관 간에 항공기의 관제권 이양 절차(통보, 협의, 이양, 인수 등)를 자동화된 데이터 통신으로 처리하는 시스템은 AIDC(ATS Interfacility Data Communication)이다.

84 AFTN, ACARS 등 기존의 다양한 항공통신망을 인터넷 프로토콜(IP) 기반으로 통합하여 음성, 데이터 등 모든 형태의 정보를 원활하게 교환하기 위한 통합 네트워크 개념은?

① AFTN ② ATN
③ AIDC ④ AMSS

> **해설**
> 항공종합통신시스템(Aeronautical Telecommunication Network, ATN)은 항공사나 공항 관련 기관별로 각각 구축, 운영되던 유무선 항공통신망을 하나로 통합하여 운영하는 종합 통신망의 개념으로 기존의 분산된 항공통신망을 통합하는 디지털 종합 통신망이다.

85 비계기 활주로에 활주로등을 설치할 경우, 등 사이의 종방향 최대 간격으로 옳은 것은?

① 60미터
② 80미터
③ 100미터
④ 120미터

> **해설**
> 활주로등의 등 간격은 최대 60미터로 하되, 비계기활주로의 경우 최대 100미터로 할 수 있다.

86 중광도 A형 항공장애등에 대한 설명으로 옳은 것은?

① 백색의 섬광등으로, 주간에 20,000cd 야간에 2,000cd의 광도를 가진다.
② 적색의 섬광등으로, 야간에만 2,000cd의 광도를 가진다.
③ 적색의 부동광(고정등)으로, 야간에만 2,000cd의 광도를 가진다.
④ 백색의 고광도 섬광등으로, 주간에 200,000cd의 광도를 가진다.

> **해설**
> 중광도 A형 항공장애등은 백색의 섬광등으로, 주간에는 20,000칸델라(cd), 박명(Dusk/Dawn) 시에는 20,000칸델라(cd), 야간에는 2,000 칸델라(cd)의 최고광도를 가져야 한다.

정답 82. ② 83. ③ 84. ② 85. ③ 86. ①

87 착륙방향지시등의 형태로 옳은 것은?

① T자형 또는 4면체형
② 원뿔형 또는 화살표형
③ 사각형 또는 원형
④ 십자형 또는 마름모형

해설
착륙하려는 항공기에 착륙 방향을 알려주기 위해 설치하는 등화인 착륙방향지시등(Landing Direction Indicator)은 T자형 또는 4면체형의 물건에 설치된다.

88 활주로 시단에 표시되는 여러 개의 세로 줄무늬 형태의 활주로 시단표지가 제공하는 정보는 무엇인가?

① 활주로 폭
② 활주로 길이
③ 활주로 포장 등급(PCN)
④ 접근 절차 종류

해설
항공기 착륙에 사용 가능한 활주로 부분의 시작점을 의미하는 활주로 시단에 표시된 활주로 시단표지는 활주로 폭에 대한 정보를 제공한다.

89 항공장애등은 설치가 면제되는 경우를 제외하고 지표 또는 수면으로부터 최소 얼마 이상의 높이를 가진 구조물에 의무적으로 설치되어야 하는가?

① 30미터 ② 60미터
③ 100미터 ④ 150미터

해설
장애물 제한표면 밖의 지역에서도 지표면이나 수면으로부터 높이가 60미터 이상 되는 구조물을 설치하는 자는 항공장애 표시등 및 항공장애 주간표지를 의무적으로 설치해야 한다.

90 다음 중 항공교통관제에 사용되는 레이더 시설의 종류에 해당하지 않는 것은?

① ASR ② PAR
③ ASDE ④ VOR

해설
VOR은 항공기에게 자북을 기준으로 한 방위 정보를 제공하는 항행안전무선시설로, 레이더와는 그 작동 원리와 목적이 다르다.

91 다음 중 야간에 운영하는 육상 헬기장에 필수적으로 설치해야 하는 등화는?

① 풍향등
② 헬기장 등대
③ 목표 지점등
④ 헬기장 진입각 지시등

해설
모든 비행장(헬기장 포함)에는 풍향등을 설치해야 하며, 특히 야간에 사용하려는 비행장에는 조명등이 장치된 풍향등을 설치해야 한다.

92 활공각제공시설이 없는 로컬라이저 단독 접근 절차는 어떻게 분류되는가?

① 시각 접근
② 정밀 접근
③ 비정밀 접근
④ 선회 접근

해설
활공각제공시설(GP)이 없이 로컬라이저(LOC)만으로 수행하는 접근은 수직 유도 정보가 제공되지 않으므로 비정밀 접근으로 분류이다.

정답 87. ① 88. ① 89. ② 90. ④ 91. ① 92. ③

93 유도로중심선등의 기본 색상으로 옳은 것은?

① 청색　　② 황색
③ 백색　　④ 녹색

해설
유도로중심선등의 기본적인 색상은 녹색(Green)이며, 계기착륙시설(ILS)의 임계 지역 및 민감 지역을 통과하는 등 특정 구간에서는 항공기에게 주의 정보를 제공하기 위해 황색(Yellow)과 녹색(Green)이 교대로 점등될 수 있다.

94 활주로의 자방위가 227도일 경우, 이 활주로의 지정 기호로 옳은 것은?

① 22　　② 23
③ 22L　　④ 23R

해설
활주로 지정 기호(활주로 번호)는 해당 활주로 자방위(Magnetic Bearing)의 10도 단위에 가장 가까운 정수로 표시한다.

95 항공등화 중 하나인 지향 신호등(Light Gun)을 이용하여 비행 중인 항공기에 "착륙을 허가한다"는 지시를 전달할 때 사용하는 등화 색상은?

① 녹색 고정등(Steady Green)
② 녹색 섬광등(Flashing Green)
③ 백색 섬광등(Flashing White)
④ 적색 고정등(Steady Red)

해설
비행 중인 항공기에 "착륙을 허가한다"는 지시를 전달할 때는 녹색 고정등(연속되는 녹색)을 사용한다.

96 CAT-Ⅱ 및 CAT-Ⅲ 정밀접근을 지원하는 항행안전시설에 장애 발생 시 활공각제공시설(GP) 기준 예비전원은 최대 몇초 이내에 공급되어야 하는가?

① 0초(무중단)　　② 1초
③ 10초　　④ 15초

해설
CAT-Ⅱ 및 CAT-Ⅲ 정밀접근 활주로를 지원하는 활공각제공시설(GP)은 주 전원 공급에 장애가 발생했을 때 예비전원이 최대 0초 이내에, 즉 무중단으로 공급되어야 한다.

97 계기착륙시설의 구성 요소인 마커 비콘을 대체하여 활주로까지의 거리를 연속적으로 제공할 수 있는 항행안전시설은 무엇인가?

① DME　　② VOR
③ NDB　　④ ADS-B

해설
계기착륙시설(ILS)의 마커 장비는 지형적 또는 운영 여건에 따라 거리측정시설(DME)로 대체하여 활주로 시단으로부터 개략적인 항공기 거리를 나타내는 정보를 연속적으로 제공할 수 있다.

98 다음 항공등화 중 항행 중인 항공기에 비행장의 위치를 모스부호(Morse Code)를 사용하여 알려주는 등화는 무엇인가?

① 비행장식별등대
② 비행장등대
③ 진입등시스템
④ 활주로유도등

해설
항행 중인 항공기에 공항·비행장의 위치를 알려주기 위해 모스부호(Morse Code)에 따라 켜지고 꺼지는(명멸하는) 등화는 비행장식별등대이다.

정답　93. ④　94. ②　95. ①　96. ①　97. ①　98. ①

99 매립형 항공등화를 설치할 때, 안전과 기능을 위해 고려해야 할 사항으로 거리가 먼 것은?

① 항공기 타이어의 손상을 유발하지 않도록 등화의 돌출 높이를 최소화해야 한다.
② 항공기의 하중과 제트 블라스트(Jet Blast)를 견딜 수 있는 충분한 구조적 강도를 가져야 한다.
③ 조종사에게 명확한 유도를 제공하도록 불빛의 지향각과 각도가 정밀하게 조정되어야 한다.
④ 등화의 색상을 주변 이동지역 표지(Marking)의 색상과 통일하여 조화를 이루어야 한다.

해설
등화는 특정 정보를 전달하기 위해 고유의 색상을 가지며, 주변 표지(Marking)의 색상과 동일하게 맞출 경우, 오히려 시인성 저하 및 혼동을 야기하여 안전에 위협이 될 수 있다. 매립형 등화의 색상은 조화나 미관을 위한 것이 아니라, 등화 본연의 기능과 항공 안전을 위해 국제 및 국내 기준에 따라 엄격하게 규정된다.

100 다음 중 유도로등의 색상으로 옳은 것은?

① 청색   ② 녹색
③ 황색   ④ 백색

해설
유도로등(Taxiway Edge Lights)은 청색의 고정등을 사용하여 해당 구역의 경계를 명확히 표시하며, 조종사의 안전하고 효율적인 지상 이동을 지원한다.

101 활주로 가시범위가 350미터 미만인 조건에서, 곡선반경이 400미터 이하인 유도로의 곡선구간에 설치하는 유도로중심선등의 등 사이 간격 기준으로 옳은 것은?

① 7.5미터   ② 15미터
③ 30미터   ④ 60미터

해설
활주로 가시범위가 350미터 미만인 조건에서 사용되는 유도로의 곡선구간, 특히 곡선반경이 400미터 이하인 경우에는 등(light) 사이 간격을 7.5미터 이하로 설치한다.

102 활주로시단식별등의 특성에 대한 설명으로 옳지 않은 것은?

① 불빛은 백색의 섬광등(Flashing Light)이다.
② 1분당 섬광 횟수는 60회에서 120회 사이이다.
③ 불빛은 원칙적으로 활주로에 진입하는 항공기 방향에서만 보여야 한다.
④ 활주로 종단(End)에 설치하여 활주로의 끝을 명확히 알려준다.

해설
활주로시단식별등(Runway Threshold Identification Lights, REIL)은 착륙하려는 항공기에 활주로시단(Threshold)의 위치를 알려주기 위해 활주로 시단의 양쪽에 설치하는 등화이다.

103 공항 접근용 또는 높은 정확도가 요구되는 절차를 위해 VOR과 DME를 편측 병설하는 경우, 두 시설의 안테나 간 최대 분리 간격 기준으로 옳은 것은?

① 30미터 이내   ② 80미터 이내
③ 150미터 이내   ④ 600미터 이내

해설
공항 접근용으로 사용하거나 높은 정확도가 필요한 절차를 위해 VOR과 DME를 편측 병설하는 경우, 안테나 간 위치 차이로 인한 항법 오차를 최소화하기 위해 설치 기준이 엄격하게 적용되어 VOR과 DME 안테나의 분리 간격은 30미터를 초과해서는 안 된다.

정답 99. ④ 100. ① 101. ① 102. ④ 103. ①

104 계기착륙 시의 내측마커는 착륙하는 항공기에 어떤 정보를 제공하기 위한 목적으로 설치되는가?

① CAT-II/III 등급의 최저결심고도(DH)에 근접했음을 알리기 위해
② 최종접근지점(FAF)을 통과했음을 알리기 위해
③ 활공각 신호를 최초로 포착하는 지점임을 알리기 위해
④ 복행(Missed Approach)을 시작해야 하는 지점임을 알리기 위해

해설
내측마커는 활주로 시단에 매우 가깝게(약 75m~450m) 설치되며, 저시정 상황에서 정밀접근(CAT-II/III)을 하는 조종사에게 항공기가 결심고도(DH)에 거의 도달했음을 알려주는 최종적인 청각/시각 신호를 제공하는 역할을 한다.

105 공항운영증명 발급 대상을 제외한 비행장 또는 항행안전시설 관리자가 국토교통부장관에게 받아야 하는 관리검사의 주기로 옳은 것은?

① 6개월　　② 1년
③ 2년　　　④ 3년

해설
공항운영증명 발급 대상을 제외한 비행장 또는 항행안전시설 관리자는 1년을 주기로 국토교통부장관의 관리검사를 받아야 한다.

106 VOR과 DME가 병설되어 운용될 경우, 식별부호 송신 방법에 대한 설명으로 가장 옳은 것은?

① VOR과 DME가 동일한 식별부호를 사용하며, 일정한 주기로 VOR 식별부호와 DME 식별부호가 교차 송신된다.
② VOR과 DME는 서로 다른 식별부호를 사용하여 혼동을 방지한다.
③ VOR 식별부호만 송신하고, DME 식별부호는 송신을 억제한다.
④ DME 식별부호만 송신하고, VOR 식별부호는 송신을 억제한다.

해설
VOR과 DME가 하나의 시설처럼 운영될 때, 두 시설은 동일한 식별부호를 사용하며 상호 연동된다. 조종사가 VOR과 DME 신호를 모두 식별할 수 있도록 일정한 주기로 VOR 식별부호(저음)가 송신되고, 이어서 DME 식별부호(고음)가 번갈아 송신되는 것이 일반적인 방식이다.

107 활주로측선표지를 의무적으로 설치해야 하는 활주로는?

① 정밀접근활주로
② 모든 비계기활주로
③ 헬기 이착륙장
④ 군 전용 활주로

해설
활주로측선표지(Runway Side Stripe Marking)는 활주로 가장자리의 시인성을 높여 조종사가 활주로를 명확히 식별하고 안전하게 운항할 수 있도록 돕는 중요한 표지로 정밀접근활주로에는 의무적으로 설치해야 한다.

108 정밀접근활주로에 설치하는 활주로중심선표지의 최소 선폭 기준으로 옳은 것은?

① 0.30미터
② 0.45미터
③ 0.60미터
④ 0.90미터

해설
시인성이 매우 중요한 정밀접근활주로(CAT-I, II, III)의 경우, 최소 0.90미터 이상의 폭으로 표시해야 한다.

정답 104. ①　105. ②　106. ①　107. ①　108. ④

109 비행장등대의 설치 조건으로 적절하지 않은 것은?

① 비행장 안 또는 인근 지역에 설치한다.
② 불빛이 주변 장애물에 의해 가려지지 않아야 한다.
③ 조종사 및 관제사에게 눈부심(Glare)을 일으키지 않아야 한다.
④ 반드시 공항 내 가장 높은 관제탑 옥상에 설치하여야 한다.

해설
비행장등대는 공항 또는 그 주변에 설치하되, 불빛이 가려지지 않고 눈부심을 일으키지 않는 높은 곳에 설치하는 것이 바람직하지만, '반드시 관제탑 옥상'에 설치해야 하는 것은 아니다.

110 ILS CAT-II/III 정밀접근활주로에 설치하는 진입등시스템에서 중심선 표시등을 구성하는 바렛 사이의 간격 기준으로 옳은 것은?

① 15미터 ② 30미터
③ 60미터 ④ 100미터

해설
정밀접근 CAT-II/III용 진입등시스템(Approach Lighting Systems, ALS)의 중심선 표시등은 일정한 간격으로 배열된 바렛(등화군)으로 구성되며, 이 바렛과 바렛 사이의 종방향 간격은 활주로 시단으로부터 900미터 거리까지 30미터로 설치해야 한다.

111 활주로등을 설치할 때, 활주로 가장자리로부터 바깥쪽으로 얼마 이내의 거리에 설치해야 하는가?

① 1미터 이내 ② 3미터 이내
③ 5미터 이내 ④ 10미터 이내

해설
활주로등은 활주로 가장자리로부터 바깥쪽으로 3미터 이내에 설치하여야 한다.

112 규정된 중광도 항공장애등에 사용될 수 있는 색상으로만 올바르게 짝지어진 것은?

① 백색, 적색
② 백색, 황색
③ 적색, 녹색
④ 황색, 청색

해설
중광도 항공장애등 색상은 형태에 따라 백색 섬광등(A형), 적색 섬광등(B형), 적색 고정등(C형)이다.

113 풍향지시기의 색채 기준으로 옳지 않은 것은?

① 단일 색상으로 할 경우, 오렌지색을 사용할 수 있다.
② 단일 색상으로 할 경우, 백색을 사용할 수 있다.
③ 오렌지색과 백색을 조합한 줄무늬를 사용할 수 있다.
④ 시인성을 높이기 위해 적색과 흑색을 조합한 줄무늬를 사용한다.

해설
단일 색상으로 설치할 경우 오렌지색 또는 백색을 사용할 수 있으며, 두 가지 색을 조합한 줄무늬(Banding) 형태로 사용할 경우 오렌지색과 백색, 적색과 백색, 또는 흑색과 백색의 조합을 교대로 사용할 수 있다.

114 풍향지시기는 최소 얼마의 고도에서 명료하게 식별할 수 있도록 설치되어야 하는가?

① 100미터 ② 200미터
③ 300미터 ④ 500미터

정답 109. ④ 110. ② 111. ② 112. ① 113. ④ 114. ③

> **해설**
> 풍향지시기의 색상과 형태는 조종사가 비행장 상공의 교통장주 등에서 쉽게 바람 방향을 파악할 수 있도록, 최소 300미터(약 1,000피트)의 고도에서 명료하게 식별될 수 있어야 한다.

115 T자형 착륙방향지시등을 설치할 경우, 그 위치로 가장 적합한 곳은?

① 비행장 상공에서 항공기가 쉽게 식별할 수 있는 곳
② 활주로 중앙부의 유도로 인근
③ 공항 터미널 빌딩 옥상
④ 계기착륙시설(ILS) 안테나 후방

> **해설**
> T자형 착륙방향지시등은 조종사가 비행장 상공에서 쉽게 식별할 수 있는 곳에 설치되어야 한다.

116 VOR과 DME가 병설 운용될 때, DME 식별신호의 송신 간격으로 옳은 것은?

① 10초　② 20초
③ 30초　④ 40초

> **해설**
> VOR과 DME가 병설될 때, DME 식별신호는 VOR 식별신호에 연동되어 송신되며 송신 간격은 40초이다.

117 활주로시단식별등을 의무적으로 설치할 필요가 없는 경우는?

① 활주로 시단이 영구적으로 이설된 경우
② 활주로 시단이 임시적으로 이설된 경우
③ ILS CAT-II 등급의 정밀접근활주로인 경우
④ 비정밀접근활주로에 진입등시스템이 없는 경우

> **해설**
> ILS CAT-II 등급을 포함한 정밀접근활주로에는 이미 정밀하고 복합적인 진입등시스템(ALS)이 설치되어 별도의 활주로시단식별등을 설치할 필요가 없다.

118 항공등화는 그 기능에 따라 여러 종류로 분류된다. 다음 중 성격이 다른 하나는?

① 진입등시스템
② 진입각지시등
③ 활주로등
④ 유도로등

> **해설**
> 진입등시스템, 진입각지시등, 활주로등은 모두 항공기가 공중에서 활주로에 접근하고 착륙하는 과정, 또는 이륙을 위해 활주로를 이용하는 단계에서 필요한 시각 정보를 제공하는 기능을 수행하는 반면, 유도로등은 지상 주행 중인 항공기에 유도로·대기 지역 또는 계류장 등의 가장자리를 알려주는 기능을 수행한다.

119 다음 중 헬기장 등화에 대한 설명으로 옳지 않은 것은?

① 헬기장 등대는 장거리 시각 안내가 필요할 때 헬기장 또는 그 부근의 높은 곳에 설치한다.
② 헬기장 진입등시스템의 등화 색상은 백색이다.
③ 헬기장 목표지점등의 등화 색상은 백색이다.
④ 최종접근 및 이륙구역등(FATO Lights)의 등화 색상은 청색이다.

> **해설**
> 헬기장의 최종접근 및 이륙구역(FATO)의 경계를 표시하는 최종접근 및 이륙구역등의 등화 색상은 백색의 전방향성 고정등이다.

정답 115. ① 116. ④ 117. ③ 118. ④ 119. ④

120 활주로를 이륙하거나 착륙한 항공기가 신속하게 활주로를 벗어날 수 있는 지점을 알려주는 등화는?

① 고속탈출유도로지시등
② 활주로 경계등
③ 정지선등
④ 선회등

해설
활주로를 이륙하거나 착륙한 항공기가 신속히게 활주로를 벗어날 수 있는 지점을 알려주는 등화는 고속탈출유도로지시등이다.

121 공항 이동지역 내 항공기와 차량 등을 감시하기 위한 공항지상감시레이더의 안테나 설치 위치로 가장 이상적인 곳은?

① 공항 관제탑 옥상
② 활주로 시단 부근
③ 공항 외곽 격납고 지역
④ 터미널 빌딩 중앙

해설
ASDE는 공항 전체를 조망할 수 있으며 시야 확보에 가장 유리한 공항 관제탑 옥상이 가장 이상적인 위치이다.

122 VOR과 DME를 항공로용으로 편측 병설하는 경우, 두 시설의 안테나 간 최대 분리 간격은 얼마인가?

① 30미터 이내 ② 80미터 이내
③ 300미터 이내 ④ 600미터 이내

해설
VOR과 DME를 항공로(En-route)용으로 병설할 경우, 두 안테나의 위치 차이로 인한 항법 오차를 최소화하기 위해 안테나 간 분리 간격은 600미터 이내로 제한된다.

123 다음 중 활주로 표지의 종류가 아닌 것은?

① 활주로 지정기호
② 접지구역 표지
③ 고정거리 표지
④ 항공기 주기장 표지

해설
활주로 표지는 항공정보를 전달할 목적으로 활주로 표면에 표시되는 기호나 문자 등을 말하며, 항공기 주기장 표지는 항공기이 주기를 목적으로 계류장 내에 지정된 구역에 표시되는 표지이다.

124 공항의 활주로 포장강도(PCN)를 결정할 때 고려하는 요소가 아닌 것은?

① 포장 하부 지지력 등급
② 공항의 연간 총 이착륙 횟수
③ 타이어 최대 허용 압력 등급
④ 평가 방법(기술적/실제사용)

해설
PCN(Pavement Classification Number)은 항공기 하중을 견디는 활주로 포장의 강도를 나타내는 수치이며, 항공정보간행물에 공시된다. '공항의 연간 총 이착륙 횟수'는 포장 설계 시 고려되는 항공기 하중 조건 및 운항 횟수에 해당하지만, PCN의 결정 및 공시를 위한 직접적인 구성 요소(예: PCN 값, 포장형태, 노상강도 분류, 타이어 압력 분류, 평가 방법)에는 포함되지 않는다.

125 정지로에 대한 설명으로 옳지 않은 것은?

① 이륙 중단 시 항공기가 활주로를 벗어나지 않고 정지할 수 있도록 마련된 구역이다.
② 폭은 당해 활주로의 폭과 같아야 한다.
③ 항공기의 중량을 지탱할 수 있도록 설계되어야 한다.
④ 항공기의 정상적인 이착륙을 위해 사용할 수 있다.

정답 120. ① 121. ① 122. ④ 123. ④ 124. ② 125. ④

> **해설**
>
> 정지로는 이륙 항공기가 이륙을 포기하는 경우에 항공기가 정지하는 데 적합하도록 설치된 구역으로 정상적인 이착륙을 위한 용도가 아니다. 또한 착륙용으로 사용하지 않으며, 이륙 중 엔진 고장 등의 예외적인 상황(이륙 포기)에서만 사용되는 구역이다.

126 개방구역에 대한 설명으로 옳지 않은 것은?

① 이륙하여 일정 고도까지 상승하는 항공기의 안전을 위해 설정된 구역이다.
② 폭은 착륙대 폭의 1/2 이상이어야 한다.
③ 지표면은 위쪽으로 1.25%를 초과하는 경사를 가져서는 안 된다.
④ 개방구역 내에는 항공기 운항에 지장을 주는 장애물이 없어야 한다.

> **해설**
>
> 개방구역의 폭은 계기착륙활주로의 경우 활주로 중심선 연장선 양측으로 각각 75미터 이상 확장되어야 하며, 비정밀활주로의 경우 착륙대 폭의 절반까지 확장되어야 한다. 따라서, 일률적으로 폭이 착륙대 폭의 1/2 이상이어야 한다는 설명은 옳지 않다.

127 활주로거리등이 제공하는 정보는?

① 활주로 시단으로부터의 거리
② 활주로 종단까지의 남은 거리
③ 활주로의 총길이
④ 활주로의 고도

> **해설**
>
> 활주로거리등은 활주로를 주행 중인 항공기에게 전방의 활주로 종단까지의 남은 거리를 알려주기 위해 설치되는 등화이다.

128 비행 중인 항공기에서 발신되어 육상 통신국을 경유하는 전문의 발신처 주소는 어떻게 구성되는가?

① 항공기 호출부호
② 해당 항공편의 편명
③ 해당 항공기가 소속된 항공사 부호
④ 전문을 접수한 육상 통신국의 지명약어

> **해설**
>
> 항공고정통신망(AFTN)을 통해 비행 중인 항공기가 발신하는 전문이 육상 통신국(항공국)을 경유하여 전송될 경우, 해당 전문의 발신처 주소(Originator Indicator)는 전문을 AFTN으로 중계할 책임이 있는 육상 통신국(항공국)의 지명약어로 구성되어야 한다.

129 항행안전시설의 위치, 구조 또는 등급 등 국토교통부령으로 정하는 중요한 사항을 변경하려는 자가 받아야 하는 행정 절차는?

① 변경허가   ② 변경신고
③ 최초설치허가   ④ 완성검사

> **해설**
>
> 항행안전시설을 설치한 자가 그 시설의 위치, 구조, 등급 등을 변경하려는 경우에는 국토교통부장관의 변경허가를 받아야 하고, 경미한 사항을 변경하는 경우에는 국토교통부장관에게 신고해야 한다.

130 레이더 시설의 감시 장치에 대한 설명으로 옳지 않은 것은?

① 레이더 송신 출력의 현저한 저하가 발생하면 경보를 발해야 한다.
② 방위각 정보에 오차가 발생하면 경보를 발해야 한다.
③ 감시 장치의 고장은 주 장비의 운용에 영향을 주어서는 안 된다.
④ 항공기 표적의 누락률(Blip/Scan Ratio)을 실시간으로 감시하여 경보를 발해야 한다.

정답 126. ② 127. ② 128. ④ 129. ① 130. ④

해설

레이더를 포함한 항행안전무선시설의 감시장치는 시설 자체의 성능(예: 송신 출력, 주파수 안정도, 방위각 정확도)에 이상이 발생했을 때 이를 감지하고 경보를 발하는 것을 주된 기능으로 한다. 항공기 표적의 누락률(Blip/Scan Ratio)은 레이더의 중요한 성능 지표이지만, 이를 실시간으로 감시하여 경보를 발하는 것은 일반적으로 감시장치의 직접적인 기능은 아니다.

131 활주로와 그 주변 구역인 착륙대(Runway Strip)에 대한 설명으로 옳지 않은 것은?

① 항공기가 활주로를 벗어나는 경우 그 손상을 줄이기 위한 구역을 포함한다.
② 착륙대 내에 위치하는 필수적인 항공시설은 부서지기 쉬운 구조(Frangible)여야 한다.
③ 착륙대는 항공기의 안전 운항을 위해 항상 건조한 상태로 유지되어야 한다.
④ 착륙대의 종단은 활주로 종단을 넘어 활주로종단안전구역(RESA)까지 연장된다.

해설

활주로 및 착륙대는 야외에 위치하므로 비, 눈 등의 기상 현상으로 인해 표면이 젖거나 얼음이 생길 수 있다. 이에 따라 물이 고여 위험을 초래하는 것을 방지하고(수막현상 등 방지), 젖은 상태에서도 항공기의 안전 운항에 필요한 마찰 특성을 확보할 수 있도록 관리되어야 한다. 그러나 활주로와 착륙대를 '항상 건조한 상태'로 유지하는 것은 현실적으로 불가능하며, 관리 기준에서도 '항상 건조한 상태'를 요구하지는 않는다.

132 고속탈출유도로 설계 시 주된 고려사항이 아닌 것은?

① 착륙 항공기의 속도를 최대한 유지하여 신속하게 활주로를 벗어나도록 한다.
② 활주로와의 교차 각도를 30도 내외의 예각으로 설계한다.
③ 항공기가 유도로에 진입한 후 완전히 정지할 수 있는 충분한 직선 길이를 확보한다.
④ 이륙하려는 항공기가 대기 시간 없이 즉시 활주로로 진입할 수 있도록 설계한다.

해설

고속탈출유도로(Rapid Exit Taxiway)는 착륙하는 항공기가 활주로 점유 시간을 최소화하여 활주로 용량을 증대시키기 위한 목적으로 설계된 시설로, 이륙하려는 항공기가 대기 시간 없이 즉시 활주로로 진입할 수 있도록 하는 것은 고속탈출유도로의 직접적인 설계 목표가 아니다.

133 ACN-PCN 방법에 대한 설명으로 옳은 것은?

① ACN이 PCN보다 작거나 같아야 해당 포장면에 대한 운항이 가능하다.
② ACN은 항공기의 최대이륙중량을 기준으로 산정된다.
③ PCN은 포장 공사에 사용된 아스팔트 또는 콘크리트의 종류를 나타내는 코드이다.
④ 모든 포장면에 대해 ACN과 PCN 값을 의무적으로 공시해야 한다.

해설

포장 등급번호(PCN) 이하의 항공기 등급번호(ACN)를 갖는 항공기는 중량 제한 없이 운항할 수 있으나, ACN이 PCN을 초과하는 경우 운항이 제한될 수 있다.

134 활주로 분류번호 3 또는 4일 경우, 활주로 종단을 지나쳐 이탈한 항공기의 피해를 줄이기 위해 설치하는 활주로종단안전구역의 권장 거리 기준으로 옳은 것은?

① 60미터   ② 90미터
③ 150미터   ④ 240미터

정답 131. ③ 132. ④ 133. ① 134. ④

> **해설**
> RESA는 착륙대 종단에서부터 최소한 90미터 이상 확장되어야 한다. 또한, 분류번호가 3 또는 4인 활주로의 경우, RESA의 길이는 가능한 한 240미터 이상으로 확장해야 한다.

135 활주로 중심선으로부터 이격하여 설치되는 활주로등의 위치 기준으로 옳은 것은?

① 활주로 포장면의 가장자리를 따라 설치
② 활주로 포장면 가장자리로부터 바깥쪽으로 3미터 이내
③ 활주로 포장면 가장자리로부터 바깥쪽으로 10미터 이내
④ 착륙대 가장자리를 따라 설치

> **해설**
> 활주로등은 활주로로 선언된 구역의 가장자리를 따라 또는 그 가장자리로부터 바깥쪽으로 3미터 이내의 거리에 설치한다.

136 다음 중 항공통신업무 종사자의 업무의 범주에 포함되지 않는 것은?

① 항공고정통신업무
② 항공이동통신업무
③ 항공무선항행업무
④ 항공이동위성업무

> **해설**
> 항공통신업무 종사자의 업무 범주는 크게 항공고정통신업무, 항공이동통신업무, 항공무선항행업무, 항공방송업무로 분류된다.

137 항행안전시설 설치자가 받아야 하는 완성검사에 대한 설명으로 옳지 않은 것은?

① 항행안전시설의 설치공사를 완료한 때에 받아야 한다.
② 국토교통부장관이 실시한다.
③ 완성검사에 합격해야만 해당 시설을 사용할 수 있다.
④ 완성검사의 주기는 1년이다.

> **해설**
> 완성검사는 항행안전시설의 설치공사를 완료했을 때 받는 검사로 단회성이며, 관리검사 주기는 연 1회 이상이다.

138 항공기의 진행 방향과 관계없이 모든 방향에서 식별이 가능해야 하는 무지향성 등화가 아닌 것은?

① 비행장등대
② 풍향등
③ 유도로등
④ 금지구역등

> **해설**
> 유도로등의 주된 기능은 지상에서 항공기가 특정한 선형 경로(유도로)를 따라 이동하도록 그 윤곽을 명확히 제시하여 유도하는 것으로 무지향성과는 기능적 초점이 다르다.

139 지향 신호등을 이용하여 지상에 있는 항공기에 "출발 위치로 이동을 허가한다"는 지시를 전달할 때 사용하는 등화 색상은?

① 녹색 고정등(Steady Green)
② 녹색 섬광등(Flashing Green)
③ 적색 고정등(Steady Red)
④ 적색과 녹색 교대 섬광등(Alternating Red and Green Flashes)

정답 135. ② 136. ④ 137. ④ 138. ③ 139. ②

해설
지상에 있는 항공기에 "출발 위치로 이동을 허가한다"는 지시를 전달할 때 사용하는 등화 색상은 녹색 섬광등이다.

140 비행장의 사용 불능 구역을 표시하기 위해 설치하는 금지구역등의 색상으로 옳은 것은?

① 적색 고정등
② 황색 고정등
③ 청색 섬광등
④ 백색 섬광등

해설
비행장의 사용 불능 구역을 표시하기 위해 설치하는 금지구역등의 색상은 적색 고정등이다.

141 항공기가 활주로 또는 유도로를 벗어나 대기할 수 있도록 지정된 구역으로, 다른 항공기의 이동을 방해하지 않기 위해 설치하는 곳은?

① 대기지역(Holding Bay)
② 분리대(Island)
③ 착륙대(Runway Strip)
④ 주기장(Apron)

해설
대기지역(Holding Bay)은 항공기의 지상 이동을 효율적으로 하기 위해 항공기를 대기시키거나 통과시키는 지정 지역을 말한다. 일반적으로 항공교통 운항 밀도가 중간(Medium) 또는 고밀도(Heavy)인 경우에 제공되어야 한다.

142 정밀접근활주로의 접지구역표지에 대한 설명으로 옳지 않은 것은?

① 활주로 시단으로부터 150미터 간격으로 한 쌍씩 설치한다.
② 활주로 중심선에 대하여 대칭으로 설치한다.
③ 표지의 개수는 활주로의 공시착륙거리(LDA)에 따라 결정된다.
④ 모두 정밀접근활주로에 동일하게 6쌍의 표지를 설치한다.

해설
접지구역표지 쌍(Pair)의 개수는 항공기가 착륙할 수 있는 거리인 공시착륙거리(LDA)에 따라 달라진다. 예를 들어, LDA가 2,400미터 이상이면 6쌍, 1,500미터 이상 2,400미터 미만이면 4쌍 등으로 규정되어 있어, 모든 활주로에 동일하게 설치되지 않는다.

143 항공메시지처리시스템(AMHS)에 대한 설명으로 옳지 않은 것은?

① 기존 AFTN과 달리 전문의 길이에 제한이 없다.
② AFTN과 호환이 불가능하여 별도의 네트워크로만 운영된다.
③ 그림, 영상 등 다양한 형식의 파일을 첨부하여 전송할 수 있다.
④ X.400 국제 표준을 기반으로 하여 이메일과 유사한 주소 체계를 사용한다.

해설
항공메시지처리시스템(AMHS)은 기존의 AFTN을 대체하는 시스템이지만, 원활한 전환을 위해 AFTN/AMHS 게이트웨이를 통해 AFTN과 상호 호환되도록 설계되었다. 이를 통해 AFTN 사용자와 AMHS 사용자 간의 메시지 교환이 가능하다.

정답 140. ① 141. ① 142. ④ 143. ②

144 AFTN 전문을 페이지 인쇄 장비로 출력할 때 가독성을 확보하기 위해, 한 줄의 길이는 공백을 포함하여 최대 몇 자로 제한되는가?

① 50자　② 69자
③ 79자　④ 99자

해설
AFTN 전문을 페이지 인쇄 장비(Teleprinter)로 출력할 때, 한 줄의 길이는 스페이스를 포함하여 총 69문자를 초과해서는 안 된다.

145 비행장등대(Aerodrome Beacon)의 특성에 관한 설명으로 옳지 않은 것은?

① 불빛은 녹색과 백색의 교색섬광, 또는 백색만의 섬광으로 한다.
② 1분간 섬광횟수는 20회 이상 30회 이하로 한다.
③ 불빛은 모든 방위에서 보여야 하고, 조종사에게 눈부심을 주지 않아야 한다.
④ 기본 실효광도는 20,000칸델라(cd) 이상이어야 한다.

해설
비행장등대의 기본 실효광도는 2,000칸델라(cd) 이상이어야 한다.

146 CAT-II/III 정밀접근활주로용 진입등시스템(ALS)에 대한 설명으로 옳은 것은?

① 중심선 표시등은 활주로 시단으로부터 900m 거리까지 60m 간격으로 설치한다.
② 횡선표시등은 활주로시단으로부터 150m, 300m 지점에 설치한다.
③ 적색의 측렬등(Side Row Lights)은 활주로 시단으로부터 150m 구간에 설치한다.
④ 시스템에 포함된 모든 등화는 백색 고정등으로만 구성된다.

해설
중심선 표시등의 간격은 활주로 시단으로부터 900m 거리까지 30m 간격으로 설치하고, 적색의 측렬등은 활주로 시단으로부터 270m 거리까지 설치되며, 시스템에 포함된 등화는 백색의 중심선 표시등 및 횡선표시등, 적색의 측렬표시등, 백색의 섬광등으로 구성된다.

147 활주로등(Runway Edge Lights)의 색상에 대한 설명으로 옳은 것은?

① 모든 구간에서 항상 백색으로 점등된다.
② 활주로 시단부터 600m 구간은 황색으로 점등된다.
③ 활주로 종단으로부터 600m 구간은 활주로 방향에서 황색으로 보인다.
④ 활주로 시단에서는 녹색, 활주로 종단에서는 적색으로 보인다.

해설
활주로등은 기본적으로 백색의 고정등으로 설치되지만, 조종사에게 활주로의 남은 거리에 대한 정보를 제공하기 위해 활주로 끝부분의 색상이 다르게 점등된다. 활주로의 마지막 600미터 또는 활주로 총 길이의 3분의 1중 짧은 구간의 활주로등은 활주로 종단으로 진행하는 방향에서 보았을 때 황색으로 한다. 활주로시단등은 녹색, 활주로종단등은 적색으로 점등된다.

148 접지구역등(Touchdown Zone Lights)에 대한 설명으로 옳지 않은 것은?

① CAT-II 및 CAT-III 정밀접근활주로에 의무적으로 설치해야 한다.
② 활주로 시단에서 활주로 방향으로 900m 거리까지 바렛(Barrette) 형태로 설치한다.
③ 불빛은 접근하는 항공기 방향에서만 보이는 백색의 단방향 등이다.
④ 등 간격은 30m 간격으로 설치한다.

정답　144. ②　145. ④　146. ②　147. ③　148. ④

해설
등 간격은 30미터 또는 60미터로 한다. 다만, CAT I 정밀접근활주로에 설치된 경우에는 등 간격을 60미터로 한다.

149 항공고정통신시설(AFTN)에서 처리되는 전문 중에서 처리 우선순위가 가장 높은 것은?

① 긴급전문(DD)
② 비행안전전문(FF)
③ 조난전문(SS)
④ 기상전문(GG)

해설
항공고정통신망 전문의 우선순위는 조난(SS)>긴급(DD)>비행안전(FF)>기상(GG)>항공기정시운항(JJ) 순이다.

150 항행안전무선시설의 관리자가 작성하는 업무일지에 기록해야 하는 감시장치 등으로 감시한 일시 및 결과에 대한 기록 횟수 기준으로 옳은 것은?

① 1일 1회 이상 ② 1일 2회 이상
③ 1주 1회 이상 ④ 1개월 1회 이상

해설
항행안전무선시설 또는 항공정보통신시설의 관리자는 업무일지에 감시장치 등으로 감시한 일시 및 결과를 기록하여야 하며, 그 기록 횟수는 1일 1회 이상이어야 한다.

151 국제표준 항공고정통신망(AFTN) 전문에서, 본문(Text)의 최대 글자 수 제한으로 옳은 것은?

① 1,500자   ② 1,800자
③ 2,100자   ④ 제한 없음

해설
항공고정통신망(AFTN) 전문에서 발신국이 입력하는 전문의 본문(Text)은 1,800자를 초과해서는 안 된다.

152 작성하려는 AFTN 전문 본문의 크기가 4,257자일 때, 이를 3개의 전문으로 분할하여 발송할 경우, 마지막 전문의 끝에 표시하는 형식으로 옳은 것은?

① //END PAGE 3//
② //END PART 3//
③ //END MSG 3 OF 3//
④ //END PART 03/03//

해설
전문의 본문은 최대 1,800자를 초과할 수 없으며, 이를 초과하는 경우 여러 개의 전문으로 분할 전송해야 한다. 이때 마지막 전문의 끝을 표시하는 방법은 // END PART xx/xx// 형식으로 표시해야 한다.

153 다음 AFTN 전문 종류 중 우선순위 부호가 다른 하나는?

① METAR   ② NOTAM
③ AIRMET   ④ TAF

해설
정시관측보고(METAR)/항공고시보(NOTAM)/공항예보(TAF)는 GG, 항공기상정보(AIRMET)는 비행안전전문(Flight Safety Messages)에 해당하며, 우선순위는 FF이다.

154 다음 AFTN 주소의 마지막 4개 문자 중 관제탑을 의미하는 코드는?

① ZPZX   ② ZAZX
③ ZQZX   ④ ZTZX

정답 149. ③ 150. ① 151. ② 152. ④ 153. ③ 154. ④

> **해설**
> 항공고정통신망(AFTN) 수신국 주소는 4문자 지명약어 다음에 ICAO 3문자 지정자와 보충문자를 포함하여 8자리로 구성된다. 이 중 특정 항공 관련 기관, 서비스 또는 항공사를 구별하는 3문자 지정자 중 관제탑(Aerodrome Control Tower)을 의미하는 코드는 ZTZ이다. 보충문자 X는 구분이 불필요한 경우 주소의 끝에 사용되는 보충 문자이다.

155 AFTN 프로토콜에서 전문의 시작을 알리는 신호는?

① SOH
② STX
③ ZCZC
④ NNNN

> **해설**
> AFTN 전문의 시작을 알리는 신호로 사용되는 부호는 ZCZC이다.

156 활주로중심선등(Runway Centerline Lights)의 색상 변화에 대한 설명으로 옳지 않은 것은?

① 활주로 시단부터 종단 900m 지점까지는 백색이다.
② 활주로 종단 900m 지점부터 300m 지점까지는 백색과 적색이 교대로 점등된다.
③ 활주로 종단 300m 지점부터 종단까지는 적색이다.
④ 활주로 종단 150m 지점부터 종단까지는 모두 점멸하는 적색등이다.

> **해설**
> 활주로 종단으로부터의 거리는 300m이며, 활주로중심선등은 점멸하지 않는 고정등이다.

157 공항감시레이더에 대한 설명으로 옳지 않은 것은?

① 공항 및 접근관제구역 내 항공기의 위치, 거리, 방위 정보를 제공한다.
② 탐지거리는 일반적으로 반경 60NM(약 111km)이다.
③ 대부분의 공항에서 1차, 2차 감시레이더를 병합하여 운용한다.
④ 전파가 도달하지 못하는 산악 등 장애물 후방의 항공기도 탐지할 수 있다.

> **해설**
> 공항감시레이더(ASR) 등 일반적인 레이더시설은 기본적으로 직진하는 특성을 가진 전파를 이용하여 항공기의 위치를 탐지하므로, 산이나 건물과 같은 지상자애물에 의해 전파가 가려지는 경우, 그 후방 지역(음영구역)에 있는 항공기는 탐지할 수 없다.

158 계기비행기상상태에서 착륙하려는 항공기가 있을 경우, 비행장 등화는 늦어도 항공기 도착 예정시간 몇 분 전까지 점등해야 하는가?

① 5분
② 10분
③ 15분
④ 30분

> **해설**
> 비행장 등화(비행장등대 제외)는 야간 또는 계기비행기상상태(IMC)에서 항공기가 착륙할 필요가 있는 경우, 해당 항공기의 착륙 예정시각 1시간 전부터 점등 준비를 시작하여 늦어도 착륙 예정시각보다 최소 10분 전에 점등해야 한다.

정답 155. ③ 156. ④ 157. ④ 158. ②

159 다음 중 계기착륙시설 CAT-I 정밀접근활주로에 필수적으로 설치해야 하는 등화가 아닌 것은?

① 진입등시스템
② 활주로등
③ 접지구역등
④ 활주로종단등

해설

접지구역등(Touchdown Zone Lights)은 CAT-II 및 CAT-III 정밀접근활주로의 접지구역에 필수적으로 설치하여야 한다. CAT-I 정밀접근활주로의 경우 활주로중심선등이 설치된 경우에는 설치할 수 있지만, 필수 사항은 아니다.

160 계기착륙시설에 대한 설명으로 옳지 않은 것은?

① 로컬라이저(LOC)는 수평면상의 활주로 중심선 정보를 제공한다.
② 글라이드패스(GP)가 고장나더라도 로컬라이저만으로 정밀접근을 수행할 수 있다.
③ 글라이드패스(GP)는 수직면상의 이상적인 활공각 정보를 제공한다.
④ 마커 비콘(Marker Beacon) 대신 거리측정시설(DME)을 이용하여 거리 정보를 얻을 수 있다.

해설

로컬라이저만 이용 가능하다면 비정밀접근으로 분류된다. 글라이드패스 시설 고장으로 수직 유도를 받을 수 없다면, 해당 접근은 정밀접근으로 간주될 수 없다.

정답 159. ③ 160. ②

기출 예상문제

01 다음 중 제트기류 내에서 발생할 수 있는 윈드시어(Wind Shear)의 원인으로 가장 적절한 것은?

① 성층권의 온도 역전 현상
② 대류권 중·상층에서의 급격한 풍속 변화
③ 지표면의 불균일한 가열
④ 저기압 중심에서의 수직운 상승

해설
윈드시어는 짧은 거리 내에서의 바람의 방향 또는 속도의 급격한 변화를 의미한다. 제트기류 내에서는 대류권 중·상층에서의 풍속 변화가 주요 원인으로 작용하며, 이는 항공기 성능과 안전에 큰 영향을 준다.

02 항공기가 제트기류를 통과할 때 가장 위험한 윈드시어가 발생할 수 있는 구간은 어디인가?

① 제트기류의 중심부
② 제트기류의 상부
③ 제트기류의 하부와 양측 경계
④ 제트기류의 진입 전

해설
제트기류의 경계면에서는 바람의 속도와 방향이 급격히 변하며, 이에 따라 강한 윈드시어가 발생할 수 있다. 특히 하부와 양측 경계는 기류의 변화가 가장 심한 곳으로, 항공기의 안정성과 조종성에 위협이 된다.

03 다음 중 제트기류로 인한 윈드시어와 가장 밀접한 관련이 있는 현상은?

① 복사안개
② 마이크로버스트
③ 청천난기류(CAT)
④ 대류운 발달

해설
청천난기류(Clear Air Turbulence, CAT)는 제트기류 주변, 특히 제트기류 경계층에서 주로 발생하며 눈에 보이지 않는 강한 난기류이다.

04 다음 중 윈드시어(Wind Shear)의 정의로 가장 적절한 것은?

① 기온 변화가 급격하게 일어나는 현상
② 특정 고도에서 풍향 또는 풍속이 급격하게 변화하는 현상
③ 비행 중 항공기 속도가 증가하는 현상
④ 성층권에서 발생하는 상하 운동

해설
윈드시어(Wind Shear)는 짧은 거리나 시간에 걸쳐 풍향 또는 풍속이 급격하게 변화하는 현상을 의미한다. 이 현상은 이착륙 시 항공기의 양력과 속도에 큰 영향을 줄 수 있어 항공 안전에 있어 매우 중요한 요소이다.

05 윈드시어가 항공기 이착륙 중에 가장 위험한 이유는 무엇인가?

① 비행기의 무게중심이 이동되기 때문
② 항공기의 연료 소비가 증가하기 때문

정답 01. ② 02. ③ 03. ③ 04. ② 05. ③

③ 짧은 시간 내 속도 및 고도가 급변해 제어가 어려워지기 때문
④ 조종사가 외부 시야를 확보하기 어렵기 때문

해설
윈드시어는 풍속이나 풍향이 급격히 바뀌는 현상으로, 이착륙 시 고도가 낮고 속도 여유가 적은 상태에서는 비행 제어에 치명적인 영향을 줄 수 있다. 갑작스러운 바람 변화로 인해 양력이 급감하거나 상승하여 실속 또는 충돌 위험이 증가한다.

06 다음 중 윈드시어가 발생할 가능성이 가장 높은 기상 조건은?

① 안개 낀 고기압 정체 지역
② 맑고 고요한 여름 아침
③ 활발한 대류 활동이 있는 뇌우 발생 지역
④ 일몰 직후 기온이 안정된 상태

해설
윈드시어는 보통 강한 상승기류 또는 하강 기류가 존재할 때 발생한다. 특히 뇌우, 마이크로버스트, 전선 통과 시 강한 풍속 차이가 생겨 위험한 급변풍이 발생할 수 있다.

07 항공기가 하강 중 하강 윈드시어(Down-burst Wind Shear)를 만나면 어떤 영향이 발생할 수 있는가?

① 항공기의 양력이 증가하여 상승하게 된다.
② 착륙 속도가 감소하고 짧은 활주 거리를 유도한다.
③ 상승풍을 만나 기체가 떠오르게 된다.
④ 속도가 급격히 감소하고 고도가 낮아져 조종이 어려워진다.

해설
하강 중 하강 윈드시어를 만나면 풍속이 갑자기 줄어들거나 방향이 바뀌며, 항공기의 받음각이 커지고 양력이 줄어 고도가 급격히 낮아질 수 있다. 이는 착륙 중 사고로 이어질 수 있어 매우 위험한 상황이다.

08 다음 중 지상 근처의 저층 윈드시어(Low-level Wind Shear)에 포함되지 않는 것은?

① 마이크로버스트
② 기온역전층
③ 제트기류
④ 해풍 또는 육풍

해설
저층 윈드시어는 일반적으로 지표면에서 약 2,000ft 이하의 고도에서 발생하며, 하강기류 현상이다. 기온역전, 해풍/육풍 등의 지역적 기상 현상과 관련된다. 반면, 제트기류는 대류권 상층에서 발생하는 고고도 강풍대로 저층 윈드시어의 범주에 포함되지 않는다.

09 항공기가 화산재 구역을 통과할 때 조종사가 즉시 해야 할 조치로 옳은 것은?

① 엔진 출력을 최대로 높인다.
② 엔진 추력을 감소하고, 신속히 회항한다.
③ 활주로에 빠르게 착륙한다.
④ 즉시 하강하여 더 낮은 고도로 비행한다.

해설
화산재 구역을 비행 중일 때는 엔진에 화산재가 흡입되어 녹았다가 재응고하며 엔진 손상을 유발할 수 있다. 따라서 엔진 추력을 줄여 흡입량을 최소화하고, 즉시 회항하여 위험 지역을 벗어나는 것이 가장 적절한 조치이다. 엔진 출력을 높이거나 무조건 하강하는 행동은 상황을 악화시킬 수 있으며, 즉각적인 착륙도 적절한 공항과 여건이 확보되지 않으면 오히려 위험할 수 있다.

정답 06. ③ 07. ④ 08. ③ 09. ②

10 오호츠크해기단의 영향으로 예상되는 기상 현상은?

① 폭염과 건조한 날씨
② 맑고 화창한 날씨
③ 고온다습한 날씨
④ 저온 다습하고 흐린 날씨

해설
오호츠크해기단은 차갑고 습도가 높은 공기를 포함하고 있어, 기온을 낮추고 흐리고 습한 날씨를 유발한다. 특히 여름철에는 장마전선의 북상을 억제하여 동아시아에 긴 장마를 유발하기도 한다.

11 다음 중 오호츠크해기단이 동아시아 지역의 항공 운항에 미치는 영향으로 옳은 것은?

① 항공기 양력 증가
② 차고 습한 공기로 인한 엔진 성능 저하
③ 난류의 감소
④ 항공기 착륙 거리 단축

해설
오호츠크해기단은 차고 습한 공기를 동반하는 해양성 고기압으로, 여름철 동아시아 지역에 영향을 미친다. 이 기단의 공기는 온도가 낮고 습도가 높아 대기 밀도가 증가하지만, 습한 공기에서는 엔진의 연소 효율이 떨어져 성능이 저하될 수 있다. 양력 증가나 착륙 거리 단축, 난류 감소 등은 일반적인 영향과 맞지 않는다.

12 오호츠크해기단은 주로 어느 계절에 동아시아 지역에 영향을 미치는가?

① 봄 ② 여름
③ 가을 ④ 겨울

해설
오호츠크해기단은 여름철에 동해를 중심으로 형성되며, 차고 습한 공기를 동아시아 지역으로 유입시켜 장마와 저온현상, 안개 등을 유발한다. 여름철 기상과 항공 운항에 큰 영향을 주는 주요 기단 중 하나이다.

13 오호츠크해기단이 강할 때 주로 나타나는 현상으로 옳은 것은?

① 태풍의 발달
② 열대성 저기압의 발생
③ 장마전선의 북상 억제
④ 고기압의 강화

해설
오호츠크해기단이 강해지면 북쪽에서 차고 습한 공기가 지속적으로 유입되어, 장마전선이 북쪽으로 이동하지 못하고 남쪽에 정체되는 현상이 발생한다. 이에 따라 장마가 길어지고 강수량이 많아질 수 있다. 태풍이나 열대성 저기압과는 직접적인 관련이 없다.

14 다음 중 화산재(Volcano Ash, VA)에 대한 설명으로 옳은 것은?

① 주로 물에 잘 녹는 성질을 가진다.
② 화산 폭발 시 발생하는 2mm 이상의 큰 입자이다.
③ 대기 중에 장기간 떠다니며 항공기 엔진에 심각한 손상을 줄 수 있다.
④ 온도 상승의 주요 원인이 된다.

해설
화산재는 미세한 입자로 구성되어 대기 중에 오래 떠 있을 수 있으며, 항공기 엔진 내부로 유입될 경우 녹아서 터빈 블레이드에 부착되고 손상을 일으킨다. 이는 엔진 정지, 유리창 손상, 전자장비 오작동 등 심각한 항공사고로 이어질 수 있다. 물에 잘 녹지 않고, 일반적으로 2mm 미만의 입자이며, 온도 상승과는 관련이 없다.

15 화산재로 인해 항공기가 가장 크게 영향을 받는 이유로 옳지 않은 것은?

① 엔진 손상
② 레이더 신호 반사 감소
③ 항공기 전자 시스템 오작동
④ 기체 표면의 부식

정답 10. ④ 11. ② 12. ② 13. ③ 14. ③ 15. ②

해설

화산재는 항공기에 매우 위험한 요소로, 엔진 내 흡입 시 손상, 전자 시스템 오작동, 기체 표면의 부식 등을 유발할 수 있다. 그러나 레이더 신호 반사 감소는 일반적으로 화산재의 주요 영향으로 간주되지 않으며, 오히려 일부 경우에는 화산재가 레이더에 감지되어 반사 신호를 증가시키기도 한다.

16 화산재가 포함된 대기에서의 비행 위험으로 옳은 것은?

① 항공기 양력 증가
② 공기 밀도 증가로 인한 연료 절감
③ 전방 시야 확보
④ 전자장비 손상 및 통신 장애

해설

화산재는 미세한 입자와 금속 성분을 포함하고 있어 항공기 전자장비에 손상을 주고 통신 시스템에 장애를 유발할 수 있다. 또한 시야를 급격히 저하시키고, 엔진 성능 저하, 항공기 표면 부식 등도 일으킬 수 있어 매우 위험하다.

17 한랭전선이 통과한 후의 기상 변화로 옳은 것은?

① 기온 상승, 습도 증가
② 기온 하강, 기압 상승
③ 바람의 약화, 안개 발생
④ 강수량 증가, 기온 상승

해설

한랭전선이 통과하면 찬 공기가 유입되므로 기온이 하강하고, 전선이 통과하면서 불안정하던 대기가 안정되기 시작하면서 기압은 상승하는 경향을 보인다. 또한, 통과 직후에는 바람이 강해질 수 있으며, 일반적으로 강수는 전선 통과 전과 통과 시에 집중되고 이후에는 점차 그친다.

18 오호츠크해기단이 형성된 지역에서 발생하기 쉬운 기상 현상은?

① 고기압성 맑은 날씨
② 열대성 저기압
③ 안개와 이슬비
④ 건조한 사막 기후

해설

오호츠크해기단은 차고 습한 해양성 공기로 이루어져 있어 안개와 이슬비 같은 습윤한 기상 현상을 자주 발생시킨다. 반면, 고기압성 맑은 날씨나 건조한 사막 기후와는 거리가 멀고, 열대성 저기압과도 직접적인 연관이 적다.

19 다음 중 한랭전선이 오호츠크해기단과 만났을 때 예상되는 현상은?

① 대규모 열대성 저기압 발생
② 폭염과 건조한 날씨
③ 강한 바람과 폭우
④ 맑은 날씨와 기압 상승

해설

한랭전선이 차고 습한 오호츠크해기단과 만나면, 급격한 대기 불안정이 발생하여 강한 바람과 집중적인 폭우가 나타날 수 있다. 열대성 저기압이나 폭염, 맑은 날씨는 해당 상황과 맞지 않는다.

20 다음 중 상층운에 해당하는 구름의 고도 범위로 옳은 것은?

① 0~2,000m
② 2,000~6,000m
③ 6,000~12,000m
④ 12,000~15,000m

해설

상층운은 주로 6,000m에서 12,000m 사이에서 형성되며, 권운(Cirrus, Ci), 권층운(Cirrostratus, Cs), 권적운(Cirrocumulus, Cc) 등이 포함된다.

정답 16. ④ 17. ② 18. ③ 19. ③ 20. ③

21 중층운에 속하는 구름으로 옳은 것은?

① 권운(Cirrus, Ci)
② 적운(Cumulus, Cu)
③ 고적운(Altocumulus, Ac)
④ 층운(Stratus, St)

해설
중층운은 2,000m에서 6,000m 사이에서 형성되며, 대표적으로 고적운(Altocumulus, Ac)과 고층운(Altostratus, As)이 있다. 권운은 상층운, 적운과 층운은 저층운이다.

22 다음 중 하층운에 해당하는 구름의 고도 범위로 옳은 것은?

① 지표면~2,000m
② 2,000m~6,000m
③ 6,000m~12,000m
④ 12,000m 이상

해설
하층운은 주로 지표면에서 2,000m 사이에서 형성되며, 층운(Stratus, St), 층적운(Stratocumulus, Sc), 적운(Cumulus, Cu) 등이 포함된다.

23 상층운, 중층운, 하층운의 대표적인 구름 조합으로 옳은 것은?

① 권운, 고층운, 고적운
② 권층운, 고적운, 층적운
③ 권적운, 적운, 고적운
④ 층운, 고층운, 권운

해설
상층운(권층운, 권적운), 중층운(고적운, 고층운), 하층운(층적운, 층운)으로 나뉜다.

24 기압의 정의로 옳은 것은?

① 지표면에서의 바람의 속도
② 대기 중 수증기의 양
③ 공기가 단위 면적에 가하는 힘
④ 대기의 온도 변화

해설
기압(Atmospheric Pressure)은 지구를 둘러싸고 있는 공기가 단위 면적에 가하는 힘을 의미한다. 일반적으로 해수면 기압은 약 1013.25hPa(헥토파스칼)이다. 바람의 속도, 수증기량, 온도 변화는 기압의 정의와는 관련이 없다.

25 기압이 낮아질 때 나타나는 일반적인 현상으로 옳은 것은?

① 날씨가 맑아진다.
② 대기 밀도가 높아진다.
③ 비와 구름이 많아진다.
④ 공기의 온도가 급격히 떨어진다.

해설
기압이 낮아지면 공기가 상승하여 냉각되고, 수증기가 응결해 구름과 강수량이 증가하는 경향이 있다. 반면, 기압이 높을 때는 대기가 안정되어 맑은 날씨가 나타난다. 대기 밀도는 기압과 비례하므로 기압이 낮으면 밀도도 낮아지고, 공기 온도 변화는 반드시 기압과 직접 연결되지는 않는다.

26 기압이 높은 지역에서 항공기 비행 시 예상되는 특징으로 옳지 않은 것은?

① 공기 밀도가 높아 양력 증가
② 엔진 성능 향상
③ 항공기 이착륙 거리 단축
④ 난기류 발생 증가

해설
높은 기압은 대기 밀도가 높아 항공기 성능을 개선시키지만, 난기류와는 큰 관련이 없다. 난기류는 주로 온도 변화, 풍속 차이 등으로 발생한다.

정답 21. ③ 22. ① 23. ② 24. ③ 25. ③ 26. ④

27 극 해양성 기단의 주요 특징으로 옳은 것은?

① 고온, 건조 ② 한랭, 다습
③ 고온, 다습 ④ 한랭, 건조

해설
극해양성 기단은 극지방의 바다에서 형성된 기단으로, 차고 습한 특성을 가진다. 일반적으로 북태평양의 오호츠크해 기단이 이에 해당한다.

28 다음 중 극 해양성 기단이 영향을 미치는 지역의 일반적인 기상 상태는?

① 맑고 건조한 날씨
② 고온다습한 날씨
③ 차가운 안개와 흐린 날씨
④ 따뜻하고 맑은 날씨

해설
극 해양성 기단은 차갑고 습한 공기를 포함하고 있어 안개, 흐린 날씨, 낮은 기온을 유발한다.

29 상대습도의 정의로 옳은 것은?

① 공기 중의 수증기량과 온도의 비율
② 현재 공기 중의 수증기량이 최대 수증기량에 대한 백분율
③ 대기 중 이슬의 양
④ 기압에 대한 수증기 압력의 비율

해설
상대습도는 현재 공기 중에 포함된 수증기량이 그 온도에서 공기가 최대로 포함할 수 있는 수증기량에 대해 얼마인지를 백분율로 나타낸 값이다. 즉, 공기 포화도와 관련된 비율이다.

30 다음 중 상대습도가 100%에 가까운 상황에서 예상되는 현상으로 옳은 것은?

① 맑고 건조한 날씨
② 공기 중 수증기 응결로 이슬, 안개 형성
③ 온도 상승
④ 기압 하강

해설
상대습도가 100%에 가까우면 공기 중 수증기가 포화 상태에 이르러 응결이 일어나 이슬이나 안개가 형성된다. 맑고 건조한 날씨나 온도 상승, 기압 변화와는 직접적인 관련이 없다.

31 다음 중 상대습도에 영향을 주는 요인으로 옳지 않은 것은?

① 온도
② 공기 중 수증기량
③ 기압
④ 바람의 세기

해설
상대습도는 공기 중 수증기량과 온도에 직접적으로 영향을 받으며, 기압도 간접적으로 영향을 미칠 수 있다. 하지만 바람의 세기는 상대습도 자체에 직접적인 영향을 주지 않는다.

32 이슬비의 물방울 크기로 옳은 것은?

① 0.2mm 미만
② 0.2mm~0.5mm
③ 0.5mm~1mm
④ 1mm 이상

해설
이슬비는 매우 작은 물방울이 천천히 내리는 비로, 물방울 크기가 약 0.2mm에서 0.5mm 사이이다. 이보다 작은 것은 안개나 이슬, 더 큰 것은 소나기나 일반적인 비에 해당한다.

정답 27. ② 28. ③ 29. ② 30. ② 31. ④ 32. ②

33 다음 중 이슬비의 특징으로 옳지 않은 것은?

① 매우 작은 물방울로 구성된다.
② 시야가 제한될 수 있다.
③ 주로 하층운에서 발생한다.
④ 빠른 낙하 속도를 가진다.

해설
이슬비는 작고 가벼운 물방울로 천천히 내리기 때문에 낙하 속도가 느리다. 따라서 빠른 낙하 속도를 가진다는 설명은 옳지 않다. 나머지 선택지는 이슬비의 특징으로 맞는 내용이다.

34 이슬비와 일반 비를 구분하는 주요 기준은?

① 물방울의 색상
② 강수 강도
③ 물방울의 크기
④ 기온

해설
이슬비는 일반 비보다 훨씬 작은 물방울(0.2~0.5mm)로 구성되며, 이 점이 중요한 구분 기준이다.

35 다음 중 "PE"가 의미하는 기상 현상으로 옳은 것은?

① 비(Rain)
② 눈(Snow)
③ 얼음 알갱이(Ice Pellets)
④ 진눈깨비(Sleet)

해설
기상 코드 "PE"는 얼음 알갱이(Ice Pellets)를 뜻한다. 이는 비가 떨어지는 도중 얼어붙은 작은 얼음 입자로, 진눈깨비(Sleet)와는 구분된다. 비는 "RA", 눈은 "SN", 진눈깨비는 "PL" 등으로 표기한다.

36 무선 전문에서 "AC"가 나타내는 구름의 특징으로 옳은 것은?

① 고도 6,000m 이상의 권운
② 지표면 가까운 층운
③ 중층(2,000~6,000m)에서 발생하는 고적운
④ 뇌우와 함께 형성되는 적란운

해설
무선 전문 기상 코드 "AC"는 고적운(Altocumulus)을 의미하며, 이는 중층운으로 고도 약 2,000~6,000m 사이에서 발생한다. 주로 얇고 흰색의 덩어리 모양을 이룬다. 권운(Cirrus)은 "Ci", 층운(Stratus)은 "St", 적란운(Cumulonimbus)은 "Cb"로 표기된다.

37 다음 중 비행장의 상태를 나타내는 약어로 옳은 것은?

① AD(Aerodrome)
② AC(Altocumulus)
③ PE(Ice Pellets)
④ TS(Thunderstorm)

해설
AD(Aerodrome)는 비행장을 의미하며, 비행장의 개방, 폐쇄, 활주로 상태 등을 나타낼 때 사용된다. "AC"는 고적운, "PE"는 얼음 알갱이, "TS"는 뇌우를 의미한다.

38 다음 중 항공기 착빙이 가장 활발하게 발생할 수 있는 온도 범위로 옳은 것은?

① 5°C~0°C
② 0°C~−20°C
③ −20°C~−30°C
④ −30°C~−40°C

해설
항공기 착빙은 0°C에서 -20°C 사이의 온도 간격에서 발생하는 경향이 있으며 모든 착빙 보고를 분석한 결과, 약 절반이 -8°C에서 -12°C 사이에서 발생한 것으로 알려져 있다.

정답 33. ④ 34. ③ 35. ③ 36. ③ 37. ① 38. ②

39 착빙이 발생하기 가장 쉬운 구름 유형은?

① 권운(Cirrus)
② 적란운(Cumulonimbus)
③ 층운(Stratus)
④ 고적운(Altocumulus)

해설
적란운은 높이가 매우 높고 강한 상승기류를 포함하고 있어, -10°C에서 -20°C의 온도 범위에서 과냉각 물방울이 많이 존재하여 착빙 위험이 크다.

40 다음 중 항공기 운항 시 구름의 높이를 보고할 때 주로 사용하는 단위는?

① mm   ② cm
③ ft   ④ m

해설
항공 분야에서는 구름의 높이를 피트(ft) 단위로 보고하는 것이 국제 표준이다.

41 구름 높이가 2,000ft로 보고된 경우, 이는 약 몇 미터에 해당하는가?

① 600m   ② 1,000m
③ 1,600m   ④ 3,000m

해설
1ft는 0.3048m이므로, 2,000ft는 2,000×0.3048 = 609.6m이므로 약 600m이다.

42 다음 중 상층운이 아닌 구름은 무엇인가?

① Ci(권운)
② Cc(권적운)
③ Cs(권층운)
④ Ns(난층운)

해설
상층운은 일반적으로 6,000m 이상의 고도에서 형성되는 구름으로, 대표적으로 권운(Ci), 권적운(Cc), 권층운(Cs) 등이 있다. 반면, 난층운(Ns)은 하층~중층에서 형성되는 구름으로 지속적인 강수를 동반하며, 상층운에 포함되지 않는다.

43 다음 중 번개와 천둥을 동반하는 구름으로 가장 적절한 것은 무엇인가?

① Cirrus(권운)
② Stratus(층운)
③ Cumulonimbus(적란운)
④ Altostratus(고층운)

해설
적란운(Cumulonimbus)은 매우 발달한 수직형 구름으로, 번개, 천둥, 강한 비, 우박, 심지어 토네이도까지 동반할 수 있는 위험한 구름이다.

44 다음 중 구름 높이를 보고할 때 가장 적절한 표현은?

① 150cm   ② 500mm
③ 3,000ft   ④ 2km

해설
문제 40번 해설 참조

45 상대습도가 100%에 가까울수록 나타나기 쉬운 현상은 무엇인가?

① 강풍   ② 대기 안정
③ 안개   ④ 맑은 하늘

해설
상대습도가 100%에 가까워지면, 공기가 더 이상 수증기를 머금지 못해 수증기가 응결하게 된다. 이에 따라 안개, 이슬, 구름 등이 발생하기 쉬운 환경이 된다.

정답 39. ② 40. ③ 41. ① 42. ④ 43. ③ 44. ③ 45. ③

46 찬 공기와 따뜻한 공기가 만날 때 형성되며, 강수와 구름이 생기기 쉬운 경계는?

① 기압골　② 전선
③ 열섬　④ 기류

해설
전선(Front)은 찬 공기와 따뜻한 공기가 만나는 기단 간의 경계이다. 이 전선면에서는 공기의 상승이 활발하게 일어나면서 구름 형성 및 강수가 자주 발생한다. 기압골은 저기압의 일부로, 대기 불안정을 동반하지만 전선 그 자체는 아니다. 열섬은 도시 지역의 기온이 주변보다 높아지는 현상이고, 기류는 공기의 흐름을 의미한다.

47 다음 중 구름의 약어와 그에 해당하는 구름 이름이 올바르게 짝지어진 것은?

① Ci-층운　② Ns-권운
③ Cb-적란운　④ Sc-권적운

해설
Cb는 Cumulonimbus의 약어로, 번개·천둥을 동반하는 큰 구름이다. Ci(Cirrus)-권운, Ns(Nimbostratus)-난층운, Sc(Stratocumulus)-층적운

48 이슬점과 기온이 가까워질수록 무엇이 증가하는가?

① 기압　② 습도
③ 풍속　④ 일조량

해설
이슬점은 공기 중 수증기가 응결하기 시작하는 온도이며, 기온과 이슬점이 가까워질수록 공기 중 수분이 포화에 가까워지므로 상대습도가 높아진다.

49 해가 뜬 후 빠르게 사라지며, 시정이 나빠질 수 있는 낮은 구름 형태의 현상은?

① 연무　② 적운
③ 안개　④ 권운

해설
안개(Fog)는 지표면 부근의 공기가 포화되어 생기는 수증기 응결 현상으로, 매우 낮은 고도에 형성되어 구름처럼 보이지만 지면에 닿아 있는 수증기층이다. 시정을 급격히 낮추며, 해가 뜬 후 기온 상승에 따라 증발하여 빠르게 사라지는 경우가 많다. 반면 연무는 대기 중 먼지나 오염물로 인한 현상이고, 적운·권운은 일반적인 구름이다.

50 응결고도(LCL)는 무엇을 의미하는가?

① 안개가 사라지는 고도
② 기압이 0이 되는 고도
③ 공기가 포화 상태가 되어 구름이 형성되기 시작하는 고도
④ 강수가 시작되는 고도

해설
응결고도(Lifting Condensation Level, LCL)는 공기가 상승하면서 기온이 이슬점과 같아지는 지점으로, 이 고도에서부터 수증기가 응결하여 구름이 형성되기 시작한다.

51 다음 중 대기 중에서 가장 높은 고도에서 형성되는 구름은?

① 적운(Cumulus, Cu)
② 층적운(Stratocumulus, Sc)
③ 권운(Cirrus, Ci)
④ 고적운(Altocumulus, Ac)

해설
권운(Cirrus, Ci)은 상층운에 속하며, 약 6,000m에서 12,000m 이상의 높은 고도에서 얇고 가는 모양으로 형성된다. 적운과 층적운은 저층운, 고적운은 중층운에 해당한다.

정답 46. ②　47. ③　48. ②　49. ③　50. ③　51. ③

52 상대습도가 100%일 때 의미하는 것은?

① 비가 내리고 있다.
② 이슬점과 기온이 같다.
③ 기압이 매우 높다.
④ 기온이 급격히 상승했다.

해설

상대습도 100%는 공기가 수증기로 포화된 상태를 의미한다. 이때 이슬점과 현재 기온이 같아지며, 공기 중 수증기가 응결하기 쉬운 조건이 된다. 이는 안개, 이슬, 구름, 비 등의 형성으로 이어질 수 있다. 다만, 반드시 강수가 있는 것은 아니다.

53 다음 중 기압이 가장 낮을 가능성이 높은 곳은?

① 해수면
② 높은 산 정상
③ 해안 평야
④ 사막 지대

해설

기압은 고도가 높아질수록 낮아진다. 따라서 해수면보다 높은 산 정상에서는 대기의 무게가 적게 작용하여 기압이 낮다. 반면, 해수면이나 해안 평야는 상대적으로 기압이 높다.

54 이슬점 온도가 높을수록 의미하는 것은?

① 공기가 건조하다.
② 공기 중 수증기가 많다.
③ 기온이 낮다.
④ 비가 내린다.

해설

이슬점이란 공기가 포화 상태가 되어 수증기가 응결되기 시작하는 온도이다. 이슬점 온도가 높다는 것은 공기 중에 수증기(즉, 수분)가 많이 포함되어 있다는 의미이다. 따라서 이슬점이 높을수록 공기는 더 습한 상태이다.

55 다음 중 층운(Stratus)과 가장 관련 있는 설명으로 알맞은 것은?

① 두꺼운 구름층으로 주로 뇌우를 유발한다.
② 수직 발달이 강하여 강한 난기류를 동반한다.
③ 낮고 넓은 구름층으로 약한 비나 이슬비를 동반하는 경우가 많다.
④ 주로 고위도에서 형성되며 얼음 결정으로 이루어져 있다.

해설

층운(Stratus)은 낮은 고도(주로 지표면~2,000m)에서 넓게 퍼져 있는 얇은 구름으로, 주로 회색빛을 띠며 햇빛을 차단한다. 일반적으로 이슬비나 약한 비를 동반하며, 격렬한 기상 현상과는 관련이 적다.

56 전락운(Stratocumulus)에 대한 설명으로 옳지 않은 것은?

① 일반적으로 두껍고 넓은 구름층으로 비교적 얇다.
② 낮은 고도에서 발생하며 종종 해안 근처에서 나타난다.
③ 강력한 상승기류로 인해 뇌우를 자주 일으킨다.
④ 구름층 사이에 약간의 틈이 있어 햇빛이 부분적으로 비치기도 한다.

해설

전락운(Stratocumulus)은 낮은 고도(보통 600~2,000m)에서 형성되며, 넓고 평평한 구름층이 모여 있는 형태이다. 비교적 얇고 수직 발달이 약해 뇌우와 같은 격렬한 기상 현상은 거의 동반하지 않으며, 간헐적으로 햇빛이 비칠 수 있다.

정답 52. ② 53. ② 54. ② 55. ③ 56. ③

57 다음 중 뇌우를 일으킬 가능성이 가장 높은 구름은?

① 층운(Stratus)
② 전락운(Stratocumulus)
③ 적운(Cumulus)
④ 적란운(Cumulonimbus)

해설
적란운(Cumulonimbus)은 강한 상승기류로 크게 발달하는 구름으로, 뇌우, 번개, 폭우, 천둥 등 격렬한 기상 현상을 일으키는 대표적인 구름이다.

58 습도에 대한 설명으로 옳지 않은 것은?

① 공기가 포화 상태일 때 상대습도는 100%이다.
② 온도가 높아지면 공기가 포함할 수 있는 수증기량이 증가한다.
③ 이슬점이 높을수록 공기 중의 수증기량이 많음을 의미한다.
④ 절대습도는 기압에 영향을 받는다.

해설
절대습도는 공기 부피에 대한 수증기량을 의미하며, 기압보다는 온도에 영향을 더 많이 받는다. 따라서 절대습도는 직접적으로 기압의 영향을 받지 않는다. 상대습도는 온도와 수증기량에 따라 변하며, 공기가 포화 상태일 때 상대습도는 100%이다. 이슬점이 높을수록 공기 중 수증기량이 많다는 뜻이다.

59 상대습도에 대한 설명으로 옳지 않은 것은?

① 상대습도는 공기 중 실제 수증기량을 최대로 포함할 수 있는 수증기량의 백분율로 나타낸다.
② 상대습도가 100%이면 공기가 포화된 상태를 의미한다.
③ 상대습도가 100%를 넘으면 과포화 상태가 된다.
④ 상대습도가 0%인 상태는 실제 대기에서도 발생할 수 있다.

해설
상대습도 0%는 이론적으로 매우 건조한 상태를 의미하지만, 실제로 공기 중에는 항상 일정량의 수증기가 존재하여 상대습도가 0%인 상태는 거의 없다.

60 다음 중 상대습도에 대한 설명으로 옳은 것은?

① 상대습도가 100%를 넘는 경우는 존재하지 않는다.
② 상대습도는 항상 100% 이하로 유지된다.
③ 상대습도가 100%이면 불포화 상태이다.
④ 상대습도가 100%를 넘는 경우 공기가 과포화 상태가 된다.

해설
상대습도는 100%를 넘으면 과포화 상태로, 이 경우 공기 중 수증기가 응결하여 구름이나 안개를 형성할 수 있다.

61 다음은 착빙(Icing)에 대한 설명이다. 옳지 않은 것은?

① 과냉각 물방울이나 입자가 대기에 노출된 물체에 충돌하여 얼음의 피막을 형성하는 현상을 착빙이라 한다.
② 구조착빙(기계착빙)은 주로 기체 표면이나 부속품에서 발생한다.
③ 유도착빙은 엔진의 공기흡입구나 기화기에서 발생할 수 있다.
④ 서리착빙은 기체 표면 온도가 이슬점보다 높을 때 공기 중 수증기가 얼어붙어 발생한다.

정답 57. ④ 58. ④ 59. ④ 60. ④ 61. ④

해설
서리착빙(Frost Icing)은 기체 표면 온도가 이슬점보다 낮고, 공기 중 수증기가 승화하여 얼음이 형성될 때 발생한다.

62 응결고도에 대한 설명으로 옳지 않은 것은?

① 공기가 상승하면서 냉각되어 수증기가 응결하기 시작하는 고도를 의미한다.
② 응결고도에서 상대습도는 100%에 도달한다.
③ 응결고도는 주어진 공기의 이슬점에 따라 달라진다.
④ 응결고도는 항상 고정된 높이에서 나타난다.

해설
응결고도(Lifting Condensation Level, LCL)는 공기가 상승하면서 냉각되어 수증기가 포화 상태에 이르고 응결이 시작되는 고도를 뜻한다. 이때 상대습도는 100%에 도달하며, 응결고도는 공기의 이슬점과 온도 조건에 따라 달라진다. 따라서 응결고도는 일정한 고정 높이가 아니라 기상 조건에 따라 변동하므로 ④는 틀린 설명이다.

63 다음 중 응결고도에 대한 설명으로 옳은 것은?

① 응결고도는 기온이 높은 곳에서 더 낮게 형성된다.
② 응결고도는 항상 해발 1,000m에서 형성된다.
③ 공기가 응결고도에 도달하면 구름이 형성될 수 있다.
④ 응결고도는 기온과는 무관하다.

해설
응결고도에서 공기는 포화 상태가 되어 수증기가 응결하여 구름이 형성될 수 있다.

64 응결고도에서 상대습도에 대한 설명으로 옳은 것은?

① 응결고도에서 상대습도는 항상 50%이다.
② 응결고도에서는 공기가 과포화 상태가 된다.
③ 응결고도에서 상대습도는 100%에 도달한다.
④ 응결고도는 상대습도와는 무관하다.

해설
응결고도(LCL)는 공기가 상승하면서 냉각되어 상대습도가 100%에 도달하는 고도로, 이 지점에서 수증기가 응결되어 구름이 형성되기 시작한다. 따라서 상대습도가 100%에 도달한다는 것이 맞다.

65 국제적으로 사용되는 풍향의 기준 방위와 풍속의 기준 단위에 대한 설명으로 옳은 것은?

① 풍향은 자북(Magnetic North), 풍속은 m/s(미터 퍼 세컨드)
② 풍향은 진북(True North), 풍속은 kt(노트)
③ 풍향은 진북(True North), 풍속은 km/h(킬로미터 퍼 아워)
④ 풍향은 자북(Magnetic North), 풍속은 mph(마일 퍼 아워)

해설
국제적으로 항공과 해상에서 풍향은 진북(True North)을 기준으로 나타내며, 풍속은 노트(kt, 1노트=약 1.852km/h)로 측정하는 것이 일반적이다.

정답 62. ④ 63. ③ 64. ③ 65. ②

66 다음은 특정 안개의 설명이다. 해당 안개 종류를 고르시오.

> 이 안개는 공기가 상승하면서 온도가 낮아져 수증기가 응결하여 형성된다. 이는 주로 공기가 상승하는 지역에서 발생하며, 산지나 산맥 주변에서 자주 나타날 수 있다.

① 이류안개　② 복사안개
③ 활승안개　④ 전선안개

해설
- 이류안개: 따뜻한 습한 공기가 차가운 표면을 지나면서 발생. 해양, 해안가
- 복사안개: 밤에 지표면이 냉각되어 수증기가 응결. 아침, 도로, 평지
- 증기안개: 따뜻한 물이 차가운 공기와 만나 수증기가 응결. 호수, 하천, 따뜻한 물 위
- 전선안개: 두 공기 덩어리의 온도 차로 인해 발생. 전선, 온도 차 큰 지역
- 활승안개: 공기가 상승하면서 온도가 낮아져 발생. 산지, 고지대

67 다음 중 METAR에서 CAVOK 조건에 대한 설명으로 옳은 것은?

① CAVOK는 강한 비나 눈이 내리고 있음을 나타낸다.
② CAVOK는 시정이 10km 이상이고 구름이 5,000피트 이상으로 존재함을 의미한다.
③ CAVOK는 비행이 위험할 수 있는 상황을 의미한다.
④ CAVOK는 지면에 가까운 안개를 나타낸다.

해설
CAVOK(Ceiling And Visibility OK)은 항공기 운항에 적합한 좋은 기상 상태를 뜻한다. 주요 조건은 시정 10km 이상, 구름 기저 5,000피트(약 1,500m) 이상, 강수나 뇌우, 지상 부근 안개 등이 없는 상태이다. 강한 비나 눈, 안개, 위험한 상황을 나타내지 않는다.

68 다음은 PIREP 기상보고서의 일부이다. 해당 보고서에서 제공하는 기상 정보를 바탕으로 올바른 내용을 고르시오.

> PIREP 예시:
> UA / ZZZZ 151700Z 25015G25KT 10SM SCT030 13/M05 A3000

① 풍향은 150°이고, 풍속은 25노트입니다.
② 구름은 3,000피트에서 흩어져 있으며, 시정은 10마일입니다.
③ 기온은 -5°C이고, 기압은 30.50인치입니다.
④ 보고 시간은 15일 17:00 UTC가 아니라 16일 17:00 UTC입니다.

해설
- 보고 시간: 151700Z는 15일 17:00 UTC
- 풍향과 풍속: 25015G25KT는 풍향 250°, 풍속 15노트, 돌풍 25노트
- 구름: SCT030은 구름이 3,000피트에서 흩어져 있음을 의미
- 기온 및 기압: 13/M05는 기온 13°C, 이슬점 -5°C를 의미
- 기압은 A3000으로 30.00인치

69 기압에 대한 설명으로 옳은 것은?

① 기압은 대기 중의 공기 질량에 의해 생성된 수직 하강력의 크기를 말한다.
② 기압은 대기 중의 모든 기체들이 동일한 속도로 운동할 때 발생하는 힘이다.
③ 기압은 대기 중의 공기 분자의 충돌로 발생하는 힘으로, 특정 지점에서 대기의 무게로 정의될 수 있다.
④ 기압은 대기의 온도와 관계없이 일정하게 유지된다.

정답 66. ③　67. ②　68. ②　69. ③

해설

기압은 특정 지점에서 대기의 무게로 정의될 수 있으며, 고도나 온도에 따라 달라질 수 있다.

70 다음 중 QNH 기압 설정에 대한 설명으로 옳은 것은?

① QNH는 해수면에서의 기압을 기준으로 설정되며, 항공기가 이륙할 때 설정된다.
② QNH는 항공기 고도를 측정할 때 사용하는 기압 설정으로, 대기압에 의해 영향을 받지 않는다.
③ QNH는 항공기의 압력 고도에만 영향을 미치며, 지면 기압을 고려하지 않는다.
④ QNH는 고도계의 압력 설정을 통해 항공기의 위치를 구할 때 사용된다.

해설

QNH는 해수면에서의 기압을 기준으로 설정한다. 이는 항공기의 고도를 정확히 측정하기 위해 사용되며, 이륙 전에 설정하는 것이 일반적이다.

71 다음 중 QFE와 QNE에 대한 설명으로 옳은 것은?

① QFE는 지면의 기압을 기준으로 고도를 측정하며, 평균 해수면 고도로 설정된다.
② QNE는 고도를 압력 고도로 측정할 때 사용하는 설정으로, 1013.25hPa로 설정된다.
③ QFE는 해수면에서의 기압을 기준으로 설정되며, 항공기가 이륙 후 사용하는 기압 설정이다.
④ QNE는 항공기가 착륙할 때 사용하는 기압 설정으로, QNH와 동일한 값을 가진다.

해설

QFE는 항공기가 지면에 있을 때 설정되며, 이때의 기압을 기준으로 고도가 측정된다. QNE는 표준 대기압인 1013.25hPa로 설정하여 고도를 압력 고도로 측정하는 데 사용된다.

72 다음 중 RVR(Runway Visual Range)에 대한 설명으로 옳은 것은?

① RVR은 항공기에서 지표면의 장애물을 감지할 수 있는 최대 거리이다.
② RVR은 활주로 위의 모든 장애물의 높이를 측정하는 데 사용된다.
③ RVR은 조종사가 활주로 위에서 육안으로 식별할 수 있는 최대 거리를 의미하며, 주로 저시정 상황에서 중요한 역할을 한다.
④ RVR은 공항 주변의 구름의 높이를 나타내는 용어이다.

해설

RVR은 Runway Visual Range의 약자로, 조종사가 활주로 표면에서 시각적으로 식별할 수 있는 최대 거리를 의미한다. 이는 주로 저시정 상황에서 착륙이나 이륙의 안전성을 평가하는 중요한 요소이다.

73 다음 중 대기의 높이에 대한 설명으로 옳은 것은?

① 대기는 지구 표면부터 약 1,000km까지 뻗어 있으며, 이 범위 내에서 기압이 항상 일정하다.
② 대기는 지구 표면부터 대기 상한까지의 거리로, 일반적으로 약 100km에서 120km까지로 정의된다.
③ 대기는 지구 표면부터 약 10km까지만 존재하며, 그 위는 진공 상태이다.
④ 대기는 모든 고도에서 동일한 밀도를 가지며, 고도에 따른 변화가 없다.

정답 70. ① 71. ② 72. ③ 73. ②

해설
대기는 지구 표면부터 대기 상한까지의 거리를 의미하며, 일반적으로 100km에서 120km 정도로 정의된다. 이 범위 내에서 기압과 온도는 고도에 따라 크게 변한다.

74 다음 중 지구 대기권의 구분에 대한 설명으로 옳지 않은 것은?

① 대류권은 지표면에서 약 10km 높이까지이며, 날씨 현상이 주로 이 범위에서 발생한다.
② 성층권은 약 50km까지 이어지며, 오존층이 포함되어 있다.
③ 중간권은 약 85km까지로, 기온이 다시 감소하는 영역이다.
④ 열권은 약 600km까지 이어지며, 기온이 매우 낮은 것이 특징이다.

해설
열권은 실제로 고도가 높아짐에 따라 태양 복사에너지를 흡수하여 기온이 매우 높아지는 영역이다. 온도는 수천 도까지 오를 수 있으나, 공기 밀도가 매우 낮아 체감 온도는 낮다.

75 다음 중 대류권에서 고도가 상승함에 따라 일어나는 변화로 옳은 것은?

① 공기의 밀도는 증가하고, 압력은 감소하며, 온도는 일정하다.
② 공기의 밀도와 압력은 감소하지만, 온도는 상승한다.
③ 공기의 밀도, 압력, 온도 모두 감소한다.
④ 공기의 밀도는 감소하지만, 압력과 온도는 증가한다.

해설
대류권에서는 고도가 상승할수록 기온(온도)은 평균적으로 1,000ft당 약 2℃씩(1,000m당 약 6.5℃) 감소, 기압도 고도에 따라 감소, 공기 밀도 역시 감소한다. 즉, 공기의 밀도, 압력, 온도 모두 감소하는 것이 특징이다.

76 다음 중 층류와 난류에 대한 설명으로 옳은 것은?

① 층류는 난류보다 에너지 소모가 크며, 공기 저항이 더 크다.
② 층류는 난류보다 불규칙한 흐름을 보이며, 유동 저항이 작다.
③ 층류는 난류보다 박리가 되기 쉽다.
④ 난류는 층류보다 흐름이 일정하며, 속도가 균일하다.

해설
층류는 규칙적이고 매끄러운 흐름이지만, 속도가 느리고 점도가 높아 박리가 되기 쉽다. 난류는 불규칙한 흐름이지만 높은 에너지를 가지고 있어 박리가 잘 일어나지 않는다.

77 다음 중 고도가 높아질수록 온도가 높아지며 오존층이 존재하는 대기의 층은 무엇인가?

① 대류권   ② 성층권
③ 중간권   ④ 열권

해설
성층권(Stratosphere)은 대류권 위 약 10~50km 사이에 위치하며, 오존층(Ozone Layer)이 포함되어 있다. 이 층에서는 오존이 자외선을 흡수하면서 열을 발생시키므로, 고도가 높아질수록 온도가 오히려 상승한다. 반면 대류권과 중간권은 고도가 올라갈수록 온도가 낮아지며, 열권에서는 고도가 높아짐에 따라 온도가 급격히 증가하지만, 오존층은 없다.

78 다음 중 고도 약 80km까지 공기의 조성비가 거의 일정하게 유지되는 대기의 층은 무엇인가?

① 이온권   ② 중간권
③ 균질권   ④ 불 균질권

정답 74. ④ 75. ③ 76. ③ 77. ② 78. ③

해설

균질권(Homosphere)은 대기 중 주요 기체들(질소, 산소, 아르곤 등)의 조성비가 거의 일정하게 유지되는 영역으로, 약 지표면부터 80~100km 고도까지 확장된다. 이 범위에는 대류권, 성층권, 중간권이 포함된다.

79 다음 중 해면상 표준 대기압으로 옳은 것은?

① 28.92inHg(1013.25hPa)
② 28.92inHg(1023.25hPa)
③ 29.92inHg(1013.25hPa)
④ 29.92inHg(1023.25hPa)

해설

해면상 표준 대기압은 29.92inHg(1013.25hPa)로 정의된다. 이는 국제 표준 대기에서 해수면의 평균 기압을 나타내며, 항공기 기압 고도계의 기준으로 사용된다.

80 다음 중 대기의 열 전달 방식에 대한 설명으로 옳지 않은 것은?

① 복사는 전자파를 통해 열이 전달되는 방식이다.
② 전도는 분자 간의 접촉을 통해 열을 전달하는 방식이다.
③ 대류는 가열된 공기가 수평으로 이동하며 열을 전달하는 방식이다.
④ 복사는 매질 없이도 열을 전달할 수 있는 방식이다.

해설

대류(Convection)는 가열된 공기가 수직으로 이동하며 열을 전달. 수평 이동이 아니라 수직 이동이 중요하다.

81 다음 중 일출과 더불어 차츰 증가하다가 일몰이 되면 없어지는 그것은 무엇인가?

① 기온 변화
② 바람의 세기
③ 일사량 변화
④ 구름의 양

해설

일사량(태양 복사에너지)은 태양이 떠오르며 증가하고, 태양이 지면 사라지며 "0"이 된다. 기온 변화, 바람의 세기, 구름의 양 등은 밤에도 존재하거나 변동이 있을 수 있지만, 일사량은 밤에 아예 "0"이 되므로, 가장 명확하게 사라지는 요소이다.

82 다음 중 역전층에 대한 설명으로 옳은 것은?

① 역전층은 대기 중 상층이 차가워지면서 발생하며, 일반적으로 구름이 형성된다.
② 비열이 큰 육지는 바다보다 온도 변화가 작아 복사냉각이 일어나지 않는다.
③ 비열이 작은 육지는 바다보다 온도 변동이 크며, 이에 따라 복사냉각이 발생하고 안개를 생성할 수 있다.
④ 역전층은 상층이 차가워지고 하층이 따뜻해지며, 이는 대기의 정상적인 기온 구조이다.

해설

역전층은 일반적인 대기 구조(고도 상승에 따라 온도 감소)와 반대로, 상층이 더 따뜻하고 하층이 더 차가운 구조이다. 비열이 작은 육지는 빠르게 식고 빠르게 더워지기 때문에 밤에는 빠른 복사냉각이 일어나 안개나 역전층이 잘 형성된다.

정답 79. ③ 80. ③ 81. ③ 82. ③

83 다음 중 습도에 대한 설명으로 옳은 것은?

① 습도는 공기 중에 포함된 수증기의 양 또는 비율을 나타내며, 상대습도가 일반적으로 사용된다.
② 습도는 기온의 변화를 측정하는 단위이며, 일정한 값을 유지한다.
③ 습도는 공기 중의 물방울의 양을 직접 측정하는 단위로만 사용된다.
④ 습도는 기압과 관계없이 일정하게 유지된다.

해설
습도는 공기 중에 포함된 수증기의 양 또는 비율을 나타내는 단위. 가장 일반적으로 사용되는 습도는 상대습도로, 이는 현재 공기 중에 포함된 수증기의 양과 해당 온도에서 공기가 최대한 포함할 수 있는 수증기량의 비율을 나타낸다.

84 다음 중 수증기압에 대한 설명으로 옳은 것은?

① 수증기압은 대기 전체의 압력을 의미하며, 단위는 주로 kg/㎥이다.
② 수증기압은 공기 중 수증기가 차지하는 부분 압력으로, 단위는 hPa 또는 mb를 사용한다.
③ 수증기압은 기온과 무관하게 일정한 값을 가지며, 습도와는 관련이 없다.
④ 수증기압은 대기 중의 모든 기체가 동일한 압력을 가질 때 발생하는 압력이다.

해설
수증기압은 대기 중 수증기가 차지하는 부분 압력을 의미하며, 주로 hPa(헥토파스칼) 또는 mb(밀리바) 단위로 표시된다. 이는 온도와 습도에 크게 영향을 받는다.

85 다음 중 절대습도에 대한 설명으로 옳은 것은?

① 절대습도는 공기 중 수증기의 비율을 백분율로 나타낸 값이다.
② 절대습도는 공기 중에 포함된 수증기의 질량(그램)을 나타내며, 단위는 g/㎥이다.
③ 절대습도는 공기 중의 온도와 관계없이 항상 일정하다.
④ 절대습도는 수증기의 부분 압력을 측정하는 단위로, 주로 hPa를 사용한다.

해설
절대습도는 단위 부피(보통 1㎥) 내에 포함된 수증기의 질량을 의미하며, 단위는 그램 퍼 세제곱미터(g/㎥)로 표시한다.

86 다음 중 상대습도에 대한 설명으로 옳은 것은?

① 상대습도는 공기 중에 포함된 수증기의 절대량을 g/㎥로 나타낸 것이다.
② 상대습도는 공기 중 수증기의 부분 압력과 포화 수증기압의 비율을 퍼센트(%)로 나타낸 것이다.
③ 상대습도는 기온이 변해도 항상 일정하게 유지된다.
④ 상대습도는 수증기의 질량과는 관계가 없으며, 단위는 hPa로 측정된다.

해설
상대습도(RH)는 공기 중의 실제 수증기압(PS)을 해당 온도에서의 포화 수증기압(PV)으로 나눈 비율을 백분율(%)로 나타낸 것이다. RH=(PS/PV)×100%.

정답 83. ① 84. ② 85. ② 86. ②

87 다음 중 표준기압에 대한 설명으로 옳은 것은?

① 표준기압은 해발 고도 1,000m에서 측정되는 기압으로, 수은주 700mm의 높이에 해당한다.
② 표준기압은 해수면에서의 기압으로, 수은주 760mm(1013.25hPa)의 높이에 해당하며, 1기압으로 정의된다.
③ 표준기압은 공기 중 수증기의 양에 따라 달라지는 값이다.
④ 표준기압은 고도에 상관없이 항상 일정하며, 1,000hPa로 고정되어 있다.

해설
표준기압(Standard Atmosphere)은 해수면에서의 기압으로, 수은주 760mm(1013.25hPa)의 높이에 해당한다. 이를 1기압으로 정의하며, 기상 관측과 항공 고도계 설정 등에 사용된다.

88 다음 중 해면기압에 대한 설명으로 옳은 것은?

① 해면기압은 산 정상에서 측정한 기압으로, 대기 밀도가 높은 지역에서만 발생한다.
② 해면기압은 지표면의 고도와 관계없이 항상 1013.25hPa로 일정하다.
③ 해면기압은 실제 측정된 기압을 해수면 기준으로 환산한 값으로, 지역 간 대기 상태를 비교하는 기준으로 사용된다.
④ 해면기압은 고도가 높은 곳에서만 측정 할 수 있는 기압이다.

해설
해면기압(MSL Pressure)은 실제 측정된 기압을 해수면 기준으로 환산한 값으로, 고도와 관계없이 지역 간 대기 상태를 비교할 수 있도록 만든 기준이다.

89 다음 중 평균 해수면 높이에서의 기압을 나타내는 기압 설정값은 무엇인가?

① QFE(Field Elevation Pressure)
② QNH(Nautical Height)
③ QNE(Standard Pressure)
④ QFF(Station Level Pressure)

해설
QNH는 평균 해수면 높이에서의 기압을 의미하며, 항공기가 착륙할 때 사용하는 기압 설정값이다. 이 값을 설정하면 항공기의 고도계가 해발 고도(Mean Sea Level, MSL)를 표시한다. 일반적으로 1013.25hPa가 표준 QNH로 사용된다.

90 다음 중 기압 설정에 대한 설명으로 옳지 않은 것은?

① QNH는 관제탑에서 제공하는 평균 해수면 높이에서의 기압이다.
② QNE는 표준 대기압(1013.25hPa)을 의미하며, 수정치를 포함한다.
③ QFE는 현지 기압으로, 활주로 높이에서의 기압을 나타낸다.
④ QNE는 현지의 기온과 습도에 따라 실시간으로 변동하는 기압이다.

해설
QNE는 기압고도계의 수정치를 표준기압(1013.25hPa)에 맞추는 고도계 수정치이다. 항공로에서 동일한 QNE를 사용하여 항공기 충돌을 방지한다.

정답 87. ② 88. ③ 89. ② 90. ④

91 다음 중 온난고기압에 대한 설명으로 옳은 것은?

① 중심이 주위보다 차갑고, 빠르게 이동하는 특성이 있다.
② 중심이 주위보다 온난하고, 일반적으로 이동하지 않는 고기압이다.
③ 온난고기압은 일반적으로 저기압의 형태로 발생한다.
④ 온난고기압은 고도에 따라 기압이 크게 변하는 특징이 있다.

> **해설**
> 온난고기압은 중심이 주위보다 따뜻하고, 이동이 거의 없는 형태의 고기압이다. 대표적으로 북태평양 고기압이 이에 해당하며, 여름철 아열대 고압대를 형성한다.

92 다음 중 한랭고기압에 대한 설명으로 옳은 것은?

① 중심이 주위보다 따뜻하고, 주로 여름철에 발생한다.
② 지표의 복사냉각에 의해 공기 밀도가 높아지며, 한랭한 성질을 가진 고기압이다.
③ 한랭고기압은 일반적으로 따뜻한 바다 위에서 형성된다.
④ 한랭고기압은 이동하지 않고 항상 동일한 위치에 머문다.

> **해설**
> 한랭고기압은 주로 지표의 복사냉각으로 인해 형성되며, 공기 밀도가 높아지고 차가워지는 특징을 가진다. 대표적인 예로는 겨울철 시베리아 고기압이 있으며, 한랭하고 건조한 날씨를 가져온다.

93 다음 중 온난저기압에 대한 설명으로 옳은 것은?

① 중심이 주위보다 차갑고, 이동이 거의 없는 고기압이다.
② 중심이 주위보다 온난하고, 이동이 빠르며 강한 바람과 비를 동반한다.
③ 온난저기압은 일반적으로 겨울철에만 발생한다.
④ 온난저기압은 항상 지표 근처에서만 형성된다.

> **해설**
> 온난저기압은 중심이 주위보다 따뜻하고, 이동이 빠른 저기압으로, 강력한 바람과 폭우를 동반하는 특징이 있다. 대표적으로 태풍이나 열대성 저기압이 이에 해당한다.

94 다음 중 한랭저기압에 대한 설명으로 옳은 것은?

① 중심이 주위보다 온난하고, 강한 이동과 빠른 속도를 가진 저기압이다.
② 중심이 주위보다 차가워지고, 서서히 이동하며 폭풍을 동반하는 저기압이다.
③ 한랭저기압은 항상 여름철에만 발생하며, 태풍과 유사한 특성을 가진다.
④ 한랭저기압은 중심이 매우 따뜻하며, 고온을 유지한다.

> **해설**
> 한랭저기압은 중심이 주위보다 차가운 저기압으로, 서서히 이동하는 특징이 있다. 주로 절리저기압(Cold Front)에 해당하며, 폭풍과 함께 급격한 기온 변화를 동반할 수 있다.

정답 91. ② 92. ② 93. ② 94. ②

95 다음 중 바람의 종류에 대한 설명으로 옳지 않은 것은?

① 풍향은 바람이 불어오는 방향을 나타낸다.
② 풍속은 공기 이동 거리에 소요된 시간에 비례한다.
③ 바람 속도는 바람의 벡터 성분을 표현한다.
④ 바람 시어는 바람 진행 방향에 대해 수직 또는 수평 방향의 풍속 변화를 설명한다.

해설
풍속은 단위 시간당 이동한 거리이므로 풍속은 '이동 거리÷시간'으로 정의되며, 시간에 비례하는 것이 아니라 시간에 반비례한다.

96 다음 중 바람을 일으키는 힘에 대한 설명으로 옳은 것은?

① 바람은 기온 차이로만 일어나며, 기압경도력은 그 원인과 관계없다.
② 기압경도력은 압력이 큰 쪽에서 작은 쪽으로 작용하여 바람을 일으킨다.
③ 전향력은 기압 차이에 의해만 발생하며 바람의 방향에 영향을 미치지 않는다.
④ 지표 마찰력은 바람을 형성하는 주요한 힘이 아니며, 바람 속도에 영향을 주지 않는다.

해설
바람을 일으키는 주요 힘은 기압경도력, 전향력, 지표 마찰력이다. 기압경도력은 압력이 높은 지역에서 낮은 지역으로 기체를 이동시키는 힘이다. 전향력은 지구의 자전에 의해 발생하여, 바람의 방향을 오른쪽(북반구) 또는 왼쪽(남반구)으로 휘게 만든다. 지표 마찰력은 지구 표면의 마찰에 의해 바람 속도와 방향에 영향을 미친다.

97 다음 중 지상 마찰에 의한 바람에 대한 설명으로 옳은 것은?

① 지상 마찰력은 바람의 속도를 증가시키고, 바람의 방향에 영향을 미치지 않는다.
② 지상 마찰은 바람의 속도를 감소시키고, 바람의 방향을 지표면의 특성에 맞게 바꾼다.
③ 지상 마찰은 고도 1,000m 이상에서만 영향을 미친다.
④ 지상 마찰력은 바람의 방향을 일정하게 유지시키며 바람의 속도를 증가시킨다.

해설
지상 마찰력은 지표면과 바람 사이의 마찰로 인해 발생한다. 이 마찰은 바람의 속도를 감소시키며, 바람의 방향도 바꾼다. 지표면의 특성(예: 산, 건물, 지형 등)에 따라 바람의 방향이 달라질 수 있다.

98 다음 중 지상풍에 대한 설명으로 옳은 것은?

① 지상풍은 고도와 관계없이 일정한 속도로 발생한다.
② 지상풍의 공기에 미치는 마찰 효과는 지면에서 가장 작다.
③ 지상풍은 지면 근처에서 가장 큰 마찰 효과를 받으며, 이에 따라 속도가 감소한다.
④ 지상풍은 항상 일정한 방향으로 불며, 고도와 관계없이 바람의 방향이 바뀐다.

해설
지상풍은 지표면에서 발생하는 바람으로, 지면 근처에서 마찰 효과가 가장 크다. 이에 따라 지표면 가까이에서는 바람의 속도가 감소하며, 마찰력이 바람의 방향에도 영향을 미친다. 고도가 높아질수록 마찰의 영향은 적어진다.

정답 95. ② 96. ② 97. ② 98. ③

99 다음 중 돌풍(Gust)에 대한 설명으로 옳은 것은?

① 돌풍은 평균 풍속보다 1배에서 5배 빠른 바람을 의미한다.
② 돌풍은 평균 풍속보다 약 10~20% 빠른 바람이며, 지속 시간은 매우 짧다.
③ 돌풍은 바람의 방향이 항상 일정하며, 고도와 관계없이 발생한다.
④ 돌풍은 평균 풍속보다 100% 빠르며, 지속 시간이 매우 길다.

> **해설**
> 돌풍은 바람의 속도가 순간적으로 급격히 증가하는 현상을 말한다. 일반적으로 돌풍은 평균 풍속보다 약 10~20% 정도 빠르게 나타나는 경우가 많다. 돌풍은 매우 짧은 시간 동안 지속되며, 바람의 방향도 일정하지 않고 변동성이 크다. 지속 시간은 몇 초에서 길어야 수십 초 정도로 매우 짧다.

100 다음 중 스콜(Squall)에 대한 설명으로 옳은 것은?

① 스콜은 지속적인 미풍으로, 장시간에 걸쳐 서서히 바람이 증가하는 현상이다.
② 스콜은 짧고 갑작스러운 강풍으로, 일반적으로 뇌우나 폭풍과 함께 나타난다.
③ 스콜은 고지대에서만 발생하는 강한 바람 현상이다.
④ 스콜은 바람의 방향이 일정하게 유지되며, 온도 변화가 거의 없다.

> **해설**
> 갑자기 솟아오르는 강한 바람으로, 일반적으로 적어도 1분 동안 지속되며 좀 더 긴 지속 시간을 갖는 돌풍(Gust)과 구별된다.

101 다음 중 국지성 호우에 대한 설명으로 옳은 것은?

① 국지성 호우는 짧은 시간에 15~22mm의 많은 비가 좁은 지역에 집중적으로 내리는 현상이다.
② 국지성 호우는 주로 고지대에서만 발생하는 현상이다.
③ 국지성 호우는 일반적으로 장마철에만 발생하며, 넓은 지역에 걸쳐 내린다.
④ 국지성 호우는 습도와는 무관하게 발생하는 기상 현상이다.

> **해설**
> 국지성 호우는 좁은 지역에 짧은 시간 동안 15~22mm의 많은 비가 집중적으로 내리는 현상이다. 주로 대기 불안정이나 국지적인 상승기류에 의해 발생하며, 여름철 대류성 강수와 관련이 깊다.

102 다음 중 태풍(열대성 저기압)이 주로 발생하는 장소에 대한 설명으로 옳은 것은?

① 극지방에서 주로 발생하며, 낮은 온도에서도 쉽게 형성된다.
② 태풍은 잠열과 회전력을 뒷받침할 수 있는 기압경도력이 존재하는 해양에서 주로 발생한다.
③ 사막과 같은 건조한 지역에서 주로 발생한다.
④ 고산지대에서 발생하여 주로 육지에서 강한 영향을 미친다.

> **해설**
> 태풍(열대성 저기압)은 잠열(Latent Heat)과 회전력(Coriolis Force)이 중요한 역할을 하며, 기압경도력이 존재하는 해양에서 형성된다. 일반적으로 해수면 온도가 26.5°C 이상인 열대 및 아열대 해역에서 발생하며, 강한 저기압 구조로 매우 강한 바람과 폭우를 동반한다.

정답 99. ② 100. ② 101. ① 102. ②

103 다음 중 국지풍에 대한 설명으로 옳은 것은?

① 국지풍은 전 지구적 기류로서 대기 순환에 의해 발생하는 바람이다.
② 국지풍은 특정 지역에서 열 냉각의 분포가 규칙적으로 변하기 때문에 국지적으로 부는 바람이다.
③ 국지풍은 항상 일정한 방향으로 불며, 바람의 세기가 변하지 않는다.
④ 국지풍은 바다와 육지의 온도 차이와는 관계없이 발생한다.

해설
국지풍은 특정 지역에서 주로 열 냉각의 분포가 규칙적으로 변하는 이유로 발생하는 바람이다. 대표적으로 산풍(산에서 계곡으로 부는 바람)과 곡풍(계곡에서 산으로 부는 바람), 해륙풍(바다와 육지 사이의 온도 차이로 발생하는 바람) 등이 있다.

104 다음 중 해륙풍에 대한 설명으로 옳지 않은 것은?

① 해풍은 낮에 바다에서 육지로 부는 바람이다.
② 육풍은 밤에 육지에서 바다로 부는 바람이다.
③ 해풍은 차가운 공기가 아래로, 뜨거운 공기가 위로 이동하여 형성된다.
④ 해륙풍은 주로 해안가에서 발생하며, 일교차가 큰 지역에서 더욱 뚜렷하다.

해설
해풍은 낮에 육지가 태양열로 더 빠르게 가열되어 공기가 상승하고, 상대적으로 차가운 바다 쪽에서 차가운 공기가 육지 쪽으로 이동하면서 발생한다. 차가운 공기가 아래로, 뜨거운 공기가 위로 이동하는 것은 맞지만, 해풍 형성의 핵심은 바다와 육지 간 온도차에 의한 공기의 수평 이동이다. ③번 설명은 해풍의 형성 원리가 아닌, 주로 산풍이나 곡풍의 특징이다.

105 다음 중 곡풍과 산풍에 대한 설명으로 옳지 않은 것은?

① 곡풍은 낮에 계곡에서 산으로 불어가는 바람이다.
② 산풍은 밤에 산에서 계곡으로 차가운 바람이 내려오는 현상이다.
③ 곡풍은 따뜻한 공기가 높은 곳으로, 차가운 공기가 낮은 곳으로 이동하여 발생한다.
④ 산풍은 주로 단열성 팽창으로 인해 공기가 따뜻해지며 불어온다.

해설
산풍은 밤에 산 정상 부근에서 냉각된 차가운 공기가 중력에 의해 계곡으로 내려오는 현상으로, 주로 공기가 냉각되면서 수축하여 무거워져 내려오는 '단열성 수축'에 의해 발생한다. 반대로, 단열성 팽창은 공기가 상승할 때 온도가 낮아지는 현상을 말하며, 산풍이 따뜻해져서 불어온다는 설명은 옳지 않다.

106 다음 중 높새바람(푄 현상)에 대한 설명으로 옳지 않은 것은?

① 높새바람은 단열성 압축으로 인해 따뜻하고 건조한 바람이 된다.
② 높은 산을 넘어 서쪽으로 불어가는 건조한 공기는 푄 현상의 대표적인 예다.
③ 푄 현상은 습기가 많은 공기가 산을 넘으면서 더욱 습해지는 현상이다.
④ 높새바람은 산을 넘는 과정에서 공기가 압축되며 온도가 급상승한다.

해설
푄 현상은 공기가 산을 넘을 때 습기가 많은 쪽에서는 상승하며 냉각되어 수분이 응결하고, 산을 넘은 반대편에서는 공기가 하강하며 단열성 압축으로 인해 온도가 상승하고 건조해지는 현상이다. 따라서 푄 현상은 산을 넘으면서 공기가 더욱 습해지는 것이 아니라, 오히려 건조해지는 현상이다.

정답 103. ② 104. ③ 105. ④ 106. ③

107 다음 중 기단의 성질에 대한 설명으로 옳지 않은 것은?

① 열대해양성 기단은 고온다습하여 여름철 우리나라에 많은 비를 내리게 한다.
② 한대대륙성 기단은 매우 건조하고 차가우며, 겨울철 한반도에 영향을 준다.
③ 극해양성 기단은 고온건조하여 우리나라에 폭염을 유발한다.
④ 열대대륙성 기단은 덥고 건조한 공기를 가진다.

해설
극해양성 기단은 찬 공기이며, 고온·건조하지 않고 오히려 매우 차갑고 습도가 낮은 성질을 가진다. 따라서 폭염을 유발하지 않는다. 고온·건조한 성질은 주로 열대 대륙성 기단이 가지고 있다.

108 다음 중 한대 해양성 기단의 특성으로 옳지 않은 것은?

① 한대 해양성 기단은 서늘하고 습하다.
② 대체로 겨울철에 우리나라 서해안에 영향을 준다.
③ 건조하고 따뜻한 날씨를 유발한다.
④ 북태평양의 해양에서 형성된다.

해설
한대 해양성 기단은 서늘하고 습한 성질을 가지며, 건조하고 따뜻한 날씨를 유발하지 않는다. 건조하고 따뜻한 날씨는 주로 열대 대륙성 기단이나 아열대성 기단에서 나타난다.

109 다음 중 극대륙성 기단에 대한 설명으로 옳지 않은 것은?

① 매우 차고 건조하다.
② 시베리아 지역에서 형성된다.
③ 여름철 한반도에 고온다습한 날씨를 준다.
④ 겨울철 강한 한파의 원인이 된다.

해설
극대륙성 기단은 겨울철 시베리아에서 형성되어 매우 춥고 건조한 성질을 가지며, 한파를 유발한다. 여름철 고온다습한 날씨는 열대해양성 기단의 영향이다.

110 다음 중 전선에 대한 설명으로 옳지 않은 것은?

① 폐색전선은 찬 공기와 따뜻한 공기가 균형을 이뤄 움직이지 않는 전선이다.
② 온난전선은 따뜻한 공기가 찬 공기 위로 천천히 올라가면서 층운형 구름을 만든다.
③ 한랭전선은 찬 공기가 따뜻한 공기를 밀어 올리며 적운형 구름을 만든다.
④ 정체전선은 따뜻한 공기와 찬 공기가 거의 움직이지 않아 장기간 비가 내릴 수 있다.

해설
폐색전선(Occluded Front)은 찬 공기가 따뜻한 공기를 완전히 밀어 올려 두 전선이 합쳐진 상태를 의미한다.

111 다음 중 온난전선의 특징으로 옳지 않은 것은?

① 따뜻한 공기가 찬 공기 위로 완만하게 올라간다.
② 전선면에서 층운형 구름이 생기고, 오랜 시간에 걸쳐 비가 내릴 수 있다.
③ 통과 전에는 흐린 날씨가 지속될 수 있다.
④ 통과 후에는 기온이 떨어지고 날씨가 맑아진다.

정답 107. ③ 108. ③ 109. ③ 110. ① 111. ④

해설
온난전선이 통과한 후에는 따뜻한 공기가 유입되어 기온이 상승하고, 대체로 날씨가 따뜻해지며 맑아질 수 있지만 기온이 떨어지는 것은 온난전선의 특징이 아니다. 기온이 떨어지는 것은 한랭전선 통과 후에 나타나는 현상이다.

112 다음 중 한랭전선에 대한 설명으로 옳지 않은 것은?

① 찬 공기가 따뜻한 공기를 급격히 밀어 올린다.
② 전선 통과 후 기온이 상승한다.
③ 적운형 구름이 발생하며 강한 소나기성 비가 내릴 수 있다.
④ 이동 속도가 빠르며 날씨 변화가 급격하다.

해설
한랭전선이 통과하면 찬 공기가 따뜻한 공기를 밀어내면서 기온이 떨어지는 것이 일반적이다. 따라서 전선 통과 후 기온이 상승한다는 설명은 옳지 않다.

113 다음 중 구름의 이름과 기호가 잘못 연결된 것은?

① 층운-Ns
② 권운-Ci
③ 적운-Cu
④ 고적운-Ac

해설
Ns는 '난층운(Nimbostratus)'의 기호이며, '층운(Stratus)'의 기호는 St이다. 층운은 낮은 하늘에 퍼져 있는 회색 구름이다.

114 다음 중 구름의 설명으로 옳지 않은 것은?

① 난층운(Ns)은 강한 뇌우를 동반하는 구름이다.
② 권적운(Cc)은 높은 하늘에 생기며 생선 비늘 모양처럼 보인다.
③ 적운(Cu)은 맑은 날 낮에 잘 발달하며 뭉게구름이라고도 한다.
④ 적란운(Cb)은 소나기, 천둥, 번개를 동반할 수 있다.

해설
난층운(Nimbostratus, Ns)은 지속적이고 광범위한 강수를 유발하는 구름으로, 뇌우나 강한 대류 활동은 동반하지 않는다. 강한 뇌우와 번개는 보통 적란운(Cumulonimbus, Cb)에서 발생한다.

115 다음 중 중층운에 해당하지 않는 것은?

① 고적운(Ac)   ② 고층운(As)
③ 권운(Ci)   ④ 난층운(Ns)

해설
중층운은 고도 약 2~7km 사이에 형성되는 구름으로, 대표적으로 고적운(Ac), 고층운(As), 난층운(Ns) 등이 있다. 반면, 권운(Ci)는 약 6~13km 상공에 형성되는 상층운으로, 중층운에 해당하지 않는다.

116 다음 중 냉각에 의해 형성된 안개로 옳지 않은 것은?

① 복사안개-밤 동안 지표면이 냉각되어 형성된다.
② 이류안개-따뜻하고 습한 공기가 차가운 지표면 위를 지나며 형성된다.
③ 활승안개-공기가 산을 타고 오르며 단열 팽창해 냉각되면서 생긴다.
④ 증기안개-찬 공기가 따뜻한 수면을 지날 때 수증기가 응결되어 생긴다.

정답 112. ② 113. ① 114. ① 115. ③ 116. ④

> **해설**
> 복사안개, 이류안개, 활승안개는 모두 공기의 냉각에 의해 형성되는 안개이다. 반면, 증기안개는 따뜻한 수면에서 발생하는 수증기가 차가운 공기와 만나면서 응결되어 생기므로, 이는 냉각보다는 수증기 추가(증발)에 의한 안개이다.

117 다음 중 증발에 의해 형성된 안개로 옳지 않은 것은?

① 증발안개 – 따뜻한 수면에서 수증기가 증발해 찬 공기 속으로 들어가며 생긴다.
② 전선안개 – 전선 부근에서 따뜻한 비가 찬 지표면에 떨어지며 수증기가 증발해 생긴다.
③ 복사안개 – 밤에 지표면이 냉각되며 공기가 냉각되어 생긴다.
④ 증기안개 – 찬 공기가 따뜻한 호수나 바다 위를 지날 때 생긴다.

> **해설**
> 복사안개는 지표면의 냉각으로 공기가 아래에서부터 차가워지며 생기는 것으로, 증발이 아니라 냉각에 의해 형성된다. 나머지는 모두 증발에 의한 안개이다.

118 다음 중 난류에 대한 설명으로 옳지 않은 것은?

① 난류는 불규칙하고 복잡한 대기의 흐름이다.
② 난류는 항상 지표면 근처에서만 발생한다.
③ 난류는 비행기 운항 시 흔들림의 원인이 되기도 한다.
④ 난류는 상승기류나 산맥 주변 등에서도 발생할 수 있다.

> **해설**
> 난류는 지표면 근처뿐만 아니라, 산악 지형, 전선대, 구름 상부, 제트기류, 대류권 상층 등 다양한 고도에서 발생할 수 있다.

119 다음 중 산악파에 대한 설명으로 옳지 않은 것은?

① 산악파는 산 정상에 강한 바람이 산등성이를 가로질러 부는 바람의 형태이다.
② 산악파는 구름을 형성할 때, 모자구름(Lenticular Cloud)이 자주 발생한다.
③ 산악파는 주로 산맥 주변에서만 발생한다.
④ 산악파는 일반적으로 바람의 방향과 반대 방향으로만 흐른다.

> **해설**
> 산악파(Mountain Wave)는 바람이 산을 넘으면서 상하로 진동하는 파동 형태로 생기며, 강한 난류의 원인이 될 수 있다. 산악파는 바람의 진행 방향과 같은 방향으로 흐른다. 산을 넘은 공기가 파동처럼 흐르며, 그 흐름은 원래 바람 방향을 따른다.

120 다음 중 뇌우에 대한 설명으로 옳지 않은 것은?

① 뇌우는 주로 적란운(Cb)에서 발생한다.
② 뇌우는 불안정한 대기에서 형성되며, 상승 운동이 중요한 역할을 한다.
③ 뇌우는 대기가 안정될 때 발생하기 쉽다.
④ 뇌우는 높은 습도를 필요로 하며, 많은 양의 수증기가 포함되어야 한다.

> **해설**
> 뇌우(Thunderstorm)는 불안정한 대기 상태, 강한 상승기류, 풍부한 수증기가 있을 때 형성되며 대기가 불안정할 때, 즉 상승기류가 활발할 때 주로 발생한다. 대기가 안정된 상태에서는 뇌우가 발생하기 어렵다.

정답 117. ③ 118. ② 119. ④ 120. ③

121 뇌우의 형성 조건으로 옳지 않은 것은?

① 적란운은 뇌우가 발생하는 주요 구름이다.
② 불안정 대기는 공기 덩어리가 상승하며 빠르게 냉각되는 상황을 말한다.
③ 상승 운동이 뇌우 형성에 중요한 역할을 한다.
④ 뇌우는 대기 중에 수증기가 부족할 때 잘 발생한다.

해설
뇌우가 발생하려면 불안정한 대기, 충분한 수증기, 상승기류의 세 가지 조건이 필요하다. 수증기가 부족할 경우에는 구름이 충분히 발달하지 않아 뇌우가 형성되기 어렵다.

122 다운 버스트에 대한 설명으로 옳지 않은 것은?

① 다운 버스트는 성숙단계의 하강기류가 지표면에 도달한 후 빠르게 퍼져 유출기류를 형성한다.
② 다운 버스트는 10~15분 이내에 최대 유출 기류를 형성한다.
③ 다운 버스트는 주로 천둥과 번개를 동반하는 기상 현상이다.
④ 다운 버스트는 발생 후, 수십 분 이상 동안 영향을 미친다.

해설
다운버스트(Downdraft 또는 Downburst)는 뇌우 구름에서 강하게 하강하는 공기가 지표면에 부딪힌 뒤 수평으로 퍼지면서 강한 돌풍을 일으키는 현상이다. 지속 시간은 매우 짧은 시간(보통 수분~10분 이내)이다.

123 다음 중 우박에 대한 설명으로 옳지 않은 것은?

① 우박은 적란운의 강한 상승기류에서 형성된다.
② 빙정입자는 직경 2cm 이상으로 성장 후 떨어진다.
③ 우박은 상승과 하강을 반복하며 점점 커진다.
④ 우박은 적란운 밖으로 떨어지지 않고 구름 내에만 머문다.

해설
우박은 적란운 내부에서 형성되지만, 최종적으로 적란운 밖으로 떨어지며 지상에 도달한다. 우박이 지구에 떨어지는 것은 적란운 밖으로 빠져나올 때이다. 따라서 우박은 적란운 내에만 머물러 있다는 설명은 틀리다.

124 번개에 대한 설명으로 옳지 않은 것은?

① 번개는 공기의 폭발적 팽창으로 인해 발생한다.
② 번개는 음전하와 양전하 사이에서 발생하는 불꽃 방전이다.
③ 번개의 방전 속도는 광속에 가깝다.
④ 번개는 구름과 구름, 또는 구름과 지면 사이에서 발생하는 전기 방전 현상이다.

해설
번개는 공기의 폭발적 팽창 때문에 생기는 것이 아니라, 구름 내 또는 구름과 지면 사이의 전기적 방전 현상이다. 공기의 폭발적 팽창은 번개가 발생한 후 생기는 천둥소리의 원인이다.

정답 121. ④ 122. ④ 123. ④ 124. ①

125 천둥에 대한 설명으로 옳지 않은 것은?

① 천둥은 공기의 폭발적 팽창으로 발생한다.
② 천둥의 소리는 음속으로 퍼져 나간다.
③ 천둥의 소리는 번개의 방전에 의해 발생하는 충격파가 음파로 바뀌면서 들린다.
④ 천둥은 광속으로 소리가 퍼져 나간다.

해설
천둥소리는 음속(약 340m/s)으로 퍼져 나가며, 번개의 방전으로 인한 공기의 폭발적 팽창이 충격파를 만들어 음파로 변해 들린다. 소리는 광속으로 전달되지 않는다.

126 바람 시어에 대한 설명으로 옳지 않은 것은?

① 바람 시어는 짧은 거리에서 나타나는 풍속이나 풍향의 변화이다.
② 바람 시어는 수평 바람 시어와 연직 바람 시어로 구분된다.
③ 저층 바람 시어는 고도 200피트 이하에서 발생한다.
④ 바람 시어는 고도와 관계없이 항상 일정한 변화로 나타난다.

해설
바람 시어는 고도와 거리에 따라 변화가 다르다. 고도에 따라 바람의 풍속이나 풍향이 급격히 달라지기 때문에, 항상 일정한 변화로 나타나지는 않는다. 바람 시어는 수평적 또는 연직적으로 발생할 수 있으며, 저층 바람 시어는 200피트 이하에서 발생하는 경우가 많다.

127 다음 중 착빙에 대한 설명으로 옳지 않은 것은?

① 착빙은 대기에 노출된 물체에 과냉각된 물방울이나 입자가 충돌하여 얼음의 피막을 형성하는 현상이다.
② 구조착빙(기계착빙)은 주로 기체 표면, 특히 항공기 부속품에서 발생한다.
③ 서리착빙은 주로 항공기 기체 표면에서 발생하며, 기온이 낮을 때 서리가 형성된다.
④ 유도착빙은 주로 항공기 엔진의 공기흡입구나 기화기에서 발생한다.

해설
서리착빙은 기체 표면에서 발생하는 것이 맞지만, 서리착빙은 서리가 형성되는 현상이 아니라 비행기의 기체 표면에 얼음이 쌓이는 현상이다. 서리는 대기에서의 수분이 기체에 얼어붙는 것이 아니라, 얼음이 기체 표면에 결빙되는 현상이다.

128 다음 중 해무의 발생 조건으로 옳지 않은 것은?

① 광범위한 고기압권에 위치하고, 저기압이나 전선의 영향이 없을 때 발생한다.
② 해수면 온도가 20℃ 이상일 때 해무가 발생한다.
③ 온도와 노점 온도 차이가 0~2℃ 정도일 때 해무가 발생한다.
④ 지상 역전층 현상이 관찰되며, 대기 상공 기온이 하층보다 높은 상태에서 해무가 발생할 수 있다.

해설
해무는 해수면과 대기 온도 차이가 크지 않고, 특히 해수면 온도가 비교적 낮거나 온도와 노점 온도 차이가 적을 때 발생한다. 해수면 온도가 20℃ 이상이라는 조건은 해무 발생에 적합하지 않다. 해무는 주로 해수면 온도가 낮고 차가운 공기가 따뜻한 해수면 위를 지날 때 형성된다.

정답 125. ④ 126. ④ 127. ③ 128. ②

129 다음 중 2월에서 4월에 자주 나타나며 시정 장애를 가져오는 자연 현상은 무엇인가?

① 황사　　② 해무
③ 태풍　　④ 대기 정체

해설
황사는 주로 2~4월에 발생하며, 중국, 몽골 등의 건조 지역에서 발생한 미세한 먼지가 바람에 의해 한국으로 이동하여 시정 장애를 일으킨다.

130 다음 중 암순응에 대한 설명으로 옳지 않은 것은?

① 암순응 초기에 색채를 지각하는 광수용기 추상체가 반응하며, 7분 이내에 기본적인 암순응이 이루어진다.
② 암순응 후, 간상체의 암순응 민감도가 높아지며, 약 30분 지점에서 한계치에 도달한다.
③ 간상체는 주로 어두운 환경에서 시각적 민감도를 제공하는 역할을 한다.
④ 추상체는 어두운 환경에서 색상 지각에 중요한 역할을 한다.

해설
추상체(원추세포)는 밝은 환경에서 색채를 인지하는 데 중요한 역할을 하지만, 암순응(어두운 환경에 적응하는 과정)과는 관련이 적다. 암순응은 주로 간상체(간상세포)가 어두운 환경에서 빛에 대한 민감도를 높이는 과정이다.

131 다음 중 대류권과 중간권 사이에 위치하며, 오존층이 존재하는 대기층은 무엇인가?

① 대류권　　② 성층권
③ 중간권　　④ 열권

해설
성층권은 지상에서 약 10~50km 높이에 위치한 대기층으로, 대류권 위에 위치하며, 고도가 높아질수록 온도가 상승하는 특징이 있다. 이 층에는 오존층이 존재한다.

132 다음 중 기압에 대한 설명으로 옳지 않은 것은?

① 기압은 대기 중의 공기가 지구 표면에 미치는 압력이다.
② 기압은 고도가 높을수록 증가한다.
③ 기압은 단위 면적당 공기의 무게에 의한 힘이다.
④ 기압은 날씨 변화에 중요한 역할을 한다.

해설
기압은 대기 중 공기의 무게가 단위 면적에 미치는 압력으로, 지표면에 가까울수록 더 높고 고도가 높아질수록 공기 밀도가 낮아져 기압이 감소한다. 따라서 기압은 고도가 높아질수록 감소하는 것이 맞으며, 증가한다는 설명은 틀렸다.

133 항공기 기압고도계의 정확도에 영향을 주는 요인이 아닌 것은?

① 풍향
② 대기 온도 변화
③ 고도계 내부 상태 변화
④ 외부 대기압 변화

해설
기압고도계는 외부 기압을 측정하여 고도를 표시하며, 온도 변화와 계기 내부 상태(예: 기계적 마모, 누출 등)도 오차를 유발할 수 있다. 풍향은 고도계 작동과 직접적인 관련이 없어, 오차 요인이 아니다.

정답 129. ① 130. ④ 131. ② 132. ② 133. ①

134 다음 중 대기의 열 전달 방식과 그 설명이 잘못 연결된 것은?

① 복사 – 전자파를 통해 열이 전달된다.
② 전도 – 접촉한 물질 사이에서 분자운동에 의해 열이 전달된다.
③ 대류 – 공기의 가열 또는 냉각을 통해 분자 간 직접 충돌로 열이 전달된다.
④ 대류 – 따뜻한 공기가 상승하고 차가운 공기가 하강하면서 열이 이동한다.

해설
분자 간 직접 충돌은 전도의 메커니즘이다. 대류는 유체(기체나 액체) 자체의 이동에 의해 열이 전달되는 현상이다. 공기의 가열/냉각으로 인해 밀도 차이가 생기고, 이에 따라 따뜻한 공기는 상승하고 차가운 공기는 하강하면서 열이 전달된다.

135 다음 중 역전층에 대한 설명으로 옳지 않은 것은?

① 역전층은 고도가 높아질수록 온도가 오히려 상승하는 층이다.
② 역전층은 대기 안정 상태를 유도하여 대기 혼합을 억제한다.
③ 비열이 작은 육지는 복사냉각이 잘 일어나 안개 생성에 영향을 줄 수 있다.
④ 역전층에서는 상승기류가 활발해져 대류운이 쉽게 형성된다.

해설
역전층에서는 상층의 공기가 하층보다 따뜻하기 때문에 공기의 상승이 억제된다. 이는 대류운 형성에 불리하며, 대기 안정 상태를 유도한다. 따라서 상승기류가 활발해지는 것이 아니라 오히려 억제되어, 안개나 연무가 잘 발생한다.

136 다음 중 표준기압에 대한 설명으로 옳지 않은 것은?

① 표준기압은 수은주 760mmHg에 해당하는 압력이다.
② 표준기압은 1기압(atm)으로 정의된다.
③ 표준기압은 약 1013.25hPa 또는 29.92inHg로 환산된다.
④ 표준기압은 고도와 관계없이 항상 일정하게 유지된다.

해설
표준기압은 해면 기준의 이론적 기압값이며, 실제 대기압은 고도가 높아질수록 낮아진다. 즉, 기압은 고도에 따라 변화하며, 표준기압은 고도 보정을 위한 기준값일 뿐 항상 일정하게 유지되지는 않는다.

137 다음 중 해면기압에 대한 설명으로 옳지 않은 것은?

① 해면기압은 평균 해수면 높이에서 측정된 기압이다.
② 해면기압은 고도와 관계없이 모든 위치에서 동일하다.
③ 해면기압은 대기 상태를 비교하기 위한 표준 기준으로 사용된다.
④ 해면기압은 기상관측소에서 측정된 기압을 해수면 기준으로 환산한 값이다.

해설
해면기압은 위치에 따라 다르다. 왜냐하면 실제 기압은 날씨, 온도, 고도 등의 영향으로 달라지기 때문이다. 기상 관측 시 고도가 다른 지역의 기압을 비교할 수 있도록 표준화한 값이 해면기압이다.

정답 134. ③ 135. ④ 136. ④ 137. ②

138 다음 중 바람을 일으키는 힘에 대한 설명으로 옳지 않은 것은?

① 기압경도력은 압력이 큰 곳에서 작은 곳으로 바람이 불도록 유도하는 힘이다.
② 기압경도력은 기압 차이가 큰 곳에서 바람의 세기가 강하게 발생한다.
③ 바람은 기온 차이에 의해 생기는 대기 순환에 의해서만 발생한다.
④ 기압경도력은 기압 차이를 통해 바람의 방향과 세기를 결정한다.

해설

바람은 기온 차이에 의한 대기 순환뿐 아니라, 기압경도력, 전향력(코리올리력), 마찰력 등의 다양한 힘에 의해 발생한다. 기온 차이는 간접적으로 기압 차이를 유발하지만, 바람의 직접적인 원인은 기압의 차이이다. 따라서 "기온 차이에 의해서만 발생한다"라는 설명은 부정확하다.

139 다음 중 전향력(Coriolis force)에 대한 설명으로 옳은 것은?

① 전향력은 지구의 자전으로 인해 발생하며, 북반구에서는 바람이 오른쪽으로 휘어지게 한다.
② 전향력은 지구의 공전으로 발생하며, 남반구에서는 바람이 왼쪽으로 휘어지게 한다.
③ 전향력은 고도와 관계없이 동일하게 작용하며, 바람의 세기를 약화시킨다.
④ 전향력은 정적 기압 분포에서만 영향을 미친다.

해설

전향력은 지구의 자전에 의해 발생하며, 북반구에서는 바람이 오른쪽, 남반구에서는 왼쪽으로 휘어진다. 이는 대기 흐름의 방향에 영향을 미친다. 전향력은 바람의 경로를 변경시키며, 고도와 기압 차이에 따라 강하게 작용할 수 있다.

140 다음 중 지표 마찰력에 대한 설명으로 옳지 않은 것은?

① 지표 마찰력은 대기의 지표면과의 마찰에 의해 발생한다.
② 지표 마찰력은 바람의 속도를 줄이고, 바람의 방향을 변화시킬 수 있다.
③ 지표 마찰력은 지구 자전의 영향으로 발생하며, 바람을 휘게 만든다.
④ 지표 마찰력은 대기 중 저층에서만 작용하며, 고도가 높아질수록 감소한다.

해설

지표 마찰력은 지구 자전 때문이 아니라, 바람이 지표면과 접촉하면서 생기는 마찰로 인해 발생한다. 이 힘은 바람의 속도를 줄이고 방향을 약간 바꿀 수 있지만, 바람을 휘게 만드는 주요 원인은 전향력(Coriolis Force)이다. 지표 마찰력은 주로 대기 하층(지상에서 약 1~2km 이내)에서 강하게 작용하며, 고도가 높아질수록 그 영향은 줄어든다.

141 다음 중 해무(Sea Fog)의 발생 조건에 대한 설명으로 옳지 않은 것은?

① 해무는 고기압 지역에서 주로 발생하며, 바람이 약할 때 형성된다.
② 해무는 해수면 온도와 대기 온도의 차이가 매우 작을 때 발생한다.
③ 해무는 온도 역전층이 형성될 때 발생하기 어렵다.
④ 해무는 차가운 해수면 위를 따뜻하고 습한 공기가 지나가면서 형성된다.

해설

해무는 일반적으로 온도 역전층이 형성될 때 잘 발생한다.

정답 138. ③ 139. ① 140. ③ 141. ③

142 다음 중 지상 마찰에 의한 바람 발생 장소와 관련된 설명으로 옳지 않은 것은?

① 지상풍은 지면 근처에서 공기의 마찰 효과가 가장 크기 때문에 그 속도가 느려진다.
② 스콜과 국지성 호우는 기압경도력과 회전력이 함께 작용할 수 있는 지역에서 발생한다.
③ 돌풍은 고압 지역에서 발생하며, 그 특성상 바람의 속도가 일정하게 유지된다.
④ 태풍은 잠열을 공급할 수 있는 해양 위에서 발생한다.

해설
돌풍은 주로 기압차가 큰 저압 지역에서 발생하며, 바람의 속도가 갑자기 증가하거나 감소하는 특성을 가진다.

143 다음 중 냉각에 의해 형성된 안개에 대한 설명으로 옳지 않은 것은?

① 복사안개는 밤에 지면이 급격히 냉각되어 공기와 접촉하면서 형성된다.
② 이류안개는 차가운 해수면 위에 따뜻한 공기가 지나가면서 형성된다.
③ 활승안개는 지표면에서 따뜻한 공기가 상승하며 형성된다.
④ 이류안개는 차가운 공기가 이동하면서 공기의 온도가 낮아져 발생한다.

해설
활승안개는 냉각에 의한 형성보다는 공기의 상승에 의한 냉각으로 형성되는 안개이다. 즉, 따뜻한 공기가 상승하면서 냉각되고 수증기가 응결되어 안개가 형성되는 것이다. 따라서 활승안개는 냉각이 아닌 상승 운동에 의한 안개이다.

144 다음 중 해무(Sea Fog)의 발생 조건에 대한 설명으로 옳은 것은?

① 해무는 고기압 지역에서 발생하며, 바람이 강할 때 주로 발생한다.
② 해무는 해수면의 온도가 20°C 이하일 때 발생한다.
③ 해무는 온도와 노점 온도의 차이가 0~1°C일 때 발생할 수 있다.
④ 해무는 온도 역전이 없을 때, 대기 하층의 기온이 상층보다 낮을 때만 발생한다.

해설
해무는 공기 온도와 노점 온도(공기가 포화 상태가 되는 온도)의 차이가 매우 작을 때, 즉 0~1°C 이내로 가까워질 때 발생한다. 이는 공기 중 수증기가 응결하여 안개가 형성되는 조건이다.

145 다음 중 기단의 성질에 대한 설명으로 옳지 않은 것은?

① 기단은 넓은 지역에서 형성된 수평적으로 균일한 성질의 공기 덩어리이다.
② 기단은 형성 지역의 지표 특성에 따라 온도와 습도 등의 성질을 갖는다.
③ 해양성 기단은 일반적으로 건조하고 일교차가 큰 성질을 보인다.
④ 대륙성 기단은 지면에서 형성되어 건조하고 안정적인 성질을 가진다.

해설
해양성 기단(Maritime Air Mass)은 바다 위에서 형성되어 수증기가 많고 습한 성질을 가진다. 또한 열용량이 큰 바다의 특성상 일교차는 작다.

정답 142. ③ 143. ③ 144. ③ 145. ③

146 다음 중 화산재(Volcanic Ash)를 나타내는 국제 항공기상 약어(METAR·SIGMET 코드)로 옳은 것은?

① VA
② SA
③ DS
④ FG

해설

VA(Volcanic Ash)-화산재, SA(Sand)-모래, DS(Duststorm)-황사/먼지폭풍, FG(Fog)-안개. 따라서 화산재를 올바르게 나타내는 약어는 VA이다.

147 다음 중 기단의 분류와 형성 지역의 연결이 옳지 않은 것은?

① cP – 대륙성 한대 기단, 시베리아 등에서 형성
② mT – 해양성 열대 기단, 열대 해상에서 형성
③ cT – 대륙성 열대 기단, 사막 지역 등에서 형성
④ mP – 해양성 극기단, 고위도 대륙 내부에서 형성

해설

mP(Maritime Polar)는 해양성 극기단으로, 고위도의 해상에서 형성되며, 차갑고 습한 성질을 가진다.

정답 146. ① 147. ④

PART 02

- **제1회** 기출유형 모의고사
- **제2회** 기출유형 모의고사

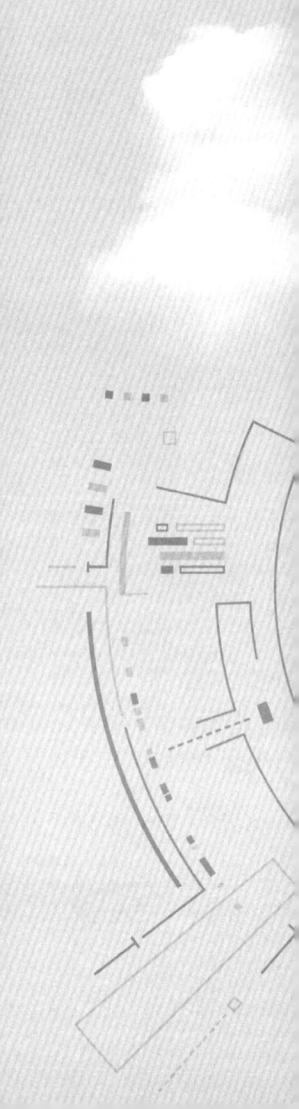

기출유형 모의고사

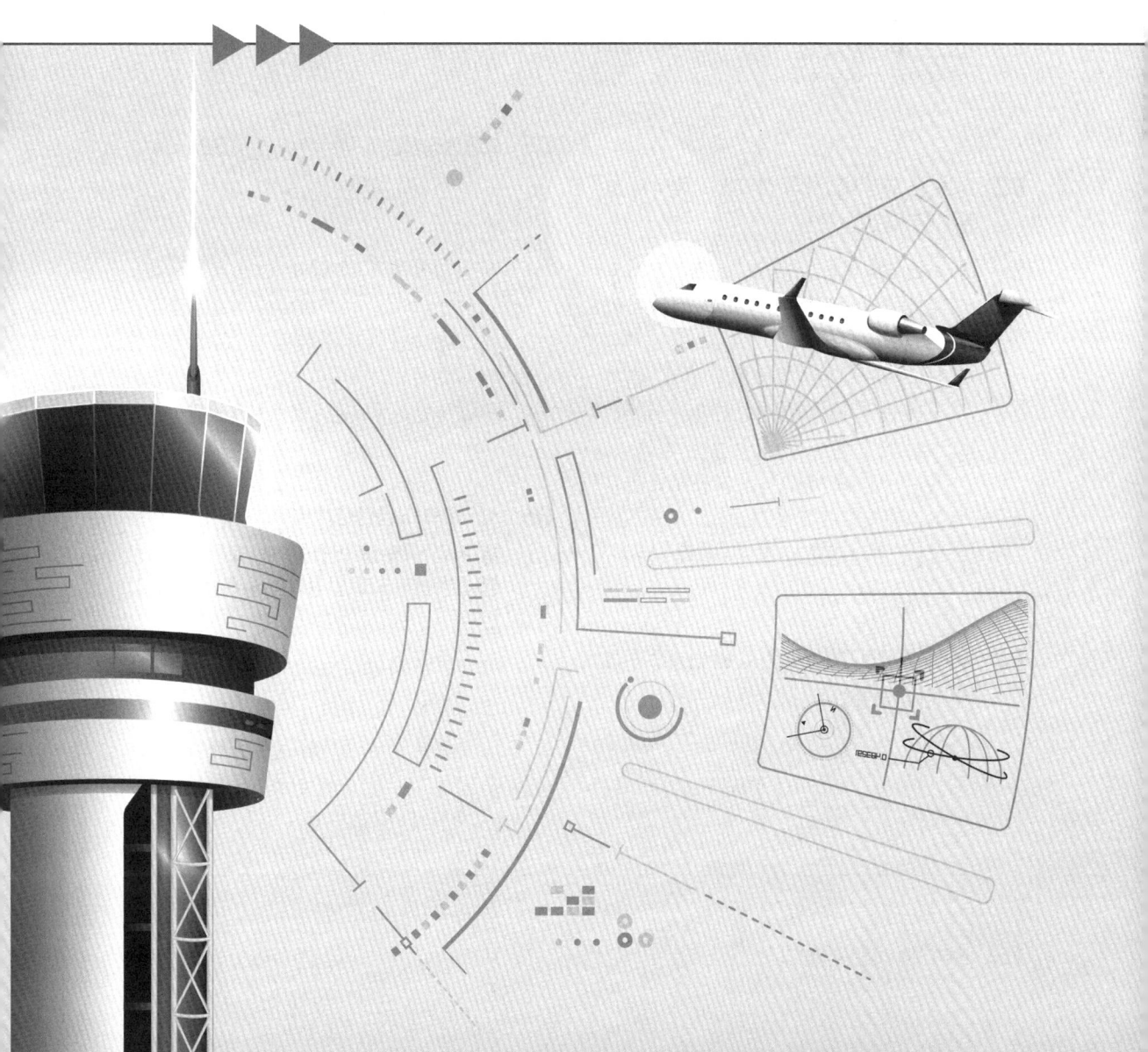

1회 기출유형 모의고사

정답 및 해설 313쪽

교통법규

01 교통시설의 정의에 해당하지 않는 것은?

① 도로, 철도, 궤도, 항만, 공항 등 교통수단의 운행에 필요한 시설
② 교통안전표지, 교통관제시설, 항행안전시설 등 교통의 안전을 보조하는 시설
③ 공항이나 비행장에 부속된 각종 교통편의시설
④ 교통수단을 직접 운전하거나 조종하는 운전보조장치

02 다음 중 교통사업자의 정의에 포함되지 않는 것은 무엇인가?

① 여객자동차운수사업자, 화물자동차운수사업자, 철도사업자, 항공운송사업자 등
② 항만, 공항 등 교통시설을 설치·관리 또는 운영하는 교통시설설치·관리자
③ 교통수단 제조사업자, 교통 관련 교육·연구·조사기관 등 교통체계 관련 활동을 수행하는 자
④ 교통체계의 운행을 지도·감독하는 자

03 국가교통안전기본계획은 몇 년 단위로 수립하여야 하는가?

① 매년   ② 3년
③ 5년   ④ 10년

04 교통안전 전문교육을 다음 각호의 기관 또는 단체에 위탁할 수 있다. 다음 각호에 해당하지 않는 것은?

① 국토교통부 소속공무원 교육기관
② 한국교통안전공단
③ 업무를 위탁하는 경우 위탁받는 기관과 위탁업무를 고시
④ 교통안전공단이사장이 교통안전 전문교육을 위한 전문인력과 시설을 갖추었다고 인정하는 기관

05 교통행정기관의 책무가 아닌 것은?

① 교통안전관리규정 준수 여부 확인 및 평가
② 교통체계 운영 등에 관해 교통사업자에 대한 지도·감독
③ 교통수단의 안전점검 및 주기적 개선 수행
④ 교통안전정보관리체계 구축·관리

06 시·도의 교통안전기본계획에서 정한 부문별 사업 규모를 변경할 때, 교통안전법상 경미한 변경으로 인정되는 범위는 어느 것인가?

① 부문별 사업 규모의 5% 이내
② 부문별 사업 규모의 10% 이내
③ 부문별 사업 규모의 20% 이내
④ 사업 규모는 일체 변경할 수 없고 항상 재심의·공고가 필요하다.

07 교통문화 지수의 조사 항목에 해당하지 않는 것은?

① 운전 형태
② 교통안전
③ 보행 행태
④ 보행 행태는 해상교통도 포함

08 교통약자 안전대책에 포함되지 않는 것은?

① 고령자 교통안전 대책
② 장애인 교통안전 대책
③ 영유아 교통안전 대책
④ 임산부는 제외된다.

09 교통안전도 평가지수 산정 시 산정기준에 대한 설명으로 틀린 것은?

① 경상자 1명: 0.5
② 중상자 1명: 0.7
③ 사망사고 1명: 1
④ 하나의 사고로 여러 명이 사망 또는 상해를 입은 경우 가중치가 높은 사고 적용

10 단지 내 도로에서 자동차의 통행 방법에 포함되어야 하는 사항 중 통행 방법의 게시에 대한 설명으로 틀린 것은?

① 단지 내 도로를 통행하는 보행자에게 잘 보이는 장소
② 통행에 장애가 되지 않는 장소
③ 금속판으로 게시
④ 현수막으로 게시

11 교통수단의 구조·설비·장치의 안전성을 향상시킬 의무가 있는 자는?

① 교통사업자
② 교통수단 제조사업자
③ 교통시설관리자
④ 교통이용자

12 차량운전자가 중대 교통사고를 발생시켰을 때 교통사고 조사에 대한 결과를 통지받은 날부터 며칠 이내에 교통안전체험교육을 받아야 하는가?

① 교통사고 조사에 대한 결과를 통지받은 날부터 60일
② 교통사고 조사에 대한 결과를 통지받은 날부터 100일
③ 해당 차량운전자가 구속된 상태일 경우 석방된 날로부터 6개월 이내
④ 해당 차량 운전자가 교통사고로 상해를 입은 경우 치료가 종료된 날로부터 3개월 이내

13 교통안전관리규정 변경 시 사업자가 제출해야 할 대상 기관은?

① 법무부
② 관할 교통행정기관
③ 지자체 조례 위원회
④ 국토교통부만

14 교통수단의 범위에 포함되지 않는 것은?

① 철도차량   ② 선박
③ 항공기   ④ 공항터미널

15 교통안전 기본계획 수립 시 협의 대상이 아닌 기관은?

① 경찰청장
② 해양수산부장관
③ 국방부장관
④ 교육부장관

16 운행기록장치 장착 비용지원에 관한 규정에 대한 설명으로 옳지 않은 것은 무엇인가?

① 국가 및 지방자치단체는 예산의 범위에서 운행기록장치 장착 비용을 보조하거나 융자할 수 있다.
② 운행기록장치 장착 비용 지원을 받으려는 자는 장착 사실을 증명할 수 있는 서류를 첨부하여 시장·군수·구청장 등에게 신청하여야 한다.
③ 시·도지사 또는 시장·군수·구청장은 장착 비용을 지원한 경우 그 장착 여부를 점검할 수 있다.
④ 운행기록장치 장착 비용 지원은 반드시 전액 보조의 형태로만 제공되어야 한다.

17 지방자치단체의 장은 소관 교통시설 안에서 교통수단의 결함의 원인으로 중대한 교통사고가 발생했다고 판단되는 경우 어떻게 해야 하는가?

① 경찰청에 직접 사고 조사를 의뢰해야 한다.
② 지정행정기관의 장에게 원인조사를 의뢰할 수 있다.
③ 법원에 사고 원인 감정을 요청해야 한다.
④ 국토교통부장관에게만 보고해야 한다.

18 교통안전법에서 국가교통안전기본계획안이 제출된 후 심의를 거쳐 확정해야 하는 시기는 언제까지인가?

① 계획연도 시작 전년도 12월 말까지
② 계획연도 시작 전년도 10월 말까지
③ 계획연도 시작 당해 연도 1월 말까지
④ 계획연도 시작 전년도 6월 말까지

19 교통사고와 관련된 자료의 보관·관리하는 자는 교통사고가 발생한 날로부터 얼마의 기간 동안 관련 자료를 보관·관리하여야 하는가?

① 1년   ② 2년
③ 3년   ④ 5년

20 대통령령이 정하는 교통사고 관련 자료 등을 보관·관리하여야 하는 자에 해당하지 않는 것은?

① 한국교통안전공단
② 경찰청
③ 한국도로공사
④ 손해보험회사

21 교통안전담당자가 필요하다고 인정하는 경우 교통시설설치·관리자 등에게 요청할 수 있는 조치가 아닌 것은?

① 교통수단의 운행계획 변경
② 교통수단의 정비 요청
③ 운전자 등의 승무계획 변경
④ 교통안전을 위한 교통세 부과

22 다음 중 운행기록장치를 장착해야 하는 시기가 잘못 연결된 것은 무엇인가?

① 여객자동차 운송사업자
② 화물자동차 운송사업자
③ 어린이 통학버스 운영자
④ 특수 용도형 특수 자동차

23 단지 내 도로의 설치·관리자는 대통령령으로 정하는 안전시설물을 설치하여야 한다. 다음 중 설치해야 하는 안전시설물에 해당하지 않는 것은?

① 속도제한 카메라
② 도로반사경
③ 시선유도봉
④ 과속방지턱

24 중대한 교통사고에 대한 설명으로 옳지 않은 것은 무엇인가?

① 3건 이상의 단순 경상자가 발생한 사고도 중대한 교통사고에 해당한다.
② 교통수단의 결함으로 사망사고 또는 중상사고가 발생했다고 추정하는 교통사고
③ 교통시설의 결함으로 사망사고 또는 중상사고가 발생했다고 추정하는 교통사고
④ 3주 이상의 치료가 필요한 상해를 입은 사람이 있는 사고

25 단지 내 도로에서 자동차 운전자가 준수해야 하는 사항과 통행 방법의 게시 기준으로 옳지 않은 것은 무엇인가?

① 자동차의 통행 속도를 준수해야 한다.
② 보행자 보호를 위해 서행이나 일시정지 등을 준수해야 한다.
③ 어린이 안전보호구역에서의 운전자 준수사항은 반드시 준수하여야 한다.
④ 통행 방법 게시장소는 통행에 방해가 되지 않고 보행자에게 잘 보여야 한다.

26 항공업무에 대한 설명으로 틀린 것은?

① 항공기의 운항에 관한 업무
② 항공조종 및 관제연습에 관한 업무
③ 항공기 운항관리 업무
④ 항공기 정비에 관한 업무

27 국가기관항공기란 국가나 지방자치단체 그 밖에 공공기관이 소유하거나 임차한 항공기로 국가기관항공기가 수행하는 업무가 아닌 것은?

① 재난·재해 등으로 인한 수색
② 산불의 진화와 예방
③ 응급환자 후송
④ 지역주민을 위한 축하비행

28 다음 중 항공기 준사고에 해당하지 않는 것은?

① 폐쇄된 활주로에 진입한 경우
② 다른 항공기가 사용 중인 활주로에 착륙을 시도한 경우
③ 허가받지 않은 활주로에서 이륙한 경우
④ 유도로에 착륙을 시도한 경우

29 경량항공기 사고에 해당하지 않는 것은?

① 경량항공기의 발동기가 시동되는 순간부터 비행이 종료되어 발동기가 정지되는 순간까지 발생한 화재
② 경량항공기에 의한 사람의 경상 또는 행방불명
③ 경량항공기의 화재 발생
④ 경량항공기의 위치를 확인할 수 없는 경우

30 관제구의 고도에 대한 설명으로 틀린 것은?

① 지면으로부터 200미터 이상의 높이의 공역
② 수면으로부터 200미터 이상의 높이의 공역
③ 국토교통부장관이 지정한 공역
④ 지방항공청장이 지정한 공역

31 항공안전에 대한 경각심과 사회적 관심을 높이고 항공안전문화를 정착시키기 위한 항공안전의 날에 해당하는 것은?

① 매년 12월 첫째 주 수요일
② 매년 12월 1일
③ 매년 12월 15일
④ 매년 12월 29일

32 항공기 소유권의 취득 · 상실 · 변경은 등록하여야 한다. 다음 중 등록의 종류가 아닌 것은?

① 이전등록　② 말소등록
③ 변경등록　④ 최초등록

33 항공신체검사증명의 유효기간에 대한 설명으로 옳지 않은 것은?

① 항공운송사업에 종사하는 60세 이상: 6개월
② 항공운송사업에 종사하는 40세 이상 50세 미만: 6개월
③ 항공기 사용사업에 종사하는 60세 이상: 6개월
④ 1명의 조종사로 승객을 수송하는 항공운송사업에 종사하는 40세 이상: 12개월

34 항공영어 구술능력 증명의 등급별 유효기간에 대한 설명으로 옳지 않은 것은?

① 최초 응시자: 합격 다음 날
② 최초 응시자: 합격 통지일
③ 4등급 유효기간이 끝나기 전 시험합격의 경우: 기존 유효기간이 끝난 다음 날
④ 5등급 유효기간이 끝나기 전 시험합격의 경우: 기존 유효기간이 끝난 다음 날

35 터빈발동기를 장착한 항공기가 계기비행으로 교체비행장이 요구될 경우 구비해야 하는 연료량에 대한 설명으로 옳지 않은 것은?

① 1개의 교체비행장 요구 시 : 최초착륙 예정 비행장에서 한 번의 실패접근에 필요한 양
② 1개의 교체비행장 요구 시 : 교체비행장까지 상승, 순항, 강하, 접근 및 착륙에 필요한 양
③ 1개의 교체비행장 요구 시 : 교체비행장까지 상승, 순항, 강하, 접근 및 착륙에 필요한 양 중 많은 양
④ 2개 이상의 교체비행장 요구 시 : 교체비행장까지 상승, 순항, 강하, 접근 및 착륙에 필요한 양 중 많은 양

36 항공기의 객실에 비치해야 하는 소화기의 수량으로 옳은 것은?

① 승객좌석수 6~30석 1개
② 승객좌석수 1~50석 1개
③ 승객좌석수 100~200석 4개
④ 승객좌석수 100~200석 5개

37 항공기 유도원에 의한 항공기 유도신호에 대한 설명 중 직진에 대한 설명으로 옳은 것은?

① 팔꿈치를 구부려 유도봉을 가슴높이에서 머리높이까지 위아래로 움직인다.
② 팔을 펴고 유도봉을 아래에서 머리높이까지 위로 뻗어올린다.
③ 양손의 유도봉을 위로 향하게 한 채 양팔을 쭉 펴서 머리 위로 올린다.
④ 팔과 유도봉을 머리 위로 쭉 뻗는다.

38 비행계획서를 제출해야 하는 자 중 국내에서 유상으로 여객이나 화물을 운송하는 자는 입출항 신고서를 지방항공청장에게 언제까지 제출해야 하는가?

① 출항 준비가 끝나는 즉시
② 출항 1시간 전까지
③ 출항 2시간 전까지
④ 출항 예정시간 전까지

39 위계 또는 위력으로 운항 중인 항공기의 항로를 변경하게 하여 정상운항을 방해한 사람에 대한 처벌로 옳은 것은?

① 1년 이상 1000만원 이하 벌금
② 3년 이하 1000만원 이하 벌금
③ 1년 이상 5년 이하 징역
④ 1년 이상 10년 이하 징역

40 다음 중 보호구역에 포함되는 지역으로 옳지 않은 것은?

① 보안검색이 완료된 구역
② 출입국 심사장
③ 화물청사
④ 유류저장시설

41 운항 중 전자기기의 사용을 제한할 수 있는 전자기기의 품목에 해당하는 것은?

① 휴대용 음성녹음기
② 보청기
③ 심장박동기
④ 항공기 정비시설에서 인정한 품목

42 해발 3,050미터 미만에서 해발 900미터 또는 장애물 상공 300미터 중 높은 고도를 초과하여 B, C, D, E, F, G 공역을 비행 시 구름으로부터 최소 이격거리는 얼마인가?

① 수평으로 1,000피터 수직으로 300미터
② 수평으로 1,500미터 수직으로 300미터
③ 수평으로 1,500미터 수직으로 500미터
④ 수평으로 2,000미터 수직으로 500미터

43 항공안전법에 따른 항공안전의 날 행사에서, 항공안전 관련 공로자나 단체에 대한 포상을 실시할 때, 국토교통부장관 또는 지방자치단체의 장이 협조를 요청할 수 있는 대상은 누구인가?

① 민간 항공사 직원
② 항공안전 관련 기관·단체 또는 개인
③ 항공사 고객 및 이용객
④ 공공기관의 부서장

44 다음 중 화물터미널 내 지정된 보호구역으로 들어가는 사람 또는 물품에 대한 보안검색을 수행해야 하는 주체로 옳은 것은 무엇인가?

① 공항운영자
② 화물터미널운영자
③ 보안검색업체(민간업체)
④ 항공사

45 항공안전법 시행규칙 제207조에 따른 긴급항공기 지정 사유로 옳지 않은 것은 무엇인가?

① 재난·재해 등으로 인한 수색·구조
② 응급환자의 수송 등 구조·구급활동
③ 항공사의 정기 운항 편리성을 위한 대체편 운영
④ 화재의 예방을 위한 감시활동

46 보호구역 등을 출입하려는 사람의 출입 절차에 대한 설명으로 틀린 것은?

① 보호구역에 출입하려는 사람은 출입허가신청서를 작성하여 지방항공청장에게 제출하여야 한다.
② 차량을 운행하여 출입하려는 사람은 별도로 차량출입허가신청서를 제출하여야 한다.
③ 보호구역의 출입허가를 한 경우 출입증을 발급하여야 한다.
④ 화물터미널 운영자는 출입기록을 작성하여 1년 이상 보존하여야 한다.

47 항공안전법에 따라 국토교통부장관이 시험 및 심사의 전부 또는 일부를 면제할 수 있는 사람에 해당하지 않는 것은 무엇인가?

① 외국정부로부터 자격증명을 받은 사람
② 전문교육기관 교육과정을 이수한 사람
③ 항공학원에서 전문항공교통관제사의 감독하에 경력을 갖춘 사람
④ 항공기의 제작자가 실시하는 해당 항공기 교육과정을 이수한 사람

48 다음 중 국토교통부장관의 항공영어구술능력증명을 받아야 하는 업무에 해당하지 않는 것은 무엇인가?

① 두 나라 이상을 운항하는 항공기의 조종
② 두 나라 이상을 운항하는 항공기에 대한 항공교통관제 업무
③ 두 나라 이상을 운항하는 항공기의 무선통신 업무
④ 국내 단거리 항공편에서 항공기 객실 승무원으로 근무

49 항공안전법에 따라 국토교통부장관이 마련·고시해야 하는 항공안전프로그램에 포함되는 사항으로 옳지 않은 것은?

① 항공안전에 관한 정책, 달성 목표 및 조직체계
② 항공안전 위험도의 관리
③ 항공안전보증
④ 항공사고 예방계획

50 항공안전법에 따라 국토교통부장관이 항공교통업무증명을 취소하거나 정지할 수 있는 경우에 해당하지 않는 것은 무엇인가?

① 항공교통업무증명을 받은 자가 법령을 위반한 경우
② 항공교통업무 제공 과정에서 안전을 현저히 해친 경우
③ 항공교통업무정지는 1년의 범위에서 정지를 명할 수 있다.
④ 항공교통업무 수행 능력이 현저히 부족하다고 인정되는 경우

교통안전관리론

01 인적 요인(Human Factors)을 연구하는 목적과 가장 가까운 것은?

① 인간의 능력을 기계의 성능에 맞추도록 훈련하는 것
② 인간의 과오를 찾아내어 책임을 묻는 것
③ 인간의 특성과 한계를 이해하고, 인간이 사용하기 쉽고 안전한 시스템을 설계하는 것
④ 모든 작업을 자동화하여 인간을 시스템에서 배제하는 것

02 교통사고 조사항목 선정을 위한 평가 방법에 대한 설명으로 옳은 것은 무엇인가?

① 유사집단 방법은 비슷한 특성을 가진 집단을 비교하여 조사항목을 선정하는 방법이다.
② 델파이 방법은 과거 사고자료를 수학적으로 분석하여 항목을 선정하는 방법이다.
③ 회귀분석은 전문가들의 주관적 판단을 토대로 항목을 선정하는 방법이다.
④ 원단위 방법은 설문조사를 통해 교통사고 항목의 중요도를 산정하는 방법이다.

03 다음 중 위험요소 제거 6단계의 올바른 순서로 나열된 것은 어느 것인가?

① 위험 성격 판단→위험 인식→회피 방법 결정→위험 시급성 판단→회피 조치 실행→결과 확인 및 재평가
② 위험 인식→위험 시급성 판단→위험 성격 판단→회피 조치 실행→회피 방법 결정→결과 확인 및 재평가
③ 위험 인식→위험 성격 판단→위험 시급성 판단→회피 방법 결정→회피 조치 실행→결과 확인 및 재평가
④ 위험 인식→회피 방법 결정→위험 성격 판단→위험 시급성 판단→결과 확인 및 재평가→회피 조치 실행

04 다음 중 시몬즈(Simonds) 방식에 대한 설명으로 가장 올바른 것은 무엇인가?

① 교통사고와 관련된 직접 치료비만을 평가하며 간접비용은 고려하지 않는다.
② 사고와 무관한 비용까지 포함하여 전체 경제적 손실을 산출하는 방법이다.
③ 교통사고 발생 시 발생하는 직접비용과 간접비용을 모두 평가하지만, 사고와 무관한 비용은 제외한다.
④ 차량 수리비나 생산성 손실과 같은 항목은 고려하지 않는다.

05 다음 중 SWOT 분석에 대한 설명으로 가장 올바른 것은 무엇인가?

① 사고의 원인을 인적·기계적·환경적 요소로 나누어 분석하는 기법이다.
② 문제의 원인을 다섯 번 질문하여 근본 원인을 찾는 기법이다.
③ 시스템 고장의 원인을 논리적으로 도식화하여 분석하는 기법이다.
④ 조직이나 프로젝트의 강점·약점·기회·위협을 분석하여 전략을 수립하는 기법이다.

06 다음 중 교통사고의 특성에 대한 설명으로 올바른 것은 어느 것인가?

① 교통사고는 대부분 고의적인 행동에 의해 발생한다.
② 교통사고는 항상 동일한 원인 하나만으로 발생한다.
③ 교통사고는 발생 시점과 장소를 예측하기 어렵고 우연성을 가진다.
④ 교통사고는 모든 조건을 통제하면 언제든지 완벽하게 재현할 수 있다.

07 다음 중 배치성 원리에 대한 설명으로 올바른 것은 무엇인가?

① 사고 예방을 위해 위험 요소를 우선순위나 중요도에 따라 배치하는 원리이다.
② 동일한 위험 수준에는 동일한 안전 조치를 적용하는 원리이다.
③ 위험 정도에 따라 조치를 달리 적용하는 원리이다.
④ 사고 발생 원인을 분석하여 근본 대책을 마련하는 원리이다.

08 다음 중 교통사고 안전관리의 올바른 순서로 나열된 것은 무엇인가?

① 분석→예방→조치→식별→평가→사후관리
② 예방→식별→분석→조치→평가→사후관리
③ 예방→분석→식별→조치→사후관리→평가
④ 식별→예방→분석→평가→조치→사후관리

09 다음 중 운전자의 시야각에 대한 설명으로 가장 적절한 것은 무엇인가?

① 운전자의 시야각은 정면 5° 내외로 매우 좁아, 측면은 거의 볼 수 없다.
② 운전자의 시야각은 정면 중심 시야와 주변 시야를 포함하며, 일반적으로 수평 약 180° 정도로 측정된다.
③ 운전자의 시야각은 차량 속도와 무관하게 항상 일정하다.
④ 운전자의 시야각은 운전 경험과 관계없이 모든 운전자가 동일하게 가진다.

10 다음 중 교통사고분석 시나리오에서 나비넥타이(Tie-Set) 분석에 대한 설명으로 가장 적절한 것은 무엇인가?

① 특정 위험 사건을 중심으로 발생 원인만 분석하는 기법이다.
② 나비넥타이 분석은 위험 사건과 무관한 데이터를 정량적으로 계산하는 기법이다.
③ 사고나 위험 사건의 원인과 결과를 동시에 시각화하여 분석하는 기법
④ 단순히 사고 발생 건수만을 기록하고 비교하는 방법이다.

11 다음 중 교통사고 발생과 관련된 내적 요인에 해당하는 것은 무엇인가?

① 도로 환경과 교통 신호
② 개인의 성격, 지식과 경험, 감정 상태
③ 교육 및 훈련, 상벌 제도
④ 법령 및 규정, 사회적 압력

12 다음 중 현혹효과에 대한 설명으로 가장 적절한 것은 무엇인가?

① 피평가자의 한 가지 장점을 다른 평가 항목과 무관하게 평가하는 오류이다.
② 피평가자의 한 가지 장점 때문에 다른 평가 항목까지 긍정적으로 왜곡되어 평가되는 오류이다.
③ 피평가자의 단점을 과도하게 부각하여 전체 평가에 부정적 영향을 주는 오류이다.
④ 평가자가 기준 없이 무작위로 점수를 부여하는 오류이다.

13 다음 중 델파이(Delphi) 기법에 대한 설명으로 가장 적절한 것은 무엇인가?

① 전문가들의 의견을 반복적으로 수집·종합하여 미래 예측이나 의사결정을 도출하는 기법
② 시간에 따른 데이터 변화를 분석하여 미래값을 예측하는 기법
③ 집단 간 평균값의 차이를 분석하는 통계적 기법
④ 두 변수 간의 관계를 분석하여 상관성을 측정하는 기법

14 다음 중 하인리히의 도미노 이론에서 사고의 직접적인 원인 단계에 해당하는 것은 무엇인가?

① 사회적 환경 및 유전적 요소
② 개인적 결함
③ 불안전한 행동 및 상태
④ 상해

15 다음 중 하인리히의 법칙에 대한 설명으로 가장 적절한 것은 무엇인가?

① 1건의 중대사고가 발생하면 반드시 300건의 사고가 연이어 발생한다는 법칙
② 중대 사고와 경상사고는 서로 무관하며 잠재적 위험과도 관련이 없다는 법칙
③ 1건의 중대사고에는 29건의 경상사고와 300건의 잠재적 위험 상황이 존재한다는 경험적 법칙
④ 산업재해 분야에서만 적용되며, 교통사고에는 적용되지 않는 법칙

16 다음 중 시그니피컨트(Significant/시네틱스형) 기법에 대한 설명으로 가장 적절한 것은 무엇인가?

① 문제 해결을 위해 전문가의 의견을 반복적으로 수집하고 종합하는 기법
② 집단 내 참여자들이 상징적, 비유적, 은유적 사고를 활용하여 창의적 아이디어를 도출하는 기법
③ 사고와 관련된 다양한 요인 중에서 주요 요인을 식별하고 이를 평가
④ 제안된 아이디어를 즉시 평가하고 채택 여부를 결정하는 기법

17 다음 중 바이오닉스(Bionics) 기법에 대한 설명으로 가장 적절한 것은 무엇인가?

① 전문가 의견을 통계적으로 분석하여 합의안을 도출하는 기법
② 수학적 공식과 모델을 기반으로 실험 결과를 예측하는 방법
③ 아이디어를 자유롭게 제시하고 즉시 평가하는 브레인스토밍 기법
④ 자연계의 구조, 원리, 기능 등을 모방하여 기술적 문제를 해결하는 창의적 접근 기법

18 다음 중 정지거리에 대한 설명으로 가장 적절한 것은 무엇인가?

① 차량이 완전히 멈추는 데 걸리는 시간만을 의미하며, 이동 거리는 포함되지 않는다.
② 운전자가 위험을 인지한 순간부터 차량이 완전히 정지할 때까지 이동한 총 거리로, 반응거리와 제동거리를 합한 값이다.
③ 차량이 제동을 시작한 시점부터 멈출 때까지 이동한 거리만을 의미한다.
④ 운전자가 브레이크를 밟기 전까지 이동한 거리만을 의미한다.

19 다음 중 4M 이론에 대한 설명으로 가장 적절한 것은 무엇인가?

① 작업 과정에서 발생하는 문제의 원인을 인간, 기계, 매개체, 경영의 네 가지 요소로 나누어 분석하는 관리 및 안전사고 원인 분석 이론이다.
② 사고는 항상 인간의 실수에 의해서만 발생하며, 기계나 환경 요인은 무시한다.
③ 사고 예방과 안전관리는 주로 외부 환경 요인만 고려하면 충분하다고 보는 이론이다.
④ 경영 요인은 사고와 관련이 없으며, 작업자의 행동만 분석하는 것이 핵심이다.

20 다음 중 알더퍼(Alderfer)의 ERG 이론에 대한 설명으로 가장 적절한 것은 무엇인가?

① 인간의 욕구는 반드시 하위 단계가 충족된 후에만 상위 단계욕구가 동기 부여 역할을 한다.
② ERG 이론에서는 상위 욕구가 좌절되면, 인간은 더 이상 다른 욕구를 추구하지 않는다.
③ ERG 이론은 인간 욕구를 생존, 관계, 성장의 3가지로 분류하며, 상위 욕구가 충족되지 않으면 좌절-회귀가 발생할 수 있다.
④ ERG 이론은 매슬로우 5단계 욕구 이론과 달리 인간의 성장 욕구를 제거하고 안전 욕구만 강조한다.

21 다음 중 쿤츠(Kunzt)의 조직행동론에 대한 설명으로 가장 적절한 것은 무엇인가?

① 조직 내 인간 행동을 이해하기 위해 오직 개인 수준만을 분석한다.
② 조직 구조와 규정만 연구하며 인간 행동은 제외한다.
③ 조직 내 인간 행동을 이해하기 위해 개인, 집단, 조직 수준을 종합적으로 고려한다.
④ 외부 환경 요인만 분석하여 조직 행동을 설명한다.

22 다음 중 맥그리거(McGregor)의 Y이론에 대한 설명으로 가장 적절한 것은 무엇인가?

① 직원들은 본질적으로 일하기를 싫어하고 책임을 회피하려 하므로 엄격한 통제와 감독이 필요하다고 보는 이론이다.
② 직원들은 자율적으로 일할 수 있으며, 내적 동기에 의해 스스로 목표를 추구할 수 있다고 보는 이론이다.
③ 직원들의 행동은 오직 외적 보상과 처벌에 의해 결정된다고 보는 이론이다.
④ 모든 직원은 외부 환경과 무관하게 동일한 성과를 낸다고 가정하는 이론이다.

23 교통사고 등 각종 안전사고를 예방하고 현장 작업 시 안전관리 대책을 공유하기 위해 수행되는 현장안전회의 단계로 맞는 것은?

① 점검정비→도입→운행지시→위험예지→확인
② 도입→점검정비→운행지시→위험예지→확인
③ 위험예지→도입→운행지시→점검정비→확인
④ 도입→위험예지→운행지시→점검정비→확인

24 다음 중 인적평가 시 발생할 수 있는 평가 오류에 해당하지 않는 것은 무엇인가?

① 현혹효과(Halo Effect): 피평가자의 한 가지 두드러진 특성이 전체 평가에 과도하게 영향을 미치는 현상
② 상관편견(Relinquish Bias): 서로 관련 없는 특성이 상호 연관되어 있다고 오판하는 현상
③ 투사(Projection): 평가자가 자신의 가치관이나 성향을 피평가자에게 그대로 적용하는 오류
④ 기술적 오류(Technical Error): 평가자가 평가 기준을 정확히 적용하고 모든 정보를 고려하여 발생하는 오류

25 다음 중 야간시력에 대한 설명으로 가장 적절한 것은 무엇인가?

① 야간시력은 주로 원추세포(cones)에 의해 발휘되며 색상 구별이 뛰어나다.
② 야간시력은 간상세포(rods)에 의해 어두운 환경에서 명암과 움직임을 감지한다.
③ 야간시력은 밝은 낮 환경에서만 발휘되며, 어두운 환경에서는 효과가 없다.
④ 야간시력은 운전자의 경험과 상관없이 모든 사람이 동일한 수준으로 발휘된다.

항공기체

01 다음 중 비금속 재료 중에서 가장 단단한 것으로 옳은 것은?

① 아라미드 섬유
② 유리 섬유
③ 탄소 섬유 강화 복합재(CFRP)
④ 나일론

02 항공기 유압 계통에서 사용되는 Accumulator(어큐뮬레이터)의 주된 역할은 무엇인가?

① 유압 작동유를 여과하여 이물질을 제거한다.
② 유압 계통의 온도를 일정하게 유지한다.
③ 유압 작동 시 충격을 흡수하고 압력을 저장하여 일정한 압력을 유지한다.
④ 유압 작동 시 밸브를 개폐하여 흐름을 조절한다.

03 다음 중 알루미늄보다 강하고 강철보다 가벼우며, 항공기 착륙장치나 엔진 부품 등 구조적 강도가 요구되는 부위에 사용되는 합금강은 무엇인가?

① 크롬-몰리브덴강 또는 니켈강
② 알크래드 알루미늄
③ 청동
④ 마그네슘 합금

04 항공기 동체에서 세로 방향의 굽힘하중을 주로 지지하며 프레임과 함께 동체의 골격을 구성하는 부재는?

① 스킨
② 리브
③ 스트링거
④ 롱거론

05 항공기 동체 구조 중 외피와 내부 구조재가 함께 하중을 지지하며, 롱거론과 프레임이 포함된 구조 형식은?

① 트러스 구조
② 풀 모노코크 구조
③ 세미 모노코크 구조
④ 모듈형 구조

06 항공기 중량 측정 시, 잭이나 블록 등의 무게처럼 실제 항공기 무게에서 차감해야 하는 항목을 무엇이라 하는가?

① Empty Weight
② Useful Load
③ Zero Fuel Weight
④ Tare Weight

07 항공기 구조용으로 널리 사용되는 알루미늄 합금 AA 2024의 주요 합금 원소는 무엇인가?

① 망간(Mn)
② 마그네슘(Mg)
③ 구리(Cu)
④ 아연(Zn)

08 항공기용 리벳의 윗면을 보고 알 수 있는 정보로 가장 적절한 것은?

① 리벳의 직경
② 리벳 설치 깊이
③ 리벳의 재질과 강도
④ 리벳의 전기전도율

09 항공기 중량 분류 중 연료의 무게가 포함되는 항목은 무엇인가?

① Empty Weight
② Useful Load
③ Zero Fuel Weight
④ Basic Empty Weight

10 항공기 동체의 중심선을 기준으로 좌우로 평행한 수평 거리의 좌표 기준선은 무엇인가?

① Fuselage Station
② Buttock Line
③ Water Line
④ Wing Station

11 항공기 구조 부재에 굽힘하중이 작용할 때 발생하는 응력 상태로 가장 옳은 것은?

① 단면 전체에 인장응력만 작용한다.
② 단면 전체에 압축응력만 작용한다.
③ 단면의 한쪽은 인장, 다른 한쪽은 압축 응력이 작용한다.
④ 굽힘하중은 응력을 발생시키지 않는다.

12 다음 중 1차 비행 조종면에 해당하지 않는 것은?

① Elevator
② Aileron
③ Rudder
④ 수직꼬리날개

13 항공기에서 화재가 기체 내 다른 구역으로 확산되는 것을 막기 위해 설치하는 내화성 구조물은?

① 방화벽(Firewall)
② 격벽(Bulkhead)
③ 스티프너(Stiffener)
④ 리벳(Rivet)

14 케이블 조종계통의 특징으로 옳지 않은 것은?

① 방향 전환이 자유롭지 못하다.
② 가격이 저렴하다.
③ 경량이다.
④ 느슨하지 않도록 장력을 유지한다.

15 다음 중 SAE(Society of Automotive Engineers) 강재 번호 중 탄소 함유량이 가장 많은 것은?

① SAE 1020
② SAE 1035
③ SAE 1045
④ SAE 1010

16 다음 중 비철금속에 해당하지 않는 것은?

① 구리
② 철
③ 니켈
④ 알루미늄

17 알크래드 알루미늄은 부식 방지를 위해 합금 알루미늄 표면에 부착된 무엇인가?

① 순수 알루미늄층(약 99.9%)
② 아연 도금층
③ 산화피막층
④ 니켈 도금층

18 다음 중 복합재료의 장점이 아닌 것은?

① 경량성으로 연료 효율을 높일 수 있다.
② 높은 내식성과 내피로성을 가진다.
③ 제작과 수리가 복잡하고 비용이 많이 든다.
④ 설계 자유도가 높아 복잡한 형상이 가능하다.

19 다음 중 PULL형 고정볼트의 특징으로 가장 옳은 것은?

① 설치 시 양쪽 면에 접근하여 체결해야 한다.
② 설치 후 반복해서 분해하고 재사용할 수 있다.
③ 한쪽 면에서만 설치가 가능하며, 전용 리베터 공구로 스템을 당겨 체결한다.
④ 머리 부분이 돌출되어 공기저항이 크다.

20 타이어의 공기압을 완전히 배출하기 위해 조작하는 부품은?

① 밸런스 탭   ② 밸브 코어
③ 휠 밸브   ④ 타이어 레버

21 볼트 머리 양옆에 "- -" 표시가 있는 볼트는 무엇을 의미하는가?

① 스테인리스강 볼트
② 알루미늄 합금 볼트
③ 탄소강 볼트
④ 티타늄 합금 볼트

22 항공기 동체에서 중심선을 기준으로 길이 방향으로 측정한 위치를 나타내는 기준은?

① 동체 스테이션(Body Station)
② 버턱 라인(Buttock Line)
③ 프레임 스테이션(Frame Station)
④ 스킨 패널(Skin Panel)

23 MAC 앞전 코드가 900inch, CG가 945inch, MAC 길이가 180inch일 때 CG의 위치는 MAC의 몇 %인가?

① 20%   ② 25%
③ 30%   ④ 35%

24 항공기의 수직축 방향 안정성과 요잉 운동을 주로 담당하는 부위는?

① 수평꼬리날개
② 수직꼬리날개
③ 날개 윙렛
④ 동체 중앙선

25 토크렌치에 관한 설명으로 옳지 않은 것은?

① 소켓렌치로 약간 조이고 난 후 토크렌치를 사용한다.
② 같은 부위에 여러 번 사용해도 항상 정확한 토크가 유지된다.
③ 토크렌치는 정기적으로 오차 점검과 보정을 받아야 한다.
④ 토크렌치는 올바른 토크를 위해 적절한 사용법이 필요하다.

항공교통관제

01 항공교통관제(ATC) 업무의 주목적에 대한 설명으로 틀린 것은?

① 항공기 간의 충돌을 방지한다.
② 기동지역 내의 항공기와 장애물 간의 충돌을 방지한다.
③ 항공교통 흐름의 질서유지 및 촉진을 수행한다.
④ 신속한 사고 보고 및 수색구조 지원을 제공한다.

02 전방향표지시설(VOR) 항공로 비행 시 항공기 주파수 변경 지점에 대한 설명으로 옳은 것은?

① VOR 항공로 비행 시 항공기는 주파수 변경 지점에서 전방의 항행안전시설 주파수로 즉시 변경하여야 한다.
② VOR 항공로 비행 시 항공기는 주파수 변경 지점이 설정되어 있는 경우, 그 변경 지점 또는 가능한 한 가까운 지점에서 항공기 후방의 항행안전시설로부터 전방의 항행안전시설로 주파수를 변경하여야 한다.
③ VOR 항공로 비행 시 항공기는 주파수 변경 지점과 관계없이 임의 지점에서 주파수를 변경할 수 있다.
④ VOR 항공로 비행 시 항공기는 주파수 변경 지점에서 반드시 전방 항행안전시설 주파수로 변경하기 전에 관제사의 허가를 받아야 한다.

03 관제탑 레이더 전시기를 사용하여 공항표면 구역(Surface Area) 내에서 운항하는 항공기에 대한 정보를 제공하고 지시를 발부할 수 있는 것은 어느 관제사의 책임인가?

① 지역관제사
② 접근관제사
③ 국지관제사
④ 비행정보관제사

04 시계접근에 대한 설명으로 옳은 것은?

① 시계접근은 계기접근절차의 한 종류이므로 실패접근 구간이 명확히 정의되어 있다.
② 시계접근을 위한 레이더 유도는 목적공항의 시정이 1마일 이상일 때 시작할 수 있다.
③ 시계접근은 계기비행계획서를 제출한 항공기가 착륙 공항까지 육안으로 확인하며 비행할 수 있도록 하는 항공교통관제 허가이다.
④ 시계접근은 활주로 육안 확인을 보고한 경우에만 관제사 제안에 의해서만 허가될 수 있다.

05 관제사가 항공기 조종사에게 트랜스폰더의 자동 고도 보고(Mode C) 기능만을 중단하도록 지시할 때 사용하는 표준 관제 용어는?

① SQUAWK STANDBY
② STOP SQUAWK
③ STOP ALTITUDE SQUAWK
④ SQUAWK IDENT

06 비행계획에 포함되어야 하는 사항으로 틀린 것은?

① 항공기 식별부호
② 순항 속도 및 순항고도
③ 출발 비행장 및 출발 예정 시간
④ 출발 및 도착 비행장 ATS 시설명

07 항공기 운항의 안전 및 질서유지를 위한 항공교통업무 운영 우선순위가 바르게 나열된 것은?

① 조난항공기→대통령탑승기→환자수송항공기→비행점검기→계기비행항공기→특별시계비행항공기
② 조난항공기→환자수송항공기→대통령탑승기→비행점검기→계기비행항공기→특별시계비행항공기
③ 환자수송항공기→조난항공기→대통령탑승기→비행점검기→계기비행항공기→특별시계비행항공기
④ 조난항공기→환자수송항공기→비행점검기→대통령탑승기→특별시계비행항공기→계기비행항공기

08 조종사에게 무선통신 이양 시 사용할 주파수 통보를 생략할 수 있는 경우로 적절한 것은?

① 사전에 발부된 Departure 주파수
② 항공교통관제사가 조종사가 주파수를 알고 있다고 판단되는 경우의 Ground Control 주파수가 120MHz 대역일 때
③ SID에 등재된 Departure 주파수가 아닌 경우
④ 조종사가 주파수를 요청하는 경우

09 항공기가 착륙 허가를 받고도 착륙 예정 시간으로부터 5분 이내에 착륙하지 않고 통신이 두절되었다면, 경보업무에서 취급하는 비상 단계는?

① 불확실단계(Uncertainty Phase)
② 경보단계(Alert Phase)
③ 조난단계(Distress Phase)
④ 비상단계(Emergency Phase)

10 표준 편대비행 항공기와 다른 항공기 간의 레이더 분리 최저치는?

① 해당 레이더 분리 최저치+1마일
② 해당 레이더 분리 최저치+2마일
③ 해당 레이더 분리 최저치+3마일
④ 해당 레이더 분리 최저치+4마일

11 정밀접근절차(Precision Approach Procedure)에서 활공각(Glide Slope)을 따라 강하하다가 착륙 여부를 결정해야 하는 고도를 무엇이라고 하는가?

① 최저강하고도(MDA)
② 결심고도(DH)
③ 최저안전고도(MSA)
④ 예상고도(Expected Altitude)

12 항공교통관제업무에서 인터폰 송신의 우선순위가 가장 높은 것은?

① 항공기 이동 및 관제전문
② 허가 및 관제지시
③ 비상전문
④ 시계비행 항공기 이동전문

13 관제사가 기상상태가 해당 계기접근절차의 착륙기상최저치 미만일 경우에도 조종사가 결심고도(DH)보다 낮은 고도로 착륙을 시도할 수 있도록 허용하는 요건에 해당하지 않는 것은?

① 정상적인 강하율에 따라 착륙하기 위한 강하를 할 수 있는 위치를 확보한 경우
② 비행시정이 해당 계기접근절차에 규정된 시정 이상인 경우
③ 활주로시단(threshold) 시각참조물을 식별한 경우
④ 관제탑으로부터 최종 착륙 허가를 받은 경우

14 항공교통관제(ATC)에서 인터폰 통화 중 우선권이 낮은 전문을 중단하고 비상 전문을 송신할 때 사용하는 용어는?

① IMMEDIATELY
② EXPEDITE
③ EMERGENCY
④ AFFIRM

15 음성-공항정보자동방송(Voice-ATIS)에 대한 설명 중 틀린 것은?

① 음성-ATIS 방송용으로 계기착륙시설(ILS)의 음성 채널을 사용해서는 아니된다.
② 음성-ATIS 방송은 계속적이고 반복적으로 제공되어야 한다.
③ 음성-ATIS 방송 메시지는 가능한 한 30초를 초과하지 않아야 한다.
④ 둘 이상의 언어로 음성-ATIS 방송을 할 경우, 언어별로 반드시 서로 다른 채널을 사용하여야 한다.

16 비레이더 절차 운용 시, 한 항공기가 다른 항공기의 고도를 통과하여 상승 또는 강하할 때, 고도 변경이 시작될 당시 두 항공기 간의 수직 간격이 4,000피트 이내인 경우의 종적 분리 최소치는?

① 3분   ② 5분
③ 10분   ④ 20분

17 관제시기 항공기에게 레이더 감시를 통해 속도 조절(Speed Adjustments)을 지시해서는 안 되는 상황은?

① Class B 공역 아래에서 비행하는 항공기
② FAF 또는 활주로부터 5마일 되는 지점 중 활주로부터 가까운 지점에 있는 항공기
③ Terminal Area 내에서 10,000피트로 접근 중인 항공기
④ FL280에서 10,000피트 사이의 고도로 비행하는 항공기

18 항공기가 비행 중 공중충돌경고장치(TCAS)의 회피조언(RA)에 따르고 있음을 조종사가 관제사에게 통보하였을 때, 관제사가 취해야 할 적절한 조치는?

① RA 경고 대응 절차와 관계없이 관제 지시를 발부한다.
② RA 경고를 따르는 항공기에게 지형지물 또는 장애물에 관한 안전 경보 및 교통정보 조언을 발부한다.
③ RA 기동 완료 후 조종사 통보 없이 즉시 표준 관제 업무를 재개한다.
④ 항공기와 다른 항공기 또는 장애물 간의 표준 분리에 대한 책임을 계속 유지한다.

19 관제권(Control Zone)의 수평 범위는 비행장 중심으로부터 접근이 실시되는 방향으로 최소한 몇 해리(NM)까지 연장되어야 하는가?

① 3NM ② 5NM
③ 7NM ④ 10NM

20 항공교통업무시설에서 조종사 요구 시 정확한 시간을 제공할 때, 시간 점검은 가까운 몇 초를 기준으로 분 단위로 하여야 하는가?

① 10초 ② 15초
③ 30초 ④ 45초

21 항공기 준사고의 범위에 해당하지 않는 것은?

① 비행 중 운항승무원의 조종 능력 상실
② 조종사가 비상선언(Emergency Call)을 하여야 하는 연료의 부족 발생
③ 비행 유도 및 항행에 필수적인 예비 시스템 중 2개 이상의 시스템 고장
④ 다른 항공기 또는 물체와 500피트 이상의 거리에서 발생한 공중충돌경고장치의 작동

22 계기비행(IFR) 계획서를 제출한 항공기가 시계비행 기상 최소치를 유지하며 육안으로 다른 항공기를 회피할 책임을 가지는 비행 방식은?

① 표준계기출발절차(SID)
② 운상시계비행(VFR-On-Top)
③ 표준계기도착절차(STAR)
④ 시각접근절차(Visual Approach)

23 항공관제시설이 아닌 타 시설(예: 군 기지 운항실, 비행정보실)을 통해 항공기에게 비행 허가(Clearance)가 중계될 때, 그 용어의 혼동을 피하고 명확성을 확보하기 위해 서두에 사용하는 접두어는?

① ATC ADVISES
② ATC CLEARS
③ ATC REQUESTS
④ ATC APPROVED

24 표준계기출발절차(Standard Instrument Departure, SID)의 주요 목적에 대한 설명으로 틀린 것은?

① 관제사와 조종사의 업무량을 감소시킨다.
② 공역의 사용 효율성을 증대시킨다.
③ 주파수 혼잡을 감소시킨다.
④ 최단 거리 비행 제공을 통해 경제성을 극대화한다.

25 긴급항공기를 운항한 자는 운항이 끝난 후 몇 시간 이내에 긴급항공기 운항 결과보고서를 관할 지방항공청장에게 제출해야 하는가?

① 6시간 ② 12시간
③ 18시간 ④ 24시간

항행안전시설

01 항공고정통신망(AFTN)에서 항공행정전문 (KK)에 해당하지 않는 내용은?

① 항공기 운항의 안전성 또는 정시성을 위하여 제공되는 항공통신시설의 운영 또는 유지보수에 관련된 전문
② 항공통신서비스의 기능에 관련된 전문
③ 항공서비스에 관련된 민간항공 기관들 사이에 교환되는 전문
④ 항공기의 지상조업에 관련된 전문

02 초단파(VHF) 통신 권역을 벗어난 대양이나 오지 등에서 지상국과 항공기 간 장거리 음성 통신을 위해 사용되는 통신시설에 대한 설명으로 옳은 것은?

① VHF 통신시설은 전리층 반사 특성을 이용하여 지구 곡면을 따라 원거리까지 도달한다.
② HF 통신시설은 태양 흑점 활동 등 자연현상에 영향을 받지 않아 신뢰성이 항상 일정하다.
③ HF 통신시설은 수천 킬로미터까지 장거리 통신이 가능하며, 대양 및 북극항로지역에서 주로 사용된다.
④ LF 통신시설은 지상의 운영자와 항공기 조종사에게 장거리 이동통신 기능을 제공하지만 잡음에 매우 취약하다.

03 활주로 정지위치 표지의 색상으로 옳은 것은?

① 백색   ② 황색
③ 적색   ④ 청색

04 항공고정통신망(AFTN)에서 '일괄배포 주소 (Collective Address)'의 역할에 대한 설명으로 옳은 것은?

① 특정 항공기에게만 비행 정보를 단독으로 전송하기 위한 주소이다.
② 사전에 지정된 다수의 수신처에 특정 정보를 한 번에 전송하기 위한 주소이다.
③ 비행 중인 항공기와 지상국 간의 실시간 음성 통신을 위한 주소이다.
④ 항공기 운항 안전 관련 긴급 전문에만 사용되는 최고 우선순위 주소이다.

05 항공기 등불의 운용에 대한 설명으로 옳은 것은?

① 비행장의 이동지역에서 엔진이 작동 중인 항공기는 항행등을 켜야 한다.
② 조종사는 다른 항공기나 지상 근무자에게 피해를 줄 경우 충돌방지등의 점멸을 영구적으로 중단해야 한다.
③ 조명시설이 없는 공항에 정류 중인 항공기는 위치를 나타내기 위해 충돌방지등을 켜야 한다.
④ 비행장의 이동지역에서 엔진이 작동 중인 항공기는 충돌방지등을 켜야 한다.

06 공항의 항공등화 중 기능적 분류가 다른 하나는?

① 활주로시단식별등
② 진입각지시등
③ 활주로등
④ 유도로중심선등

07 중광도 항공장애등의 형태와 색상 연결이 옳은 것은?

① A형: 백색 섬광등
② B형: 적색 고정등
③ C형: 적색 섬광등
④ D형: 흰색 고정등

08 활주로 강도에 대한 설명으로 옳지 않은 것은?

① 활주로 포장은 해당 비행장을 이용하는 항공기 하중에 의해 손상되지 않을 정도의 품질과 두께를 지녀야 한다.
② 활주로 포장은 항공기 이동에 따른 표면 박리현상에 손상을 입지 않도록 안정적이어야 한다.
③ 활주로 강도는 PCN(Pavement Classification Number)으로 표시되며, 항공정보간행물에 공시된다.
④ 활주로 포장의 강도는 연간 총 이착륙 횟수만을 기준으로 결정된다.

09 활주로시단식별등의 의무적 설치가 필요한 경우는?

① ILS CAT-II 등급의 정밀접근활주로인 경우
② 활주로 시단이 영구적으로 이설된 경우
③ 비정밀접근활주로에 진입등시스템이 없는 경우
④ 활주로 시단이 임시적으로 이설된 경우

10 헬기장 등화에 대한 설명으로 옳은 것은?

① 헬기장 진입등시스템의 등화 색상은 청색이다.
② 헬기장 목표지점등의 등화 색상은 녹색이다.
③ 최종접근 및 이륙구역등(FATO Lights)의 등화 색상은 백색이다.
④ 헬기장 등대는 단거리 시각 안내가 필요할 때 지상에 설치한다.

11 고속탈출 유도로에 대한 설명으로 옳은 것은?

① 고속탈출 유도로는 착륙 항공기가 활주로를 저속으로 빠져나가도록 설계된다.
② 고속탈출 유도로의 설치는 활주로 용량 증대와 원활한 비행장 운영을 위해 적용될 수 있다.
③ 고속탈출 유도로는 항공기 이착륙이 적은 활주로에 주로 적용된다.
④ 고속탈출 유도로는 교량 위에 설치될 수 있다.

12 공항지상감시레이더(ASDE)가 공항 관제탑 옥상에 설치되는 가장 이상적인 이유로 옳은 것은?

① 기상 현상 감시 및 예측에 유리하기 때문이다.
② 활주로 표면 상태를 실시간으로 확인하기 위함이다.
③ 공항 이동지역 내 항공기와 차량 등을 감시하기 위함이다.
④ 비행장 외곽 지역의 불법 침입자를 탐지하기 위해서이다.

13 활주로의 횡단경사도에 대한 기준으로 옳은 것은?

① 활주로의 횡단경사도는 활주로 중심선 양측에 대하여 좌우 비대칭으로 하여야 한다.
② 활주로의 횡단경사도는 활주로 또는 유도로의 교차 부분을 제외하고 1% 이하의 값을 가져서는 안 된다.
③ 분류문자 C 또는 D 활주로의 최대 횡단경사도는 2%이다.
④ 충분한 배수를 위해 활주로 전체에 대한 횡단경사도는 항상 달라야 한다.

14 정밀접근활주로 운영을 위하여 활공각제공시설(GP)이 설치되는 비행장에서, GP 안테나 전방으로 전파보호 임계지역(Critical Area)에 해당하는 부분의 횡단경사도 기준으로 옳은 것은?

① 가능한 한 하향 5%를 초과하지 않도록 하며, 어떠한 경우에도 10%를 초과하지 않아야 한다.
② 가능한 한 하향 2.5%를 초과하지 않도록 하며, 어떠한 경우에도 5%를 초과하지 않아야 한다.
③ 가능한 한 하향 1.5%를 초과하지 않도록 하며, 어떠한 경우에도 2.5%를 초과하지 않아야 한다.
④ 가능한 한 하향 1%를 초과하지 않도록 하며, 어떠한 경우에도 1.5%를 초과하지 않아야 한다.

15 항공기 주기장 유도로를 포함하는 계류장 경사도에 대한 설명으로 옳은 것은?

① 항공기 주기장 지역의 경사도는 1.5%를 초과할 수 없다.
② 계류장 경사도는 항공기 기동성 요건을 충족하기 위해 항상 0%로 유지되어야 한다.
③ 급유구, 결박시설 등 필수시설은 시설 특성상 불가피한 경우 항공기 주기장 지역의 경사도 기준을 초과할 수 있다.
④ 배수를 원활히 하기 위해 계류장 경사도는 어떠한 경우에도 수평으로 설치되어서는 안 된다.

16 유도로와 활주로 교차 부분에 설치되는 활주로 정지위치 표지에 대한 설명으로 옳지 않은 것은?

① 이 표지는 유도로를 따라 항공기가 정지·대기해야 하는 지점을 표시하기 위해 설치한다.
② 활주로 정지위치는 활주로 중심선표지 중심으로부터 직각 방향으로 유도로 중심선까지 최소 이격거리를 준수하여야 한다.
③ 이 표지의 색상은 황색이며, 밝은색 포장 면에서는 흑색 윤곽선을 그리지 않아도 된다.
④ 유도로와 비계기·비정밀접근 또는 이륙활주로 간 교차부에서의 활주로 정지위치 표지는 특정 형태로 설치되어야 한다.

17 헬기장에 설치하는 접지 및 위치지정 표지에 대한 설명으로 옳은 것은?

① 접지 및 위치지정 표지는 선의 폭이 최소 0.3미터인 백색 원으로 설치하여야 한다.
② 해상구조물 헬기장의 경우 접지 및 위치지정 표지의 선의 최소 폭은 0.5미터 이상이어야 한다.
③ 접지 및 위치지정 표지의 내부 직경은 최대 회전익항공기 직경의 4분의 1이어야 한다.
④ 접지 및 위치지정 표지는 선의 폭이 최소 0.5미터인 황색 원으로 설치하여야 한다.

18 헬기장 명칭표지의 높이 기준으로 옳은 것은?

① 육상헬기장의 경우 1.2미터 이상, 옥상헬기장의 경우 3미터 이상
② 육상헬기장의 경우 3미터 이상, 옥상헬기장의 경우 1.2미터 이상
③ 선상헬기장의 경우 3미터 이상, 해상구조물헬기장의 경우 1.2미터 이상
④ 모든 헬기장의 경우 일률적으로 2미터 이상

19 헬기장의 설계 하중 산정에 대한 설명으로 옳지 않은 것은?

① 정적하중은 회전익항공기의 최대이륙중량과 동일하게 적용한다.
② 정적하중은 바퀴나 스키드 타입의 전체 접촉면적을 통해 전달되는 하중을 고려한다.
③ 동적하중은 착륙 중에 발생하는 하중을 말하며, 설계 시 이륙중량의 150퍼센트로 가정한다.
④ 특별한 하중자료가 없는 경우, 바퀴타입 회전익항공기의 동적하중은 항공기 하중에 100퍼센트를 적용한다.

20 활주로의 수 및 방향을 결정할 때 고려해야 할 주요 요소로 옳지 않은 것은?

① 비행장에서 운영할 항공교통의 형태 및 교통량
② 비행장 이용률이 95% 이상이 되도록 측풍을 고려한 비행장 이용률
③ 비행장 주변의 야생동물 서식지 보호 및 소음 민감지역에 미치는 영향은 활주로 배치 결정에 고려되지 않는다.
④ 비행장 주변의 공역 이용 현황 및 다른 비행장과의 근접성

21 활주로의 정지로 및 개방구역에 대한 설명으로 옳은 것은?

① 활주로에 개방구역이 갖추어지면 착륙가용거리(LDA)에 개방구역의 길이가 포함된다.
② 정지로는 착륙용으로도 사용 가능하며, 이륙 중 비상 상황에서만 사용되는 것은 아니다.
③ 시단이 이설된 활주로에서는 이설된 거리만큼 이륙가용거리(TODA)가 감소한다.
④ 정지로는 이륙 중 예외적인 상황에서 항공기가 활주로를 벗어나지 않고 정지할 수 있도록 설치된 구역이다.

22 고속탈출 유도로 설치에 대한 설명으로 옳지 않은 것은?

① 활주로 점유시간을 최소화하여 활주로 용량 증대와 비행장 운영의 원활화를 목적으로 한다.
② 운항 항공기의 종류, 접근속도, 항공기 접지속도 등을 고려하여 위치 및 수량을 결정한다.
③ 고속탈출 유도로는 활주로에서 예각으로 연결된 유도로이다.
④ 고속탈출 유도로는 항공기 이동을 위한 교량에 설치될 수 있다.

23 공항 이동지역 내 에어사이드 조업도로망 설계에 대한 설명으로 옳지 않은 것은?

① 에어사이드 조업도로는 활주로 및 유도로를 횡단하지 않도록 설계하는 데 모든 노력을 기울여야 한다.
② 교통량이 많은 비행장에서는 주요 교차로에서 활주로 및 유도로 밑으로 터널을 만드는 것을 고려하여야 한다.
③ 비행장 도로망 설계 시 구조 및 소방차량의 비상 접근도로 설치 필요성을 검토할 필요는 없다.
④ 항행지원시설에 대한 조업도로는 동 안전시설의 기능을 최소한으로 간섭하도록 설계되어야 한다.

24 육상비행장 설치허가를 신청할 때 제출하여야 하는 서류 중 실측도에 관한 설명으로 옳지 않은 것은?

① 평면도는 축척 5천분의 1 이상으로서 비행장 부지 및 경계선을 명시해야 한다.
② 착륙대 종단면도는 가로축척 5천분의 1 이상, 세로축척 500분의 1 이상으로 작성해야 한다.
③ 착륙대 횡단면도는 활주로 양단 및 중앙의 5개소에서의 착륙대 횡단면도를 포함해야 한다.
④ 착륙대 종단면도에는 측점 간 거리(100미터) 및 측점마다의 중심선 지면, 시공기면, 성토 및 절토의 깊이를 명시해야 한다.

25 정밀접근활주로의 접지구역표지(Touch-down Zone Marking)에 대한 설명으로 옳지 않은 것은?

① 활주로 시단으로부터 150미터 간격으로 한 쌍씩 설치한다.
② 활주로 중심선에 대하여 대칭으로 설치한다.
③ 표지의 개수는 활주로의 공시착륙거리(LDA)에 따라 결정된다.
④ 모든 정밀접근활주로에 동일하게 6쌍의 표지를 설치한다.

항공기상

01 다음 중 국지풍에 대한 설명으로 옳지 않은 것은?

① 육풍은 야간에 육지가 해양보다 더 빨리 냉각되면서 발생한다.
② 해풍은 일반적으로 오후에 해양에서 육지 방향으로 바람이 분다.
③ 산풍은 낮 동안 태양열로 데워진 산에서 계곡으로 부는 바람이다.
④ 계곡풍은 주로 낮에 계곡에서 산 정상 방향으로 바람이 흐른다.

02 다음 중 구름의 종류와 국제 기호(약어)의 연결이 옳지 않은 것은?

① Cb-적란운(Cumulonimbus)
② Cs-권층운(Cirrostratus)
③ Cu-층운(Stratus)
④ Ns-난층운(Nimbostratus)

03 다음 중 난류(Turbulence)에 대한 설명으로 옳지 않은 것은?

① 난류는 공기 중에서 발생하는 불규칙하고 소용돌이치는 운동이다.
② 난류는 항공기 운항 시 승객 불편을 유발하지만, 항공기 구조에 영향을 미치지는 않는다.
③ 난류는 기압 차, 지형, 구름, 제트기류 등 다양한 요인에 의해 발생할 수 있다.
④ 난류는 상승·하강 기류나 방향 변화가 포함된 공기 흐름으로, 예측이 어려울 수 있다.

04 다음 중 증발에 의해 형성된 안개로 올바르게 분류된 것은?

① 이류안개, 복사안개
② 증기안개, 전선안개
③ 활승안개, 복사안개
④ 산악안개, 해안안개

05 다음 중 우박(Hail)에 대한 설명으로 옳은 것은?

① 우박은 대기 중 얼음 결정이 작은 눈송이 형태로 떨어지는 현상이다.
② 우박은 항공기에 영향을 미치지 않는 가벼운 기상 현상이다.
③ 우박은 주로 온난전선에서 발생하며, 미세한 얼음 알갱이가 서서히 커지는 현상이다.
④ 우박은 강한 상승기류를 가진 적란운 내에서 얼음 알갱이가 여러 번 상승과 하강을 반복하며 성장하여 형성된다.

06 다음 중 항공기 착빙(Icing)에 대한 설명으로 옳지 않은 것은?

① 착빙은 비행 중 구름 속의 과냉각 수분 입자가 항공기 표면에 얼어붙는 현상이다.
② 착빙은 항공기 무게 증가와 항력 증가로 인해 비행 성능에 악영향을 준다.
③ 착빙은 온도가 영하 40도 이하일 때 가장 흔히 발생한다.
④ 착빙은 적절한 제빙 장치 작동으로 예방 및 제거가 가능하다.

07 다음 중 오호츠크해 기단에 대한 설명으로 옳은 것은?

① 오호츠크해 기단은 차갑고 습한 공기로, 우리나라의 장마전선 형성에 영향을 준다.
② 오호츠크해 기단은 따뜻하고 건조한 공기로 여름철에 형성된다.
③ 오호츠크해 기단은 주로 남서쪽에서 불어오는 대륙성 기단이다.
④ 오호츠크해 기단은 고기압과 관련 없이 저기압성 기단으로만 분류된다.

08 항공기상 관측 및 통보에서 사용되는 부호 "VA"는 다음 중 무엇을 의미하는가?

① 활주로 결빙 상태
② 화산재 구름(Volcanic Ash Cloud)
③ 안개(Fog)
④ 강한 난류(Severe Turbulence)

09 다음 중 윈드시어(Wind Shear)에 대한 설명으로 옳은 것은?

① 윈드시어는 대기의 온도 변화가 급격한 구역을 의미한다.
② 윈드시어는 바람의 방향이나 속도가 짧은 거리 내에서 급격하게 변하는 현상이다.
③ 윈드시어는 항공기에 큰 영향을 주지 않는 미세한 바람 변화이다.
④ 윈드시어는 주로 고고도에서만 발생하며 지표면 근처에서는 발생하지 않는다.

10 다음 중 황사에 대한 설명으로 옳지 않은 것은?

① 황사는 주로 중국 내몽골과 고비사막 등에서 발생한 미세한 흙먼지가 바람에 의해 운반되는 현상이다.
② 황사는 대기 중 미세한 입자로 인해 가시거리를 감소시키고, 항공기 엔진과 장비에 손상을 줄 수 있다.
③ 황사는 주로 여름철에 발생하며, 기온이 높은 대기에서 더 잘 형성된다.
④ 황사는 항공기 운항에 영향을 줄 수 있으므로, 기상 예보와 주의가 필요하다.

11 다음 중 상대습도(Relative Humidity)에 대한 설명으로 옳은 것은?

① 상대습도는 공기 중 실제 수증기량을 기준으로 계산된 값이다.
② 상대습도가 높을수록 공기는 더 많은 수증기를 포함할 수 있다.
③ 상대습도는 온도가 변해도 항상 일정한 값을 유지한다.
④ 상대습도는 공기 중 수증기량이 포화 수증기량과 비교한 백분율로 나타낸 값이다.

12 다음 중 항공기상 보고(METAR)에서 구름의 높이를 표현할 때 사용되는 단위는 무엇인가?

① 피트(feet) AGL 단위로 100단위씩
② 미터(meters) AMSL 기준으로
③ 해발고도 기준의 해수면 기압(hPa)
④ 나트(nautical mile) 단위로 표현

13 다음 중 지구 대기권의 구분과 그 특징에 대한 설명으로 옳지 않은 것은?

① 대류권은 날씨 현상이 발생하는 층으로, 고도가 높아질수록 기온이 낮아진다.
② 성층권에서는 오존층이 존재하며, 고도가 높아질수록 기온이 상승한다.
③ 중간권에서는 유성이 연소되며, 고도가 높아질수록 기온이 상승한다.
④ 열권은 고온이지만 입자 밀도가 매우 낮아 열을 실제로 느끼기 어렵다.

14 다음 중 해면상 표준기압에 대한 설명으로 틀린 것은?

① 해면상 표준기압은 29.92inHg로 정의된다.
② 해면상 표준기압은 1013.25hPa에 해당한다.
③ 해면상 표준기압은 980.00hPa이며, 저기압의 기준이 된다.
④ 해면상 표준기압은 760mmHg로 환산할 수 있다.

15 다음 중 바람을 일으키는 힘에 대한 설명으로 틀린 것은?

① 기압경도력은 기압이 높은 곳에서 낮은 곳으로 바람을 움직이게 하는 주된 힘이다.
② 전향력(Coriolis Force)은 지구 자전에 의해 발생하며, 바람의 방향을 휘게 만든다.
③ 지표 마찰력은 고도에 따라 증가하며, 고층에서 가장 큰 영향을 미친다.
④ 원심력은 곡선 등압선 주위를 도는 바람에 작용하며, 곡률에 따라 방향과 크기가 달라진다.

16 다음 중 기압의 종류에 대한 설명으로 틀린 것은?

① 고기압에서는 공기가 중심에서 바깥쪽으로 하강하며, 대체로 맑은 날씨를 유도한다.
② 고기압에서는 시계 반대 방향으로 공기가 회전하며 상승기류가 발달한다.
③ 저기압은 중심부에서 공기가 상승하고, 구름과 강수가 동반될 수 있다.
④ 저기압은 기압이 주변보다 낮은 지역으로, 불안정한 대기 상태가 나타날 수 있다.

17 다음 중 전선의 종류에 대한 설명으로 틀린 것은?

① 정체전선은 찬 공기와 더운 공기가 힘의 균형을 이루어 거의 움직이지 않으며, 긴 시간 동안 맑은 날씨가 지속된다.
② 한랭전선은 찬 공기가 따뜻한 공기를 빠르게 밀어 올리며, 적운형 구름과 국지성 소나기가 동반된다.
③ 온난전선은 따뜻한 공기가 찬 공기 위로 미끄러져 올라가며, 층운형 구름과 지속적인 강수를 유도한다.
④ 폐색전선은 한랭전선이 온난전선을 따라잡아 형성되며, 다양한 기상 변화가 나타날 수 있다.

18 다음 중 뇌우 발생에 필요한 조건으로 옳지 않은 것은?

① 대기 불안정성이 높아야 한다.
② 수분이 풍부하여 습도가 높은 상태여야 한다.
③ 상승기류가 충분히 강하고 지속되어야 한다.
④ 대기가 안정되어 있어야 한다.

19 다음 중 구름의 종류와 약어 기호의 연결이 옳지 않은 것은?

① 적란운-CB   ② 층운-ST
③ 권층운-CC   ④ 고적운-AC

20 다음 중 일사량(Solar Radiation) 변화와 관련하여 옳은 설명은?

① 일출과 함께 일사량이 급격히 감소하기 시작하여 일몰 때까지 계속 감소한다.
② 일출 이후 일사량은 점차 증가하다가 일몰 무렵에 급격히 감소한다.
③ 일사량은 하루 종일 일정하게 유지된다.
④ 일사량은 일출 및 일몰과 관계없이 밤에도 증가한다.

21 다음 중 절대습도에 대한 설명으로 옳은 것은?

① 절대습도는 공기 중에 포함된 수증기량을 온도와 상관없이 무게로 나타낸 것이다.
② 절대습도는 상대습도와 동일한 개념이다.
③ 절대습도는 공기 중에 포함된 수증기의 압력 비율을 의미한다.
④ 절대습도는 공기 중에 존재하는 수증기의 부피를 나타낸다.

22 다음 중 기압 QNH에 대한 설명으로 옳지 않은 것은?

① QNH는 관측 지점의 실제 기압을 해면상 기압으로 환산한 값이다.
② QNH는 항공기 고도계 설정 시 사용하는 표준 해면기압 값이다.
③ QNH를 설정하면 고도계가 지표면 해발고도를 정확히 나타낸다.
④ QNH는 항공기 이착륙 시 고도계 기준 설정에 중요하다.

23 다음 중 태풍(Typhoon)의 주 발생 장소로 옳은 것은?

① 북대서양의 북극 해역
② 적도 부근의 따뜻한 열대 해역
③ 고위도 한랭 해역
④ 내륙 지역의 고산지대

24 다음 중 대류권에서 고도가 높아질 때 나타나는 현상으로 옳은 것은?

① 고도가 높아질수록 기온과 압력은 감소하고, 밀도는 증가한다.
② 고도가 높아질수록 압력은 증가하고 기온과 밀도는 감소한다.
③ 고도가 높아질수록 기온은 증가하고 압력과 밀도는 감소한다.
④ 고도가 높아질수록 기온과 압력, 밀도 모두 감소한다.

25 다음 중 풍향과 풍속 단위에 대한 설명으로 옳지 않은 것은?

① 풍향은 진북(True North)을 기준으로 0°부터 360°까지 표시한다.
② 풍속의 단위로 노트(knots)가 사용되며, 1노트는 약 1.852 km/h에 해당한다.
③ 풍향은 바람이 부는 방향을 의미하며, 진북과는 무관하다.
④ 노트(knots)는 주로 해상 및 항공 분야에서 풍속을 나타내는 단위로 사용된다.

2회 기출유형 모의고사

정답 및 해설 326쪽

교통법규

01 다음 중 교통과 관련된 정의에 대한 설명으로 틀린 것은?

① 교통수단이란 사람이 이동하거나 화물을 운송하는 데 이용되는 것을 말한다.
② 교통시설이란 도로, 철도, 궤도, 항만, 공항 등 교통체계 운행, 운항에 필요한 시설로 한정
③ 교통체계란 교통수단의 이용과 관리 및 운영체계 또는 교통과 관련된 산업 및 제도
④ 교통사업자란 교통수단·교통시설 또는 교통체계를 운행·운항 또는 운영하는 자

02 교통사고의 사망사고 판단 기준일은 며칠인가?

① 10일　　② 20일
③ 30일　　④ 3개월

03 교통안전법 제1조에 규정된 법의 목적에 가장 적절한 것은 무엇인가?

① 교통수단의 체계적 활용과 촉진
② 교통안전 증진에 이바지
③ 교통사업자의 영리적 활동 보호
④ 교통운송수단의 안전하고 원활한 흐름

04 교통사고 관련 자료를 보관·관리하는 책임자에 해당하지 않는 것은?

① 한국교통안전공단
② 사고 운전자
③ 한국도로교통공단
④ 여객운수사업을 등록한 자

05 교통수단안전점검의 대상이 둘 이상의 교통행정기관의 소관 사항인 경우, 점검 방법으로 옳은 것은?

① 가까운 곳에 위치한 교통행정기관이 실시
② 교통수단안전점검 대상의 주소지가 속한 기관이 실시
③ 공동으로 점검할 수 있다.
④ 해당 교통행정기관장이 지정

06 주택단지 내 교통안전 실태점검을 위해 실태점검 대상과 시기 및 점검 이유 등을 누구에게 통지하여야 하는가?

① 도로 관리청
② 단지 관리 주체(입주자 대표, 관리사무소)
③ 경찰청
④ 단지 내 도로를 설치·관리하는 자

07 국가교통안전기본계획에 포함되지 않는 것은?

① 교통사고 발생 현황 및 원인 분석
② 교통사고 감소 목표
③ 교통사업자의 요금 책정 기준
④ 교통문화 향상 목표

08 교통시설안전진단 보고서에 포함되어야 하는 사항이 아닌 것은?

① 교통안전진단 대상자의 명칭 소재지
② 교통시설안전진단 기간
③ 교통시설안전진단 실시자
④ 교통시설안전진단 선정 사유

09 교통안전법상 교통수단운영자에 속하는 것은?

① 여객자동차운수사업자
② 교통시설관리자
③ 교통연구기관
④ 안전교육기관

10 교통약자에 포함되지 않는 것은?

① 고령자　　　② 장애인
③ 임산부　　　④ 한정치산자

11 차로이탈경고장치 장착비의 지원 대상에 포함되지 않는 것은?

① 덤프형 화물자동차
② 차량길이 9미터 이상 승합자동차
③ 차량총중량 20톤 초과 화물자동차
④ 차량총중량 20톤 초과 특수자동차

12 교통안전관리규정에 포함되어야 할 사항으로 틀린 것은?

① 교통안전 경영지침
② 교통안전 목표의 수립
③ 교통안전담당자 지정
④ 안전관리 지침

13 운행기록장치 장착의무자가 제출받은 운행기록을 교통행정기관이 분석할 때, 분석결과에 대한 설명으로 옳은 것은?

① 중대한 위반 시 허가 취소
② 중대한 위반 시 등록 취소
③ 장착의무자에게 불리한 제재를 해서는 안 된다.
④ 중대한 위반 시에는 처벌을 할 수 있다.

14 시·도지사가 반드시 청문을 실시하여야 하는 사항에 해당하지 않는 것은?

① 교통안전관리자 자격 정지 해제
② 교통안전교육기관 지정의 취소
③ 교통안전교육기관 등록의 취소
④ 교통안전관리자 자격의 정지

15 교통안전법상 사업장 검사계획을 통지해야 하는 기한으로 옳은 것은?

① 검사 시작 7일 전까지
② 검사 시작 14일 전까지
③ 검사 시작 30일 전까지
④ 통지 기한은 별도 규정 없음

16 교통안전도 평가지수 산정에서 중상사고 가중치로 가장 적절한 것은?

① 가중치: 0.3　　② 가중치: 0.5
③ 가중치: 0.7　　④ 가중치: 1

17 교통사고를 발생시킨 차량운전자는 교통사고조사에 관한 결과를 통지받고 교통안전체험교육을 받아야 한다. 교통안전체험교육을 받아야 하는 시기로 틀린 것은?

① 교통사고 결과를 통지받은 날부터 60일 이내
② 금고 이상의 실형을 선고받고 집행 중인 경우 집행이 종료된 후 60일 이내
③ 해당 차량운전자가 중대 교통사고 발생에 따라 상해를 입은 경우, 치료 종료된 날로부터 60일 이내
④ 중대교통사고로 면허가 취소되고 다시 취득 시에는 교통안전체험교육을 받지 않아도 된다.

18 국가교통안전기본계획의 수립 주기로 옳은 것은?

① 1년　　② 2년
③ 3년　　④ 5년

19 지방교통안전기본계획의 수립권자는 누구인가?

① 국토교통부장관
② 광역시장 · 도지사
③ 교통사업자 단체장
④ 경찰청장

20 교통문화지수 조사의 목적은?

① 국민의 교통안전 의식과 수준 평가
② 교통수단별 수익성 조사
③ 교통시설 노후도 평가
④ 교통요금 만족도 조사

21 공동주택관리법상 의무적으로 설치되어야 하는 통행로인 단지 내 도로에 포함되지 않는 것은?

① 차도　　② 보도
③ 인도　　④ 자전거도로

22 운행기록장치 분석 항목이 아닌 것은?

① 속도　　② 급가속
③ 제동　　④ 운행시간

23 차로이탈경고장치의 장착 비용 지원에 관한 규정으로 옳지 않은 것은 무엇인가?

① 국가 및 지방자치단체는 예산의 범위에서 장착 비용을 보조하거나 초과하는 경우 융자할 수 있다.
② 장착 비용 지원은 전액을 예산 범위에서 먼저 지원해야 한다.
③ 시 · 도지사 또는 시장 · 군수 · 구청장은 장착 비용을 지원한 경우 장착 여부를 점검할 수 있다.
④ 장착비용 지원신청은 시 · 도지사 또는 시장 · 군수 · 구청장에게 신청하여야 한다.

24 운행기록장치 분석 항목과 보관 기간은?

① 속도, 위치, 운행시간: 1년
② 속도, 급가속, 제동, 위치: 5년
③ 연료 사용량, 위치: 3년
④ 운전자 이름, 위치: 2년

25 교통사고 원인조사 대상 도로 선정 기준은?

① 사고 건수가 연 1건 이상
② 사망사고 3건 이상 또는 중상사고 10건 이상
③ 교통량 1만 대 이상 도로
④ 지방자치단체장이 지정한 도로

26 항공기에 대한 소유권 취득·상실·변경은 등록하여야 효력이 생긴다. 다음 중 등록이 제한되는 사항으로 옳지 않은 것은?

① 대한민국 국민이 아닌 사람
② 외국 정부 또는 외국의 공공단체
③ 대한민국 법인이 단기간 임차한 항공기
④ 외국의 법인 또는 단체

27 다음 중 항공안전법의 적용을 받지 아니하는 항공기에 해당하지 않는 것은?

① 군용항공기와 이에 관련된 항공업무에 종사하는 사람
② 소방청의 업무에 사용되는 항공기와 이에 관련된 항공업무에 종사하는 사람
③ 세관업무에 사용되는 항공기와 이에 관련된 항공업무에 종사하는 사람
④ 경찰업무에 사용되는 항공기와 이에 관련된 항공업무에 종사하는 사람

28 항공기 사고의 기준이 되는 시점에 대한 설명으로 옳은 것은?

① 사람이 비행을 목적으로 항공기에 탑승할 때부터 모든 사람이 항공기에서 내릴 때까지
② 항공기가 비행을 목적으로 문이 닫힌 순간부터 비행이 종료되고 문이 열리기 직전까지
③ 사람이 비행을 목적으로 항공기가 움직인 순간부터 비행이 종료되고 정지한 순간까지
④ 항공기가 비행을 목적으로 항공기의 문이 닫힌 순간부터 비행이 종료되고 정지한 순간까지

29 항공기 등록기호 부착 방법에 대한 설명으로 옳은 것은?

① 항공기 주 출입구 안쪽 아래쪽
② 항공기 주 출입구 안쪽 윗부분
③ 항공기 주 출입구 안쪽 맞은편
④ 항공기 주 출입구 안쪽 중간 부분

30 기압고도정보를 제공하는 2차 감시 항공교통관제레이더용 트랜스폰더에 제공되는 기압고도정보는 몇 피트 이하의 간격으로 기압고도 정보를 항공교통관제기관에 제공할 수 있어야 하는가?

① 25피트　　② 50피트
③ 100피트　　④ 200피트

31 항공신체검사의 종류와 해당자에 대한 설명으로 옳지 않은 것은?

① 운송용 조종사: 1종
② 사업용 조종사: 1종
③ 항공기관사: 1종
④ 자가용 조종사: 2종

32 주류 등의 영향으로 항공업무 또는 객실 승무원의 업무를 정상적으로 수행할 수 없는 상태의 기준이 되는 혈중알코올 농도로 옳은 것은?

① 0.02% 이상   ② 0.03% 이상
③ 0.05% 이상   ④ 0.1% 이상

33 항공운송사업용 여객기에 비치되는 손확성기 수량에 대한 설명으로 옳은 것은?

① 61석~99석: 1개
② 61석~99석: 2개
③ 100석~199석: 2개
④ 200석 이상: 3개

34 사람 또는 건축물이 밀집한 지역이나 관제구 및 관제권에서의 곡예비행은 금지된다. 공역에서 비행이 금지되는 반경 및 고도로 옳은 것은?

① 지표로부터 반경 500미터 범위의 장애물 상단 500미터 이하 고도
② 지표로부터 반경 500미터 범위의 장애물 상단 300미터 이하 고도
③ 지표로부터 반경 600미터 범위의 장애물 상단 500미터 이하 고도
④ 지표로부터 반경 1,000미터 범위의 장애물 상단 500미터 이하 고도

35 국토교통부장관은 공역을 체계적이고 효율적으로 관리하기 위하여 비행정보구역을 구분 지정하여 공역을 공고할 수 있다. 공역의 구분에 포함되지 않는 공역은?

① 관제공역   ② 비관제공역
③ 특별공역   ④ 주의공역

36 활공기 예항 시 예항줄의 길이에 대한 설명으로 옳은 것은?

① 예항줄 길이는 40미터 이상 80미터 이하
② 예항줄 길이는 50미터 이상 100미터 이하
③ 예항줄에는 30미터 간격으로 붉은색과 흰색 표지를 번갈아 붙인다.
④ 예항줄 길이의 50% 이상 고도에서 예항줄 이탈

37 다음 중 보안검색을 면제할 수 있는 면제 대상에 대한 설명으로 옳은 것은?

① 공무로 여행하는 대통령
② 외국국가원수
③ 외국국가원수 배우자
④ 공무원의 공무출장

38 여객운송에 사용되는 항공기에 탑승하여야 하는 객실 승무원의 수에 대한 내용으로 옳지 않은 것은?

① 10석 이상 50석 이하 1명
② 51석 이상 100석 이하 2명
③ 101석 이상 150석 이하 3명
④ 201석 이상 5명에 좌석 수 50석 추가 시마다 1명 추가

39 일반적으로 사용되는 순항고도에 대한 설명으로 옳은 것은?

① 1도에서 179도로 시계비행 시 3,500피트로 비행
② 1도에서 179도로 계기비행 시 4,000피트로 비행
③ 180도에서 359도로 시계비행 시 4,000피트로 비행
④ 180도에서 359도로 계기비행 시 5,000피트로 비행

40 예측할 수 없는 급격한 기상의 악화 등 부득이한 사유로 관제기관으로부터 특별시계비행을 허가받은 항공기 조종사가 따라야 하는 비행에 대한 규칙으로 틀린 것은?

① 허가받은 관제권 안을 비행
② 구름을 회피하여 비행
③ 비행시정을 1,000미터 이상 유지
④ 지표를 지속적으로 볼 수 있는 상태로 비행

41 다음 중 공항운영자가 반드시 수립·시행하여야 하는 보안대책에 해당하지 않는 것은 무엇인가?

① 보안검색을 완료한 자와 미완료자의 접촉 방지
② 보안검색을 거부하거나 위협 물건을 소지한 승객의 보안검색 완료구역 진입 방지
③ 공항 내 건설·유지·보수 과정에서 불법 방해행위로부터 사람이나 시설 보호
④ 항공사의 항공기 정비작업 효율성 증대 대책

42 항공안전법 제74조에 따른 회항시간 연장운항 승인과 관련한 설명으로 옳지 않은 것은 무엇인가?

① 회항시간 연장운항 승인은 항공사의 영업이익 증대를 위한 목적으로만 부여된다.
② 3개 이상의 발동기를 가진 비행기는 모든 발동기가 작동할 때의 순항속도를 기준으로 한다.
③ 국토교통부장관은 회항시간 연상운항 승인 시 운항기술기준 적합 여부를 확인해야 한다.
④ 2개의 발동기를 가진 비행기는 1개의 발동기가 작동하지 아니할 때의 순항속도를 기준으로 한다.

43 항공안전법 제134조에 따른 청문이 요구되는 사항으로 옳지 않은 것은 무엇인가?

① 모든 증명의 취소
② 항공사 운항편 스케줄 변경 승인
③ 항공신체검사 또는 자격증명의 취소 또는 효력정지
④ 모의비행훈련장치 지정 취소 또는 효력정지

44 긴급항공기를 운항하려는 자가 운항을 시작하기 전에 지방항공청장에게 통지해야 하는 사항으로 옳지 않은 것은 무엇인가?

① 항공기의 형식·등록부호 및 식별부호
② 긴급한 업무의 종류
③ 운항 수행자 정보
④ 비행일시, 출발비행장, 비행구간 및 착륙장소

45 다음 중 국토교통부장관의 청문을 거쳐야 하는 처분에 해당하지 않는 것은 무엇인가?

① 감항증명의 취소
② 항공신체검사증명의 취소
③ 항공사의 운임 정책 변경
④ 전문교육기관 지정의 취소

46 다음 중 국토교통부장관의 항공영어구술능력증명을 받아야 하는 업무에 해당하지 않는 것은 무엇인가?

① 두 나라 이상을 운항하는 항공기의 조종
② 두 나라 이상을 운항하는 항공기에 대한 항공교통관제 업무
③ 두 나라 이상을 운항하는 항공기의 무선통신 업무
④ 국내 단거리 항공편에서 항공기 객실 승무원으로 근무

47 다음 중 국토교통부장관이 항공교통업무증명을 취소하거나 정지할 수 있는 사유에 해당하지 않는 것은 무엇인가?

① 거짓이나 부정한 방법으로 항공교통업무증명을 받은 경우
② 항공안전관리시스템을 승인받고 운용한 경우
③ 소속 직원에게 기본 안전교육을 실시하지 않은 경우
④ 고의 또는 중대한 과실로 항공기 사고를 발생시키거나 관리·감독을 소홀히 하여 항공기 사고가 발생한 경우

48 다음 중 국토교통부장관이 청문을 거쳐야 하는 처분으로 옳은 것은?

① 자격증명의 효력정지 해제
② 감항증명의 연장
③ 전문교육기관의 기간 연장
④ 자격증명의 효력 정지

49 다음 중 국토교통부장관이 항공 관련 업무를 외부 기관이나 단체에 위탁할 수 있는 업무로 옳지 않은 것은 무엇인가?

① 항공종사자 자격증명 시험과 증명서 발급 업무
② 항공신체검사증명 관련 업무
③ 항공전문의사 면허에 관한 업무
④ 초경량비행장치 조종자 증명 및 교육훈련 관련 업무

50 무인비행장치의 적용 특례에 따라 항공안전법을 적용하지 않는 대통령령으로 정하는 공공기관에 해당하지 않는 기관은 무엇인가?

① 한국국토정보공사
② 국립공원공단
③ 한국도로교통공단
④ 한국환경연합

교통안전관리론

01 다음 중 교통안전진단 단계에서 예비조사 다음으로 실시하는 단계는 무엇인가?

① 점검 · 정비 ② 위험예지
③ 진단 ④ 개선 목표 설정

02 다음 중 교통안전진단의 5단계 중에서 회귀분석이 주로 활용되는 단계는 어디인가?

① 예비조사 단계
② 진단 단계
③ 점검 · 정비 단계
④ 개선 목표 설정 단계

03 다음 중 위험요소 제거 6단계 중 '회피 방법 결정' 단계에 대한 설명으로 가장 알맞은 것은 무엇인가?

① 위험 발생 원인과 특성을 분석하여 위험의 종류를 판단하는 단계이다.
② 위험을 인식하고 대응의 필요성을 처음으로 자각하는 단계이다.
③ 위험을 피하기 위한 구체적인 대응책과 행동 방안을 선택하는 단계이다.
④ 위험 대응 결과를 점검하고 이후 절차를 재평가하는 단계이다.

04 다음 중 결함수분석에 대한 설명으로 옳은 것은 무엇인가?

① 사고 발생 후 문제를 단순히 나열하여 원인을 찾는 방법이다.
② SWOT 분석과 같이 강점과 약점을 도출하는 전략 분석 기법이다.
③ 사고 원인을 다섯 단계로 질문하여 근본 원인을 찾는 방법이다.
④ 사고의 결과에서 출발해 원인을 논리적으로 역추적하여 도식화하는 분석 방법이다.

05 다음 중 등치성 원리에 대한 설명으로 가장 적절한 것은 무엇인가?

① 동일한 위험 수준에 대해서는 동일한 안전 조치를 적용해야 한다.
② 위험 정도에 따라 안전 조치의 강도를 달리 적용해야 한다.
③ 사고 예방을 위해 위험 요소를 우선순위에 따라 배치하는 원리이다.
④ 사고 발생의 근본 원인을 찾아 대응책을 수립하는 원리이다.

06 다음 중 교통사고 평가에서 기본 지표에 해당하는 것은 무엇인가?

① 교통신호 준수율, 과속률, 교통량
② 사망자 수, 중상자 수, 경상자 수, 사고 건수
③ 차량 유지비, 보험료, 연료비
④ 도로 폭, 도로 노후도, 표지판 수

07 다음 중 교통사고의 매개체에 해당하는 설명으로 옳은 것은 무엇인가?

① 사고를 일으키는 운전자 개인의 과실과 습관
② 사고 발생에 영향을 미치는 도로, 노면, 날씨 등의 환경적 요인
③ 사고가 발생했을 때 피해를 입는 차량과 보행자
④ 사고 후 대응과 처리 과정에서 적용되는 법규와 제도

08 다음 중 교통사고 원인으로 가장 적절한 설명은 무엇인가?

① 교통사고는 전적으로 운전자의 운전 실수 때문에 발생한다.
② 교통사고는 도로와 차량의 상태와는 무관하게 발생한다.
③ 교통사고는 인적, 기계적, 환경적 요인 등 다양한 요인이 복합적으로 작용하여 발생한다.
④ 교통사고는 우연에 의해 단 한 가지 요인만으로 발생하는 경우가 대부분이다.

09 다음 중 SHEL 모델에 대한 설명으로 가장 적절한 것은 무엇인가?

① SHEL 모델은 사고 발생 시 법적 책임 소재만을 분석하는 기법이다.
② SHEL 모델은 중심의 인간(Liveware)과 이를 둘러싼 소프트웨어(S), 하드웨어(H), 환경(E) 간의 상호작용을 분석하여 안전성을 평가하는 기법이다.
③ SHEL 모델은 차량의 구조적 결함만을 분석하는 방법이다.
④ SHEL 모델은 교통사고 발생 건수를 통계적으로 계산하는 방법이다.

10 다음 중 TEM(Threat and Error Management) 모델에 대한 설명으로 가장 적절한 것은 무엇인가?

① TEM 모델은 비행 중 발생하는 위협과 오류를 무시하고, 사고 발생 후 조치에만 초점을 맞춘 모델이다.
② TEM 모델은 승무원의 심리 상태와 감정을 분석하는 데만 초점을 맞춘 운영 철학이다.
③ TEM 모델은 비행 중 발생하는 위협을 관리하고, 승무원의 오류를 관리하며, 오류가 관리되지 않아 원치 않는 항공기 상태가 되었을 때 이를 신속히 회복하는 데 초점을 맞춘 운영 철학이다.
④ TEM 모델은 항공기의 기계적 결함만을 분석하고 예방하는 안전관리 기법이다.

11 다음 중 착오(Mistake)에 대한 설명으로 가장 적절한 것은 무엇인가?

① 계획이나 의도는 정확하지만, 행동 수행 단계에서 실수가 발생하는 오류이다.
② 상황을 잘못 판단하거나 지식이 부족하여 애초에 잘못된 계획을 세우고 이를 정확히 수행한 경우를 의미한다.
③ 우연한 외부 요인으로 인해 의도와 관계없이 사고가 발생하는 상황이다.
④ 행동과 계획 모두 올바르게 수행되어 오류가 발생하지 않는 상태이다.

12 다음 중 스위스 치즈 모델(Swiss Cheese Model)에 대한 설명으로 가장 적절한 것은 무엇인가?

① 사고는 여러 방어 계층에 존재하는 잠재적 결함(구멍)들이 우연히 일직선으로 정렬될 때 발생하며, 시스템 전반을 점검해야 함을 시사한다.
② 사고는 단일 원인으로 발생하며, 조직적 요인은 거의 영향을 미치지 않는다.
③ 사고는 외부 환경 요인만으로 발생하며 내부 시스템 요인은 무관하다.
④ 사고 발생 시 개인의 책임만 강조하고 조직적 요인을 고려하지 않는 모델이다.

13 다음 중 상관분석(Correlation Analysis)에 대한 설명으로 적절한 것은 무엇인가?

① 한 집단의 평균과 다른 집단의 평균 차이를 검정하는 분석이다.
② 시간 순서에 따른 데이터의 변화를 분석하여 미래값을 예측하는 분석이다.
③ 두 변수 간의 관계의 정도와 방향을 측정하여 연관성을 분석하는 통계적 방법이다.
④ 전문가 집단이 이견을 반복적으로 수집하여 합의를 도출하는 분석 기법이다.

14 다음 중 욕조곡선(Bath-tub Curve)에 대한 설명으로 가장 적절한 것은 무엇인가?

① 제품이나 장비의 고장률이 시간이 지나도 항상 일정하게 유지되는 곡선을 나타낸다.
② 초기 고장률이 높다가 안정기를 거쳐 사용 수명이 끝날 무렵 고장률이 다시 증가하는 형태를 나타내는 고장률 곡선이다.
③ 고장률이 사용 초기에는 낮고, 시간이 지나면서 점차 감소하는 형태를 나타낸다.
④ 고장률과 무관하게 제조 비용과 유지보수 비용의 합을 나타내는 곡선이다.

15 다음 중 브레인스토밍(Brainstorming)에 대한 설명으로 가장 적절한 것은 무엇인가?

① 집단 내에서 아이디어를 제시할 때 반드시 순서를 정하고, 한 사람씩 차례대로 의견을 발표해야 하는 기법이다.
② 개인이 혼자 아이디어를 내고 평가하는 방법으로, 집단 토론은 배제된다.
③ 여러 사람이 순서에 구애받지 않고 자유롭게 아이디어를 제시하여 창의적 해결책을 도출하는 대표적 집단 아이디어 창출 기법이다.
④ 제안된 아이디어를 즉시 평가하고 채택 여부를 결정하는 기법이다.

16 다음 중 피아제(Piaget)의 인지발달 이론에 대한 설명으로 가장 적절한 것은 무엇인가?

① 아동의 지적 발달은 성장과 경험에 따라 단계적으로 진행되며, 환경과 교육은 큰 영향을 미치지 않는다.
② 인지 발달은 주로 언어 능력 향상에 의해 결정되며, 행동과 사고는 부차적이다.
③ 아동은 연령에 따라 일정한 발달 단계를 거치며, 각 단계마다 사고 방식과 이해 수준이 다르다.
④ 피아제 이론은 주로 성인의 직무 능력과 문제 해결 능력을 평가하는 데 활용된다.

17 다음 중 후광효과(Halo Effect)에 대한 설명으로 가장 적절한 것은 무엇인가?

① 평가자가 피평가자의 한 가지 특성 때문에 전체적인 평가까지 긍정적 혹은 부정적으로 왜곡하는 인지적 오류이다.
② 평가자가 특정 사건이나 정보에만 근거하여 전체 상황을 판단하는 오류이다.
③ 평가자가 여러 특성을 독립적으로 평가하여 객관성을 높이는 기법이다.
④ 평가자가 자신의 가치관과 성격을 기준으로 피평가자를 판단하는 오류이다.

18 다음 중 교통안전관리 및 운수 현장에서 운행계획의 PDCA 사이클에 대한 설명으로 가장 적절한 것은 무엇인가?

① PDCA 사이클은 사전 계획과 계획 수립만 강조하며, 실행과 점검은 중요하지 않다.
② PDCA 사이클은 Plan-Do-Check-Act의 순환 구조를 통해 운행계획을 체계적으로 관리하고, 안전성과 효율성을 지속적으로 개선하는 절차이다.
③ PDCA 사이클은 운전자 개인의 경험에 의존하여 운행 계획을 수립하는 기법이다.
④ PDCA 사이클은 사고가 발생한 후 사후 조치만을 중심으로 운행을 관리하는 방법이다.

19 다음 중 페이욜(Fayol)의 조직이론에 대한 설명으로 가장 적절한 것은 무엇인가?

① 조직을 자연 발생적 현상으로 보고, 구성원의 자율성만 강조하는 이론이다.
② 조직 관리는 오직 재무적 성과 극대화에만 초점을 맞춘다.
③ 조직은 단순히 개인 간 관계의 집합으로만 이해하며, 관리 원칙은 필요 없다고 주장한다.
④ 조직 관리를 위해 계획, 조직, 명령, 조정, 통제 등 관리 기능을 체계적으로 제시한 이론이다.

20 다음 중 캇츠(Katz)의 가치표현적 기능(Value-Expressive Function)에 대한 설명으로 가장 적절한 것은 무엇인가?

① 개인이 특정 태도나 행동을 통해 자신의 자아 이미지, 가치관, 신념을 표현하고 강화하는 기능이다.
② 개인이 새로운 정보를 학습하고 판단을 내리는 인지적 기능을 의미한다.
③ 특정 행동을 통해 외부 환경을 통제하거나 보상을 얻는 도구적 기능이다.
④ 개인의 사회적 지위나 역할과 관계없이 모든 사람에게 동일하게 적용되는 일반적 기능이다.

21 다음 중 알더퍼(Alderfer)의 ERG 이론에 대한 설명으로 가장 적절한 것은 무엇인가?

① 인간의 욕구를 다섯 단계로 구분하며, 상위 욕구가 충족되지 않으면 하위 욕구는 영향을 받지 않는다고 본다.
② 인간의 욕구를 생존(Existence), 관계(Relatedness), 성장(Growth)의 세 가지 범주로 나누고, 각 욕구는 서로 영향을 주고받을 수 있다고 본다.
③ 인간의 행동은 오직 경제적 보상만으로 결정된다고 보는 이론이다.
④ 욕구는 고정적이며 환경이나 상황에 따라 변화하지 않는다고 가정한다.

22 다음 중 호손(Hawthorne) 실험의 주요 발견으로 가장 적절한 것은 무엇인가?

① 근로자의 생산성은 조명이나 작업 환경 변화만으로 결정되며, 사회적 요인은 영향을 미치지 않는다.
② 근로자 개인의 능력이나 경험이 생산성에 전혀 영향을 미치지 않는다는 것을 보여주었다.
③ 근로자의 생산성은 오직 경제적 보상과 처벌에 의해서만 결정된다.
④ 근로자가 연구나 관찰의 대상이 된다는 자각 자체가 생산성 향상에 영향을 미친다는 것을 발견하였다.

23 다음 중 동체시력(Moving Visual Acuity)과 정지시력(Static Visual Acuity)에 대한 설명으로 가장 적절한 것은 무엇인가?

① 동체시력은 정지한 물체를 보는 능력, 정지시력은 움직이는 물체를 보는 능력을 의미한다.
② 동체시력은 움직이는 물체를 식별하는 능력, 정지시력은 정지한 물체를 식별하는 능력을 의미한다.
③ 두 시력 모두 움직이는 물체만을 관찰힐 수 있는 능력을 의미한다.
④ 두 시력 모두 정지한 물체만을 식별할 수 있는 능력을 의미한다.

24 다음 중 음주운전 교통사고의 특징으로 가장 적절한 것은 무엇인가?

① 음주운전 사고는 주로 낮 시간대, 주말 외에 발생하며, 속도보다 환경 요인이 주요 원인이다.
② 음주운전 사고는 교통법규 준수만으로 완전히 예방할 수 있으며, 개인적 주의가 필요 없다.
③ 음주운전 사고는 운전자의 경험과 무관하게 발생하며, 사고 피해는 경미한 경우가 대부분이다.
④ 음주운전 사고는 반응속도 저하, 판단력 감소, 집중력 부족으로 인해 발생하며, 야간과 주말, 고속도로에서 빈번히 나타난다.

25 페이욜 조직이론에서 안전관리의 기능이 아닌 것은?

① 계획 ② 예측
③ 명령 ④ 통제

항공기체

01 다음 중 금속의 성질에 대한 설명으로 옳은 것은?

① 전성: 금속이 쉽게 부서지는 성질
② 연성: 금속을 얇은 판으로 만드는 성질
③ 경도: 금속이 정적인 힘에 견디는 능력
④ 탄성: 변형된 후 원래 형태로 되돌아가는 성질

02 다음 중 강(鋼)의 합금 종류로 옳게 분류된 것은?

① 순철, 탄소강, 특수강
② 순철, 청동, 황동
③ 탄소강, 알루미늄, 주석
④ 특수강, 주강, 구리

03 다음 중 알루미늄 합금에 대한 설명으로 옳지 않은 것은?

① 전성이 우수하여 가공이 용이하다.
② 상온에서도 기계적 성질이 우수하다.
③ 연실율은 고정되어 조절이 불가능하다.
④ 열처리 후 강도와 경도가 증가할 수 있다.

04 다음 중 비 자동 고정 너트(Non-self-locking Nut)에 해당하는 것은?

① 캐슬 너트, 체크 너트, 나비 너트
② 앵커 너트, 셀프록 너트, 체크 너트
③ 나비 너트, 플랜지 너트, 셀프록 너트
④ 플랜지 너트, 캐슬 너트, 앵커 너트

05 다음 중 고온과 부식에 강한 티타늄 합금이 주로 사용되는 항공기 구조물은?

① 주익 리브
② 랜딩기어 도어
③ 방화벽
④ 승객용 캐빈 플로어

06 항공기 날개 구조에서 날개에 작용하는 주요 하중(양력, 연료 무게 등)을 지지하는 주된 구조 부재는?

① 리브(Rib)
② 스킨(Skin)
③ 스트링거(Stringer)
④ 스파(Spar)

07 항공기 날개에서 전방 스파와 후방 스파 사이에 위치한 외피(Skin)는 주로 어떤 응력을 가장 크게 받는가?

① 압축응력　② 전단응력
③ 인장응력　④ 비틀림응력

08 다음 중 항공기 휠 구조로 일반적으로 사용되는 Two-piece 휠 구조의 특징으로 옳은 것은?

① 휠 림과 타이어가 일체형으로 제작되어 교체가 어렵다.
② 두 개의 반쪽 구조로 되어 있어 타이어 교체가 용이하다.
③ 한쪽 부품만 교체 가능한 단일 주조 구조이다.
④ 튜브리스 타이어에는 사용되지 않는다.

09 외피(Skin), 벌크헤드(Bulkhead), 정형재(Frame)에 세로대(스트링거)가 추가되어 하중을 분산시키는 항공기 구조 형식은?

① 트러스 구조
② 모노코크 구조
③ 세미 모노코크 구조
④ 격자보 구조

10 항공기 구조에서 일부 부재가 파괴되어도 다른 부재들이 하중을 분담하여 전체 구조가 붕괴되지 않도록 설계된 구조는?

① 모노코크 구조
② 세미 모노코크 구조
③ 페일세이프 구조
④ 격자 구조

11 항공기 바퀴가 과도하게 팽창된 상태에서 타이어와 직접 맞닿아 있는 구조물에 충격이나 손상이 주로 발생하는 부위는?

① 허브(Hub)
② 타이어 트레드(Tread)
③ 밸브 코어(Valve Core)
④ 타이어 사이드월(Sidewall)

12 항공기 위치 표시 방법 중, 동체 중심선을 기준으로 오른쪽과 왼쪽으로 평행한 너비 간격으로 나타나는 선은?

① 동체 위치선(Fuselage Station Line)
② 버턱선(Buttock Line)
③ 동체 스테이션(Fuselage Station)
④ 동체 수위선(Water Line)

13 알루미늄 합금 재료에서 'T51' 열처리 기호가 의미하는 것은 무엇인가?

① 인발 후 자연 시효 된 상태
② 용체화 처리 후 인공 시효 된 상태
③ 용체화 처리 후 스트레칭하고 안정화 처리한 상태
④ 열처리 없이 가공경화만 된 상태

14 다음 중 헬리콥터의 NOTAR(NO Tail Rotor) 방식의 특징으로 옳은 것은?

① 꼬리 회전날개가 크게 회전한다.
② 로터 대신 팬이 보이며 꼬리 로터가 없다.
③ 메인로터가 두 개 있어 방향 제어를 한다.
④ 로터가 전혀 없는 무인 회전 비행체이다.

15 알루미늄보다 강도가 높고 강철보다는 가벼우며, 항공기 특정 부위에 사용되는 재료로 적절한 것은?

① 크롬(Chromium)
② 몰리브데넘(Molybdenum)
③ 티타늄(Titanium)
④ 니켈(Nickel)

16 다음 중 알루미늄 합금의 일반적인 특성으로 옳지 않은 것은?

① 전성이 우수하여 가공성이 좋다.
② 상온에서 기계적 성질이 떨어져 구조 재료로는 부적절하다.
③ 내식성이 양호하다.
④ 열처리 후 강도와 경도가 증가할 수 있다.

17 다음 중 리벳 또는 너트의 머리 모양과 용도에 대한 설명으로 가장 알맞은 것은?

① 납작 머리 : 유체 흐름이 많은 외피에 사용된다.
② 둥근 머리 : 얇은 판재나 내부 구조물에 사용된다.
③ 접시 머리 : 공기저항을 줄이기 위해 외부 표면에 사용된다.
④ 블레이저 머리 : 내부 구조에 숨겨진 부위에 주로 사용된다.

18 조종면이 움직이는 방향과 반대로 움직이며 조종 하중을 경감하는 장치는 무엇인가?

① 밸런스 탭   ② 플러터 탭
③ 세레보 탭   ④ 스프링 탭

19 다음 중 항공기 구조 방식에 대한 설명으로 가장 적절한 것은?

① 트러스 구조는 외피가 하중을 직접 지지한다.
② 모노코크 구조는 내부 프레임과 외피가 함께 하중을 지지한다.
③ 세미 모노코크 구조는 외피와 보강재가 함께 하중을 지지한다.
④ 세미 모노코크 구조는 외피 없이 리벳만으로 구성된다.

20 항공기에서 나셀(Nacelle)을 동체에 고정하여 결합할 때 주로 사용하는 방법은 무엇인가?

① 용접   ② 스크루
③ 리벳   ④ 볼트와 너트

21 항공기에서 사용되는 리벳의 머리 부분 모양이나 표시를 통해 확인할 수 있는 정보로 옳은 것은?

① 리벳의 삽입 깊이
② 리벳의 소음 차단 성능
③ 리벳의 강도와 재질
④ 리벳의 클램핑 토크

22 다음 중 트러스형 항공기 구조를 구성하는 주요 요소로 가장 적절한 것은?

① 외피(Skin)
② 벌크헤드(Bulkhead)
③ 봉(로드)과 스트럿의 조합
④ 스트링거와 롱거론

23 항공기 타이어의 공기압, 하중, 크기 등의 정보가 표기된 곳은 어디인가?

① 타이어 옆면(사이드월)
② 타이어 트레드(접지면)
③ 휠 림(Rim)
④ 허브(Hub)

24 항공기의 세로안정성(Longitudinal Stability)에 주로 관여하는 조종면은 무엇인가?

① 엘리베이터(Elevator)
② 러더(Rudder)
③ 에일러론(Aileron)
④ 플랩(Flap)

25 다음 비행 중 작용하는 힘에 대한 설명으로 옳지 않은 것은?

① 양력은 비행기를 공중에 띄우는 힘이다.
② 중력은 항상 아래 방향으로 작용하는 힘이다.
③ 항력은 비행기의 진행 방향과 반대 방향으로 작용한다.
④ 하강비행 시 항력이 중력으로 작용한다.

항공교통관제

01 비관제 공역 중 F등급 공역에서 제공되는 항공교통업무는?

① 계기비행 항공기에 비행정보업무만
② 모든 항공기에 비행정보업무만
③ 계기비행 항공기에 비행정보업무 및 항공교통조언업무, 시계비행 항공기에 비행정보업무
④ 모든 항공기에 분리를 포함한 항공교통관제업무

02 관제사가 조종사에게 트랜스폰더를 대기모드로 전환하도록 지시할 때 사용하는 용어는?

① STOP SQUAWK
② SQUAWK STANDBY
③ STOP ALTITUDE SQUAWK
④ SQUAWK EMERGENCY

03 시각(Visual) 접근에 대한 설명으로 옳은 것은?

① 계기접근절차의 일종으로 간주한다.
② 활주로 육안 확인이 불가능해도 허가할 수 있다.
③ 정해진 실패접근 구간이 없다.
④ 목적 공항 시정이 1마일 이상일 때 레이더 유도를 시작할 수 있다.

04 관제탑 레이더 전시기의 사용 목적에 대한 설명으로 옳은 것은?

① 공항교통구역 밖에서 운항하는 항공기에 대한 정보 및 지시 발부
② 조종사에게 레이더 업무를 제공하기 위함
③ 활주로상 또는 공항표면구역 내에서 운항하는 항공기에 대한 국지관제사 보조
④ 항공기의 식별 후 레이더 서비스 종료 시 사용

05 다음 중 항공교통관제에서 인터폰 송신의 우선순위가 가장 높은 것은?

① 항공기의 위치 보고
② 비상 상황에 관한 필수 정보
③ 항공기 이착륙에 필요한 허가 및 지시
④ 시계비행 항공기에 대한 이동 정보

06 항공교통업무기관이 불확실단계(Uncertainty Phase)로 판단하여 구조조정센터(RCC)에 정보를 즉시 통보해야 하는 경우는?

① 항공기와 첫 번째 교신 시도가 실패한 시간으로부터 30분 이내에 연락이 없는 경우
② 항공기가 마지막 통보한 도착예정 시간을 5분 초과하여 연락이 없을 경우
③ 항공기와의 교신 시도 또는 관계 부서의 조회로도 해당 항공기의 위치를 확인하기 곤란한 경우
④ 항공기 및 탑승자가 중대하고 절박한 위험에 처해 있다는 상당한 확신이 있는 경우

07 관련 활주로등이 점등되어 있는 경우, 활주로종단식별등(REIL)의 소등 시기로 적절하지 않은 것은?

① 이륙 항공기가 이륙 직후
② 도착 항공기가 착륙 후
③ 이륙 항공기가 착륙장주공역을 완전히 이탈 후
④ 활주로종단식별등이 조종사에게 더 이상 필요하지 않을 것으로 판단될 때

08 1차 감시 레이더(Primary Surveillance Radar)를 이용하여 항공기를 식별하는 방법으로 적절하지 않은 것은?

① 이륙 활주로 종단 1마일 이내에서 출발 항공기의 표적이 관찰된 경우
② 픽스나 시계보고 지점에 연계된 표적의 위치가 항공기로부터 직접 보고된 위치 보고와 일치된 경우
③ 관제사가 항공기의 식별을 위해 20도 이상의 선회를 지시하여 항공기를 관찰하는 경우
④ 출발 항공기의 이륙활주 및 구역 경계선 통과에 관한 사항이 구두 외에 자동화 등의 방법으로 통보된 경우

09 항공관제시설이 아닌 다른 시설을 통하여 항공기에게 비행 허가, 비행정보, 또는 정보 요청이 중계될 때, 그 서두에 첨부하는 용어로 적절하지 않은 것은?

① ATC CLEARS
② ATC ADVISES
③ ATC REQUESTS
④ ATC APPROVED

10 표준계기출발절차(SID)의 주요 목적으로 볼 수 없는 것은?

① 공항 터미널 공역의 수용 능력 증대
② 조종사와 관제사의 업무량 감소
③ 출발 허가 시간 단축
④ 계기비행 항공기의 비행 안정성을 고려하지 않은 최단 비행경로 제공

11 항공기의 관제이양(Control Transfer)을 위한 조건으로 가장 적절한 것은?

① 인수 관제기관의 동의가 없더라도 이양 관제기관의 판단에 따라 이양할 수 있다.
② 항공기 분리 책임이 있는 다른 항공기와의 충돌 요인 제거는 이양 후 이루어져도 무방하다.
③ 관제이양은 지정되거나 합의된 위치, 시간, 픽스, 고도에서 이루어져야 한다.
④ 이양 관제기관은 인수 관제기관이 요구하는 비행계획 정보를 통보할 의무가 없다.

12 조종사가 '최소연료(MINIMUM FUEL)' 상태를 선언했을 때의 올바른 의미는?

① 현재 비상 상황으로, 즉시 착륙 우선권을 요구한다.
② 목적지까지 도착할 연료량이 부족하여 비상 착륙이 필요하다.
③ 현재 비상 상황은 아니나, 중간에 지연이 발생할 경우 비상 상황으로 발전할 수 있다는 경고이다.
④ 조종사는 연료 잔량을 분 단위로 환산하여 ATC에 비상 상황임을 보고한다.

13 항공기가 공중충돌경고장치(TCAS)의 회피 조언(RA)에 따르고 있음을 관제사에게 통보했을 때, 관제사의 분리 책임에 대한 설명으로 옳은 것은?

① 관제사는 RA에 따라 기동하는 항공기와 다른 항공기 또는 장애물 간의 표준 분리에 대한 책임을 계속 유지한다.
② 관제사는 조종사가 RA 기동을 시작했다고 통보하는 즉시 표준 분리 책임을 재개한다.
③ RA 회피 기동 중에는 관제사가 해당 항공기에 대한 표준 분리 책임을 지지 않으며, 조종사의 RA 지시 준수가 최우선이다.
④ RA 기동 완료 후, 항공기가 기존 배정 고도로 복귀했는지와 관계없이 관제사는 표준 분리 책임을 즉시 재개한다.

14 비행계획서에 반드시 포함되어야 하는 사항이 아닌 것은?

① 항공기 식별부호
② 비행의 방식
③ 출발 및 도착 비행장의 항공교통업무(ATS) 시설명
④ 순항속도 및 순항고도

15 항공교통업무(ATS)의 구분으로 적절하지 않은 것은?

① 항공교통관제업무
② 비행정보업무
③ 경보업무
④ 기상정보조언업무

16 지상풍 정보에 대한 설명 중 틀린 것은?

① 항공기에게 착륙 허가 발부 시, 지상풍과 함께 활주로 번호를 발부하여야 한다.
② 바람은 항상 평균방향 및 속도와 중요한 편차로 표현된다.
③ 돌풍이란 평균풍속보다 10kts 이상인 바람 정보를 의미한다.
④ 출발정보에 포함시켜야 하는 지상풍 정보는 조종사가 Have the number를 통보한 경우라도 생략할 수 없다.

17 불법 간섭(Unlawful Interference)을 당한 피랍항공기(Hijacked Aircraft)에 대한 관제 절차 중 관제사가 취해야 할 조치로 가장 적절하지 않은 것은?

① 항공기가 Mode 3/A Code 7500을 송출하는 경우, 'Verify Squawking 7500'이라는 용어를 사용하여 피랍 상황을 확인한다.
② 조종사로부터 불법 간섭을 받고 있다는 응답을 받거나 응답이 없는 경우, 조종사에게 더 이상 추가 질문을 하지 않고 항공기의 요구에 응한다.
③ 항공기를 추적(Following)하며, 항공기와 교신이 되지 않는 경우 항공기의 송신 또는 응답을 요구하지 말고 정상적으로 관제 이양(Hand Off)을 한다.
④ 피랍항공기를 호위하기 위한 항공기가 급파될 경우, 호위 항공기가 피랍항공기 뒤쪽에서 보조할 수 있도록 모든 가능한 지원을 제공한다.

18 항공교통업무(ATS)에서 시간 기록 시, 국제 표준에 따라 올바르게 표기된 것은?

① 09시 10분 25초를 09시 10분으로 표기한다.
② 10시 10분 35초를 10시 10분으로 표기한다.
③ 11시 11분 10초를 11시 12분으로 표기한다.
④ 12시 11분 29초를 12시 12분으로 표기한다.

19 활주로의 사용을 허가할 때 배풍 요소가 있다면, 관제사가 조종사에게 반드시 통보해야 할 정보는?

① 예상되는 활주로 마찰 계수
② 최대 허용 배풍 속도
③ 풍향풍속
④ 해당 활주로의 노면 상태

20 VFR-On-Top 비행에 대한 설명으로 옳은 것은?

① 관제사는 VFR-On-Top 비행 중인 항공기에게 표준 계기비행(IFR) 분리를 제공한다.
② VFR-On-Top 비행은 일몰과 일출 간에는 어떠한 경우에도 허가되지 않는다.
③ VFR-On-Top 비행의 핵심은 조종사가 시계비행 기상 최소치를 유지하며 육안으로 다른 항공기를 회피할 책임이 있다는 것이다.
④ A등급 공역에서는 VFR-On-Top 비행이 인가된다.

21 항공교통관제사가 조종사에게 무선통신을 할 때, 정확하고 만족스러운 송수신을 위한 송신기법으로 적절하지 않은 것은?

① 송신 전에 사용할 주파수에 다른 무선 기지국으로부터의 혼선이 없는지 확인한다.
② 정상적인 대화 음성으로 분명하고 또렷하게 말하며, 말하는 평균 속도는 분당 100단어를 초과하지 않도록 유지한다.
③ 수신자가 전문을 받아 적어야 하는 경우에는 조금 더 빨리 말하여 효율성을 높인다.
④ 말하기 전에 송신 스위치를 충분히 눌러 송신이 완료될 때까지 스위치를 놓지 않음으로써 내용 전체를 송신할 수 있도록 한다.

22 항공교통업무기관이 항공기 탐색경보(ALNOT)를 발부하고 도착지연 항공기 절차를 적용해야 하는 기준으로 적절한 것은?

① 특정 지점이나 필수 보고 지점 또는 관할구역 내의 허가한계점 도착예정 시간으로부터 10분이 경과했을 때
② 통신이나 레이더 포착이 이루어지지 않고, 특정 지점이나 필수 보고 지점 또는 관할구역 내의 허가한계점 도착예정 시간으로부터 30분이 경과했을 때
③ 항공기가 마지막 통보한 도착예정 시간 또는 항공교통업무시설이 예상한 도착예정 시간 중 더 늦은 시간으로부터 5분이 경과했을 때
④ 조종사가 예정된 비행경로를 15분 이상 이탈하고 통신이 두절되었을 때

23 계기비행(IFR) 허가하에 출발 절차를 사용할 때, 조종사의 책임과 거리가 먼 것은?

① ATC 허가의 수신 및 이해
② 대기(Hold Short) 지시를 포함하는 허가의 모든 부분 복창(Read Back)
③ 안전의 관점에서 허용될 수 없다고 생각되는 허가에 대해 즉시 이행 후 보고
④ 허가를 이행할 수 없을 경우 즉시 ATC에 알림

24 인수 관제사(Receiving Controller)가 레이더 이양(Handoff)을 받을 때의 책임으로 옳은 것은?

① 레이더 이양을 수락하기 전, 인계 관제사가 제공한 항공기의 위치와 표적이 서로 일치하는지 확인할 필요는 없다.
② 레이더 이양을 받은 후에는 일차 항적의 레이더 식별을 확인할 필요가 없다.
③ 인수 관제사는 Point-Out을 승인하기 전에 표적의 위치가 인계 관제사에 의하여 제공된 위치와 일치하는지 확인하여야 한다.
④ 특별히 협의하지 않는 한, 인계 관제사가 발부한 제한사항은 인수 관제사가 무시할 수 있다.

25 공해상의 공역 또는 주권불명의 공역에 대한 항공교통업무(ATS) 제공 책임 결정에 대한 설명으로 옳은 것은?

① 해당 공역 내의 비행로는 ICAO 이사회에서 설정한다.
② 이는 국제항공운송협회(IATA)에서 결정한다.
③ 지역항공항행협정(Regional Air Navigation Agreement)에 의하여 결성한다.
④ 관련 국가 간 협의를 통해 임시적으로 결정된다.

항행안전시설

01 항공등화시설에 대한 관리검사 주기로 옳은 것은?

① 연 2회 정기검사
② 2년마다 1회 정기검사
③ 연 1회 정기검사 및 청장이 필요하다고 인정 시 수시검사
④ 분기별 1회 정기검사

02 항공통신국의 통신 기록 보관 기간에 대한 설명으로 옳은 것은?

① 모든 통신 기록은 최소 7일간 보관해야 한다.
② 항공사고와 관련된 통신 기록은 조사가 완료될 때까지 보관해야 한다.
③ 모든 통신 기록은 자동기록 시스템에 영구적으로 저장해야 한다.
④ 통신 기록은 어떠한 경우에도 30일을 초과하여 보관할 수 없다.

03 진입등시스템(ALS)의 주된 목적으로 가장 적절한 것은?

① 착륙하는 항공기에게 활주로까지의 정확한 거리를 알려준다.
② 선회 접근하는 항공기에게만 경로 정보를 제공한다.
③ 활주로의 포장 강도를 조종사에게 시각적으로 알려준다.
④ 계기비행 상태에서 시각비행 상태로 전환하는 조종사에게 시각적인 유도 정보를 제공한다.

04 계류장 조명등의 설치 및 배치 방법에 대한 설명으로 옳지 않은 것은?

① 계류장 조명등은 야간에 사용하는 계류장, 제빙·방빙 시설 및 지정된 격리장소의 항공기 주기장에 설치하여야 한다.
② 계류장 조명등은 모든 계류장 업무지역을 충분히 조명할 수 있는 위치에 눈부심이 최소한도가 되도록 설치하여야 한다.
③ 조명등의 배치 및 조명은 빛의 그늘이 최소한도가 되도록 계류된 항공기가 단일 방향에서 조명되도록 하여야 한다.
④ 조명등은 항공기 이륙·착륙 또는 주행 시 조종사에게 눈부심이나 혼란을 주지 않도록 설계하고 설치하여야 한다.

05 2차감시레이더(SSR) 모드 S 트랜스폰더 운용에 대한 설명으로 옳지 않은 것은?

① 모드 A 코드 0000은 일반 목적의 코드로 아시아·태평양지역 항공항행협정에 따라 할당되도록 보존되어야 한다.
② 모드 A 코드 2000은 항공교통관제기관으로부터 어떠한 지시도 받지 않은 항공기를 인식할 수 있도록 예약되어야 한다.
③ X 펄스는 감시 시스템의 안전한 동작이 유지될 수 없는 경우에도 모드 A 또는 모드 C 질문에 응답하는 데 사용될 수 있다.
④ 다이버시티 운용을 위해 장착된 모드 S 트랜스폰더는 두 개의 안테나(상단부, 하단부)를 작동해야 한다.

06 계기착륙시설(ILS) 카테고리 Ⅱ 등급의 시설별 최대 예비전원 공급시간이 옳지 않은 것은?

① 로칼라이저(LLZ): 0초
② 글라이드패스(GP): 0초
③ 내측마커(IM): 1초
④ 중간마커(MM): 10초

07 항행안전시설의 '비행검사'에 대한 설명으로 옳은 것은?

① 지상에서 계측기 등을 활용하여 항행시설의 성능을 분석하는 점검이다.
② 비행검사용 항공기를 이용하여 항행시설의 성능과 계기비행절차의 이용 가능성 등을 분석·평가하는 검사이다.
③ 항행시설의 설치 전 과정에 걸쳐 품질을 확보하기 위한 계획을 수립하고 시행하는 것이다.
④ 항행시설 설치 완료 시점에 실시하는 검사로, 합격 여부를 판정한다.

08 GPS 수신기의 위성 추적 능력에 대한 설명으로 옳은 것은?

① 수신기는 최소 2개의 위성을 추적하여 위치 솔루션을 생성할 수 있어야 한다.
② 수신기는 최소 3개의 위성을 추적하여 위치 솔루션을 생성할 수 있어야 한다.
③ 수신기는 최소 4개의 위성을 추적하고 그 측정에 기초하여 위치 솔루션을 생성할 수 있어야 한다.
④ 수신기는 최소 5개의 위성을 추적하여 위치 솔루션을 생성할 수 있어야 한다.

09 항공등화시설의 운용 및 유지보수 관리자의 의무에 대한 설명으로 옳지 않은 것은?

① 시설에 장애가 발생할 경우 예비장비를 즉시 운용시켜야 한다.
② 예비장비가 없는 시설에 장애가 발생한 경우 운용을 중지시키고 응급조치계획에 따라 필요한 조치를 취해야 한다.
③ 각종 지침서나 관련 규정을 최신의 내용으로 유지·관리할 필요는 없다.
④ 기술요원의 인명보호·안전사고 방지를 위한 안전수칙을 각 시설 현장에 작성·비치하고 정기적인 교육을 실시해야 한다.

10 옥상헬기장의 착륙구역 설치기준에 대한 설명으로 옳지 않은 것은?

① 착륙구역은 활주로와 일치하여야 한다.
② 착륙구역이 주기장과 같이 설치되는 경우, 크기는 회전익 항공기 크기의 0.83배 이상 직경의 원을 포함하는 크기여야 한다.
③ 착륙구역이 주기장과 같이 설치되는 경우, 경사도는 어떠한 방향으로든 2퍼센트를 초과하여서는 아니 된다.
④ 착륙구역이 주기장과 같이 설치되고 항공기의 공중 이동을 고려하는 경우에는 표면은 정적 하중을 지지할 수 있어야 한다.

11 수상비행장 설치자가 갖추어야 하는 필수시설이 아닌 것은?

① 정박장
② 게시판
③ 수상비행장등대
④ 소화기

12 항공기 등급번호(ACN) 결정 방법 중 연성 포장에 대한 ACN 정의가 기반하고 있는 표준 덮임 횟수는?

① 5,000Coverages
② 10,000Coverages
③ 20,000Coverages
④ ACN은 덮임 횟수와 관계없이 최대 이륙 중량만을 기준으로 산정된다.

13 항행안전시설이 관리기준에 맞게 관리되는지를 확인하기 위한 관리검사의 주기는?

① 6개월에 1회 이상
② 연 1회 이상
③ 2년에 1회 이상
④ 국토교통부장관이 정하는 바에 따른다.

14 개방구역(Clearway)의 길이에 대한 기준으로 옳은 것은?

① 개방구역의 길이는 이륙활주가용거리(TORA)와 동일해야 한다.
② 개방구역의 길이는 이륙활주가용거리(TORA)의 2배를 초과할 수 없다.
③ 개방구역의 길이는 이륙활주가용거리(TORA)의 절반을 초과할 수 없다.
④ 개방구역의 길이는 활주로 길이와 관계없이 300미터 이내여야 한다.

15 공항시설 또는 비행장시설의 관리에 대한 검사 주기로 옳은 것은?

① 6개월에 1회 이상
② 연 1회 이상
③ 2년에 1회 이상
④ 3년에 1회 이상

16 항행안전시설의 완성검사확인증을 발급받은 후 해당 시설의 사용을 개시하려는 자가 제출하여야 할 신고서 제출 대상은?

① 국토교통부장관
② 지방항공청장(항공로용 시설의 경우 항공교통본부장)
③ 항공안전기술원장
④ 해당 항행안전시설의 설치자

17 항공기 등급번호-포장 등급번호(ACN-PCN) 방법에 대한 설명으로 옳지 않은 것은?

① PCN은 포장등급번호를 나타내며, ACN이 PCN보다 작거나 같아야 해당 포장면 운항이 가능하다.
② PCN은 포장의 지지 강도를 나타내는 코드로, 포장설계 및 평가의 방법으로 사용할 수 없다.
③ 포장재료의 노화 또는 파괴를 최소화하기 위하여 ACN이 PCN을 초과하는 항공기의 운항은 제한되어야 한다.
④ ACN-PCN은 항공정보간행물(AIP)에서의 포장강도 보고용 기록에만 사용되지 않는다.

18 항행안전무선시설 및 항공정보통신시설을 설치하려는 경우 완성검사 신청서에 포함하여야 하는 사항이 아닌 것은?

① 항행안전무선시설 또는 항공정보통신시설의 명칭 · 종류 · 위치
② 안테나 공급 전력
③ 항행안전시설의 설치공사 예정 기간
④ 코스의 방향 및 식별부호

19 육상비행장 및 해상비행장 등을 운용하는 비행장시설관리자가 비행장의 안전운영을 위해 준수해야 할 사항으로 옳지 않은 것은?

① 비행장시설관리자는 비행장의 안전운영을 위해 공항 비행장시설 및 이착륙장 관리기준을 준수하여야 한다.
② 비행장시설관리자는 청장이 지명한 검사관이 검사관증을 소지하고 관리검사를 위해 출입하고자 하는 경우 언제든지 출입할 수 있도록 조치하여야 한다.
③ 검사관이 당해 검사업무 수행과 관련하여 필요한 협조를 요청하는 경우 이에 응할 의무는 없다.
④ 비행장시설관리자는 비행장운영체계에 중대한 변경이 있는 경우 비행안전확인을 실시하여 필요한 조치를 하여야 한다.

20 정밀접근 Category I의 항행안전무선시설 중 중간마커(MM) 및 외측마커(OM)에 대한 최대 예비전원 공급 시간(Maximum Standby Power Supply Time) 기준으로 옳은 것은?

① 0초
② 1초
③ 10초
④ 15초

21 활주로, 유도로, 계류장, 격납고 또는 항행안전시설이 설치된 지역에 국토교통부장관 등의 허가 없이 출입하는 행위자에 대해 관리자가 취할 수 있는 조치는?

① 해당 행위자에게 과태료 부과
② 1천만원 이하의 이행강제금 부과
③ 해당 행위자를 제지하거나 퇴거 명령
④ 해당 시설 사용을 6개월 이내의 기간을 정하여 정지 명령

22 항행안전시설의 운영개시 검사관 자격 기준으로 옳은 것은?

① 항공통신 · 전자 분야에 3년 이상 근무한 자
② 국가기술자격법에 의한 통신 · 전자 분야 산업기사 이상의 기술자격증을 소지하고 해당 분야에 2년 이상 근무한 자
③ 항공통신 · 전자 분야에 5년 이상 근무한 자
④ 국가기술자격법에 의한 통신 · 전자 분야 기사 이상의 기술자격증을 소지하고 해당 분야에 3년 이상 근무한 자

23 유도로등(Taxiway Edge Light)의 특성으로 옳은 것은?

① 불빛은 녹색 고정등이어야 한다.
② 광도는 수평면에서 위로 75도까지 0.2칸델라 이상이어야 한다.
③ 불빛은 모든 방위에서 볼 수 있도록 무지향성이어야 한다.
④ 교차 부분, 출구 또는 곡선에 설치하는 등은 다른 등과 혼동될 수 있는 방위에서는 보이지 않도록 가능한 한 차폐시켜야 한다.

24 무선국 운용과 관련하여 항공기국이 갖추어야 할 전원 설비의 최소 성능 기준은?

① 항행안전을 위해 필요한 무선설비를 10분 이상 연속 동작시킬 수 있는 성능을 가진 축전지를 비치해야 한다.
② 항행안전을 위해 필요한 무선설비를 30분 이상 연속 동작시킬 수 있는 성능을 가진 축전지를 비치해야 한다.
③ 전원 설비는 항공기의 전기적 잡음에 의한 방해가 발생하여도 기능이 저하되지 않아야 한다.
④ 전원 설비는 항공기의 통상적인 운항 상태에서 온도 변화에 의해 60분 이상 연속 동작 가능해야 한다.

25 시각유도주기시스템(VDGS)의 방위안내장치에 대한 색상 변화 기준으로 옳은 것은?

① 녹색은 중심선 이탈, 적색은 중앙선을 나타낸다.
② 녹색은 중앙선, 황색은 중심선 이탈을 나타낸다.
③ 녹색은 중앙선, 적색은 중심선 이탈을 나타낸다.
④ 백색은 중앙선, 적색은 중심선 이탈을 나타낸다.

항공기상

01 다음 중 윈드시어(바람 시어)에 대한 설명으로 옳지 않은 것은?

① 윈드시어는 바람의 속도와 방향이 급격히 변하는 현상을 말한다.
② 윈드시어는 이착륙 시 항공기의 안전에 큰 영향을 줄 수 있다.
③ 윈드시어는 주로 대기 안정 상태에서 발생한다.
④ 윈드시어는 전선 근처, 역전층 하부 등에서 자주 발생한다.

02 다음 중 해면상 표준 대기압에 대한 설명으로 옳은 것은?

① 해면상 표준 대기압은 고도와 무관하게 항상 일정한 실제 기압을 의미한다.
② 해면상 표준 대기압은 29.92°F 또는 1013.25°F로 정의된다.
③ 해면상 표준 대기압은 평균 해수면에서 측정된 29.92inHg 또는 1013.25hPa를 의미한다.
④ 해면상 표준 대기압은 날씨와 관계없이 항상 일정한 바람의 세기를 나타낸다.

03 다음 중 상층운(高雲, High Clouds)에 해당하지 않는 것은?

① 권적운(Cirrocumulus, Cc)
② 권층운(Cirrostratus, Cs)
③ 권운(Cirrus, Ci)
④ 고적운(Altocumulus, Ac)

04 다음 중 층류와 난류의 박리(Separation) 현상에 대한 설명으로 옳은 것은?

① 층류는 경계층 내 에너지가 높아 표면을 따라 오래 흐르므로 박리가 잘 일어나지 않는다.
② 난류는 공기 입자의 운동이 일정하여 경계층에서 쉽게 박리가 발생한다.
③ 층류는 흐름이 정돈되어 있지만 에너지가 낮아 난류보다 박리가 되기 쉽다.
④ 난류는 박리를 방지할 수 없기 때문에 항상 항력 승가를 유발한다.

05 다음 중 RVR(Runway Visual Range, 활주로 가시거리)에 대한 설명으로 옳은 것은?

① RVR은 조종사가 항공기 안에서 상공을 통해 바라본 거리이다.
② RVR은 기상 레이더로 측정한 활주로의 전체 길이이다.
③ RVR은 관측소에서 활주로 끝까지의 직선거리이다.
④ RVR은 조종사가 활주로 중심선 상에서 전방을 수평으로 보았을 때 식별 가능한 거리이다.

06 다음 중 METAR 기상정보에서 CAVOK에 대한 설명으로 옳은 것은?

① CAVOK는 가시거리 10km 이상, 적운형 구름이 없으며, 기상 현상이 없고, 5,000피트 이하에 구름이 없는 상태를 의미한다.
② CAVOK는 운항에 위험한 기상 현상이 존재함을 의미한다.
③ CAVOK는 가시거리와 구름 정보가 없음을 의미하며, 관측이 불가능하다는 뜻이다.
④ CAVOK는 자동 기상 관측시스템에서만 사용되며, 사람이 작성하는 METAR에는 포함되지 않는다.

07 다음 중 기압의 정의에 대한 설명으로 틀린 것은?

① 기압은 단위 면적 위에 작용하는 대기 기체의 무게이다.
② 기압은 지표면 또는 일정 고도에서 공기가 누르는 힘을 말한다.
③ 기압은 온도가 높아질수록 증가하는 경향이 있으며, 항상 일정하다.
④ 기압은 보통 hPa(헥토파스칼) 또는 inHg(인치 수은주)로 표시된다.

08 다음 중 균질권(Homosphere)에 대한 설명으로 옳은 것은?

① 균질권은 고도 약 80km까지 구성 성분이 거의 일정하게 유지되는 대기층이다.
② 균질권은 주로 수소와 헬륨 등 가벼운 기체로 구성되어 있으며 상층 대기에서 나타난다.
③ 균질권은 대류가 전혀 없는 안정된 영역으로, 기상 현상이 발생하지 않는다.
④ 균질권은 오존층을 포함하지 않으며, 지표면에서 약 10km까지만 확장된다.

09 다음 중 번개와 천둥이 발생하는 구름으로 가장 적절한 것은?

① 적란운(Cumulonimbus, Cb)
② 적운(Cumulus, Cu)
③ 권운(Cirrus, Ci)
④ 층운(Stratus, St)

10 다음 중 습도에 대한 설명으로 옳지 않은 것은?

① 상대습도는 현재 공기 중 수증기량이 최대 수증기량에 대해 차지하는 비율이다.
② 절대습도는 단위 부피당 포함된 수증기의 질량을 의미한다.
③ 이슬점은 공기 온도를 일정하게 유지하면서 수증기량이 줄어들 때 나타나는 온도이다.
④ 포화습도는 공기 온도에서 공기가 최대로 함유할 수 있는 수증기량이다.

11 다음 중 이슬비(Drizzle)의 낙하하는 물방울 크기로 가장 적절한 것은?

① 0.02~0.2mm
② 0.2~0.5mm
③ 0.5~2mm
④ 2~5mm

12 다음 중 기압(Atmospheric Pressure)에 대한 정의로 가장 옳은 것은?

① 지표면 위 대기 중의 수증기량을 의미한다.
② 단위 면적당 대기가 누르는 힘을 의미한다.
③ 대기 중의 온도를 나타내는 지표이다.
④ 바람의 세기와 방향을 나타내는 척도이다.

13 다음 중 지구 대기권 각 권역의 고도 구간에 대한 설명으로 틀린 것은?

① 대류권: 지표면부터 약 10km까지의 범위
② 성층권: 약 10km에서 약 50km까지의 범위
③ 중간권: 약 50km에서 약 85km까지의 범위
④ 열권: 지표면부터 약 600km까지의 범위

14 다음 중 대기의 열전달 방식과 그 설명으로 옳은 것은?

① 복사: 대류에 의해 열이 전달되는 과정이다.
② 전도: 접촉한 물질 사이에서 분자운동에 의해 열이 전달된다.
③ 대류: 전자파를 통해 열이 전달되는 현상이다.
④ 복사: 공기의 움직임에 의해 열이 수송되는 과정이다.

15 다음 중 비열이 작은 육지에서 복사냉각이 잘 일어나 안개 생성에 영향을 주는 이유로 옳은 것은?

① 비열이 작아 낮에 빠르게 가열되고 밤에 빠르게 냉각되어 복사안개가 형성되기 쉽다.
② 육지는 바다보다 비열이 크기 때문에 온도 변화가 작아 안개가 잘 생긴다.
③ 바다는 육지보다 온도 변화가 커서 복사냉각이 적게 일어난다.
④ 복사냉각은 해양에서만 일어나며 육지에서는 발생하지 않는다.

16 다음 중 온난고기압(Warm High Pressure)에 대한 설명으로 옳지 않은 것은?

① 온난고기압은 따뜻한 공기가 하강하여 형성된다.
② 온난고기압은 대체로 맑고 안정된 날씨를 유발한다.
③ 온난고기압은 찬 공기가 하강하여 형성되는 저기압이다.
④ 온난고기압은 기온이 높은 지역에서 발생하는 고기압이다.

17 다음 중 한랭저기압(Cold Low Pressure)에 대한 설명으로 옳지 않은 것은?

① 한랭저기압은 찬 공기가 상승하면서 형성된다.
② 한랭저기압은 대체로 불안정한 날씨와 강수 현상을 동반한다.
③ 한랭저기압은 따뜻한 공기가 하강하여 생성된다.
④ 한랭저기압은 찬 기단이 상승하는 저기압 영역이다.

18 다음 중 바람을 일으키는 힘과 그 역할에 대한 설명으로 옳지 않은 것은?

① 마찰력은 대기 상층에서 바람의 속도를 증가시키는 힘이다.
② 기압경도력은 기압이 높은 곳에서 낮은 곳으로 바람을 불게 하는 힘이다.
③ 전향력은 지구 자전에 의해 바람의 방향을 휘게 만든다.
④ 기압경도력은 기압 차이가 클수록 바람의 세기를 강하게 한다.

19 다음 중 국지풍의 발생 원인과 관련한 설명으로 옳은 것은?

① 국지풍은 지구 전역에서 균일한 기온 분포로 인해 형성된다.
② 국지풍은 기압골에 의해 발생하며, 항상 일정한 방향으로 분다.
③ 국지풍은 특정 지역의 지형과 기온 차이에 따라 발생하는 바람이다.
④ 국지풍은 전향력만으로 형성되며, 열의 분포와는 관계가 없다.

20 다음 중 스콜(Squall)에 대한 설명으로 옳지 않은 것은?

① 스콜은 짧은 시간 동안 강한 바람이 갑작스럽게 부는 현상이다.
② 스콜은 주로 전선의 통과나 대류 활동이 활발한 지역에서 발생한다.
③ 스콜 발생 시 강한 돌풍, 뇌우, 국지성 호우를 동반할 수 있다.
④ 스콜은 일정한 방향과 세기를 유지하며 지속적으로 부는 바람이다.

21 다음 중 산악파(Mountain Wave)에 대한 설명으로 옳지 않은 것은?

① 산악파는 바람이 산을 넘을 때 공기의 상하 운동에 의해 형성된다.
② 산악파는 산을 따라 고도가 낮아질수록 강하게 형성된다.
③ 산악파는 주로 안정된 대기 조건에서 발생한다.
④ 산악파는 심한 난류와 함께 항공기에 위험을 줄 수 있다.

22 다음 중 해무(Sea Fog)의 발생 조건에 대한 설명으로 옳지 않은 것은?

① 해무는 따뜻하고 습한 공기가 차가운 해수면 위를 지나갈 때 발생할 수 있다.
② 해무는 대기 중 수증기가 응결되어 해수면 가까이에 안개 형태로 나타난다.
③ 해무는 일반적으로 바람이 매우 강할 때 쉽게 형성된다.
④ 해무는 온도와 이슬점(노점)의 차이가 작을수록 잘 발생할 수 있다.

23 성층권에서 기온 변화의 일반적인 특징은 무엇인가?

① 고도가 높아질수록 기온이 감소한다.
② 고도가 높아질수록 기온이 증가한다.
③ 고도가 높아질수록 기온은 일정하게 유지된다.
④ 기온이 불규칙하게 변한다.

24 성층권에서 기온 변화의 일반적인 특징은 무엇인가?

① 대기가 안정되어 연기나 오염물질이 지표면에 머문다.
② 대류 활동이 활발해져 구름이 많이 생긴다.
③ 기온이 고도와 함께 일반적으로 감소한다.
④ 상승기류가 강화되어 난류가 심해진다.

25 다음 중 바람과 관련한 용어에 대한 설명으로 옳지 않은 것은?

① 풍향은 바람이 불어오는 방향을 의미한다.
② 풍속은 바람의 세기를 나타내며 보통 m/s 단위를 사용한다.
③ 바람 시어는 짧은 거리 내에서 풍속이나 풍향이 급격히 변하는 현상이다.
④ 바람 속도는 바람 시어와 같은 의미로 사용된다.

1회 기출유형 모의고사 정답 및 해설

교통법규

정답

01	02	03	04	05
④	④	③	④	④
06	07	08	09	10
②	③	④	①	①
11	12	13	14	15
②	①	②	④	③
16	17	18	19	20
①	②	④	④	②
21	22	23	24	25
④	④	①	①	②
26	27	28	29	30
②	④	④	②	④
31	32	33	34	35
④	④	④	①	③
36	37	38	39	40
①	①	①	④	④
41	42	43	44	45
④	②	②	②	③
46	47	48	49	50
①	③	④	④	③

해설

01 운전보조장치는 교통시설에 해당하지 않는다.

02 교통체계의 운행을 지도·감독하는 자는 교통행정기관이다.

03 국토교통부장관은 5년 단위로 국가교통안전기본계획을 수립해야 한다.

04 국토교통부장관이 인정하는 기관 또는 단체

05 교통행정기관은 주기적 또는 수시로 교통수단의 교통안전 실태를 파악하기 위해 점검하고 교통수단운영자에게 개선사항을 권고할 수 있다.

06 교통안전기본계획 관련 하위규정(대통령령·시행규칙)은 국가(또는 지역) 교통안전기본계획에서 정한 부문별 사업 규모를 100분의 10 이내(즉, 10% 이내)의 범위에서 변경하는 경우를 경미한 변경 등으로 규정하고 있다. 따라서 선택지 중에서 올바른 변경 범위는 10% 이내(②번)이다. 변경 한도를 초과하는 경우에는 통상 계획의 변경절차(심의·공고 등)를 거쳐야 한다.

07 보행 행태는 도로교통 분야에 한정한다.

08 임산부는 교통약자에 해당한다.

09 경상자 1명의 가중치 0.3

10 단지 내 도로를 통행하는 자동차 운전자에게 잘 보이는 장소일 것

11 교통수단 제조사업자의 의무이다.

12 교통사고 조사에 대한 결과를 통지받은 날부터 60일 이내에 교통안전 체험교육을 받아야 한다.

13 교통안전관리규정을 정하거나 변경할 때는 관할 교통행정기관에 제출해야 한다.

14 공항터미널은 교통시설이지 교통수단은 아니다.

15 협의 대상은 지정행정기관의 장으로, 국방부는 포함되지 않는다.

16 운행기록장치 장착 비용 지원은 반드시 전액 보조의 형태로만 제공되어야 한다.

17 지방자치단체의 장은 소관 교통시설에서 교통수단 결함으로 인한 중대한 교통사고가 발생했다고 판단되면 지정행정기관의 장에게 원인조사를 의뢰할 수 있다.

18 계획연도 시작 전년도 10월 말까지 지역교통안전기본계획을 확정해야 하고 국가교통안전기본계획은 계획년도 시작 전년도 6월 말까지 확정한다.

19 교통사고 관련 자료 등을 보관·관리하는 자는 교통사고 관련 자료를 교통사고가 발생한 날로부터 5년간 보관·관리하여야 한다.

20 교통사고 관련 자료 등을 보관·관리하는 자는 한국교통안전공단, 한국도로교통공단, 한국도로공사, 손해보험회사, 여객자동차운송사업자, 여객자동차 운수사업공제조합, 화물자동차 운수사업자로 구성된 협회가 설립한 연합회이다.

21 교통안전담당자는 안전 확보를 위해 교통수단의 운행계획 변경, 정비, 승무계획 변경, 시설·장비 설치 및 보완, 운전자 징계 건의 등을 요청할 수 있다. 그러나 교통세 부과는 세법 관련 권한으로, 교통안전담당자의 직무 범위에 포함되지 않는다.

22 운행기록장치 장착 면제 차량으로 최대적재량 1톤 이하인 화물자동차, 소형특수 자동차 및 구난형, 특수용도형 특수자동차, 여객자동차 운송사업에 2002년 6월 30일 이전 등록된 자동차

23 교통안전법 시행령 제47조의2
일시 정지 또는 횡단보도 설치 안전표지, 과속방지턱, 도로반사경, 어린이 안전보호구역 표지, 조명시설, 시선유도봉, 자동차 진입억제용 말뚝, 보행자용 방호울타리, 교통정온화 시설

24 단순경상자가 발생한 사고는 중대한 교통사고에 해당하지 않는다.

25 단지 내 도로에서 운전자는 통행 속도, 보행자 보호를 위한 서행·일시정지, 어린이 안전보호구역에서의 준수사항 등을 반드시 준수해야 한다. 통행 방법은 통행에 장애가 되지 않고 운전자에게 잘 보이는 장소에 게시되어야 하며, 게시 방법은 금속판, 현수막 등으로 정한다.

26 항공기 조종연습과 항공교통관제연습은 항공업무에서 제외한다.

27 국가기관 항공기의 해당 업무는 재난·재해 등으로 인한 수색·구조, 산불의 진화 및 예방, 응급환자의 후송 등 구조·구급활동, 그 밖에 공공의 안녕과 질서유지를 위하여 필요한 업무

28 항공기 준사고에 해당하는 경우로 다음 각목의 장소에서 이륙하거나 이륙을 포기한 경우 또는 착륙하거나 착륙을 시도한 경우로 1. 폐쇄된 활주로 또는 다른 항공기가 사용 중인 활주로 2. 허가받지 않은 활주로 3. 유도로(헬리콥터가 허가를 받고 이륙하거나 이륙을 포기한 경우 또는 착륙하거나 착륙을 시도한 경우는 제외한다) 4. 도로 등 착륙을 의도하지 않은 장소

29 경량항공기에 의한 사람의 사망, 중상 또는 행방불명이 사고에 해당한다.

30 관제구는 지표면 또는 수면으로부터 200미터 이상의 공역으로 국토교통부장관이 지정·공고한 공역

31 항공안전의 날은 매년 12월 29일이다.

32 등록의 종류에는 이전, 말소, 변경등록이 있다.

33 1명의 조종사로 승객을 수송하는 항공운송사업에 종사하는 40세 이상: 6개월

34 최초 응시자: 합격 통지일

35 1개의 교체비행장 요구 시에는 교체비행장까지 상승, 순항, 강하, 접근 및 착륙에 필요한 양만 있으면 충족

36 6석~30석까지 1개, 31석~60석까지 2개, 61석~200석까지는 3개이며 이후 각 100석 추가 시마다 1개씩 추가

37 팔꿈치를 구부려 유도봉을 가슴높이에서 머리높이까지 위아래로 움직인다.

38 출항 준비가 끝나는 즉시 입출항 신고서 제출

39 항로변경죄는 1년 이상 10년 이하의 징역에 처한다.

40 보호구역: 보안검색이 완료된 구역, 출입국심사장, 세관검사장, 관제탑 등 관제시설, 활주로 및 계류장, 항행안전시설 설치지역, 화물청사, 활주로·계류장·항행안전시설 설치지역·화물청사 지역의 부대지역

41 항공기 제작사가 인정한 품목

42 수평으로 1,500미터 수직으로 300미터

43 항공안전의날 행사에 있어 항공안전과 관련하여 공로가 있는 사람이나 단체에 대한 포상을 실시할 때 관계 행정기관의 장, 공공기관의 장, 항공안전과 관련된 기관·단체 또는 개인에게 필요한 협조를 요청할 수 있다.

44 화물터미널 내부의 보호구역 출입자 및 반입 물품에 대한 보안검색은 원칙적으로 화물터미널운영자가 수행해야 한다. 이는 터미널 운영 주체가 해당 구역의 보안 유지·관리 책임을 지기 때문이며, 필요시 외부 보안업체에 위탁할 수는 있으나 최종적인 관리·책임은 화물터미널운영자에게 있다.

45 긴급항공기란 공공의 안전과 생명을 보호하기 위해 긴급히 운용되는 항공기를 말하며, 시행규칙 제207조에 따라 다음의 경우에 지정될 수 있다. 재난·재해 발생 시 수색·구조, 응급환자 수송 등 구조·구급활동, 화재 진화, 화재 예방을 위한 감시활동, 응급환자를 위한 장기 이송, 자연재해 발생 시 긴급복구

46 보호구역에 출입하려는 사람은 출입허가서를 작성하여 공항운영자에게 제출하여야 한다.

47 항공교통관제시설에서 전문항공교통관제사의 감독하에 국토교통부령으로 정하는 기준 이상의 근무 경력을 갖춘 경우

48 항공영어구술능력증명은 두 나라 이상을 운항하는 항공기의 조종, 두 나라 이상을 운항하는 항공기에 대한 항공교통관제 업무, 공항시설법 제53조에 따른 항공통신업무 중 두 나라 이상을 운항하는 항공기에 대한 무선통신업무에 종사하려는 사람

49 항공안전프로그램은 항공안전에 관한 정책, 달성 목표 및 조직체계, 항공안전 위험도의 관리, 항공안전보증, 항공안전증진

50 항공교통업무제공의 정지는 6개월 이내의 기간을 정하여 명할 수 있다.

교통안전관리론

정답

01	02	03	04	05
③	①	③	③	④
06	07	08	09	10
③	①	②	②	③
11	12	13	14	15
②	②	①	③	③
16	17	18	19	20
③	④	②	①	③
21	22	23	24	25
③	②	②	④	②

해설

01 인적 요인은 인간의 능력, 한계, 특성을 이해하고 이를 시스템, 장비, 환경 설계에 반영하여 안전성, 효율성, 편의성을 높이는 것을 목표로 하는 학문이다.

02
- 유사집단: 과거 수행된 유사한 사례의 데이터나 경험을 바탕으로 미래를 예측
- 회귀분석: 하나의 원인이 결과에 미치는 영향을 통계적으로 분석하여 수학적 관계식으로 나타내는 방법
- 원단위 방법: 과거의 단위당 투입자료를 기준으로 전체 규모나 수요를 추정하는 방법
- 델파이 기법: 예측이나 의사결정을 전문가들의 의견을 체계적으로 수렴하여 합의를 도출하는 기법

04 시몬즈 방식은 사고로 인한 손실비용을 직접비(치료비, 수리비 등)뿐만 아니라 생산 손실, 시간·노동력 손실 등 간접비까지 넓게 산정하여, 총체적으로 교통사고에 따른 사회적·경제적 피해를 평가하는 방식이다.

05 내부의 강점과 약점, 외부의 기회와 위협을 동시에 고려하여 전략을 세우는 환경분석 및 전략도출 기법이다.

06 교통사고는 재현할 수 없는 특징이 있다.

07 작업장이나 설비, 장비, 사람의 위치와 배치를 합리적으로 계획함으로써 사고를 예방하는 원리

08
1. 예방: 사고 발생 가능성을 최소화하기 위한 사전 조치
2. 식별: 위험 요소와 사고 요인을 확인
3. 분석: 식별된 위험 요소와 사고 원인을 체계적으로 분석
4. 조치: 분석 결과를 바탕으로 위험 제거 또는 대응 조치 실행
5. 평가: 조치의 효과성과 안전 수준 점검
6. 사후관리: 지속적인 모니터링과 개선 활동을 통해 재발 방지

09 운전자의 중심 시야각은 약 10도이며, 주변 시야는 약 120도에서 180도로 차량속도가 증가할수록 시야가 좁아지는 현상이 발생한다.

10 사고의 원인과 결과를 동시에 시각화하여 좌우측으로 배치하여 예방과 대응 장치를 동시에 고려하는 사고분석 기법이다.

11 내적 요인은 사고 발생과 관련하여 운전자 자신에게서 기인하는 요인이며, 외적 요인은 사고 발생과 관련하여 운전자 외부 환경에서 기인하는 요인이다.

12 현혹효과란 사람이나 사물의 한 가지 긍정적(또는 부정적) 특성이 전체 평가에 영향을 미쳐, 다른 특성까지 과대 또는 과소평가하게 되는 인지 편향이다.

13 델파이 기법은 전문가들의 의견을 단계적으로 수렴하여 합의를 도출하는 방법으로, 통계적 기법보다는 전문가 판단을 체계적으로 반영하는 데 목적이 있다.

14 하인리히의 도미노 이론은 ①사회적 환경 및 유전적 요소→②개인적 결함→③불안전한 행동 및 상태 (직접 원인)→④사고→⑤상해의 순서로 진행된다.

15 1건의 중대사고 뒤에는 29건의 경미한 사고, 300건의 무사고 근접사고(Near Miss)가 존재한다.

16 위험성 분석과 안전관리 분야에서 사용하는 대표적인 사고 원인 평가 방법으로, 사고 또는 위험과 관련된 다양한 요인 중에서 중요한 요인을 식별하고, 이를 평가하여 사고 가능성을 분석하는 기법이다.

17 자연 생물체의 구조·기능·행동에서 착안하여 인간 활동, 기계, 설비, 작업환경 등 문제를 개선하거나 설계에 응용하는 기법이다.

18 정지거리는 반응거리(운전자가 위험을 인지하고 브레이크를 밟기까지 주행한 거리)와 제동거리(브레이크를 밟은 후 차량이 완전히 멈출 때까지 이동한 거리)를 합한 거리이다.

19 4M(MAN, MACHINE, MEDIA, MANAGEMENT)으로 사고나 문제 발생의 원인을 인간·기계·환경·관리 측면으로 체계적으로 분류하여 분석하는 방법이다.

20 ERG 이론은 매슬로우 이론을 단순화한 3단계 욕구 이론이며, 욕구 충족이 유연하고, 좌절 시 하위 욕구로 회귀 가능하다는 점이 특징이다.

21 개인, 집단, 조직 차원에서 사람들의 행동을 연구하고, 이를 통해 조직의 효율성과 구성원 만족도를 높이기 위한 학문이다.

22 인간은 본래 일을 싫어하지 않으며 자발적으로 노력할 수 있다는 긍정적 인간관을 전제로 한 관리 관점이다.

23 현장안전회의 단계: 도입→점검정비→운행지시→위험예지→확인

24 기술적 오류는 일반적 인적평가 오류의 범주에 포함되지 않고 시스템, 장비, 절차 등의 기술적 측면에서 발생하는 오류이다.

25 야간에는 간상세포가 주요한 역할을 하며 색을 구분하는 능력은 떨어지지만, 명암과 형태 인지는 가능하다.

항공기체

정답

01	02	03	04	05
③	③	①	④	③
06	07	08	09	10
④	③	③	②	②
11	12	13	14	15
③	④	①	①	③
16	17	18	19	20
②	①	③	③	②
21	22	23	24	25
②	①	②	②	②

해설

01 탄소 섬유 강화 복합재(CFRP)는 가볍지만 매우 높은 강도와 강성을 지닌 비금속 재료로, 항공기 구조에 적합하며 가장 단단한 비금속 소재 중 하나이다.

02 어큐뮬레이터는 항공기 유압 계통에서 압력을 저장하거나, 계통 내 압력의 급격한 변동을 흡수하여 안정적인 유압을 유지하는 역할을 한다. 또한 비상시 유압을 공급할 수 있는 예비 에너지 저장소로도 기능하며, 작동유의 급격한 압력 변동으로 인한 충격(예 Hammer Effect)을 완화한다.

03 크롬강, 몰리브덴강, 니켈강은 금강(Special Alloy Steel)으로, 알루미늄 합금보다 높은 강도를 가지며 순수 강철보다는 가볍고 내식성 및 피로강도가 우수하다. 따라서, 항공기에서는 착륙장치(Strut), 엔진 장착부, 엔진 마운트, 고하중을 받는 링크, 핀 등의 강도와 내구성이 필요한 부위에 사용된다.

04 세로대(Longeron)는 동체의 길이 방향을 따라 배치되어 주요 굽힘하중을 지지하는 구조 부재로, 프레임과 함께 동체의 강성을 유지하는 데 중요한 역할을 한다.

05 세미 모노코크 구조는 외피(Skin)와 내부 구조재(롱거론, 프레임 등)가 함께 하중을 분담하여 높은 강성과 경량화를 동시에 실현한 구조이다. 현대 항공기 대부분에 적용된다.

06 Tare Weight는 저울 위에 놓인 잭, 블록 등의 장비 무게로, 실제 항공기 무게에서 차감되어야 정확한 공중량을 산출할 수 있다.

07 AA 2024는 구리(Cu)를 주요 합금 원소로 하는 알루미늄 합금으로, 우수한 강도와 피로 저항성을 갖추고 있어 항공기 동체, 날개 구조재 등에 널리 사용된다. 그러나 내식성은 낮아 코팅 처리가 필요하다.

08 리벳 머리의 표시(돌기, 마크 등)를 통해 그 리벳이 어떤 합금 재질이며 어떤 강도군에 속하는지 식별할 수 있다. 이는 정비 작업에서 매우 중요한 정보이다.

09 연료는 항공기의 공중량에는 포함되지 않지만, 실제 운용 시에는 탑재되므로 유효하중(Useful Load)에 포함된다. 이는 항공기 탑재 능력과 비행 계획 수립에 중요한 요소이다.

10 Buttock Line은 동체 중심선을 기준으로 좌우로 수평 거리를 측정하는 선으로, 항공기 정비 및 구조 좌표계에서 좌우 위치 식별에 사용된다.

11 굽힘 하중이 작용하면 부재의 단면에서 중립축을 기준으로 위쪽은 압축, 아래쪽은 인장응력이 발생한다. 항공기 날개나 동체의 굽힘 해석 시 반드시 고려되는 요소이다.

12 Elevator, Aileron, Rudder는 1차 조종면으로 조종사가 항공기의 기본자세를 제어하는 데 사용된다. 반면, 수직꼬리날개는 Rudder가 부착되는 구조물일 뿐, 조종면 자체는 아니다.

13 방화벽은 항공기 내 화재 발생 구역과 다른 구역을 분리하여 화염과 연기의 확산을 차단하는 내화성 구조물로, 화재 안전에 필수적이다.

14 케이블 조종계통은 풀리 사용으로 방향 전환이 자유롭고, 경량이며 가격도 저렴하다. 또한 케이블의 장력을 유지해 느슨하지 않도록 설계된다.

15 SAE 10XX 계열은 탄소강(Carbon Steel)이며, 세 번째 숫자가 가장 높은 것이 정답이다. SAE 1010→0.10%, SAE 1020→0.20%, SAE 1035→0.35%, SAE 1045→0.45%(가장 많음)

16 비철금속은 철을 포함하지 않는 금속으로, 구리, 알루미늄, 니켈 등은 비철금속에 속하나, 철은 철강의 주성분으로 비철금속에 해당하지 않는다.

17 알크래드 알루미늄은 강도가 높은 합금 알루미늄에 부식을 방지하기 위한 순수 알루미늄(99.9%)의 얇은 코팅층을 붙여 내식성과 강도를 동시에 개선한 재료이다.

18 복합재료는 경량성, 내식성, 내피로성 등 여러 장점이 있지만, 제작 및 수리 비용이 높고, 제조 공정이 복잡한 단점이 있다.

19 PULL 형 고정볼트는 한쪽 면에서만 작업이 가능하며, 전용 리베터 공구로 내부 스템을 당겨 볼트를 고정한다. 양쪽 면 모두에 접근할 필요 없고, 설치 후에는 보통 재사용이 어렵다.

20 밸브 코어는 타이어 내부 밸브에 위치해 공기 출입을 조절하며, 이를 제거하거나 눌러 공기압을 완전히 배출할 수 있다. 밸런스 탭은 무게 균형 조절용이며, 휠 밸브와 타이어 레버는 공기압 배출 기능과 직접 관련이 없다.

21 볼트 머리에 "- -" 표시가 있으면 알루미늄 합금 볼트임을 나타내며, 경량 특성 때문에 항공기 구조에 주로 사용된다.

22 동체 스테이션은 동체 중심선을 기준으로 종방향 길이를 표시하여 위치를 나타내는 기준으로, 부품 위치 확인 및 정비에 사용된다.

23 CG 위치와 MAC 앞전 코드 위치의 차이(45inch)를 MAC 길이(180inch)로 나누고 100을 곱하면 25%가 된다.

24 수직꼬리날개는 항공기의 수직축을 기준으로 하는 요잉 운동을 제어하고, 좌우 방향 안정성을 유지하는 역할을 한다.

25 토크렌치는 반복 사용 및 충격에 의해 오차가 발생할 수 있어 정기적인 보정이 필요하며, 미리 소켓렌치로 약간 조인 후 사용하는 것이 좋다. 같은 곳에 여러 번 사용하면 정확도가 떨어질 수 있다.

항공교통관제

정답

01	02	03	04	05
④	②	③	③	③
06	07	08	09	10
④	②	①	②	①
11	12	13	14	15
②	③	④	③	④
16	17	18	19	20
②	②	②	②	③
21	22	23	24	25
④	②	②	④	④

해설

01 항공교통관제업무의 주된 목적은 항공기 간의 충돌 방지, 기동지역 내의 항공기와 장애물 간의 충돌 방지, 항공교통 흐름의 질서유지 및 촉진, 그리고 항공기의 안전하고 효율적인 운항에 필요한 조언 및 정보 제공이다. 신속한 사고 보고 및 수색구조 지원은 경보업무의 주된 목적이다.

02 전방향표지시설(VOR)에 따라 설정된 항공로를 비행하는 항공기는 주파수 변경 지점이 설정되어 있는 경우, 그 변경 지점 또는 가능한 한 가까운 지점에서 항공기 후방의 항행안전시설로부터 전방의 항행안전시설로 주파수를 변경하여야 한다.

03 관제탑 레이더 전시기는 관제탑 책임구역인 공항 표면 구역(Surface Area) 내에서 운항하는 항공기에 대한 정보 제공 및 지시 발부에 사용할 수 있으며, 이는 국지관제사의 책임이다.

04 시계(Visual)접근은 계기비행(IFR) 계획서를 제출한 항공기가 착륙 공항까지 육안으로 확인하며 비행할 수 있도록 항공교통관제기관이 부여하는 항공교통관제 허가이다. 시계접근은 계기접근절차가 아니며 정해진 실패접근 구간도 없다. 목적 공항의 보고된 시정이 3마일 이상일 때 레이더 유도를 시작할 수 있다. 조종사의 요구를 근거로 허가될 수도 있다.

05 관제사가 조종사에게 트랜스폰더의 자동 고도 보고(Mode C) 기능의 작동 중지를 지시할 때 사용하는 표준 관제 용어는 'STOP ALTITUDE SQUAWK'이다. 이 지시는 항공기 트랜스폰더가 부정확한 고도 정보를 송신하고 있거나, 조종사가 부정확한 고도계 수정치를 설정했을 때, 또는 관제사가 Mode C 송출을 원치 않을 때 사용된다.

06 비행계획에 포함되어야 하는 사항은 항공기 식별부호, 비행의 방식, 항공기 정보(항공기의 대수·형식 및 최대이륙중량 등급, 탑재장비), 출발 비행장 및 출발 예정 시간, 순항 속도, 순항고도, 교체 비행장 등이며, 출발 및 도착 비행장의 ATS 시설명은 해당 조항에 포함되지 않는다.

07 항공교통업무 운영 우선순위는 조난항공기, 긴급항공기(환자수송항공기 포함), 공공용 항공기(대통령탑승기 포함), 비행점검기, 예정된 비행(계기비행항공기 포함), 그 밖의 비행(특별시계비행항공기 포함) 순서이다.

08 무선통신 이양 시 조종사에게 사용할 주파수 통보를 생략할 수 있는 경우는 출발 주파수가 사전에 발부되었거나 표준계기출발(SID) 절차에 등재되었을 때나 지상(Ground) 또는 터미널(Terminal) 관제 주파수가 조종사가 사용 주파수를 알고 있는 것으로 관제사가 판단될 때이다. 지상관제 주파수가 121MHz 대역일 때 소수점 앞의 숫자를 생략할 수 있다.

09 항공교통업무는 항공기 또는 탑승자의 안전에 대한 우려가 발생하는 상황의 심각성에 따라 불확실단계(UNCERTAINTY PHASE), 경보단계(ALERT PHASE), 조난단계(DISTRESS PHASE)로 구분하여 경보업무를 수행한다. 항공기가 착륙 허가를 받은 후

착륙 예정 시간으로부터 5분 이내에 착륙하지 않고 통신이 두절된 상황은 항공기 안전에 대한 우려가 증가하는 경우에 해당하며, 이는 경보단계(Alert Phase)로 취급한다.

10 표준 편대비행 항공기와 타 항공기 간에는 해당 레이더 분리 최저치에 1마일을 추가하여 분리한다. 두 표준 편대비행 항공기 간에는 해당 레이더 분리 최저치에 2마일을 추가한다.

11 결심고도(Decision Height, DH)는 '접근을 수행하는 데 요구되는 시계참조물을 확인하지 못한 경우, 실패접근이 시작되는 정밀접근에서의 특정고도'를 의미한다. 이는 정밀접근 절차에서 활공각을 따라 강하하다가 착륙 여부를 결정해야 하는 고도이다.

12 항공교통관제에서 인터폰 송신의 우선순위는 다음과 같다.
- 제1순위: 항공기 사고 또는 예상되는 사고에 관한 필수적인 정보를 포함한 비상 전문
- 제2순위: 허가 및 관제지시
- 제3순위: 항공기 이동 및 관제전문
- 제4순위: 시계비행 항공기에 대한 이동 전문

13 결심고도(DH) 이하로 강하하기 위해서는 정상적인 강하율에 따라 착륙하기 위한 강하를 할 수 있는 위치, 비행시정이 해당 계기접근절차에 규정된 시정 이상, 활주로시단 시각참조물 식별 등 3가지 요건을 조종사가 모두 충족해야 한다. 관제탑의 착륙 허가는 이 3가지 요건을 조종사가 충족하여 착륙을 계속 진행할 수 있다고 판단한 후 조종사가 최종 착륙 허가를 받는 것이며, DH 이하 강하를 위한 전제 조건이 아니다.

14 송신해야 할 비상(Emergency) 또는 관제(Control) 전문이 있을 때, 우선권이 낮은 전문을 중단하기 위해서는 'EMERGENCY' 또는 'CONTROL'이라는 용어를 사용해야 한다. 'IMMEDIATELY'는 긴박한 상황의 회피를 위해 신속한 이행이 요구될 때 사용되는 용어이며, 'EXPEDITE'는 긴박한 상황으로의 진전을 피하기 위해 즉각적인 이행이 요구될 때 사용되는 용어이다.

15 음성-공항정보 자동방송이 하나 이상의 언어로 제공될 경우 각 언어에 대해 별도의 회선을 사용할 수 있지만, '반드시 사용해야 한다'는 의무사항이 아니다. 음성-ATIS 방송용으로 ILS 음성 채널을 사용해서는 안 되며, 계속적이고 반복적으로 제공되어야 한다. 메시지는 가능한 30초를 초과하지 않아야 한다.

16 선행 항공기가 강하하거나 후행 항공기가 상승하는 경우, 고도 변경이 시작될 당시 두 항공기 간의 수직 간격이 4,000피트 이내이고, 선행 항공기가 통과한 픽스를 후행 항공기가 통과한 후 10분 이내에 고도 변경이 시작되는 경우 5분 종적 분리 최소치 기준을 적용한다.

17 FL390 이상의 고도에서 조종사 동의가 없는 경우, 발간된 고고도 계기접근절차를 수행 중인 항공기, 체공 장주에 있는 항공기, 최종접근 진로상의 최종 접근 픽스 또는 활주로로부터 5마일 되는 지점 중 활주로로부터 가까운 지점에 있는 항공기에게는 속도 조절을 지시해서는 안 된다.

18 관제사는 TCAS RA 경고를 따르는 항공기 및 관할 공역 내의 다른 모든 항공기에게 지형·지물 또는 장애물에 관한 안전 경보 및 교통정보 조언을 적절히 발부해야 한다. RA 경고 대응 절차에 반하는 관제 지시를 발부해서는 안 되며, TCAS 기동 중에는 표준 분리 책임이 없다. 표준 관제 업무는 항공기가 RA 기동을 완료하고 관제사가 이를 확인한 후에 재개된다.

19 관제권(Control Zone)은 이착륙 절차를 수행하는 항공기가 포함되도록 공항 또는 인접 공항의 중심으로부터 최소 9.3킬로미터(5해리)의 반경을 포함하여 설정하여야 한다.

20 항공교통업무시설은 부가적으로 조종사 요구 시 정확한 시간을 제공하여야 하며, 시간 점검은 가까운 30초를 기준으로 분 단위로 하여야 한다.

21 항공안전법 시행규칙 [별표 20의2] '의무보고 대상 항공안전장애의 범위'에 따르면, 항공기의 위치, 속도 및 거리가 다른 항공기와 충돌 위험이 있었던 것으로 판단되는 근접 비행이 발생한 경우(다른 항공기와의 거리가 500피트 미만으로 근접하였던 경우)가 해당한다. 500피트 이상에서 단순히 공중충돌경고장치가 작동한 것만으로는 항공기 준사고로 보지 않는다. 비행 중 운항승무원의 조종 능력 상실, 조종사가 비상선언을 하여야 하는 연료 부족 발생, 비행 유도 및 항행에 필수적인 2개 이상의 시스템 고장은 의무 보고 대상 항공 안전 장애에 해당한다.

22 운상시계비행(VFR-On-Top)의 핵심은 조종사가 시계비행 기상 최소치를 유지하며 육안으로 다른 항공기를 회피할 책임이 있다는 것이며, 관제사는 표준 IFR 분리를 제공하지 않는다.

23 항공교통관제시설이 아닌 타 시설을 통해 항공기에게 비행 허가가 중계될 때는 "ATC CLEARS"라는 용어를 사용하여 해당 내용이 항공교통관제기관의 인가된 허가임을 명확히 한다. 비행정보(Advisory)는 'ATC ADVISES'를 사용하며, 정보 요구(Request)는 'ATC REQUESTS'를 사용한다.

24 표준계기출발절차(SID)의 주요 목적은 공항에서 항로 단계로의 매끄러운 이동을 제공하면서 항공교통관제사(ATC)와 조종사의 업무량을 줄이고, 라디오 혼잡을 줄이며, 효율적인 공역의 사용을 가능하게 한다. SID는 표준화된 절차를 제공하여 안전 및 효율적인 교통흐름을 우선하므로, 경제적 효율성만을 위해 최단 거리 비행을 목적으로 하지 않으며, 오히려 정의된 비행경로를 따르기 때문에 최단 거리가 아닐 수도 있다.

25 긴급항공기를 운항한 자는 운항이 끝난 후 24시간 이내에 긴급항공기 운항결과 보고서를 관할 지방항공청장에게 제출해야 한다. 이 보고서에는 운항 개요, 조종사 및 탑승자 정보, 응급환자 수송 증빙 서류 등이 포함되어야 한다.

항행안전시설

정답

01	02	03	04	05
④	③	②	②	④
06	07	08	09	10
④	①	④	③	③
11	12	13	14	15
②	③	②	③	③
16	17	18	19	20
③	④	②	④	③
21	22	23	24	25
④	④	③	③	④

해설

01 항공행정전문(KK)은 항공기 운항의 안전성 또는 정시성을 위한 항공통신시설 운영·유지보수, 항공통신서비스 기능, 민간항공 기관 간 교환 전문으로 구성된다. 반면, 항공기의 지상조업에 관련된 전문은 비행규칙전문(GG)에 해당한다.

02 단파(HF) 통신시설은 HF 대역의 주파수를 이용하여 지상의 운영자와 항공기 조종사에게 장거리 이동통신 기능을 제공하며, HF 전파는 전리층에서 반사되는 특성을 이용하여 지구 곡면을 따라 원거리까지 도달한다. HF 통신은 수천 킬로미터까지 장거리 통신이 가능하지만, 태양 흑점 활동 등 자연현상에 영

향을 받아 신뢰성이 유동적이며 잡음에 노출되기 쉽다.

03 활주로 정지위치 표지는 황색이며, 밝은색의 포장 면에서는 흑색 윤곽선을 그린다.

04 일괄배포 주소(Collective Address)는 항공고정통신망(AFTN)에서 특정 정보를 다수의 수신처에 한 번에 전송하기 위해 미리 지정해 둔 주소이다.

05 비행장의 이동지역에서 엔진이 작동 중인 항공기는 충돌방지등을 켜야 한다.

06 활주로시단식별등, 진입각지시등, 활주로등은 항공기가 공중에서 활주로로 접근하고 착륙하거나 이륙을 위해 활주로를 이용하는 단계에서 필요한 시각 정보를 제공하는 기능을 수행한다. 반면, 유도로중심선등은 지상 주행 중인 항공기에 유도로 경로를 알려주는 기능을 수행한다.

07 중광도 항공장애등의 A형은 백색 섬광등, B형은 적색 섬광등, C형은 적색 고정등으로 규정된다.

08 활주로 강도 산정 시 해당 비행장을 이용하는 항공기의 하중 조건 및 운항 횟수 등을 고려하지만, 연간 총 이착륙 횟수만을 기준으로 결정되는 것은 아니다.

09 활주로시단식별등은 비정밀접근활주로에 진입등시스템이 없는 경우 의무적으로 설치해야 한다. ILS CAT-II 등급을 포함한 정밀접근활주로에는 정밀한 진입등시스템이 설치되어 있어 별도의 활주로시단식별등을 설치할 필요가 없다.

10 헬기장의 최종접근 및 이륙구역(FATO)의 경계를 표시하는 최종접근 및 이륙구역등의 등화색상은 백색의 전방향성 고정등이다. 헬기장 목표지점등의 색상은 백색이다.

11 고속탈출 유도로는 착륙 항공기가 활주로에서 고속으로 빠져나가도록 설계되어 활주로 점유시간을 최소화한다. 이는 활주로 용량 증대와 원활한 비행장 운영을 위해 항공기의 이·착륙이 많은 활주로에 적용될 수 있으나, 교량에는 설치되어서는 아니 된다.

12 공항지상감시레이더는 공항 이동지역 내 항공기와 차량 등을 감시하기 위한 시설이며, 이를 위해 안테나가 공항 관제탑 옥상에 설치되는 것이 가장 이상적이다.

13 활주로의 횡단경사도는 충분한 배수를 보장하여야 하나, 활주로 또는 유도로의 교차 부분을 제외하고는 1% 이하의 값을 가져서는 안 된다. 활주로 중심선 양측에 대한 횡단경사도는 좌우대칭으로 하여야 하며, 활주로 전체에 대한 횡단경사도는 대체로 동일해야 한다. 분류문자 C, D 활주로의 최대 횡단경사도는 1.5%이다.

14 정밀접근활주로 운영을 위한 GP 안테나 전방 전파보호 임계지역의 횡단경사도는 가능한 한 하향 1.5%가 초과되지 않도록 하며, 어떠한 경우에도 2.5%를 초과하지 않아야 한다.

15 항공기 주기장 유도로를 포함하는 계류장 경사도는 배수를 원활히 할 수 있을 만큼 충분하여야 하며, 배수 요건을 충족하는 한 계류장 경사도를 수평으로 할 수 있다. 항공기 주기장 지역에서의 경사도는 1% 이하가 되도록 하여야 하지만, 급유구·결박시설·접지봉 등의 필수시설은 시설 특성상 불가피한 경우 예외로 한다.

16 활주로 정지위치 표지는 황색이며, 밝은색의 포장 면에서는 흑색 윤곽선을 그려 표지를 강조하여야 한다.

17 접지 및 위치지정 표지는 선의 폭이 최소 0.5미터인 황색 원으로 설치하여야 하며, 해상구조물 헬기장의 경우 선의 최소 폭은 1미터 이상이어야 한다. 내부 직경은 최대 회전익항공기 직경의 2분의 1이어야 한다.

18 헬기장 명칭표지 높이는 육상헬기장의 경우 3미터 이상, 옥상헬기장·선상헬기장·해상구조물 헬기장의 경우 1.2미터 이상으로 하여야 한다.

19 특별한 하중자료를 이용할 수 없는 경우, 바퀴 타입의 설계회전익항공기는 회전익항공기 하중에 75퍼센트가 회전익항공기 후방 뒷바퀴 2개 또는 듀얼 휠 배치인 경우에는 한 쌍의 뒷바퀴의 접촉면적에 균등하게 적용된다. 동적하중은 설계 시 이륙중량의 150퍼센트로 가정한다.

20 활주로의 배치는 그 지역의 야생동물과 일반적 생태환경 및 소음 민감지역에 미치는 영향이 고려되어야 한다.

21 활주로에 개방구역이 갖추어지면 이륙가용거리(TODA)에 개방구역의 길이가 포함된다. 시단이 이설된 활주로에서는 이설된 거리만큼 착륙가용거리(LDA)가 감소한다. 정지로는 이륙 중 엔진 고장 등의 예외적인 상황(이륙 포기)에서 항공기가 정지하는 데 적합하도록 설치된 구역이며, 착륙용으로 사용하지 않는다.

22 고속탈출 유도로는 항공기 이동을 위한 교량에 설치되어서는 아니 된다.

23 비행장 도로망을 설계할 때, 구조 및 소방차량이 비행장의 여러 지역, 특히 활주로 시단으로부터 1,000m까지의 진입지역, 또는 적어도 비행장 경계 내의 지역에 도달할 수 있는 비상 접근도로를 설치할 필요성에 대하여 검토하여야 한다.

24 착륙대 횡단면도는 활주로의 양단 및 중앙의 3개소에서의 착륙대 횡단면도를 포함하여야 한다.

25 접지구역표지의 쌍(pair)의 개수는 항공기가 착륙할 수 있는 거리인 공시착륙거리(LDA)에 따라 달라진다. 예를 들어, LDA가 2,400미터 이상이면 6쌍, 1,500미터 이상 2,400미터 미만이면 4쌍 등으로 규정되어 있어, 모든 활주로에 동일하게 설치되지 않는다.

항공기상

정답

01	02	03	04	05
③	③	②	②	④
06	07	08	09	10
③	①	②	②	③
11	12	13	14	15
④	①	③	③	③
16	17	18	19	20
②	①	④	③	②
21	22	23	24	25
①	②	②	④	③

해설

01 산풍은 야간에 산의 기온이 하강하면서, 차가운 공기가 산→계곡 방향으로 흐르는 바람이다.

02 Cu(Cumulus)는 적운, 즉 솜털처럼 부푼 구름으로, 보통 낮은 고도에 위치한다. 층운(Stratus)의 약어는 St이다.

03 난류는 단순히 승객에게 불편을 주는 것뿐 아니라, 심한 경우 항공기 구조에 손상을 줄 수 있으며, 조종 성능에도 영향을 미칠 수 있다. 특히 강한 난류(심한 난류, 극심한 난류)는 기체에 스트레스를 가해 손상을 입힐 수 있다.

04 증발에 의한 안개(증기 공급형 안개)는 따뜻한 수면에서 수증기가 증발하여, 차가운 공기와 만나면서 응결되어 형성되는 안개이다. 증기안개(Steam Fog)는 찬 공기가 따뜻한 수면 위를 지나갈 때, 수증기가 빠르게 증발해 찬 공기에서 응결, 흔히 강 위나 호수 위에서 발생한다. 전선안개(Frontal Fog)는 전선면에서 강수가 차가운 공기층 위로 떨어지며 증발해 형성된다. 특히 온난전선 근처에서 자주 발생한다. 반면, 복사안개, 이류안개, 산악안개 등은 공기의 냉각으로 인한 응결 현상이며, 냉각형 안개이다.

05 우박은 강한 상승기류가 존재하는 적란운(Cumulonimbus) 내에서 얼음 입자가 여러 번 위아래로 이동하면서 수분이 얼어 점점 커지는 현상이다. 우박은 단단하고 크기가 다양하며, 항공기에 심각한 손상을 줄 수 있어 매우 위험하다.

06 착빙은 보통 영하 0도에서 약 영하 20도 사이의 온도 범위에서 가장 잘 발생하며, 영하 40도 이하에서는 공기 중 수분이 거의 없기 때문에 착빙이 잘 발생하지 않는다.

07 오호츠크해 기단은 북태평양 북서부의 찬 바다 위에서 형성되는 차갑고 습한 해양성 기단이다. 이 기단은 우리나라에 영향을 주어 주로 장마전선 형성과 강수에 중요한 역할을 한다.

08 "VA"는 항공기상 관측 보고서(SPECI, METAR 등)와 항공기상 예보(TAF, SIGMET 등)에서 화산재 구름(Volcanic Ash cloud)을 나타내는 공식 부호이다.

09 윈드시어는 바람의 속도나 방향이 공간적으로 급격히 변하는 현상으로, 주로 저고도에서 발생할 때 착륙·이륙 중인 항공기에 매우 위험할 수 있다. 윈드시어는 특히 기상악화, 기상 전선, 난류, 저기압 및 고기압 주변, 그리고 지형의 영향 등 다양한 원인으로 발생할 수 있다.

10 황사는 주로 봄철에 발생하며, 이는 건조하고 강한 바람이 사막지대의 먼지를 공중으로 많이 들어올리기 때문이다. 여름철보다는 건조하고 바람이 강한 봄철에 빈번하게 발생하며, 대기 중 미세 입자가 많아 가시거리가 감소하고 항공기 운항 안전에 영향을 줄 수 있다.

11 상대습도는 현재 공기 중 포함된 수증기량이 같은 온도에서 포화 상태일 때의 수증기량에 대해 몇 %인지 나타낸 값이다. 즉, 상대습도는 공기 중 실제 수증기량을 포화 수증기량과 비교하여 백분율(%)로 표시한다.

12 항공기상 보고서(METAR 등)에서는 구름의 높이를 지표면(Above Ground Level, AGL) 기준으로 피트(ft) 단위로 표현한다. 특히 100피트 단위로 보고되며, 예를 들어 BKN030은 지표면에서 3,000ft 상공에 퍼진 구름(Broken Cloud)을 의미한다.

13 대류권은 지표면부터 약 10~12km까지의 대기층으로, 대부분의 기상 현상이 여기에서 발생하며 기온은 고도에 따라 감소한다. 성층권(약 12~50km)은 오존층이 위치해 자외선을 흡수하고, 고도가 높아질수록 기온이 오히려 증가하는 특징이 있다. 중간권(약 50~85km)은 유성이 타는 구간이지만, 기온은 고도에 따라 다시 감소한다. 열권(85km 이상)은 기온이 높지만 공기 밀도가 매우 낮아 실제 체감은 거의 없다. ③번은 중간권의 기온 변화 방향을 잘못 설명했다.

14 표준기압은 1013.25hPa, 29.92inHg, 760mmHg로 정의된다. 980hPa는 저기압성 기상 현상(예 태풍, 저기압권)에서 나타나는 낮은 기압 값이다.

15 지표 마찰력은 지표면 근처에서만 작용하며, 바람의 속도를 감소시키고 방향을 바꿀 수 있다. 고도가 높아질수록 감소한다.

16
- 고기압(Anticyclone): 중심부에서 공기가 하강하며, 시계 방향으로 회전(북반구 기준)한다. 일반적으로 맑고 안정된 날씨를 유도한다.
- 저기압(Cyclone): 중심부로 공기가 모여 상승하며, 시계 반대 방향으로 회전(북반구 기준)한다. 구름 형성과 강수가 자주 발생한다.

17 정체전선은 전선이 거의 움직이지 않아 장시간에 걸쳐 비나 흐림이 지속된다. 맑은 날씨가 지속된다는 설명은 틀리다.

18 뇌우는 대기 불안정성, 즉 따뜻한 공기가 빠르게 상승할 수 있는 조건에서 발생한다. 또한, 충분한 수분 공급과 강한 상승기류가 있어야 강한 구름(적란운)과 뇌우가 형성된다. 반면, 대기가 안정되어 있으면 공기의 상승이 억제되어 뇌우 발생이 어렵다.

19 공식 약어로 권적운(Cirrocumulus)은 Cc, 권층운(Cirrostratus)은 Cs, 권운(Cirrus)은 Ci로 표기된다.

20 일사량은 태양이 떠오르는 일출 이후에 점차 증가하여 낮 동안 최대치에 도달하며, 일몰 무렵에는 급격히 감소한다.

21 절대습도는 일정한 부피 또는 질량의 공기 중에 포함된 수증기량(수증기 무게)을 의미하며, 단위는 g/m^3 등이 사용된다. 상대습도는 현재 수증기량이 포화 수증기량 대비 몇 %인지를 나타내는 비율이다.

22 항공기 고도계에 QNH를 설정하면, 고도계가 지표면의 해발고도를 정확히 표시해 준다.

23 태풍은 적도에서 약 5도에서 20도 사이의 따뜻한 열대 해역에서 발생한다. 이 지역은 해수면 온도가 약 26.5℃ 이상으로 높아, 태풍 발생에 필요한 잠열 공급과 수분이 풍부하다.

24 대류권에서 고도가 높아질 때 기온, 압력, 밀도 모두 감소하는 것이 정상적인 현상이다.

25 풍향은 바람이 불어오는 방향을 의미하며, 진북과 직접 관련이 있다.

2회 기출유형 모의고사 정답 및 해설

교통법규

정답

01	02	03	04	05
②	③	②	②	③
06	07	08	09	10
④	③	④	①	④
11	12	13	14	15
①	④	③	①	①
16	17	18	19	20
③	④	④	②	①
21	22	23	24	25
③	④	②	②	②
26	27	28	29	30
③	②	①	②	①
31	32	33	34	35
③	①	②	①	③
36	37	38	39	40
①	④	①	①	③
41	42	43	44	45
④	①	②	③	③
46	47	48	49	50
④	②	④	③	④

해설

01 교통시설은 도로·철도·궤도·항만·어항·수로·공항·비행장 등 교통수단의 운행·운항 또는 항행에 필요한 시설과 그 시설에 부속되어 사람의 이동 또는 교통수단의 원활하고 안전한 운행·운항 또는 항행을 보조하는 교통안전표지·교통관제시설·항행안전시설 등의 시설 또는 공작물

02 교통사고에 있어서 사망사고는 교통사고로 30일 이내에 사망하였을 경우이다.

03 제1조 목적은 "교통안전에 관한 국가·지자체의 의무·추진체계 및 시책 등을 규정하고 이를 종합적·계획적으로 추진함으로써 교통안전 증진에 이바지함"이다.

04 한국교통안전공단, 한국도로교통공단, 한국도로공사, 손해보험회사, 여객운송사업 면허 소지자 또는 등록을 한 자, 여객자동차 운수사업법에 따른 공제조합, 화물자동차 운수사업자로 구성된 협회가 설립한 연합회

05 교통수단안전점검의 대상이 둘 이상인 경우 해당 소관 기관이 공동으로 점검할 수 있다.

06 교통안전 실태점검을 하려는 경우에는 다음 각호의 사항이 포함된 점검계획을 법 제57조의3제1항에 따른 단지 내 도로를 설치·관리하는 자(이하 "단지 내 도로설치·관리자"라 한다)에게 통지해야 한다.

07 요금 책정은 포함되지 않는다.

08 교통시설안전진단 대상자의 명칭 및 소재지, 대상의 종류, 실시기간과 실시자, 안전진단 대상의 상태 및 결함 내용, 교통안전진단기관의 권고사항, 그 밖에 교통안전관리에 필요한 사항

09 교통수단운영자는 여객·화물 자동차 운수사업자, 항공운송사업자 등이다.

10 교통약자는 장애인, 고령자, 임산부, 영유아를 동반한 사람, 어린이 등 일상생활에 불편을 느끼는 사람

11 덤프형 화물자동차는 차로이탈경고장치 장착 제외 대상이다.

12 교통안전관리규정에 포함되어야 하는 사항은 교통안전의 경영지침, 교통안전목표 수립, 교통안전 관련 조직, 교통안전담당자 지정, 안

전관리대책 수립 및 추진, 그 밖에 교통안전에 관한 중요 사항이다.

13 교통행정기관은 분석결과를 이용하여 운행기록장치 장착의무자 및 차량운전자에게 허가·등록의 취소 등 어떠한 불리한 제재나 처벌을 하여서는 아니 된다.

14 교통안전진단기관 등록의 취소, 교통안전관리자 자격의 취소 시에는 청문을 실시하여야 하며, 자격정지 해제는 불리한 처분이 아니므로 청문이 불필요하다.

15 사업장을 출입하여 교통수단안전점검을 하려는 경우 검사 7일 전까지 검사계획과 일시, 이유, 내용을 교통수단 운영자에게 통지하여야 한다.

16 교통안전도 평가지수는 중상사고 발생 시 0.7의 가중치를 적용한다.

17 중대교통사고로 인해 운전면허가 취소 또는 정지된 차량운전자의 경우에는 운전면허를 다시 취득하거나 정지 기간이 만료되어 운전할 수 있는 날부터 60일 이내

18 국가교통안전기본계획은 5년 단위로 수립해야 한다.

19 지방교통안전기본계획은 특별시장·광역시장·도지사가 수립한다.

20 교통문화지수는 교통안전 의식과 문화를 평가하기 위한 지표다.

21 단지 내 도로의 종류는 차도, 보도, 자전거도로로, 보도는 차도와 완전히 분리된 공간으로 차량 진입이 불가한 보행자만을 위한 도로이며, 인도는 차도의 부속시설로 차량주행공간이 맞닿아 있으면서 물리적으로 분리된 통행로이다.

22 운행기록장치는 속도, 급가속, 제동, 위치 등의 항목을 분석한다.

23 예산의 범위 내에서 지원하거나 융자할 수 있다.

24 운행기록장치는 속도, 급가속, 제동, 위치 등 항목을 분석하고 5년간 보관한다.

25 사망사고 3건 이상, 중상사고 10건 이상 발생 시 원인조사 대상도로로 선정한다.

26 대한민국 법인이 장기간 임차한 경우에는 등록이 필요하나 단기간 임차 시에는 등록을 필요로 하지 않는다.

27 국가기관항공기 적용특례로 군용항공기, 경찰항공기, 세관업무용 항공기는 제외한다.

28 항공기 사고란 사람이 비행을 목적으로 항공기에 탑승하였을 때부터 탑승한 모든 사람이 항공기에서 내릴 때까지 운항과 관련하여 발생한 사고이다.

29 주 출입구가 있는 경우 안쪽 윗부분, 없는 경우 동체의 외부 표면

30 25피트(7.62미터) 이하의 간격으로 기압고도 정보를 제공할 수 있어야 한다.

31 항공기관사: 2종

32 주류 등의 영향으로 항공업무 또는 객실 승무원의 업무를 정상적으로 수행할 수 없는 상태의 기준이 되는 혈중알코올의 농도는 0.02%이다.

33 61석~99석까지는 1개

34 지표로부터 450미터 미만의 고도와 지표로부터 반경 500미터 범위의 장애물 상단 500미터 이하 고도에서 곡예비행은 금지

35 관제공역, 비관제공역, 통제공역, 주의공역으로 구분된다.

36 예항줄 길이는 40미터 이상 80미터 이하로 하며 20미터 간격으로 붉은색과 흰색 표지부착, 예항줄 80% 이상 고도에서 예항줄 이탈

37 보안검색의 면제: 공무로 여행하는 대통령(대통령 당선인, 권한대행) 및 외국의 국가원수 및 배우자, 국제협약 등에 따라 보안검색을 면제받도록 되어 있는 사람, 국내공항에서

보안검색을 완료하고 국제선으로 환승하려는 경우, 보안검색 후 보안검색이 완료된 구역을 벗어나지 않은 경우, 요건을 갖춘 외교행낭

38 20석 이상 50석 이하 1명

39 1°에서 179° 시계비행은 홀수 1,000피트 단위에 추가로 500피트, 181°에서 359° 시계비행은 짝수 2,000피트에 추가로 500피트

40 비행시정을 1,500미터 이상 유지하며 비행할 것

41 공항운영자가 수립시행하여야 하는 보안대책, 보안검색 완료자와 미완료자 간 접촉 방지, 보안검색 거부자 및 위협물 소지자의 보안검색 완료구역 진입 방지, 공항 건설·유지·보수 과정에서 불법 방해행위로부터 인원 및 시설 보호

42 항공안전법 제74조에서 회항시간 연장운항은 2발 엔진 항공기는 한쪽 엔진 고장 상황을 기준으로 순항속도를 산정해야 하며, 3발 이상 항공기는 모든 엔진이 정상 작동하는 상황에서의 순항속도를 기준으로 한다. 또한 국토교통부장관은 승인을 내리기 전에 운항기술기준에 부합하는지 확인해야 한다.

43 항공안전법 제134조는 청문 절차 모든 증명의 취소, 모의비행훈련장치에 대한 지정 취소 또는 효력정지, 항공신체검사 또는 자격증명의 취소 또는 효력정지

44 항공안전법 시행규칙에 따르면 긴급항공기 운항 전에는 항공기의 형식·등록부호·식별부호, 긴급 업무 종류, 운항 의뢰자 정보, 비행일시 및 구간, 연료탑재량 등을 지방항공청장에게 통지해야 한다.

45 청문 대상 처분은 항공안전법에 따라 형식증명, 제작증명, 감항증명, 자격증명, 전문교육기관 지정 등과 관련된 취소 또는 효력정지

46 항공영어구술능력증명은 두 나라 이상을 운항하는 항공기의 조종, 두 나라 이상을 운항하는 항공기에 대한 항공교통관제 업무, 공항시설법 제53조에 따른 항공통신업무 중 두 나라 이상을 운항하는 항공기에 대한 무선통신

47 항공교통업무증명을 취소하거나 정지할 수 있는 사유는 거짓이나 부정한 방법으로 항공교통업무증명을 받은 경우, 항공안전관리시스템을 승인받지 않고 운용한 경우, 소속 직원에게 기본 안전교육을 실시하지 않은 경우, 고의 또는 중대한 과실로 항공기 사고를 발생시키거나 관리·감독을 소홀히 하여 항공기 사고가 발생한 경우

48 전문교육기관 지정의 취소만 해당

49 항공전문의사의 교육에 관한 업무는 위탁할 수 있다.

50 한국환경공단은 무인비행장치 적용 특례에 따라 항공안전법을 적용하지 않는 대통령령으로 정하는 공공기관에 해당하지 않는다.

교통안전관리론

정답

01	02	03	04	05
③	②	③	④	①
06	07	08	09	10
②	②	③	②	③
11	12	13	14	15
②	①	③	②	③
16	17	18	19	20
③	①	②	④	①
21	22	23	24	25
②	④	②	④	②

해설

01 예비조사→진단→점검·정비→대책 강구→개선 목표 설정

02 교통안전진단의 5단계는 예비조사→진단→점검·정비→대책 강구→개선 목표 설정이며, 이 중 진단 단계에서 과거 교통사고 자료를 통계적으로 분석하기 위해 회귀분석이 활용된다. 이를 통해 사고에 영향을 미치는 요인을 규명하고 개선 방향을 도출한다.

03 회피 방법 결정 단계는 위험의 성격과 시급성을 판단한 후, 이를 최소화하거나 제거하기 위한 구체적인 대응 방법을 선택하는 과정이다. 차량 운행 중 보행자가 갑자기 나타났다면, 속도를 줄이거나 방향을 바꾸는 등 구체적인 회피 행동을 선택하는 것이 이 단계에 해당한다. 이는 이후의 회피 조치 실행 단계로 연결되며, 전체 위험관리 절차의 핵심 역할을 한다.

04 FTA(결함수분석)는 시스템의 최종 고장이나 사고(Top Event)에서 출발해 이를 유발하는 원인을 논리적으로 역추적하여 트리 형태로 도식화하는 분석기법이다. 이를 통해 사고의 근본 원인을 체계적으로 파악하고, 예방 및 관리 대책을 수립할 수 있다.

05 등치성 원리는 동일한 수준의 위험에 대해 동일한 안전 조치를 적용해야 한다는 원리이다. 이를 통해 안전관리에서 일관성을 유지하고, 동일 위험에 대해 형평성 있는 대응을 할 수 있다.

06 교통사고 평가에서는 사망자 수, 중상자 수, 경상자 수, 사고 건수가 기본 지표로 사용된다. 이 지표들은 사고의 심각성과 빈도를 정량적으로 평가하는 핵심 자료가 되며, 사고 예방 대책 수립과 정책 우선순위 결정에 활용된다.

07 교통사고의 매개체는 사고 발생에 영향을 미치는 환경적 요인을 의미하며 도로 구조, 노면 상태, 교통 표지, 기상 조건 등이 포함된다. 운전자 요인은 인적 요인, 차량은 기계적 요인, 매개체는 환경적 요인으로 구분되어 사고 분석과 예방 대책 수립에 활용된다.

08 교통사고는 단일 원인보다는 인적 요인(운전자 실수, 주의력 부족 등), 기계적 요인(차량 결함, 제동력 저하 등), 환경적 요인(도로 상태, 기상, 교통 시설 등)이 복합적으로 작용하여 발생한다.

09 SHEL 모델은 안전공학에서 인간 중심 분석 기법으로, 중심에 있는 Liveware(인간)와 이를 둘러싼 'S(Software): 규정', 절차, '매뉴얼 H(Hardware). 기계', '장비 E(Environment): 작업 환경', 기상, 조명 등 간의 상호작용을 분석하여 인간-시스템 상호작용에서 발생할 수 있는 문제와 위험 요소를 평가하고 개선 방안을 마련하는 데 활용한다.

10 TEM(Threat and Error Management) 모델은 항공 안전 운영 철학이다.
- 위협 관리: 비행 중 발생 가능한 외부 및 내부 위협을 사전에 인지하고 대응
- 오류 관리: 승무원이 실수를 하더라도 이를 조기에 탐지하고 대응
- 원치 않는 항공기 상태 회복: 오류 관리 실패 시 발생할 수 있는 안전 위험 상황을 신속히 회복

위 세 가지 요소를 통합하여 승무원의 안전 행동과 항공기 운영 안전성을 극대화하는 데 중점을 둔다.

11 착오(Mistake)는 계획 단계에서 발생하는 오류로 상황 판단 오류나 지식 부족 등으로 인해 잘못된 계획을 세우고, 그 계획을 정확히 수행했을 때 발생한다.
   예 문제 해결 절차를 잘못 이해하고 그대로 수행하는 경우

행동 수행 단계에서의 실수(Slip)와는 달리, 계획 자체의 오류가 핵심

12 스위스 치즈 모델은 사고 발생을 설명하는 대표적 시스템 안전 모델로, 조직적 요인, 감독 부족, 절차 미비 등 여러 방어 계층에 존재하

는 잠재적 결함(구멍)이 우연히 일직선으로 정렬될 때 사고가 발생한다고 가정한다. 이를 통해 사고 예방을 위해 단일 원인뿐 아니라 시스템 전반을 점검하고 방어 계층을 강화해야 함을 강조한다.

13 상관분석은 두 변수 간의 관계 정도와 방향(양의 상관, 음의 상관 등)을 수치화하는 통계적 기법으로 연관성에 중점을 둔다.

예 운전자의 피로 정도와 사고 발생률 간 상관관계 분석

14 욕조곡선(Bath-tub Curve)은 장치나 시스템의 고장률 추이를 시간에 따라 나타낸 그래프이다.
- 초기 고장률(Infant Mortality): 제품 초기 사용 시 설계·제작 결함 등으로 고장 발생률이 높다.
- 정상 고장률(Useful Life): 안정기를 거쳐 고장률이 낮고 일정하게 유지된다.
- 마모 고장률(Wear-out): 사용 수명이 끝날 무렵 부품 마모 등으로 고장률이 다시 증가한다.

이 곡선은 예방정비 및 신뢰성 관리에 중요한 기초 자료로 활용된다.

15 브레인스토밍은 집단 창의적 문제 해결 기법으로, 참여자들이 순서에 구애받지 않고 자유롭게 아이디어를 제시하며, 아이디어의 양을 늘리고, 평가나 비판은 회의 후에 수행한다. 이를 통해 혁신적이고 창의적인 아이디어를 효율적으로 도출할 수 있다.

16 피아제(Piaget)의 인지발달 이론은 아동의 인지 발달이 연령에 따라 단계적으로 진행된다고 설명한다.

[단계별 특징]
- 감각운동기(Sensorimotor, 0~2세): 감각과 운동을 통해 세계 이해
- 전조작기(Preoperational, 2~7세): 언어와 상징 사용, 자기중심적 사고
- 구체적 조작기(Concrete operational, 7~11세): 논리적 사고 가능, 구체적 사물 중심
- 형식적 조작기(Formal operational, 11세 이상): 추상적 사고와 가설적 문제 해결 가능
- 피아제 이론은 교육, 학습, 발달 심리학에서 아동 이해와 교수 설계에 활용

17 후광효과(Halo Effect)는 평가 시 피평가자의 한 가지 두드러진 특성(예 친절, 발표 능력 등)이 전체 평가에 영향을 미쳐, 다른 평가 항목까지 긍정적 혹은 부정적으로 왜곡되는 인지적 평가 오류이다.

18 PDCA 사이클은 교통안전관리와 운수 현장에서 운행계획을 체계적으로 관리하기 위한 대표적 관리 절차이다.

[구성]
- Plan(계획): 운행계획 수립, 위험요인 분석, 자원 배분
- Do(실행): 계획에 따라 운행 수행 및 안전 조치 적용
- Check(점검): 운행 결과와 안전 성과 평가, 문제점 확인
- Act(조치/개선): 점검 결과를 반영하여 계획 수정 및 개선

이를 통해 운송 안전과 운행 효율성을 지속적으로 향상시킬 수 있다.

19 페이욜(Henri Fayol)의 조직이론은 현대 경영관리의 기초를 제시한 고전적 관리이론이다.
- 관리 기능 5가지: 계획(Planning), 조직(Organizing), 명령(Commanding), 조정(Coordinating), 통제(Controlling)

조직 관리 원칙과 체계를 제시하여 효율적 조직 운영을 강조하며 오늘날의 경영학, 행정학, 안전관리 등 조직 관리와 리더십 연구의 기초가 된다.

20 캇츠(Katz)의 태도 기능 이론에서 가치표현적 기능(Value-Expressive Function)은 개인이 자신의 가치, 신념, 자아 이미지를 나타내고 강화하기 위해 특정 태도나 행동을 선택하는 심리적 기능을 말한다.

> 예 환경 보호를 중요시하는 사람이 재활용에 적극 참여함으로써 자신의 가치관을 표현한다.
>
> 이는 인지적 기능(Cognitive Function), 도구적 기능(Instrumental Function)과 구분되며, 개인의 자아와 가치체계와 밀접하게 관련된다.

21 알더파(Alderfer)의 ERG 이론은 Maslow의 5단계 욕구설을 세 가지 범주로 압축한 이론이다.

[범주]
- Existence(생존 욕구): 음식, 의복, 안전 등 물질적 욕구
- Relatedness(관계 욕구): 가족, 친구, 직장 동료 등과의 인간관계
- Growth(성장 욕구): 자아실현, 자기계발, 창의적 성취

[특징]
- 진전의 원리: 하위 욕구가 충족될수록 상위 욕구에 대한 욕망이 커진다.
- 퇴행의 원리: 상위 욕구 충족이 어렵다면 하위 욕구의 욕망이 다시 커질 수 있다.

이를 통해 욕구가 단계적이면서도 상호작용적임을 강조한다.

22 호손(Hawthorne) 실험은 1920~30년대 미국에서 진행된 산업 심리학 연구로, 근로자의 작업 환경과 생산성의 관계를 조사하였다.

[주요 발견]
- 조명, 작업 조건 등 환경 변화 외에도 연구 대상이 되고 있다는 인식(관찰 효과)이 생산성 향상에 영향을 미침 → 이를 '호손 효과(Hawthorne Effect)'라고 한다.
- 사회적 요인, 동료 및 감독과의 관계, 관심과 인정이 생산성에 중요한 영향을 미친다는 것을 확인
- 이 실험은 인간관계 접근법(Human Relations Approach) 발전에 기여

23
- 정지시력(Static Visual Acuity): 정지된 물체의 형태, 크기, 위치를 정확하게 식별하는 능력으로 일반적인 시력검사에서 측정한다.
- 동체시력(Moving Visual Acuity): 이동하는 물체를 시각적으로 추적하고 식별하는 능력

운전, 항공 조종, 스포츠 등 동적 환경에서 중요하다.

두 시력은 안전 운전 및 항공, 산업 현장 작업에서 필수적인 시각 능력 평가 항목이다.

24 음주운전 교통사고의 주요 특징
- 운전능력 저하: 반응속도, 판단력, 주의력 감소
- 발생 시간: 야간, 주말에 빈번히 발생
- 위험 장소: 도심 외곽, 고속도로 등에서 고속 주행 중 사고 위험 증가
- 사고 유형: 단독 사고, 보행자 사고, 다중 충돌 사고가 많다.

음주운전 사고는 예방을 위해 법적 단속과 음주운전 금지 캠페인, 운전자의 자율적 주의가 모두 필요하다.

25 계획(Planning) · 조직(Organizing) · 명령(Commanding) · 조정(Commanding) · 통제(Commanding)가 핵심이다.

항공기체

정답

01	02	03	04	05
④	①	③	①	③
06	07	08	09	10
④	②	②	③	②
11	12	13	14	15
①	②	③	②	③
16	17	18	19	20
②	③	①	③	④
21	22	23	24	25
③	③	①	①	④

해설

01 탄성은 외부 힘에 의해 변형된 금속이 힘이 제거되면 원래 형태로 복원되는 성질이다. ①은 취성에 가깝고, ②는 전성과 연성을 바꿔 말한 오류이다(전성: 판, 연성: 선). ③의 경도 설명은 강도에 해당한다.

02
- 순철: 불순물이 거의 없는 철
- 탄소강: 철에 탄소가 포함된 일반적인 강
- 특수강: 크롬, 니켈 등 다양한 합금 원소를 첨가한 고기능성 강

03 연실율(ductility): 인장시험 시 끊어지지 않는 비율은 재질, 열처리 조건, 가공 방법 등에 따라 조절 가능하다.

04 비 자동 고정 너트는 자체적으로 풀림 방지 기능이 없어 코터핀, 세트 너트 등 추가 고정 수단이 필요하다.
  예 캐슬 너트, 체크 너트, 나비 너트, 평너트, 캐슬 전단 너트 등

05 티타늄은 고온에서도 강도를 유지하고 내식성이 뛰어나며, 알루미늄보다 가볍고 강철보다 강한 특징이 있다. 이 때문에 고온에 노출되는 방화벽(firewall)이나 엔진 근처 구조물 등에 주로 사용된다.

06 스파(Spar)는 날개의 앞전에서 후방까지 뻗어 있는 주 구조 부재로, 비행 중에 발생하는 주요 하중(양력, 연료 하중 등)을 견디는 역할을 한다. 리브는 형상 유지, 스킨은 하중 분산 및 비틀림 저항, 스트링거는 보강용이다.

07 날개 외피, 특히 전방 스파와 후방 스파 사이의 스킨은 비행 중에 발생하는 비틀림 하중을 전단응력 형태로 가장 많이 받는다. 이 외피는 세미 모노코크 구조에서 하중을 분산하는 역할도 하며, 구조 강성에 크게 기여한다.

08 Two-piece 휠 구조는 휠을 두 개의 반쪽으로 나누어 볼트 등으로 결합한 형태이며, 타이어 교체나 정비가 용이하고 튜브형 및 튜브리스타이어에 모두 사용될 수 있다. 항공기에서 널리 사용되는 구조이다.

09 세미 모노코크 구조는 외피에 프레임, 벌크헤드, 스트링거 등을 보강 요소로 추가하여 하중을 분산하고 강도와 변형 저항을 향상시킨 구조이다.

10 페일세이프(Fail-safe) 구조는 특정 부재가 손상되어도 다른 구조 부재들이 하중을 분담하여 안전성을 유지하도록 설계된 구조이다.

11 바퀴가 과 팽창되면 타이어가 지나치게 팽창되어 충격 흡수 능력이 떨어지고, 충격이 허브에 직접 전달되어 손상이 발생할 수 있다. 타이어 트레드나 림도 영향을 받지만, 충격이 직접 집중되는 부위는 허브이다. 밸브 코어는 공기 주입구 역할로 직접 충격과 관련이 적다.

12 버턱선(Buttock Line)은 동체 중심선을 기준으로 오른쪽, 왼쪽으로 평행하게 측정하는 수평 방향의 위치 표시선이다. 동체 스테이션은 앞뒤(길이) 방향 위치, 동체 수위 선은 수직(높이) 방향 위치를 나타낸다.

13 T51은 알루미늄 열처리 기호 중 하나로, 용체화 처리(Solution Heat Treatment) 후

스트레칭(인장 작업)을 가하고 자연 안정화(Natural Aging) 과정을 거친 상태를 의미한다. 이는 내응력 해소와 일정한 기계적 성질 확보를 위해 사용된다.

14 NOTAR 시스템은 "No Tail Rotor"의 약자로, 꼬리 로터 없이 덕트 팬과 분사된 공기 흐름으로 요잉(방향 안정성)을 제어한다. 외부에서 보면 로터는 없고 팬이 보이는 형태로, 소음이 적고 안전성이 높은 장점이 있다.

15 티타늄은 알루미늄보다 강하고, 강철보다 가벼운 금속으로, 항공기의 방화벽, 엔진 지지대, 착륙장치 등 고강도·고내열이 필요한 부위에 사용된다.

16 알루미늄 합금은 가볍고 전성·가공성·내식성이 우수하며, 상온에서도 충분한 기계적 성질을 보여 항공기 구조재에 널리 사용된다. 또한 일부 합금은 열처리를 통해 강도와 경도를 향상시킬 수 있다.

17 납작 머리(Flat Head)는 일반 구조물 내부에, 둥근 머리(Round Head)는 두꺼운 판재나 응력 분산이 필요한 부위에, 브래지어 버리(Brazier Head)는 흐름에 노출되는 외피에서 저항은 줄이되 구조강도도 필요한 경우 사용된다.

18 밸런스 탭은 조종면과 연결되어 조종면이 움직일 때 반대 방향으로 움직이며, 공기력을 이용해 조종면이 쉽게 움직이도록 하중을 줄여주는 장치이다.

19 • 모노코크 구조: 외피 자체만으로 하중을 지지하는 구조로, 내부 프레임이 거의 없다.
• 세미 모노코크 구조: 외피+스트링거, 프레임 등의 보강재가 함께 하중을 분담하는 구조로, 현재 항공기에서 가장 널리 사용된다.

20 나셀은 엔진 등을 감싸는 외부 덮개로, 정비 및 분해가 용이해야 하므로 볼트와 너트로 체결하는 경우가 많다. 용접은 항공기에서 열에 민감한 부품이나 비금속과의 접합에 부적절하며, 스크루나 리벳은 반영구적 고정에는 적합하지만 나셀처럼 정기적으로 탈착이 필요한 부위에는 잘 사용되지 않는다.

21 리벳 머리에는 점, 선, 별 등의 표시가 있으며, 이를 통해 리벳의 재질(합금 종류)과 강도 등급을 식별할 수 있다.

22 • 트러스형 구조는 봉(로드)과 스트럿(strut)을 삼각형 모양으로 배치하여 하중을 지지하는 구조이다. 외피는 하중을 거의 지지하지 않고, 단지 공기역학적 외형을 형성한다.
• 스트링거와 롱거론은 세미 모노코크 구조에서 외피를 보강하는 구성 요소이다.
• 트러스형 구조는 가볍고 견고하지만 공간 활용성이 떨어져 현대 항공기에서는 주로 소형기나 초기 항공기에 사용된다.

23 항공기 타이어에 관한 중요한 정보(규격, 최대 공기압, 하중 한계 등)는 타이어 옆면, 즉 사이드월(sidewall)에 표기되어 있다. 트레드는 접지면으로, 마모 상태 점검에 중요하며, 휠 림과 허브는 타이어를 장착하는 부품으로 정보 표시는 주로 타이어에 있다.

24 • 엘리베이터는 기체의 피치(pitch) 운동을 제어하여 세로안정성과 조종을 담당한다.
• 러더는 방향 안정성(요잉 운동), 에일러론은 횡 안정성(롤링 운동)에 영향을 준다.
• 플랩은 주로 양력 증가 및 감속에 사용된다.

25 항력(Drag)은 항상 비행기의 진행 방향과 반대 방향으로 작용하는 공기 저항력이다. 하강 비행 시에도 항력은 중력과는 별개의 힘이며, 중력(Gravity)은 항상 아래쪽으로 작용하는 힘이다.

항공교통관제

정답

01	02	03	04	05
③	②	③	③	②
06	07	08	09	10
①	①	③	④	④
11	12	13	14	15
③	③	③	③	④
16	17	18	19	20
①	③	①	③	③
21	22	23	24	25
③	②	③	③	③

해설

01 F등급 공역에서는 계기비행 항공기에는 비행정보업무와 항공교통조언업무가 제공되고, 시계비행 항공기에는 비행정보업무가 제공된다. 따라서 계기비행 항공기에 비행정보업무 및 항공교통조언업무, 시계비행 항공기에 비행정보업무가 제공된다.

02 관제사가 조종사에게 트랜스폰더를 대기 모드로 전환하도록 지시할 때 "SQUAWK STANDBY"라는 용어를 사용한다. 이 지시는 코드 및 고도 정보 송출은 중단되지만, 트랜스폰더 장비는 켜져 있는 상태를 의미한다.

03 시각(Visual) 접근은 계기접근절차(Instrument Approach Procedure)가 아니며, 조종사가 육안 참조에 의해 비행하는 방식으로 정해진 실패접근 구간이 없다. 목적공항의 시정이 3마일 이상일 때 시각(Visual) 접근을 위한 레이더 유도를 시작할 수 있다.

04 관제탑 레이더 전시기는 활주로상 또는 공항 표면구역(Surface Area) 내에서 운항하는 항공기에 대한 국지관제사들을 보조하기 위한 것이다. 관제탑 레이더 전시기는 조종사에게 레이더 업무를 제공하기 위한 것이 아니다.

05 항공교통관제에서 인터폰 송신의 우선순위는 다음과 같다. 비상 상황에 관한 필수 정보(비상전문)가 최우선 순위이며, 다음으로 허가 및 관제지시, 항공기 이동 및 관제전문, 마지막으로 시계비행 항공기에 대한 이동 전문 순이다.

06 불확실단계(Uncertainty Phase)는 연락이 있어야 할 시간 또는 첫 번째 교신 시도가 실패한 시간 중 더 빠른 시간으로부터 30분 이내에 연락이 없거나, 항공기가 마지막 통보한 도착예정 시간 또는 항공교통업무시설이 예상한 도착예정 시간 중 더 늦은 시간으로부터 30분 이내에 도착 보고를 하지 않거나 관련 항공교통업무시설에 도착하지 않은 경우이다.

07 활주로종단식별등(REIL)의 소등 시기는 도착 항공기가 착륙 후, 이륙 항공기가 착륙장주공역을 완전히 이탈 후, 활주로종단식별등이 조종사에게 더 이상 필요하지 않을 것으로 판단될 때, 운영내규에 명시된 기준 또는 조종사의 요구 시이다. 따라서 이륙 항공기가 이륙 직후에 REIL을 소등하는 것은 적절하지 않다.

08 1차 감시 레이더는 항공기 식별을 위해 30도 이상의 선회를 시켜 항공기를 관찰하는 방법을 사용한다. 20도 이상의 선회를 지시하는 것은 해당 기준에 부합하지 않는다. 나머지 보기는 모두 1차 감시 레이더를 이용한 항공기 식별 방법으로 적절하다.

09 항공교통관제시설이 아닌 타 시설을 통해 항공기에게 비행 허가(Clearance), 비행정보(Advisory), 또는 정보 요구(Request)가 중계될 때, 그 용어의 혼동을 피하고 명확성을 확보하기 위해 서두에 특정 접두어를 사용한다. 이때 비행 허가를 중계할 경우에는 "ATC CLEARS", 비행정보를 중계할 경우에는 "ATC ADVISES", 정보 요구를 중계할 경우에는 "ATC REQUESTS"라는 용어를 사용

한다. "ATC APPROVED"는 사용하지 않는 용어이다.

10 표준계기출발절차(SID)는 공항에서 항로 단계로의 매끄러운 이동을 제공하면서 항공교통관제사(ATC)와 조종사의 업무량을 줄이고, 라디오 혼잡을 줄이며, 효율적인 공역의 사용을 가능하게 하고, 출발 허가를 단순화시킴으로써 공역 수용 능력을 증가시킨다. SID는 안전 및 효율적인 교통 흐름을 위해 표준화된 절차를 제공하며, 경제적 효율성만을 위해 비행 안정성을 고려하지 않은 최단거리 비행을 목적으로 하지 않는다.

11 항공기의 관제이양은 지정된 또는 합의된 위치, 시간, 픽스, 고도에서 이루어져야 한다. 인수관제기관의 동의 없이 항공기의 관제책임을 다른 항공교통관제기관으로 이양하여서는 안 된다. 또한, 항공기의 관제이양은 분리 책임이 있는 다른 항공기와 충돌 요인 제거 후에 이루어져야 하며, 이양 관제기관은 인수 관제기관이 요구하는 비행계획상 필요한 부분 및 이양에 필요한 관제정보를 통보하여야 한다.

12 조종사가 '최소연료(MINIMUM FUEL)'를 선언하는 것은 목적지까지 도착할 수 있는 최소한의 연료만을 보유하고 있으므로, 중간에 지연이 발생해서는 안 된다는 것을 항공교통관제기관에 알리는 것이다. 이는 현재 비상상황은 아니지만, 추가적인 지연이 발생할 경우 비상 상황으로 발전할 가능성이 있다는 경고의 의미를 포함한다. 최소 연료 상태는 항공교통상의 우선권을 요구하는 사항이 아니다.

13 항공기가 TCAS RA 경고에 대한 대응절차를 시작한 경우, 관제사는 해당 항공기와 다른 항공기, 공역, 지형지물 또는 장애물 간 표준 분리를 취할 책임이 없으며, 조종사가 실행하고 있다고 보고한 RA 경고 대응절차에 반하는 관제지시를 발부하여서는 안 된다. 표준 분리 책임은 회피 기동하는 항공기가 배정된 고도로 다시 복귀하거나, 운항 승무원이 TCAS 기동을 완료하였음을 관제사에게 통보하고 관제사가 표준 분리로 복귀된 것을 확인한 경우, 또는 TCAS에 응답한 항공기에게 대체 허가를 발부하고 관제사가 표준 분리로 복귀된 것을 확인한 경우에 재개된다.

14 비행계획에 포함되어야 하는 사항은 항공기 식별부호, 비행의 방식, 항공기 정보, 출발 비행장 및 출발 예정 시간, 순항속도, 순항고도, 교체 비행장 등이다. 출발 및 도착 비행장의 항공교통업무(ATS) 시설명은 비행계획서에 포함되지 않는다.

15 항공교통업무(ATS)는 항공교통관제업무(Air Traffic Control Service), 비행정보업무(Flight Information Service), 경보업무(Alerting Service)로 구분한다. 기상정보 조언업무는 항공교통업무의 직접적인 구분에 해당하지 않는다.

16 출발정보에 포함시켜야 하는 사용활주로, 지상풍, 고도계수정치 정보는 조종사가 Have the numbers를 통보한 경우, 생략 가능하다.

17 불법 간섭을 받고 있는 것으로 응답하거나 응답이 없는 경우, 조종사에게 더 이상 추가 질문을 삼가고, 항공기의 요구에 응하여야 한다. 항공기가 불법 간섭을 당하여 교신이 되지 않는 상황에서 정상적인 관제 이양(Hand Off)을 하는 것은 적절하지 않다. 이러한 상황에서는 항공기를 계속 추적하고, 관련 기관과 협조하여 필요한 지원을 제공해야 한다.

18 항공교통관제 운영을 위한 시간 표기 원칙에 따라, 29초까지는 현행 분으로 반올림(절사)하고, 30초부터는 다음 분으로 반올림한다. 따라서 09시 10분 25초는 25초가 30초 미만이므로 09시 10분으로 표기하는 것이 올바르다. 10시 10분 35초는 30초 이상이므로 10시 11분으로, 11시 11분 10초는 30초 미만

이므로 11시 11분으로, 12시 11분 29초는 30초 미만이므로 12시 11분으로 표기해야 한다.

19 활주로의 사용을 허가할 때 배풍요소가 있다면, 풍향풍속을 반드시 통보하여야 한다. 풍속이 무풍 상태일 때는 'CALM'으로 통보할 수 있다.

20 운상시계비행(VFR-On-Top)의 핵심은 조종사가 시계비행 기상 최소치를 유지하며 육안으로 다른 항공기를 회피할 책임이 있다는 것이며, 관제사는 표준 계기비행(IFR) 분리를 제공하지 않는다. 별도의 제한사항이 발부되는 경우에는 일몰과 일출 간에도 운상시계비행을 허가할 수 있으며, A등급 공역에서는 운상시계비행이 인가되지 않는다.

21 정확하고 만족스러운 무선통신을 위한 송신기법 중 하나는 수신자가 전문을 받아 적어야 하는 경우에는 조금 천천히 말하는 것이다. 빠르게 말하여 효율성을 높이는 것은 송신자가 의도하는 내용이 정확히 전달되는 것을 방해할 수 있다. 나머지 보기는 모두 정확하고 만족스러운 송수신을 위한 적절한 송신기법이다.

22 통신이나 레이더 포착이 이루어지지 않고, 특정 지점이나 필수 보고 지점 또는 관할구역 내의 허가한계점 도착예정 시간으로부터 30분이 경과했을 때 해당 항공기를 도착지연 항공기로 간주하여 본 절에 규정된 절차를 적용하고 ALNOT을 발부한다.

23 조종사는 안전의 관점에서 허용될 수 없다고 생각되는 허가에 대해 수정 요청을 해야 한다. 즉, 즉시 이행한 후 보고하는 것이 아니라, 이행 전에 안전 여부를 판단하여 수정을 요청해야 한다.

24 인수 관제사는 Point-Out을 승인하기 전에 표적의 위치가 인계 관제사에 의하여 제공된 위치와 일치하는지 또는 컴퓨터 항적자료군(data block)과 이양될 표적 간 연관성을 확인하여야 한다. 레이더 이양을 받은 후에도 항공기의 위치를 조언함으로써 일차 항적의 레이더 식별을 확인하여야 한다. 인수 관제사는 관할 책임구역 내의 타 항공기와 분리를 위하여 필요한 제한사항을 발부하여야 하며, 특별히 협의하지 않는 한 인계 관제사가 발부한 제한사항을 준수하여야 한다.

25 공해상의 공역 또는 주권불명의 공역 내 항공로의 기준은 지역항공항행협정(Regional Air Navigation Agreement)에 의거하여 설정한다. ICAO 이사회에서 직접 설정하는 것이 아니다.

항행안전시설

정답

01	02	03	04	05
③	②	④	③	③
06	07	08	09	10
④	②	③	③	④
11	12	13	14	15
③	②	②	③	②
16	17	18	19	20
②	④	③	③	③
21	22	23	24	25
③	③	④	②	③

해설

01 항공등화시설에 대한 관리검사는 연 1회 정기검사를 실시하며, 지방항공청장이 필요하다고 인정하는 경우 수시검사를 실시할 수 있다.

02 통신의 기록은 30일 이상 보관하여야 한다. 다만, 항공사고 등과 관련된 내용은 조사가 완료될 때까지 보관하거나 관련 규정에서 특별히 정한 내용에 따라야 한다.

03 진입등시스템(ALS)은 활주로에 계기접근을 수행하는 항공기가 계기비행에서 시각비행으로 전환하는 결정고도 또는 결정고도 이전에 활주로의 위치를 시각적으로 인지하고 활주로로 안전하게 진입할 수 있도록 시각적인 유도 정보를 제공하는 등화시설이다.

04 계류장 조명등은 빛의 그늘이 최소한도가 되도록 계류된 항공기가 두 개 또는 그 이상의 방향에서 조명되도록 하여야 한다.

05 X 펄스는 감시 시스템의 안전한 동작이 유지될 수 없다면 모드 A 또는 모드 C 질문에 응답하는 데 사용되지 않는다.

06 계기착륙시설(ILS) 카테고리 II 등급에서 로칼라이저(LLZ)와 글라이드패스(GP)는 0초, 내측마커(IM)와 중간마커(MM)는 1초, 외측마커(OM)는 10초의 최대 예비전원 공급시간을 갖는다. 따라서 중간마커(MM)의 예비전원 공급시간이 10초라는 설명은 옳지 않다.

07 비행검사는 비행검사용 항공기를 이용하여 항행시설의 성능과 계기비행절차의 이용 가능성 등을 분석·평가하는 검사이다.

08 GPS 수신기는 계속해서 최소 4개의 위성을 추적하고 그 측정에 기초하여 위치 설루션을 생성하기 위한 능력을 제공해야 한다.

09 항공등화시설의 관리자는 각 시설을 최적의 상태로 유지하고 이용자가 신뢰하고 안전하게 이용할 수 있도록 각종 지침서나 관련 규정을 최신의 내용으로 유지·관리하여야 한다.

10 착륙구역이 주기장과 같이 설치되고 회전익 항공기의 공중 이동까지 고려하여 설치하는 경우에는 착륙구역의 표면은 동적 하중을 지지할 수 있어야 한다. 정적하중은 지상 이동만을 목적으로 사용하는 경우에 해당한다.

11 수상비행장 필수시설은 정박장, 경사대, 탑승로, 게시판, 풍향지시기, 오염방지시설, 통신시설, 부표, 소화기이다.

12 연성 포장(Flexible Pavements)에 대한 ACN의 정의는 10,000회의 덮임(Coverages)과 해당 알파 값을 기반으로 한다.

13 항행안전시설이 시설관리기준에 맞게 관리되는지를 확인하기 위한 검사는 연 1회 이상 실시하여야 한다.

14 개방구역의 길이는 이륙활주가용거리(TORA)의 절반을 초과할 수 없다.

15 공항시설 또는 비행장시설이 시설관리기준에 맞게 관리되는지를 확인하기 위하여 필요한 검사는 연 1회 이상 실시한다.

16 완성검사확인증을 발급받은 항행안전시설을 사용하려는 자는 지방항공청장(항공로용으로 사용되는 항공정보통신시설 및 항행안전무선시설의 경우에는 항공교통본부장을 말한다)에게 사용 신고서를 제출하여야 한다.

17 항공기등급번호-포장등급번호(ACN-PCN) 방법은 항공정보간행물(AIP)에서의 포장강도 보고용 기록에만 사용된다.

18 항행안전무선시설 또는 항공정보통신시설 공사의 완성검사 신청서에는 시설의 명칭, 종류, 위치, 사용 개시 예정일, 송신 주파수, 안테나공급전력, 코스의 방향, 식별부호 등이 포함되어야 하나, 공사 예정 기간은 포함되지 않는다.

19 비행장시설관리자는 검사관이 당해 검사업무 수행과 관련하여 필요한 협조를 요청하는 경우에는 이에 응하여야 한다.

20 항행안전무선시설의 설치 및 기술 기준에 따르면, 정밀접근 Category I의 중간마커(MM) 및 외측마커(OM)에 대한 최대 예비전원 공급 시간은 10초이다.

21 국토교통부장관, 사업시행자 등, 항행안전시설설치자 등 또는 이착륙장을 설치·관리하는 자, 경찰공무원 등은 금지행위(무단출입

등)를 위반하는 자의 행위를 제지하거나 퇴거를 명할 수 있다.

22 운영개시 검사는 국토교통부장관이 지명하는 다음 각호의 어느 하나에 해당하는 자가 실시하여야 한다.
1. 항공통신·전자 분야에 5년 이상 근무한 자
2. 국가기술자격법에 의한 통신·전자 분야 산업기사 이상의 기술자격증을 소지하고 해당 분야에 4년 이상 근무한 자

23 유도로등의 불빛은 청색 고정등이어야 하며, 광도는 수평면에서 위로 6도까지는 2칸델라 이상, 6도 초과 75도까지는 0.2칸델라 이상이어야 한다. 교차 부분, 출구 또는 곡선에 설치하는 등은 다른 등과 혼동될 수 있는 방위의 각도에서는 보이지 않도록 가능한 한 차폐시켜야 한다.

24 항공기국의 무선설비의 전원설비는 항행안전을 위해 필요한 무선설비를 30분 이상 연속 동작시킬 수 있는 성능을 가진 축전지를 비치해야 한다.

25 시각유도주기시스템의 방위안내장치가 색상 변화를 통해 방위를 안내하는 경우 녹색은 중앙선, 적색은 중심선 이탈을 나타내도록 하여야 한다.

항공기상

정답

01	02	03	04	05
③	③	④	③	④
06	07	08	09	10
①	③	①	①	③
11	12	13	14	15
②	②	④	②	①
16	17	18	19	20
③	③	①	③	④
21	22	23	24	25
②	③	②	①	④

해설

01 윈드시어는 짧은 거리 내에서 바람의 속도나 방향이 급격하게 변하는 현상으로, 항공기 이착륙에 큰 위험 요소이다. 윈드시어는 주로 대기 불안정 상태나 기상 변화가 심한 지역(전선 근처, 역전층 하부 등)에서 자주 발생하며, 안정 상태에서는 상대적으로 덜 발생한다.

02 해면상 표준 대기압은 평균 해수면 기준에서의 기압을 말하며, 29.92inHg 또는 1013.25hPa로 정의된다.

03 상층운은 일반적으로 고도 6~13km 이상의 높은 고도에서 형성되는 구름이며, Cirrus(Ci, 권운), Cirrostratus(Cs, 권층운), Cirrocumulus(Cc, 권적운)이 있다. 반면, Altocumulus(Ac, 고적운)은 중층운으로 고도 2~6km 사이에 형성된다.

04 층류는 흐름이 규칙적이고 마찰 저항이 작지만, 경계층 내 에너지가 낮아 유동이 표면에서 쉽게 분리(박리)될 수 있다.

05 RVR(Runway Visual Range)은 조종사가 활주로 중심선 상에서 착륙 또는 이륙 시, 전방 수평 방향으로 육안으로 확인 가능한 거리를 의미한다.

06 CAVOK는 "Ceiling And Visibility OK"의 약자로, METAR에서 다음 조건을 모두 만족할 때 사용된다. 가시거리 10km 이상, 중요한 기상 현상 없음(비, 안개, 천둥 등), 수평면 기준 5,000ft 이하에 운항에 영향을 주는 구름 없음, CB(적란운), TCU(적운발달운) 없음.

07 기압은 대기 중 공기의 중력에 의한 압력으로, 단위 면적당 공기의 무게를 나타낸다. 기압은 고도가 높아질수록 감소하며, 온도에 따라 변동될 수 있지만 항상 일정하지는 않다.

08 균질권(Homosphere)은 고도 약 80km까지의 대기 영역으로, 질소(약 78%)와 산소(약 21%) 등 주요 기체들의 구성 비율이 일정하게 유지된다.

09 적란운(Cb)은 강한 상승기류에 의해 발달하는 수직 발달운으로, 번개와 천둥, 폭우, 우박 등 격렬한 기상 현상을 동반한다.

10 이슬점은 공기를 냉각시켜 수증기가 포화 상태에 도달하여 이슬이 맺히기 시작하는 온도를 말한다. 즉, 온도를 일정하게 유지하면서 수증기량이 줄어드는 것이 아니라, 온도가 내려가면서 포화가 되는 개념이다.

11 이슬비(Drizzle)는 작은 물방울이 천천히 내리는 가벼운 비로, 물방울 크기가 약 0.2~0.5mm 범위에 있다. 일반 비(Rain)의 물방울 크기는 보통 0.5mm 이상이며, 소나기 등 강한 비일수록 더 크다.

12 기압이란 대기 중 공기 분자가 중력에 의해 지표면 또는 특정 면적에 누르는 힘이다. 보통 헥토파스칼(hPa) 단위로 측정하며, 이는 단위 면적당 압력이다.

13 열권은 중간권 위에 위치하며, 약 85km에서 600km까지의 고도를 포함한다.

14 대류(Convection)는 공기나 액체가 가열되어 밀도가 낮아지면 상승하고 차가운 부분이 하강하면서 열이 이동하는 현상이다. 복사(Radiation)는 전자파(적외선 등)를 통해 열이 전달되는 과정으로, 물질의 이동 없이도 진공 속에서 열이 전달될 수 있다.

15 비열이란 물질 1kg의 온도를 1도 올리는 데 필요한 열량으로, 비열이 작은 육지는 낮 동안 빠르게 가열되고 밤에는 빠르게 냉각된다. 이 때문에 밤에 지면 가까운 공기가 급격히 냉각되어 이슬점 이하로 내려가면서 복사안개가 잘 발생한다. 반면 바다는 비열이 커서 온도 변화가 적고, 복사냉각 효과도 상대적으로 작다.

16 온난고기압은 따뜻한 공기가 하강하면서 형성되는 고기압으로, 대체로 맑고 안정된 날씨를 만들어 낸다.

17 한랭저기압은 찬 공기가 상승하면서 형성되는 저기압으로, 대체로 불안정한 날씨와 함께 비, 눈 등 강수 현상을 동반한다.

18 마찰력은 주로 지표면 근처 대기에서 작용하며 바람의 속도를 줄이고 방향을 바꾸는 역할을 한다. 따라서 상층에서 바람 속도를 증가시키는 것은 아니다.

19 국지풍은 특정 지역의 열 흡수 및 방출 차이(예 산-골짜기, 해-육)에 의해 형성되는 바람이다. 기온 차이로 인한 기압경도력이 주원인이며, 지형의 영향도 크게 받는다.

20 스콜은 단시간 내에 갑자기 불어오는 강한 돌풍을 말하며, 특히 전선 부근이나 대기 불안정이 심한 지역에서 자주 나타난다.

21 산악파는 고도가 높을수록 강하게 형성되며, 산을 넘은 하류 지역에서 강한 난류(리터번스)가 나타날 수 있다.

22 해무는 따뜻하고 습한 공기가 상대적으로 차가운 해수면 위를 통과할 때, 공기가 냉각되면서 포화되어 수증기가 응결하여 형성된다. 이때 중요한 조건은 온도와 이슬점의 차이가

작아야 하며, 바람이 너무 강하면 공기가 혼합되어 응결이 어려워지므로 해무 발생이 억제된다.

23 성층권에서는 오존층이 자외선을 흡수해 열을 발생시키기 때문에 고도가 높아질수록 기온이 점차 상승한다. 이는 대류권의 기온감률과는 반대되는 현상이다.

24 역전층은 고도가 높아질수록 기온이 오히려 증가하는 층으로, 대기의 수직 혼합이 억제되어 대기가 매우 안정된다. 이에 따라 오염물질, 안개, 연기 등이 지표면 부근에 머무는 현상이 발생한다.

25 바람속도는 풍속과 같은 의미이며, 바람의 속도를 나타낸다. 반면 바람시어(Wind Shear)는 특정 구간에서 풍향이나 풍속이 갑자기 변하는 현상으로, 두 용어는 다른 개념이다.